Prinzipien und Anwendungen der Physikalischen Chemie

Michael Schrader

Prinzipien und Anwendungen der Physikalischen Chemie

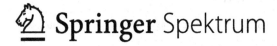 **Springer** Spektrum

Michael Schrader
Freising, Deutschland

ISBN 978-3-642-41729-0   ISBN 978-3-642-41730-6 (eBook)
DOI 10.1007/978-3-642-41730-6

Die Deutsche Nationalbibliothek verzeichnet diese Publikation in der Deutschen Nationalbibliografie; detaillierte bibliografische Daten sind im Internet über http://dnb.d-nb.de abrufbar.

Springer Spektrum

Planung: Rainer Münz

Gedruckt auf säurefreiem und chlorfrei gebleichtem Papier.

Springer-Verlag GmbH Berlin Heidelberg ist Teil der Fachverlagsgruppe Springer Science+Business Media (www.springer.com)

Vorab möchte ich meinem, von mir
im Studium hoch verehrten, Professor danken.

Herrn Prof. Dr. Dr. h.c. Hermann Schmalzried

Institut für Physikalische Chemie der Universität Hannover
Mitglied der Göttinger Akademie der Wissenschaften,
der Academia Europaea (London) und der Leopoldina (Halle)

Ihm, seinem unnachahmlichen Vorlesungstil
sowie seinen inspirierenden mündlichen Prüfungen
habe ich meine Begeisterung für das Fachgebiet
der Physikalischen Chemie
zu verdanken.

Vorwort

„Vitam impendere vero“
(Das Leben der Wahrheit widmen.)
Decimus Junius Juvenalis (etwa 60–(115±25)), in *Satiren*, IV, 91
Leitidee der Universität Hannover während meines Studiums

Schön, dass Sie dieses Buch in Augenschein nehmen. Ich hoffe, es stiftet einen hohen Nutzen für Sie. Dabei zählt ein hoher Wirkungsgrad für viele Ingenieure und Naturwissenschaftler genauso wie für Sie beim Lernen. Sie werden ihn später in diesem Buch noch kennenlernen. Andererseits kann sehr viel aus diesem Fach geschöpft werden, weil viele Prinzipien so faszinierend allgemein sind. Dieses Lehrbuch entstand aus einem über zehn Jahre kontinuierlich entwickelten Skript und zugehörigen Übungen zur Unterstützung meiner Lehre im Studiengang Biotechnologie (zunächst Diplom, jetzt B.Sc.) und auch Bioprozessinformatik (B.Sc.) an der Hochschule am Standort Weihenstephan, in Freising bei München. Dabei entwickelte sich der Inhalt von der reinen Chemie immer weiter hin zu den Biowissenschaften, so wie auch mein eigener Werdegang war.

Sie finden in diesem Buch vieles Altbewährte in didaktisch aufbereiteter Form und dazu neue Verknüpfungen und Themen in einer großen Bandbreite. Zunächst gibt es ein Kapitel, das die zahlreichen didaktischen Hilfsmittel erläutert. Dort wird auch näher auf die Strukturierung der Inhalte im Buch eingegangen. Als Besonderheit soll hier nur erwähnt werden, dass über die Jahre unterschiedlichste Anwendungen der Physikalischen Chemie gesammelt und aufbereitet wurden; so fanden sich unter anderem Bezüge zur Gasindustrie, Pharmakologie, Labortechnik, dem Chemieingenieurwesen wie auch der Bioverfahrenstechnik. Durch viele konkrete Zahlenwerte (recherchiert aus zahlreichen Quellen) und ausgewählten Übungsaufgaben wird die Materie zum Leben erweckt. Außerdem deckt ein Kapitel auch Praktikumsversuche in der Physikalischen Chemie ab.

Die Inhalte entsprechen Modulen in Bachelorstudiengängen, die ich seit sieben Jahren so unterrichte. Der an international übliche Vorgaben angepasste Formelsatz erlaubt Ihnen ein sicheres Lernen und den Abgleich mit Ihrer Lehrveranstaltung oder anderen Angaben im Internet oder der Fachliteratur. Dazu werden auch viele Quellen und Verweise benannt. Zusätzlich spielen auch die Abbildungen eine zentrale Rolle. Teilweise werden diese in Dateiform (Tabellenkalkulation), mit der Möglichkeit zu weiterer Veränderung, über die Produktseite des Verlags (http://www.springer.com/978-3-642-41729-0) zusammen mit Lösungen zu den Übungsaufgaben angeboten.

Es bleibt mir jetzt nur noch, Ihnen viel Spaß mit dem Buch zu wünschen, dann kann sich auch Erfolg einstellen. Hinzu sollte eine ordentliche Prise Ausdauer kommen, die habe ich in meinem Studium auch gebraucht. Wenn Sie noch das Glück von gut ausgebildeten und motivierten Lehrern oder engagierter Mitstudierenden haben, kann gar nichts mehr schief gehen. Also, auf in die Welt der Physikalischen Chemie, Sie werden sich wundern, was dort alles beschrieben wird.

Lesen Sie wohl!

Michael Schrader
Freising, im Januar 2016

Danksagung

„Der Mensch bedarf des Menschen sehr
Zu seinem großen Ziele:
Nur in dem Ganzen wirket er,
Viel Tropfen geben erst das Meer,
Viel Wasser treibt die Mühle."
Friedrich Schiller (1759-1805), in *Die Weltweisen*

Eine Geburt benötigt neun Monate. Diese Erfahrung durfte ich zweimal begleiten. Diese „Geburt" geschah nur in Teilzeit und hat so etwa drei Jahre gedauert. Wenn ich weiter so vermessen vergleiche, ergeben sich weitere Parallelen. Es gab viele freudige Momente – und anstrengende. Es war immer wieder faszinierend, neue Entwicklungsstadien zu erkennen. Zwar musste sich nur ein Elternteil mit dem werdenden Spross intensiv auseinandersetzen, dennoch nahm die Zahl der interessierten und tatkräftig unterstützenden Personen stetig zu.

Mit der „Geburt" meines ersten Buches geht ein großer Wunsch in Erfüllung. Viele Personen haben mittlerweile dazu beigetragen, den Inhalt und die Form auf ein sehr gut überprüftes Niveau zu heben. Ich danke zunächst allen Studierenden unserer Hochschule, die Verbesserungsvorschläge in meinen Lehrveranstaltungen eingebracht haben oder durch Fragen mitgeteilt haben, was noch nicht richtig klar geworden ist. Zusätzlich gilt mein Dank Frau Brigitte Walla, die das Buch aus Sicht einer Studierenden der Molekularen Biotechnologie an einer Universität (TU München) kommentiert hat. Ein besonderer Dank geht an meinen Kollegen Prof. Dr. habil. Klaus Peter Zeyer von der Hochschule München, der aus anderer Perspektive nochmals die fachlichen Inhalte und den didaktischen Aufbau geprüft hat. Trotz aller Sorgfalt bleibt es eine Erstauflage. Alle noch verbliebenen Unklarheiten oder Fehler verantworte ich selbst und möchte sie gerne in der Zukunft beseitigen. Für Kommentare und Anmerkungen bin ich deshalb jederzeit dankbar.

Die Erstellung des Satzes erfolgte mit dem kostenfreien LATEX-Paket MikTEX wobei als Editor TEXnicCenter (ebenfalls frei nutzbar) und WinEdt 7 zum Einsatz kamen. Donald Knuth kann nicht ausreichend für das mächtige TEX-Satzprogramm gedankt werden, mit dem die Qualität von naturwissenschaftlichen Texten auch in der äußeren Form dokumentiert werden kann. Dabei kamen zahlreiche neuere freie Zusatzpakete zum Einsatz sowie eine Vorlage des Springer-Verlags. Abbildungen wurden über das freie Programm Inkscape gezeichnet (eine entstand in Gnuplot). Entwürfe wurden dazu teilweise in OpenOffice oder LibreOffice erstellt. Ohne die Vielfalt von qualitativ so hochwertigen und dabei freien Software-Paketen hätte ich dieses Projekt wohl nie gestartet.

Äußerst dankbar bin ich für die Begeisterungsfähigkeit seitens des Springer-Verlags, dieses Buch an den Markt zu bringen. Es ist mir eine Ehre, mich in das Verlagsprogramm integrieren zu dürfen. Dabei danke ich Frau Merlet Behncke-Braunbeck und Herrn Dr. Rainer Münz für den Konsens, ein kompaktes, hochwertiges Lehrbuch zu erstellen, das günstig und parallel als Ebook für die Studierenden verfügbar sein soll. Für die ausdauernde Unterstützung in der arbeitsintensiven Entstehungsphase des Buches danke ich Frau Sabine Bartels und Herrn Dr. Rainer Münz sowie Frau Dr. Angelika Fallert-Müller für eine sehr sorgfältige Durchsicht meines Manuskriptes.

Letztendlich danke ich noch meiner Frau und meinen Kindern, die mich lange genug kennen und einsichtig waren, dass diese „Geburt" meines ersten Buches für mich jetzt wichtig war.

Herzlichen Dank an alle!

Michael Schrader

Inhaltsverzeichnis

1 Hinweise zur Benutzung

Übersicht

1.1 Ausrichtung

Zielgruppen

Dieses Buch richtet sich an Studierende unterschiedlicher natur- oder ingenieurwissen-schaftlicher Fachrichtungen, die Themen aus der Physikalischen Chemie erlernen müssen und/oder wollen. Es wurde erstellt auf Basis meiner Erfahrungen aus Lehrveranstaltungen in den Studiengängen Biotechnologie, Bioprozessinformatik (beide B.Sc.) an der Hochschule Weihenstephan sowie Chemie (Diplom) an der Universität Hannover.

Es sollte daher besonders gut geeignet sein, um im Bereich der Biotechnologie oder Life Sciences eingesetzt zu werden. Studierende anderer Fachrichtungen mit Nähe zur Chemie sollten ebenfalls profitieren können. Dies könnte zum Beispiel in Umweltwissenschaften, Pharmazeutischer Technik oder (Angewandter) Chemie selbst sein. Das Niveau ist so angesetzt, dass es für fast alle Lehrveranstaltungen einsetzbar sein sollte. Gegebenenfalls werden Sie mit der Zeit auch die weiteren Lehrbücher der Physikalischen Chemie mit ein-binden (siehe Abschnitt A.6 im Anhang). Diese behandeln noch mehr Stoffgebiete und erfüllen damit den Anspruch forschungsrelevanter Vertiefung, wobei in diesem Buch der Einstieg bis zur sicheren Nutzung in herausgehobenen Anwendungsgebieten liegt. Aufbauend auf diesen Kompetenzen können erfahrungsgemäß weitere physikalisch-chemische Vertiefungen gut entwickelt werden.

Physikalische Chemie ist als Grundlagenfach meist in den ersten vier Semestern vertreten. Somit wird hier auch von Bachelor-Studierenden mit Studienerfahrung ausgegangen. Grundlegende mathematische Kenntnisse werden vorausgesetzt, aber auch immer wieder geübt. Die Bereitschaft zum selbständigen Üben erhöht erfahrungsgemäß erheblich den Lern- und Prüfungserfolg (möglicherweise haben Sie Ähnliches auch schon von Ihrem Dozenten gehört;-). Sehr oft sind Prüfungen in Modulen der Physikalischen Chemie entscheidend für den Gesamterfolg eines Studiums.

Inhalte

Das Fachgebiet der Physikalischen Chemie gliedert sich in sehr verschiedene Teilgebiete. Jedes für sich bedarf in der Regel einer eigenen Lehrveranstaltung und Übung oder Praktikum dazu. Die Teile Einführung und Gase, Thermodynamik, Reaktionskinetik und PC-Praktika mit Datenauswertung sind hier jeder für sich erarbeitbar. Sie sind weitgehend eigenständig zu betrachten, haben aber viele wichtige Verknüpfungen und dadurch einiges, das aufbauend ein vertieftes Verständnis ausbildet.

Hier werden vor allem die beiden typischen Basisgebiete abgehandelt, die fast immer zuerst oder ausschließlich unterrichtet werden. Beide finden sowohl in der Chemie, der Biochemie und der Technischen Chemie als auch in Pharma- und Umwelttechnik häufig Verwendung. Bewährt hat sich der Einstieg in die Physikalische Chemie über die Grundlagen und Gase hin zu den Fundamenten der Thermodynamik.

- Chemische Thermodynamik (von Gleichgewichtszuständen)
  Diese wird in den Kapiteln 3 und 4 behandelt. Zunächst werden die wesentliche Grundlagen geschaffen, um damit zunehmend unterschiedlichste Anwendungen behandeln zu können, die sonst oft zu kurz kommen. Sie werden in so unterschiedlichen Bereichen wie Meteorologie und chemischer Verfahrenstechnik gebraucht. Daher ist ihnen ein eigenes umfangreiches Kapitel gewidmet, das sich vor allem mit Phasengleichgewichten, Trennverfahren und Reaktionsgleichgewichten auseinandersetzt. Zwingend ist das Vorhandensein eines Gleichgewichtes, damit spielt die Zeit hier keine Rolle. Dazu zählen Verdampfungsvorgänge, Eigenschaften von Stoffmischungen und chemische Gleichgewichte. Zum Abschluss werden darin auch wesentliche Grundlagen der sogenannten Elektrochemie behandelt.
- Chemische Reaktionskinetik (von Nichtgleichgewichtszuständen)
  In den Kapiteln 5 und 6 folgen hierzu Ausführungen, die die Geschwindigkeit chemischer Reaktionen beschreiben, die sich in Richtung chemisches Gleichgewicht bewegen. Damit werden zusätzlich zeitliche Veränderungen behandelt und ein Bogen von den zugehörigen chemischen Grundlagen hin zu Anwendungen in der Pharmakokinetik, Radioaktivität oder Enzymreaktionen gespannt. Dabei wird dann auch gleich auf die zugehörige Proteinchemie eingegangen. Bislang unüblich, aber sehr passend, kann auch mikrobielles Zellwachstum entsprechend beschrieben werden.

Ausgeblendet werden Teilgebiete der Physikalischen Chemie, die zwar auch wichtig sein können, aber von einem noch kleineren Expertenkreis beherrscht werden müssen. Dadurch wird der Lernaufwand für eine größere Gruppe Studierender erreichbar. Spezialthemen finden sich in den im Anhang genannten großen Lehrbüchern der Physikalischen Chemie (Abschnitt A.6).

- Aufbau der Materie
  Hier handelt es sich um die quantenmechanische Beschreibung von Stoffen. Dies ist zum einen die Grundlage von chemischen Bindungen, zum anderen werden damit die Grundlagen für spektroskopische Methoden der Instrumentellen Analytik gelegt.

- Statistische Mechanik

  Diese beschreibt Vielteilchensysteme mit den Methoden der Statistik und stellt so die Brücke zwischen einzelnen Teilchen und makroskopischen Systemen der Thermodynamik her. Es ist ein klassischen Gebiet der Physik und mathematisch anspruchsvoller.

Zudem sind Teilbereiche auch in anderen Fächern beheimatet, wie insbesondere die (Technische) Thermodynamik in der Physik und in Verfahrenstechnik/Maschinenbau gelehrt wird. Dort werden teilweise die gleichen Themen behandelt, allerdings mit anderen Schwerpunkten, Diagrammen und auch Symbolen, was gerade zu Anfang verwirrend ist. Sie werden bei Bedarf auszugsweise herangezogen und es wird auf geeignete Literatur verwiesen. Es bleiben zwar die gleichen Grundlagen und Gesetzmäßigkeiten, aber es sind andere Anwendungsschwerpunkte damit verbunden.

Anwendungsbreite

Die Physikalische Chemie hat sich in ihrer über hundertjährigen Entwicklung in vielen Bereichen als sehr nützlich, wenn nicht sogar notwendig herausgestellt. Sehr rasch konnten neben der Chemie und Physik auch weitere naturwissenschaftliche Fächer profitieren. Parallel dazu hat sich schnell auch der Einsatz in verschiedenen ingenieurwissenschaftlichen Disziplinen durchgesetzt.

Naturwissenschaften

In den Naturwissenschaften greifen folgende Fachrichtungen häufiger auf zentrale Themen dieses Buches zurück:

- Chemie und Physik (Grundlagenfächer)
- Biochemie, Biotechnologie und Pharmazie *(„Life Sciences")*
- Meteorologie und Mineralogie (Geowissenschaften)

Die ersten beiden Angaben kommen hier zentral vor, letztere kaum. Bislang kommt die Biologie noch weitgehend ohne direkte Einbindung dieses Faches aus beziehungsweise übernimmt es indirekt über die Biochemie. Mit zunehmender Bedeutung der molekularen Biologie hat sich diese Situation bereits etwas geändert. Zukünftig wird die Physikalische Chemie in einer Weiterentwicklung wahrscheinlich auch als Teilgebiet eines biologischen Studiums zunehmend zu erwarten sein.

Ingenieurwissenschaften

In den Ingenieurwissenschaften sind es folgende Fachrichtungen, die im Wesentlichen technische Anwendungen der obigen Gruppen darstellen:

- Chemieingenieurwesen, Verfahrens-, Energie- und Umwelttechnik sowie auch Werkstoffwissenschaften (Anwendungen der Grundlagenfächer)

- Pharma- und Bioverfahrenstechnik (Anwendungen zu *Life Sciences*)
- Zudem spielen Anwendungen in der Bodenkunde, im Bergbau und der Hydrogeologie sowie auch im Bauingenieurwesen in Teilgebieten eine wichtige Rolle.

Die beiden erstgenannten Gruppen von Fachgebieten kommen anteilig alle auch im Rahmen der Biotechnologie oder im Bioingenieurwesen vor.

Fazit

Dieses Buch wurde für naturwissenschaftlich geprägte Studiengänge entwickelt. Aufgrund meiner Ausbildung überwiegt diese Sichtweise und der zugehörige Formalismus. Dies bedingt eine entsprechende Vermittlung der Inhalte. Die Biotechnologie steht dabei an der Schnittstelle von grundlagen- und anwendungsbezogenen Aspekten. Die Inhalte sollten daher vor allem für Studierende der Biotechnologie, Chemie sowie Biochemie, Pharmazie, Chemieingenieurwesen, Bioverfahrenstechnik oder *Life Sciences* Nutzen stiften können. Im Bereich Verfahrenstechnik/Maschinenbau dürften eher Werke zur Technischen Thermodynamik passend sein.

1.2 Lernhilfen und -kontrollen

Im Buch werden einige Unterstützungen angeboten, um den Lernprozess zu begleiten. Wichtig ist vor allem das aktive Bearbeiten der Themen, umsetzen müssen Sie es natürlich selbst, auch wenn gerade hier ein weit verbreiteter Irrtum vorherrscht. Nicht ein gut aufbereiteter Inhalt in einem Buch oder im Unterricht sorgen für einen guten Erfolg, sondern die oft holprige eigene Bearbeitung. Deshalb ist immer Mitdenken gefordert. Bei Fragen, sollten Sie sofort versuchen, diese über Nachblättern zu klären. Zur Unterstützung wird hierzu immer wieder in unterschiedlicher Form angeregt.

Hervorhebungen im Text

Fremdsprachige oder anderweitig festgelegte Begriffe werden in der Regel durch kursive Schreibweise (engl. *italics*) hervorgehoben. Neu eingeführte Begriffe werden bei der ersten Nennung (in einem Kapitel) in serifenloser Schreibweise gekennzeichnet. Letztere sind daher Textstellen, die sich über eine Suche aus dem Index leichter auffinden lassen.

Oft müssen umfangreiche Überlegungen, Begründungen oder Herleitungen erfolgen, bevor wichtige Aussagen klar getroffen werden können. Diese müssen nicht immer sofort vollständig abgearbeitet werden und können beim Nachschlagen teilweise nur im Ergebnis relevant sein. Damit diese größeren Blöcke als solche erkannt werden, sind sie von einem dünnen Rahmen umgeben.

Beispiel für eine eingerahmte Herleitung

Für eine beliebige Gerade $y = f(x)$ gilt als Grundannahme folgender Startpunkt:

$$y = f(x) = ax + b$$

Dies ist eine allgemeine Geradengleichung, die üblicherweise in einem $y(x)$-Diagramm aufgetragen wird, mit der Abzisse x und der Ordinate y.

Weiterhin kann durch Umformen auch eine Beziehung für x erhalten werden:

$$x = f(y) = \frac{y-b}{a} = \frac{1}{a} \cdot y - \frac{b}{a}$$

Daraus folgt, dass eine Geradengleichung bei Vertauschung der Achsen im Diagramm immer noch eine Geradengleichung bleibt. Es ändern sich aber Steigung und Achsenabschnitt entsprechend der obigen Angabe.

Um bei zentralen Formeln oder Passagen auf ihre übergeordnete Bedeutung hinzuweisen, werden diese eingerahmt und von einem fett hervorgehobenen Kommentar begleitet.

$$\boxed{A \cdot B = x \cdot Y \cdot Z} \quad \textbf{sehr wichtige Formel} \tag{1.1}$$

Dies soll Sie aber nicht davon abhalten, diesem Text auch mit Textmarkern zu Leibe zu rücken. Mein Lehrbuch der Physikalischen Chemie ist aus dem Studium voll mit Rahmen, Unterstreichungen und Kommentaren – daher nutze ich diese alte Auflage lieber als eine neue.

Eine Formel zu kennen, sie anwenden zu können und sie letztlich zu verstehen sind Abfolgen in einer Entwicklung. Um diese zu fördern und auch zu fordern (ohne Fleiß kein Preis;-), sind in den Text zahlreiche, einheitlich gekennzeichnete Verständnishilfen eingebaut. Dazu werden zentrale Aussagen als nummerierte Sätze gekennzeichnet. Weiterhin dienen nummerierte Anwendungsbeispiele und bei Bedarf ergänzende Anwendungsübungen der Erläuterung der Benutzung von wichtigen oder komplexen Sachverhalten. Zusätzlich werden Stolperfallen (typische Fehler) benannt. Hier folgen Beispiele um diese Verständnishilfen kennenzulernen.

Satz 1.1

Reaktionsgleichungen haben auf beiden Seiten die (stöchiometrisch) gleiche Anzahl von Elementbausteinen.

Beispiel 1.1

Die Elimination von Alkohol im Körper erfolgt durch Oxidation mit Sauerstoff zu Essigsäure.

$C_2H_5OH + O_2 \rightarrow CH_3COOH + H_2O$

Auf beiden Seiten der Reaktionsgleichung befinden sich zwei C-, sechs H- und drei O-Atome.

∎

Anwendungsübung 1.1

Die vollständige Umsetzung von Glucose ($C_6H_{12}O_6$) mit Sauerstoff erfolgt zu Kohlendioxid und Wasser.
Formulieren Sie die Reaktionsgleichung.

Obacht 1.1

Häufig werden die Stöchiometrien nicht überprüft oder die chemischen Randbedingungen falsch umgesetzt.
$$C_2H_5OH + 2\,H_2O \rightarrow CH_3COOH + 2\,H_2$$
Zwei H-Atome und ein O-Atom fehlen auf der Produktseite. Außerdem wird Wasserstoff fälschlich reduziert.

Sind Sie nur an den Herleitungen interessiert, kann ein Beispiel oder eine Übung zur Anwendung auch erst einmal überlesen werden. Spätestens, wenn Übungsaufgaben oder die Prüfung anstehen, sollten diese aber bearbeitet werden.

Kapitelstruktur

Jedes Kapitel stellt ein in sich weitgehend geschlossenes Thema dar. Es beginnt mit einleitenden Worten zu den geplanten Lernzielen des Kapitels. Diese Lernziele werden am Ende des Kapitels mittels Verständnisfragen wiederholend überprüft (wie gleich beschrieben). Gegebenenfalls wird dort auch auf notwendige Voraussetzungen und Besonderheiten hingewiesen oder mögliche Änderungen in der Reihenfolge der Bearbeitung.

Das Prinzip dieses Konzepts kann anschaulich durch ein überliefertes Zitat des deutschen Physikers Sommerfeld zur Thermodynamik (übersetzt nach Keszei 2012, siehe Lit. zu Kapitel 3) beschrieben werden: *„Thermodynamik ist ein komisches Fach. Das erste Mal, wenn man sich damit befasst, versteht man nichts davon. Beim zweiten Durcharbeiten denkt man, nun wäre alles verstanden, mit Ausnahme von ein oder zwei kleinen Details. Bei der dritten Bearbeitung bemerkt man, dass man fast gar nichts davon versteht, aber man hat sich inzwischen so daran gewöhnt, dass es einen von da an nicht mehr stört.“* Mit etwas Humor lässt sich diese Aussage ohne Weiteres auf alle Gebiete der Physikalischen Chemie übertragen.

Es gilt also, den gleichen Stoff dreimal zu durchlaufen, um eine brauchbare Routine zu gewinnen. Zusätzlich zu den kleinen Übungen im Text schließt deshalb jedes Kapitel mit zwei Abschnitten zur Überprüfung der Lernziele ab. Diese umfangreichen Lernkontrollen dienen zur Nacharbeitung des Kapitels und sollen vor allem auch zur Prüfungsvorbereitung benutzt werden. Zudem biete ich Ihnen an, zu diesen Durchläufen Notizen in Form einer kleinen Tabelle zu machen, damit Sie die Erfahrung von Sommerfeld für sich überprüfen können. In langjähriger Erfahrung zeigte sich, dass die Defizite oft an diesen Stellen aufgedeckt werden können. Lernen heißt, Fehler zu machen, sie zu verstehen und deswegen nicht zu wiederholen. Dabei bietet sich vor allem die Arbeit in einer Lerngruppe an, um möglichst klares Feedback zu erhalten und von den Fehlern der anderen zu profitieren. Andererseits sollten die Verständnisfragen und Übungsaufgaben gut geeignet sein, um für sich oder in der Gruppe schnell einen konkreten Start zu finden.

- Alles klar? – Verständnisfragen
- Gekonnt? – Übungsaufgaben

Außerdem bieten viele Lehrbücher zusätzliche Übungsaufgaben an (Empfehlungen dazu finden sich im Anhang, Abschnitt A.6).

Typischer Kapitelaufbau in Form von Kompetenzzielen

Die Abfolge listet mögliche Bausteine eines Kapitels auf. Am Anfang werden die Ziele festgelegt und am Ende ihre Erreichung überprüft. Dazwischen befinden sich je nach Bedarf anteilig weitere Bausteine in unterschiedlicher Reihenfolge, um die zielgerichtete Ausbildung bestimmter Kompetenzen zu fördern.

- Lernziele und Einleitung
- Kenntnis der wichtigsten Grundbegriffe und Definitionen
- Sichere Beherrschung grundlegender Zusammenhänge
- Verwendung der Formelsprache und Lösen von einfachen mathematischen Zusammenhängen
- Zuordnung und Zerlegung von konkreten Fragestellungen
- Prinzipielle Herleitung von Gesetzmäßigkeiten
- Grafische Darstellung von Daten und Simulation mittels Tabellenkalkulation
- Reflexion der Lernziele über Verständnisfragen
- Überprüfung der Sicherheit durch Lösung von Rechenaufgaben

Zusatzmaterialien

Viele der benutzten Formeln und Grafiken lassen sich relativ einfach mittels Tabellenkalkulation nachvollziehen. Nutzen Sie diese elegante und effiziente Möglichkeit zur Übung. Neben Excel kann es genauso Calc aus Libre/OpenOffice sein. Teilweise sind solche Übungen aufgrund meiner sehr positiven Erfahrungen damit direkt in die Übungsaufgaben dieses Buches aufgenommen.

Zur Kontrolle finden Sie viele solcher Dateien auch auf der zugehörigen Internetseite des Verlages. Benutzen Sie diese aber möglichst erst, nachdem Sie selbst ausprobiert haben. Teilweise erweisen sich die Beziehungen noch so komplex, dass Fehler unvermeidbar sind. Wenn Sie sich damit aber auseinandersetzen, kann erheblich dazugelernt werden.

Sollte Ihr Dozent oder Dozentin eine Formelsammlung oder andere Nachschlagewerke für die Prüfung erlauben, so haben Sie diese beim Lesen immer griffbereit. Durch Training damit wird deren Nutzen erheblich gesteigert.

2 Einführung in die Arbeits- und Denkweise

„Überall geht ein frühes Ahnen dem späteren Wissen voraus."
Alexander von Humboldt, 1769–1859

2.1 Zielsetzung

Die Physikalische Chemie hat schon vom Namen her eine Stellung zwischen Physik und Chemie. Sie versucht das Verhalten von Stoffen qualitativ und vor allem auch quantitativ zu beschreiben. Dazu werden die Erkenntnisse aus der Chemie mit den Methoden der Physik und Mathematik (einige mathematische Grundlagen werden im Anhang aufgeführt) kombiniert. Ziel ist es, Ordnung in die Vielfalt der stofflichen Vorgänge zu bringen und gleichzeitig exakte Vorhersagen über das Verhalten von Stoffen treffen zu können.

Mit diesem Kapitel sollen deswegen erst einmal grundlegende Vereinbarungen aus der Physik und Chemie in Erinnerung gerufen werden, um diese im Folgekapitel um die zentralen Begriffe und Definitionen der Physikalischen Chemie zu erweitern. Erfreulicherweise sind Schreibweisen, Symbole und Formeln auch in den unterschiedlichen Teilgebieten gut aufeinander abgestimmt. Damit das Ganze nicht ohne Anwendung bleibt, folgt dann die Benutzung am Beispiel der einfachsten Modellsysteme, nämlich dem Verhalten von Gasen. Somit wird die Struktur und Vorgehensweise in diesem Fachgebiet schon einmal bis hin zu einigen wichtigen Anwendungen erläutert.

Lernziele dieses Kapitels

- Den richtigen Umgang mit Einheiten und Größen pflegen.
- Einfache physikalische Eigenschaften von Gase abschätzen können.
- Verfeinerung durch Einflüsse von Wechselwirkungen verstehen.
- Die prinzipielle Vorgehensweise zu physikochemischen Modellen kennen.

2.2 Wichtige physikalische und chemische Grundlagen

2.2.1 Größen und Einheiten

Größen wie zum Beispiel Volumen, Druck oder Temperatur können den Zustand eines Systems charakterisieren (Zustandsgrößen) oder ihn beeinflussen (Zustandsvariablen). Die Zusammenhänge werden versucht, in Diagrammen und mathematischen Formeln zu beschreiben. Hierfür werden Symbole benutzt, um Begriffe in Kurzform zu benennen. Eine möglichst eindeutige Symbolik ist notwendig, um Verwechselungen vorzubeugen. Symbole und Definitionen von Größen werden deshalb international einheitlich in englischer Sprache festgelegt (siehe Cohen und Mills, 2007, Kap. 1). Glücklicherweise besteht mittlerweile dieses allgemein anerkannte internationale Gedankengebäude, welches hier vollständig übernommen wird. Damit arbeiten auch die wichtigsten Lehrbücher. Die Eigenart einiger Autoren oder Lehrkräfte, eigene (alte) Symbole weiter zu verwenden oder auch Definitionen, führt meist zu Verwirrung. Der Versuch diese ins Deutsche zu übertragen, erzeugt ebenfalls unnötige Doppelbenennungen und wird hier deshalb vermieden.

Jede Größe Q (englisch *quantity*) wird in Form eines Zahlenwertes multipliziert mit einer Einheit angegeben. Formal werden die Zahlenwerte einer Größe Q in geschweiften Klammern angegeben und die Einheiten in eckigen.

$$Q = \{Q\} \cdot [Q] \tag{2.1}$$

Eine Temperatur von $T = 273{,}15\,\mathrm{K}$ charakterisiert zum Beispiel den Schmelzpunkt von Wasser, dabei ist $\{T\} = 273{,}15$ und $[T] = \mathrm{K}$.

Im Buchsatz wird deshalb genau unterschieden, ob es sich um physikochemische Größen (*kursiv/„italics"*) oder deren Einheiten handelt (aufrecht/„roman"). Das Symbol T stellt zum Beispiel die Temperatur dar. Im Buchsatz werden Symbole für Größen kursiv gesetzt, für Einheiten wie K für Kelvin dagegen im aufrechten Satz („roman"). Teilweise werden wichtige Informationen in Reduktion auf nur einen Buchstaben in Indices wiedergegeben. Üblicherweise wird zusätzlich zum lateinischen noch das griechische Alphabet benutzt sowie durchgehend arabische Zahlen. Daher ist eine einheitliche Nutzung von Symbolen in der Physikalischen Chemie äußerst wichtig, um Klarheit zu schaffen. Alle wichtigen Schreibweisen dieses Buches finden sich im Symbolverzeichnis im Anhang A.7.1.

Tab. 2.1 Gebräuchliche Beispiele für unterschiedliche Arten von Größen in Physik und Physikalischer Chemie sowie deren jeweilige Symbole beziehungsweise Definition.

intensive	extensive	bezogene
Druck p	Volumen V	Dichte $\rho = m/V$
Temperatur T	Masse m	Molvolumen $V_{\mathrm{m}} = V/n$
Dielektrizitätskonstante ϵ	Stoffmenge n	Konzentration $c = n/V$

Intensive, extensive und bezogene Größen

Die Größen, die zur Beschreibung eines Zustandes benutzt werden können, teilen sich in zwei Gruppen auf. Die einen sind unabhängig von der Masse des Systems. Eine Verdoppelung des Systems bewirkt zum Beispiel keine Veränderung dieser Größen. Beispiele sind Temperatur und Druck; sie werden intensive Größen genannt.

Die andere Gruppe umfasst die extensiven Größen, die abhängig von der Masse des Systems sind. Damit sind alle Angaben, die direkt mit der Masse des Systems im Zusammenhang stehen extensive Größen, wie zum Beispiel die Masse selbst oder das Volumen. In der Chemie ist es zusätzlich vor allem auch die Stoffmenge.

Diese Einteilung wird auch durch die Schreibweise unterschieden. Intensive Größen werden mit Kleinbuchstaben symbolisiert, extensive dagegen durch Großbuchstaben. Leider haben sich historisch aber für viele übliche, technisch benutzte physikalische Größen bereits Ausnahmen entwickelt. Hier wichtige Abweichungen von der Regel sind insbesondere T für die Temperatur und m für die Masse sowie n für die Stoffmenge. Später wird bei den Größen der Thermodynamik diese Regel weit besser eingehalten werden.

Durch Division zweier extensiver Größen wird eine intensive erzeugt. Eine solche bezogene Größe ist damit ebenfalls unabhängig von der Masse bzw. Stoffmenge des Systems und wird in der Regel durch Kleinbuchstaben symbolisiert. Gut bekannt dürfte die Dichte ρ sein, die als Verhältnis von Masse zu Volumen berechnet wird. Einige exemplarische Beispiele zu diesen Unterscheidungen finden sich in Tab. 2.1.

Bezogene Größen werden in Tabellenwerken oder Datenbanken geführt, da sie allgemeingültig sind. In der Chemie ist die Verwendung von molaren Größen üblich, die auf die Stoffmenge bezogen sind. Sie werden durch den tiefgestellten Index „m" (für molar) oder alternativ durch Kleinschreibung des jeweiligen Größensymbols gekennzeichnet. In der Technik werden dagegen häufiger auf die Masse bezogene, spezifische Größen benutzt. Oft wird auch das Volumen als Bezugsgröße benutzt, wie bei der Dichte.

(SI-)Einheiten

Im internationalen wissenschaftlichen Gebrauch wurden Basiseinheiten durch das *Système Internationale d'Unités* (in EU-Amtssprachen als SI abgekürzt) auf der 11. Generalkonferenz für Maß und Gewicht 1960 festgelegt und eindeutig definiert (Trapp und Wallerus, 2006). Deren Definitionen sind durch äußerst exakte physikalische Messungen gegeben.

Tab. 2.2 International anerkannte und gesetzlich vorgeschriebene Basiseinheiten des *Système Internationale d'Unités* (SI-Einheiten).

Basisgröße	Einheit	Kurzzeichen	Definition über
Länge	Meter	m	Lichtgeschwindigkeit im Vakuum
Masse	Kilogramm	kg	Kilogramm-Prototyp
Zeit	Sekunde	s	Strahlungsübergang in ^{133}Cs
el. Stromstärke	Ampère	A	Kraft in einem Leitungssystem
Temperatur	Kelvin	K	1/273,16 des Tripelpunktes von Wasser
Stoffmenge	Mol	mol	12 g Masse von ^{12}C
Lichtstärke	Candela	cd	Lichtquelle definierter Frequenz

In Deutschland ist das SI-System 1969 als Gesetz allgemein gültig übernommen worden, und wird von der Physikalisch-Technischen Bundesanstalt (PTB) in Braunschweig gepflegt (PTB, 2007). Sieben Basisgrößen und ihre Einheiten sind so definiert (Tab. 2.2). In der Physikalischen Chemie werden alle Einheiten außer dem Candela ständig benutzt. Dabei wird das Ampère nicht ganz so häufig, vorwiegend in der Elektrochemie gebraucht.

Zusätzlich wurde im SI-System ein Satz von Vorsätzen (Präfixe) definiert, die Vielfache oder Teile der Einheiten gemäß ihrer dezimalen Potenz als Faktor beschreiben (Tab. 2.3). Eine Ausnahme ist das Kilogramm, welches mit dem Präfix zusammen als Basiseinheit definiert wurde und nicht das Gramm als solches. Dennoch werden weitere Bezeichnungen wie Milli- oder Nanogramm vom Gramm abgeleitet.

Tab. 2.3 Präfixe des SI-Einheitensystems, zum einen für Vielfache und zum anderen für Bruchteile der Einheiten. Angegeben ist jeweils die Zehnerpotenz, die Bezeichnung und das jeweilige Zeichen.

Vielfache				Bruchteile		
Faktor	Name	Zeichen		Faktor	Name	Zeichen
10^1	Deka	da		10^{-1}	Dezi	d
10^2	Hekto	h		10^{-2}	Zenti	c
10^3	Kilo	k		10^{-3}	Milli	m
10^6	Mega	M		10^{-6}	Mikro	μ
10^9	Giga	G		10^{-9}	Nano	n
10^{12}	Tera	T		10^{-12}	Piko	p
10^{15}	Peta	P		10^{-15}	Femto	f
10^{18}	Exa	E		10^{-18}	Atto	a
10^{21}	Zetta	Z		10^{-21}	Zepto	z
10^{24}	Yotta	Y		10^{-24}	Yocto	y

Tab. 2.4 Auswahl von weiteren wichtigen Einheiten in der Physikalischen Chemie oder angrenzenden Gebieten, mit Kurzzeichen und deren Verknüpfung zu den SI-Basiseinheiten.

Größe	Einheit	Kurzzeichen	Verknüpfung
Volumen	Kubikmeter (SI-konform)	m^3	
	Liter (im Labor)	l oder L	$1\,L = 1\,dm^3$
Masse	Gramm (im Labor)	g	$1\,g = 10^{-3}\,kg$
	atomare Masseeinheit	u	$1{,}6605655 \cdot 10^{-27}\,kg$
Kraft	Newton	N	$1\,N = 1\,kg \cdot ms^{-2}$
Druck	Pascal (SI-konform)	Pa	$1\,Pa = 1\,N \cdot m^{-2}$
	Bar (in Labor & Technik)	bar	$1\,bar = 10^5\,Pa$
	Atmosphäre[1] (in Technik)	atm	$1\,atm = 101325\,Pa$
Arbeit/	Joule (SI-konform)	J	$1\,J = 1\,N \cdot m$
Energie	Elektronvolt[2] (in Physik)	eV	$1\,eV = 1{,}6022 \cdot 10^{-19}\,J$
	Kilokalorie[3] (bei Ernährung)	kcal	$1\,kcal = 4{,}1868\,kJ$
Temperatur	Grad Celsius	°C	siehe Formel 2.2

[1] 1 atm entspricht dem Luftdruck auf Höhe des Meeresspiegels

[2] Produkt aus Elementarladung e und Einheit Volt; 1 eV pro Teilchen entsprechen 96,5 kJ/mol

[3] Wärmemenge zur Erwärmung von 1 kg Wasser bei 14,5 °C um 1 K

 Obacht 2.1
In Chemie und Physik gibt es viele sehr große Spannbreiten für die Zahlenwerte der betrachteten Größen. Daher sind nahezu alle SI-Präfixe aus Tab. 2.3 in Nutzung. Es ist sehr sinnvoll, die gebräuchlichsten davon auswendig zu lernen und immer wieder zu üben. Ein Fehler dort kann in der Praxis großen Schaden anrichten, wenn Angaben gleich um Zehnerpotenzen falsch benutzt werden.

Weitere allgemeine und in der Chemie übliche Angaben zu Relationen, insbesondere bei Konzentrationen, die bekannt sein sollten, sind:

- Prozent (Hundertstel), Symbol %
- Promille (Tausendstel), Symbol ‰
- *Parts per Million* (Millionstel), Symbol ppm

Von den SI-Einheiten wurden einige gebräuchliche Einheiten abgeleitet, die ebenfalls gesetzlich und in Normen festgelegt sind (Tab. 2.4). Außerdem gibt es einige Einheiten, die aufgrund ihrer Praktikabilität in Wissenschaft oder Technik sehr gebräuchlich sind. So wird die Temperatur viel üblicher in °C angegeben. Für den Druck wird in Labor und Technik meist bar verwendet und gelegentlich ist noch die veraltete Einheit Atmosphäre (atm) im Gebrauch.

Tab. 2.5 International übliche Temperaturskalen und Einheiten.

Skala nach	Entstehung	Symbol	Fixpunkte
Kelvin	1848	K	absoluter Nullpunkt und Wasser-Tripelpunkt
Celsius	1742	°C	Schmelz- und Siedepunkt von Wasser
Fahrenheit	1724	°F	Körpertemperatur und Winter in Danzig

Einheiten der Temperatur

Die Temperatur ist zwar eine allgemein übliche Erscheinung, die wir direkt wahrnehmen, die aber sicherlich nur wenige wirklich verstehen. Dabei ist sie eine der wichtigsten Größen der Physikalischen Chemie. Es ist für Rechnungen in diesem Fachgebiet enorm wichtig, die thermodynamische Temperatur und damit die Kelvin-Skala (Tab. 2.2) zu benutzen. Sie ist somit eine der wichtigsten, wenn auch vielleicht eine noch ungewohnte Einheit.

Angaben in Grad Celsius können helfen, die angegebenen Temperaturen besser einschätzen zu können. Für US-Amerikaner ist dazu immer noch die Fahrenheit-Skala maßgeblich. Die drei Skalen werden in Tab. 2.5 verglichen. Zur Messung der Temperatur wird die Beobachtung genutzt, dass Stoffe ihren Zustand mit der Temperatur ändern. Üblich ist die Angabe in der Celsius-Skala, die zwei Punkte fest definiert (Fest- und Siedepunkt von Wasser bei Atmosphärendruck) und dazwischen hundert Skalenteile vorsieht (°C), in der Thermodynamik erhält diese das Symbol θ.

Satz 2.1

In der Physikalischen Chemie wird ausschließlich mit der absoluten oder thermodynamischen Temperatur T in der Einheit Kelvin (K) gerechnet, deren Nullpunkt bei $-273{,}15\,°C$ liegt und die die gleiche Skaleneinteilung wie die Celsius-Skala benutzt.

$$\boxed{\frac{T}{\mathrm{K}} = \frac{\theta}{°\mathrm{C}} + 273{,}15} \qquad \textbf{thermodynamische Temperatur} \qquad (2.2)$$

Beispiel 2.1

Aus der obigen Gleichung 2.2 lässt sich mit nur wenig Übung auf die sonst unübliche Skala umschalten. Die Werte von der Celsius-Skala werden um obige Differenz verschoben. Aus 0 °C werden beispielsweise 273,15 K und aus 100 °C werden 373,15 K. In vielen Fällen werden die präzisen Nachkommastellen nicht mit aufgeführt; so werden zum Beispiel aus 25 °C dann 298 K sowie aus 37 °C entsprechend 310 K (alles recht häufig benutzte Werte). ∎

2.2.2 Ausgewählte chemische Grundlagen

Chemische Mengenangaben

Eine der wichtigsten chemischen Größen ist die Stoffmenge n. Sie ergibt sich aus dem Verhältnis von Teilchenzahl geteilt durch die Avogadro-Konstante ($N_A = 6,022 \cdot 10^{23}\ \text{mol}^{-1}$). Diese entspricht per SI-Definition der Anzahl von ^{12}C-Atomen in exakt 12 Gramm Kohlenstoff, der dazu hypothetisch nur aus diesem Isotop bestehen soll. Dadurch werden die unvorstellbar großen Teilchenzahlen in die gut zählbare Größe Stoffmenge mit der Einheit Mol überführt.

$$n = \frac{N}{N_A} \quad [n] = \text{mol} \tag{2.3}$$

Die übliche Messgröße ist allerdings zunächst die Masse m, welche wiederum über die Molmasse (auch molare Masse) mit der Stoffmenge verknüpft ist.

$$n = \frac{m}{M} \quad [M] = \frac{\text{g}}{\text{mol}} \tag{2.4}$$

Die Molmasse einer Verbindung wird oft auch als relative Molmasse M_r angegeben, die sich aus der Summe aller relativen Atommassen A_r der beteiligten Einzelbausteine ergibt. Dabei werden im meist nicht die sehr kleinen Teilchenmassen in der Einheit u angegeben, sondern die Massen für 1 mol des Teilchens oder der Verbindung. Das System ist aber so ausgestaltet, dass diese den gleichen Zahlenwert aufweisen. Für Kohlendioxid ergibt sich zum Beispiel eine Molekülmasse von 44,0 u eine Molmasse von 44,0 g/mol (einmal 12,0 und zweimal 16,0 g/mol) und für Natriumchlorid 58,5 g/mol (23,0 plus 35,5 g/mol). Die Nachkommastellen ergeben sich aus der natürlichen Isotopenzusammensetzung des jeweiligen Elementes. Ladungen müssen üblicherweise nicht berücksichtigt werden, da ein Elektron nur etwa den zweitausendsten Teil der Masse eines Protons oder Neutrons (jeweils etwa 1 u bzw. 1 g/mol) ausmacht. Somit wirkt sich dies erst in der dritten Nachkommastelle der Molmasse aus. So präzise wird nur in der Massenspektrometrie gemessen und gerechnet.

Lösungen und Konzentrationen

Häufig werden Stoffgemische behandelt, insbesondere homogene flüssige Lösungen. Diese sind sehr oft Lösungen in Wasser, weswegen hier ein eigenes Symbol für diesen Zustand eingeführt wurde: „(aq)". Dabei lösen sich vor allem polare sowie in Ionen trennbare (dissoziierbare) Stoffe (auch Elektrolyte genannt) in Wasser. Das allgemeine Symbol für Lösungen „(solv)" (für lateinisch gelöst: *solvatisiert*) ist außerhalb der Chemie eher selten in Gebrauch.

Für Lösungen wird der Gehalt einer Komponente in Labor und Technik in unterschiedlichen Konzentrationsangaben (Tab. 2.6) angegeben. In der Technik wird die Masse bevorzugt, in der Chemie dagegen die Stoffmenge. In diesem Buch werden später in Abschnitt 4.3.1 der relative Stoffmengenanteil (Molenbruch) und die real wirksame Aktivität als wichtige weitere Konzentrationsangaben der Physikalischen Chemie hinzukommen.

Tab. 2.6 Allgemein übliche Konzentrationsangaben für den Gehalt einer Komponente (Index "K") in flüssiger Lösung (Index "L") sowie Definition und Einheiten.

Größe	Symbol	Definition	SI-Einh.	übliche Einh.
Stoffmengenkonzentration	c	$c_K = n_K/V_L$	mol/m^3	mol/L
Massenkonzentration	γ	$\gamma_K = m_K/V_L$	kg/m^3	g/L
Gewichtsanteil[1]	w	$w_K = m_K/m_L$	1	% oder Gew.-%
Volumenanteil[2]	ϕ	$\phi_K = V_K/V_{ges}$	1	Vol.-%

[1] International mit Einheit wt. % (engl. *weight*)

[2] Achtung: V_{ges} ist nicht einheitlich festgelegt (V_L der Lösung bzw. Summe aller Ausgangsvolumina), weswegen die Einheit Vol.-% mit Vorsicht bzw. eindeutiger Erläuterung genutzt werden sollte.

Reaktionsgleichungen

Die Schreibweise von Reaktionsgleichungen ist eng angelehnt an die von mathematischen Gleichungen, allerdings ändert sich die chemische Zusammensetzung. Dafür steht der Reaktionspfeil, wie zum Beispiel in

$$Pb^{2+}(aq) + SO_4^{2-}(aq) \rightarrow PbSO_4(s)$$

Demnach sollen beide Seiten der Gleichung äquivalent sein. Die chemische Struktur wird durch die Angabe der Verbindungen und deren Ladung angegeben Oft werden sinnvollerweise die chemischen (Aggregat-)Zustände in Klammern ergänzt (Symbole der Aggregatzustände, siehe Tabelle 2.8). Einfache Beispiele wurden auch schon in Abschnitt 1.2 genannt.

Satz 2.2

In Reaktionsgleichungen steht auf beiden Seiten des Reaktionspfeils das chemisch Gleiche. Das heißt:

- *Gleiche Masse, also Anzahl von Teilchen (zumeist Elementbausteine/Atome)*
- *Gleiche Summe der Ladungen (wie auch der Oxidationszahlen)*

Gleichgewichtsreaktionen

Läuft eine Reaktion nicht vollständig ab, wird von einer Gleichgewichtsreaktion gesprochen, sie wird durch Doppelpfeile symbolisiert. Eine Schreibweise wie die folgende:

$$2\,H_2O(l) \rightleftharpoons OH^-(aq) + H_3O^+(aq),$$

symbolisiert, dass diese Reaktion nur zu einem Bruchteil abläuft. Dieser wird manchmal qualitativ dadurch angegeben, dass der Hin- oder Rückpfeil stärker betont wird. Exakter ist die Angabe einer Gleichgewichtskonstanten. Ist sie vom Zahlenwert her sehr klein, wie die für die oben genannte Eigendissoziation von Wasser ($K_W = 10^{-14}\,mol^2/L^2$, für 25 °C), so liegt das Gleichgewicht auf der Eduktseite. Die Konzentration der beiden Ionen in reinem Wasser kann daraus berechnet werden, da sich aus der Stöchiometrie der

Reaktionsgleichung ergibt, dass beide Komponenten im Verhältnis 1:1 gebildet werden. Damit ist $c(OH^-) = c(H_3O^+) = 10^{-7}$ mol/L (für reines Wasser bei 25 °C).

Die großen Spannbreiten von Konzentrationen und Gleichgewichtskonzentrationen in der Chemie werden durch die SI-Präfixe in Tab. 2.3 oder sonst oft logarithmisch angegeben. Dabei ist der dekadische Logarithmus (zur Basis zehn) bevorzugt, weil er sich gut im Kopf (oder auf dem Papier) abschätzen lässt. Da Konzentrationen fast immer Werte kleiner eins haben, wird der negative dekadische Logarithmus gebildet, wie zum Beispiel vom pH-Wert bekannt. Hier angegeben für reines Wasser und neutrale Lösungen:

$$pH = -\lg\left(\frac{c(H_3O^+)}{1\,\text{mol/L}}\right) = -\lg(10^{-7}) = 7 \quad \text{(für neutrale Lösungen bei 25 °C)}$$

Der pH-Wert ist also wie bekannt gleich sieben. Möglicherweise ungewohnt ist die Division durch die Einheit, was allerdings mathematisch zwingend erforderlich ist, da Logarithmen nur von Zahlen, aber niemals von Einheiten gebildet werden können. Analog kann dann auch der pK_W-Wert mit 14 angegeben werden, wenn zuvor durch das Quadrat der Konzentrationseinheit geteilt wurde. Mit den Logarithmenregeln (siehe auch Gleichung A.4 im Anhang) ergibt sich dann auch der pOH-Wert als

$$c(OH)^- = \frac{K_W}{c(H_3O^+)} = \frac{10^{-14}\,\text{mol}^2/\text{L}^2}{c(H_3O^+)}$$

$$pOH = pK_W - pH = 14 - pH \quad \text{(für 25 °C)}$$

Kehrt man die obige Reaktionsgleichung der Eigendissoziation in die Neutralisation um: $\qquad OH^-(aq) + H_3O^+(aq) \rightleftharpoons 2\,H_2O(l),$

dann ergibt sich für die zugehörige Gleichgewichtskonstante K_N exakt der Kehrwert ($K_N = K_W^{-1} = 10^{14}$ L^2/mol^2), weil Edukte und Produkte die Seiten getauscht haben. Die beiden Ionen reagieren im Gleichgewicht also praktisch vollständig zu Wasser; und weil das auch noch sehr schnell geschieht, wird es bei Titrationen im Labor genutzt.

In der Allgemeinen Chemie werden diese Beziehungen und die Aufstellung von Gleichgewichtskonstanten anhand von Regeln geübt, die auch hier sinnvoll sind. Wir werden diesen Regeln aber ein deutlich tieferes Verständnis hinzufügen, was allerdings noch eine gute Strecke Lernaufwand mit sich bringt. Dafür verspreche ich ein ganz anderes Verständnis und viel breitere Anwendungsmöglichkeiten, wenn wir im Abschnitt 4.5 angekommen sind.

Chemische Bindungen und Aggregatzustände

Die Chemie beschäftigt sich vor allem mit der Beschreibung von Stoffen und deren Umwandlungen. Verantwortlich für den Zusammenhalt von Atomen, Molekülen oder Ionen sind deren Elektronenhüllen und Ladungen. Diese können rein elektrostatisch oder quantenmechanisch wechselwirken. Daraus ergeben sich unterschiedliche Bindungsarten, die sich hinsichtlich Stärke und Reichweite unterscheiden. Die Wichtigsten sind in Tabelle 2.7 aufgelistet.

Tab. 2.7 Wichtigste chemische Bindungsarten bzw. Anziehungskräfte, die innerhalb von Stoffen den Zusammenhalt gewährleisten oder zwischen unterschiedlichen Teilchen.

Art der Wechselwirkung	Anziehung	Reichweite	Beispiel
Ionenbindung	stark	groß	$NaCl(s)$
kovalente Bindung	stark	sehr klein	C-H-Bind.
Metallbindung	stark	mittel	$Ag(s)$ und (l)
H-Brücke	mittel	sehr klein	$H_2O(l)$ und (s)
Dipol-Ladung	mittel	rel. groß	$Na^+(aq)$
Dipol-Dipol	schwach	mittel	$CO_2(s)$
induzierte Dipole	sehr schwach	klein	$N_2(l)$

Im weiteren Verlauf des Buches soll es möglich werden, die Stabilität von Bindungen oder Verbindungen nicht nur qualitativ sondern auch mit Zahlenwerten zu verbinden. Ihnen bereits bekannt sind allerdings sicher die drei wichtigsten **Aggregatzustände fest, flüssig und gasförmig**. Ihr Auftreten hängt ab von der Stärke der Anziehungskräfte zwischen Teilchen und der notwendigen Anordnung. Außerdem können sich diese bei Änderung der Temperatur oder Zusammensetzung ändern (z. B. Verdampfung, Kristallisation).

Anhand der unterschiedlichen Eigenschaften lassen sich die Zustände gemäß Tabelle Tab. 2.8 einteilen in **Fluide** (lateinisch: flüssig, fließend; leicht beweglich, daher "pumpbar"; demnach alle Flüssigkeiten und Gase) oder andererseits **kondensierte Phasen** (lateinisch: verdichtet; von hoher Dichte; also alle Festkörper und Flüssigkeiten). In der Mitte stehen die Flüssigkeiten, die sowohl Fluide als auch kondensiert sind. Ihre Eigenschaften sind daher ambivalent und lassen sich auch am schwersten theoretisch beschreiben.

Für Festkörper gibt es sehr viele komplexe Anordnungen, die meist mit berücksichtigt werden müssen (Ausnahme: Metalle). Am einfachsten ist der gasförmige Zustand, in dem die Anordnung der Teilchen keine Rolle spielt und die Anziehungskräfte zwar innerhalb der Teilchen wirken, aber kaum zwischen ihnen. Deswegen sind Gase das einfachste und beliebteste Modellsystem, um sich der Physikalischen Chemie anzunähern. Zudem wurden diese historisch auch als erstes recht gut beschrieben.

Dichte von Stoffen

Der auffälligste Unterschied zwischen Gasen und den kondensierten Aggregatzuständen ist deren geringe Dichte beziehungsweise großes Volumen. Um hier eine gewisse Vorahnung zu bekommen, sollen zunächst noch einige bekannte oder hilfreiche Dichten in Tabelle 2.9 betrachtet werden.

Es fällt auf, dass einige kondensierte Stoffe erhebliche Dichten erreichen. Als Kind habe ich irgendwann einen mit Wasser gefüllten 10-L-Eimer ohne Weiteres anheben können. Es ist kaum vorstellbar, dass ein 10-L-Eimer mit Osmium deutlich über 200 kg wiegen würde. Selbst Quecksilber wäre mit 136 kg kaum von der Stelle zu bewegen. Aus der Tabelle ist bei näherer Betrachtung erkennbar, dass zwei Ursachen für hohe Dichten verantwort-

Tab. 2.8 Einige Eigenschaften der Aggregatzustände, in denen Stoffe auftreten können sowie die sich daraus ergebende Aufteilung in Fluide bzw. kondensierte Phasen. Flüssigkeiten gehören in beide Kategorien. Deren Symbole sollten in internationaler Anlehnung möglichst nicht gemäß deutschen Abkürzungen benutzt werden.

Eigenschaft	fest	flüssig	gasförmig
Symbol; engl. Bez.	(s); *solid*	(l); *liquid*	(g); *gaseous*
sprachl. Herkunft	lat. *solidus*	lat. *liquidus*	griech. *chaos*
Volumen	klein	klein	groß
Dichte	hoch	hoch	gering
formstabil	ja	nein	nein
Festigkeit	hoch	gering	sehr gering
Fluid	**nein**	**ja**	**ja**
kondensiert	**ja**	**ja**	**nein**

lich sind. Die molaren Konzentrationen stehen für Packungsdichten der Formeleinheiten, sind diese hoch, ist auch die Dichte hoch. Hohe Packungsdichten werden bei Metallen (z. B. Eisen) und kovalenten Netzwerken (z. B. Graphit) erreicht. Der zweite Aspekt sind möglichst hohe Kernmassen der beteiligten Atome (z. B. Quecksilber). Treten beide diese Aspekte kombiniert auf, ergibt sich eine hohe Dichte. Fast alle organisch-/biochemischen Moleküle beinhalten ausschließlich leichte Kerne, somit sind deren Dichten auch im festen und flüssigen Zustand eher niedrig.

Ein gewaltiger Sprung ergibt sich unter Normalbedingungen von 0 °C und Atmosphärendruck für den Wechsel in den gasförmigen Aggregatzustand. Im Mittel sinkt die Dichte um etwa drei Zehnerpotenzen, Stoffe mit Dichten im Bereich von 0,01 bis 0,5 kg/L gibt es bei 0 °C und Atmosphärendruck nicht. Weiterhin interessant ist bei den Gasen, dass die Konzentration und damit die Teilchendichte in diesen Stoffen nahezu identisch ist, obwohl sich diese chemisch deutlich unterscheiden (He: Atom; Luft: unpolare zweiatomige Moleküle; CO_2: lineares Molekül mit symmetrischen Dipolen; SF_6: großes, oktaedrisches Molekül). Hier deutet sich das Avogadro'sche Gesetz an, dass im nächsten Abschnitt eingehender behandelt wird. Allerdings muss zum Beispiel die Temperatur mit berücksichtigt werden, dann ergeben sich andere Teilchendichten (siehe Wasserdampf).

Als Fazit ergibt sich, dass alle kondensierte Stoffe, nämlich alle Festkörper und Flüssigkeiten zwar anschaulich erscheinen, aber viel theoretisches Verständnis abverlangen. Die unsichtbaren Gase sind zwar in der Vorstellung schwieriger, aber viel leichter, sogar weitgehend unabhängig von der dahinterliegenden Chemie zu verstehen.

2.3 Gaseigenschaften und Ideale Gasgleichung

Am einfachsten und einheitlichsten ließen sich Gase historisch schon relativ früh beschreiben. Der gasförmige Zustand, in dem die Anordnung der Teilchen keine Rolle spielt ist

Tab. 2.9 Dichte von Stoffen der drei Aggregatzustände, die den möglichen Bereich weit abdecken. Wenn nicht anders angegeben, bei Normalbedingungen von 0 °C und Atmosphärendruck bestimmt. Zusätzlich ist die Formeldichte (oder chemisch: Konzentration) angegeben. Die Daten wurden auf das vertrautere Volumenmaß von einem Liter bezogen (entwickelt nach Tipler und Mosca, 2009, S. 494) sowie Daten aus Holleman et al. (2007); AIR LIQUIDE Deutschland GmbH (2007).

Stoff	Formel	Zustand	Dichte kg/L	Konzentration mol/L
Osmium	Os	(s)	22,6	119
Quecksilber	Hg	(l)	13,6	68
Blei	Pb	(s)	11,3	55
Eisen	Fe	(s)	8,0	143
Aluminium	Al	(s)	2,71	100
α-Quarz	SiO_2	(s)	2,65	44
Gesteine (Silikate)	divers	(s)	$\approx 2,5$	
Graphit	C	(s)	2,26	188
Kochsalz	NaCl	(s)	2,16	37
Knochen	divers	(s)	1,9	
Glucose	$C_6H_{12}O_6$	(s)	1,56	8,7
Wasser (4 °C)	H_2O	(l)	1,00	55,5
Wassereis (0 °C)	H_2O	(s)	0,92	51
Ethanol	C_2H_5OH	(l)	0,81	18
Eichenholz	divers	(s)	0,7	
Schwefelhexafluorid	SF_6	(g)	$6,63 \cdot 10^{-3}$	0,045
Kohlendioxid	CO_2	(g)	$1,98 \cdot 10^{-3}$	0,045
Luft	–	(g)	$1,29 \cdot 10^{-3}$	0,045
Wasserdampf (100 °C)	H_2O	(g)	$0,60 \cdot 10^{-3}$	0,033
Helium	He	(g)	$0,18 \cdot 10^{-3}$	0,045
Wasserstoff	H_2	(g)	$0,09 \cdot 10^{-3}$	0,045

nach wie vor das einfachste und beliebteste Modellsystem, um sich der Physikalischen Chemie anzunähern. Allen Gasen gemeinsam ist deren geringe Dichte, weswegen Sie als Stoff lange nicht richtig wahrgenommen wurden (vgl. Tab. 2.9). Nach deren Entdeckung waren die Untersuchungen und Experimente umso intensiver.

Tatsächlich haben Experimente mit Gasen den Grundstein für dieses Fachgebiet gelegt (siehe Tab. A.7). Teilweise wird das Thema Gase deswegen sogar ein wenig überstrapaziert, denn gerade in den biologienahen Disziplinen spielt es eine viel unwichtigere Rolle als in der chemischen Technik. In diesem Buch dienen die Gase vor allem dem didaktischen Ziel, einen ersten Einstieg in die Denkweise der Physikalischen Chemie zu ermöglichen. Dazu und später als einfaches Modellsystem zum Üben eignen sich ihre Eigenschaften hervorragend.

Tab. 2.10 Einige Gase, die technisch oder im Labor häufig Verwendung finden (alphabetisch).

Gas	Formel	Verwendungen
Ethin („Acetylen")	C_2H_2	Brenngas beim Schweißen
Argon	Ar	Schutzgas beim Schweißen, Metallherstellung
Helium	He	Laborgas, z. B. Gaschromatographie
Kohlendioxid	CO_2	Getränke, Löschmittel
Luft	–	Verbrennungen, Pressluft, biotechnol. Fermentationen
Methan	CH_4	Hauptbestandteil in Erdgas
Propan	C_3H_8	Camping-Gas, Brenner-Kartuschen
Sauerstoff	O_2	Verbrennung, Beatmung
Stickstoff	N_2	Schutzgas, Trocknung

Anhand der Beschreibung von Gasen lässt sich auch gut die Vernetzung von Physik und Chemie erkennen. Dabei werden grundlegende physikochemische Vorgehensweisen beispielhaft aufgezeigt, wie mathematische und theoretische Modellierungen. Mit dem Grundwissen zu Gasen, können später dann einige Erkenntnisse der Thermodynamik beispielhaft erläutert oder überprüft werden. In diesem Kapitel können aber auch schon einige wichtige Anwendungen erarbeitet werden.

2.3.1　Physikochemische Eigenschaften von Gasen

Beispiele für Gase

Das anschaulichste Beispielsystem ist seit je her die Luft, die uns umgibt. Außerdem gibt es einige Gase, die in Labor und Technik sehr häufig Verwendung finden. Deswegen lohnt es sich in jedem Fall etwas mehr von ihnen zu wissen. Einige Gase, deren Verwendung recht üblich ist, werden in der Tabelle 2.10 benannt. Die Luft der Atmosphäre ist für jeden von uns alltäglich vorhanden und lebensnotwendig. Dennoch wird sie meist erst dann wahrgenommen, wenn sie ausgeht, verunreinigt oder chemisch verändert ist. Ihre Hauptkomponenten Stickstoff (etwa vier Fünftel) und Sauerstoff (ein Fünftel) sind wahrscheinlich gut bekannt. Mittlerweile ist durch den Klimawandel sogar der Gehalt von Kohlendioxid bekannt (etwa 0,04 Vol.-%). Zusätzlich gibt es einige weitere Stoffe, die weniger bekannt sind, eine genauere normale Zusammensetzung wird später in Tabelle 4.4 noch angegeben.

Prototyp für Gase sind die Edelgase wie Helium und Argon; sie haben bereits als Atome eine ideale Elektronenhülle und gehen keine Bindungen ein. Typisch für alle anderen Gase ist ihr molekularer Aufbau. Zum Beispiel Sauerstoff, Stickstoff, Kohlendioxid und Methan bestehen aus Molekülen definierter Zusammensetzung (siehe Tab. 2.10). Die einzelnen Teilchen werden dabei durch die sehr starke kovalente Bindung zusammengehalten. Bei Gasen sind die atomaren Bausteine dann so günstig bezüglich der Elektronenhülle zusammengesetzt, dass weitere Interaktionen mit anderen Teilchen nicht mehr nötig sind.

Deswegen werden diese schon bei sehr niedrigen Temperaturen, weit unter 0 °C, gasförmig und kondensieren nur bei sehr tiefen Temperaturen (zum Beispiel Kohlendioxid-Eis
in der Polarregion auf dem Planeten Mars[1]). Entgegen den hohen intramolekularen Kräf-
ten innerhalb der Moleküle wirken zwischen ihnen (intermolekular) kaum Kräfte und die
Moleküle bewegen sich frei im Raum. Da sie unvorstellbar klein sind, bemerken wir auch
nichts weiter, obwohl wir in jeder Sekunde zahlreiche Zusammenstöße mit Gasmolekülen
haben.

Druck von Gasen und Luftdruck

Die Zusammenstöße von Gasmolekülen mit der festen oder flüssigen Umgebung sind die
molekulare Ursache für den dadurch ausgeübten Druck. Allgemein am bekanntesten dürfte der Luftdruck sein, der jeden Tag in Wettervorhersagen angeben wird. Die Moleküle
sind zwar klein und haben in Luft eine relativ geringe Dichte, dafür ragt die Atmosphäre
der Erde viele Hundert Kilometer in die Höhe. Dadurch ergibt sich eine Gewichtskraft,
die erstaunlicherweise etwa genauso groß ist, wie die einer Wassersäule von 10 m Höhe
(Definition der Einheit bar). Der Druck lässt sich als Gewichtskraft einer Flüssigkeitssäule mit bekannter Dichte ρ und einer definierten Höhe h ausdrücken (dabei muss noch
die Erdbeschleunigungskonstante $g = 9{,}81\ \mathrm{m/s^2}$ bekannt sein).

$$p\,(\text{Fluidsäule}) = \rho \cdot g \cdot h \qquad (2.5)$$

Der Druck einer gegebenen Gasmenge ist eine wichtige Größe bei vielen Anwendungen
in Chemie, Physik und Meteorologie oder in Medizin und Technik. Aus diesem Grund
gibt es mehrere unterschiedliche Einheiten diese Größe abzubilden. Für Messungen wurde lange Zeit eine Flüssigkeitssäule hoher Dichte benutzt und zwar Quecksilber (mit
$\rho = 13{,}6\ \mathrm{g/mL}$). Für den Luftdruck reichten damit 76 cm oder 760 mm aus. Daraus ist
die alte, teilweise in der Medizin für den Blutdruck noch anzutreffende Einheit Torr
entstanden. Der Luftdruck von 760 Torr wirkt aber nur auf Meereshöhe, da dort die maximal mögliche Luftsäule über einem steht. Auf höher gelegenen Punkten der Erde ist
der genaue Luftdruck aber niedriger. So hat zum Beispiel Alexander von Humboldt auf
seinen Reisen durch Süd- und Mittelamerika die Höhe über dem Meeresspiegel mittels
Druckmessungen bestimmt und konnte so schon recht genau einige Gipfel der Anden
vermessen.

Barometrische Höhenformel

Die Luft wird in der Höhe immer „dünner", was heißt, dass ihre Dichte abnimmt. Es
lässt sich zeigen, dass diese Abnahme nicht linear sondern exponentiell mit der Höhe über dem Meeresspiegel (Normalhöhennull, NHN) abnimmt (siehe zum Beispiel

---

[1]Näheres z. B. unter `http://www.scinexx.de/wissen-aktuell-12944-2011-02-04.html`

Tab. 2.11 Unterschiedliche Einheiten für den Druck, die neben der SI-Einheit Pa häufiger Verwendung finden.

Einheit	Symbol	in Pa	Herkunft	Verwendungen
Pascal	Pa	1	abgeleitet aus SI	Berechnungen
Bar	bar	10^5	10 m $H_2O(l)$-Säule	(Wasser-)Technik
Atmosphäre	atm	101325	Luft-Säule über NHN	(Gas-)Technik
Torr	Torr	133,3	1 mm Hg(l)-Säule	Medizin (Blutdruck)
Pounds per	psi	6895	amerikan. Maße	Geräte aus USA
square inch			pound und inch	z. B. in HPLC

Tipler und Mosca, 2009, S. 502). Die Abschätzung der immer geringer werdenden Dichte in der Atmosphäre führt zu der barometrischen Höhenformel, die die Höhe des ausgewählten Ortes über dem Normalhöhennull mit dem zugehörigen Luftdruck verknüpft.

$$\text{mit} \quad p\,(\text{Luft}) = p_0 \cdot \exp\left[-\frac{\rho_0 \cdot g \cdot h}{p_0}\right] \tag{2.6}$$

$$\text{folgt} \quad p\,(\text{Luft}) = 1013{,}25\,\text{mbar} \cdot \exp\left[-\frac{1{,}29\,\text{kg/m}^3 \cdot 9{,}81\,\text{m/s}^2 \cdot h}{1013{,}25\,\text{mbar}}\right] \tag{2.7}$$

$$\text{oder} \quad p\,(\text{Luft}) = 101325\,\text{Pa} \cdot \exp\left[\frac{-h}{7{,}9\,\text{km}}\right] \tag{2.8}$$

Demnach halbiert sich der Druck in etwa 5,5 km Höhe über NHN. Insofern geben alle Barometer und Wettervorhersagen falsche Werte an, wenn nicht von Orten auf Meereshöhe (mit 1013 mbar Normaldruck) gesprochen wird. Diese „Fälschung" wird bewusst eingesetzt, um relativ Drücke zu vergleichen. Sie fällt dem Normalbürger eigentlich nicht auf, verwirrt aber beim physikalischen Verständnis.

Die physikalische Definition des Drucks ist die einwirkende Kraft F auf eine Fläche A.

$$p = F/A \tag{2.9}$$

Die entsprechenden SI-Einheit für den Druck ist somit $N/m^2 = Pa$. Wir hatten bereits in Gleichung 2.5 die Gewichtskraft einer Fluidsäule auf eine gegebene Fläche eingesetzt. Die Fläche kürzt sich, da die Gewichtskraft der Säule proportional zu deren Grundfläche ist. Hieraus ergaben sich die alten Einheiten Torr und bar. Weiterhin wird über den Luftdruck auf Meereshöhe die alte Einheit Atmosphäre (atm) festgelegt. Da alle diese Einheiten nebeneinander in der Praxis ihre Berechtigung haben und daher weiterhin benutzt werden, soll Tabelle 2.11 die Zusammenhänge zwischen ihnen nochmals verdeutlichen.

Druck und Volumen als Zustandsgrößen

Genauer betrachtet ist die barometrische Höhenformel gemäß Gleichung 2.8 nur eine gute Näherung für den Luftdruck in großen Höhen. Vernachlässigt wurde nämlich die mit der Höhe sich ändernde Temperatur. Dadurch variiert die Dichte der Luft, was bei genauerer Betrachtung mit berücksichtigt werden kann. Der Druck eines Gases ist allgemein abhängig von der Stoffmenge sowie von Volumen und Temperatur.

$$p = f(n, V, T) \tag{2.10}$$

Eine Zustandsgleichung mit drei Variablen ist unhandlich, weswegen meist das molare Volumen V_m als spezifische Größe aus Volumen und Stoffmenge als Variable benutzt wird:

$$p = f(V_\mathrm{m}, T) \tag{2.11}$$

Damit kann der Zustand eines Gases in einem dreidimensionalen Diagramm wiedergegeben werden. Reduziert man weiter und betrachtet die Zustände bei konstanter Temperatur bzw. Molvolumen, ist ein zweidimensionales Diagramm ausreichend.

$$p = f(V_\mathrm{m}) \qquad \text{bei } T = \text{const, d.h. isotherm} \tag{2.12}$$

$$\text{oder} \quad p = f(T) \qquad \text{bei } V_\mathrm{m} = \text{const, d.h. isochor} \tag{2.13}$$

Zusätzlich gäbe es noch die Möglichkeit $p = \text{const}$ (isobar) zu betrachten. Dieser Fall ist mit den anderen beiden aufgrund der Abhängigkeiten untereinander aber schon festgelegt. Allgemein gilt, dass für ein beliebiges System zwei Zustandsvariablen, bei Mischungen ergänzt um Angaben zur Zusammensetzung, ausreichen, um das System im Gleichgewicht festzulegen (später benannt als Gibbsche Phasenregel, Gl.4.1).

Volumenarbeit

Gase sind zwar so leicht beweglich, dass anscheinend kein Widerstand vorhanden ist. Sicher haben viele aber schon einmal versucht, den Stempel einer leeren verschlossenen Spritze zu drücken oder eine große Tür zu schließen. Dabei ergeben sich merkliche Widerstände. Die Verdichtung von Luft und anderen Gasen erfordert also Krafteinsatz.

Arbeit W ist aus der Physik definiert als das skalare Produkt der Vektoren von Kraft $\vec{F}$ und Kraftweg $\vec{s}$. Sind beide Vektoren gleich gerichtet vereinfacht sich der Fall und es ergibt sich:

$$W = \int F \cdot \mathrm{d}s \tag{2.14}$$

Um das Volumen eines Gases zu ändern, muss sogenannte Volumenarbeit aufgewendet werden. Ein Gas kann auch selber Volumenarbeit leisten, indem es sich ausdehnt. Dazu stellen wir uns eine fiktive Modellapparatur vor. Gas soll sich in einem Zylinder mit einem reibungsfrei beweglichen Stempel der Fläche A befinden. Wenn sich das Gas ausdehnt, so muss eine dem äußeren Druck p_a entsprechende Kraft aufgewandt werden.

$$p_\mathrm{a} = \frac{F}{A} \quad \text{also} \quad F = p_\mathrm{a} \cdot A \tag{2.15}$$

Die Strecke, um die der Stempel gehoben wird, ist in ihrer Richtung der Kraft entgegengesetzt und ihr Betrag ergibt sich aus der Volumenänderung des Gases, geteilt durch die Stempelfläche A.

$$W_V = -\int_{V_1}^{V_2} p_a \cdot A \frac{dV}{A} = -\int_{V_1}^{V_2} p_a \cdot dV \qquad (2.16)$$

Wenn eine definierte Gasmenge als System festgelegt wurde und bei Ausdehnung Energie an die Umgebung abgibt, ist die Volumenarbeit damit definitionsgemäß negativ. Der Betrag der Volumenarbeit ergibt sich damit grafisch aus der Fläche in einem p, V-Diagramm im betrachteten Volumen-Intervall. Anwendungen dazu folgen nach der ausführlichen Beschreibung von Gaseigenschaften im Abschnitt 3.2.4.

2.3.2 Modellsystem vom idealen Gas

Das ideale Gasgesetz ist eine Näherung, aber eine, die sich sehr oft in der Praxis bewährt. Die Abschätzungen damit reichen für viele Anwendungen aus oder erlauben zumindest eine erste Orientierung. Es vereinheitlicht das Verhalten von Gasen unabhängig von deren chemischen Aufbau. Es kann damit sogar für Gasgemische, unabhängig von deren Zusammensetzung, benutzt werden. Daher ist es auch sehr gut für die Beschreibung insbesondere von Luft geeignet. Im folgenden Abschnitt 2.4 wird dann auf die Näherungen und Einschränkungen näher eingegangen, die dabei gemacht werden.

Historische Entstehung

Für isotherme Bedingungen haben Boyle und Marriotte im 17. Jh. durch Experimente folgenden Zusammenhang zwischen Druck und Volumen ermittelt:

$$p \cdot V = \text{const} \qquad (2.17)$$

Die Isobaren von Gasen wurden von Gay-Lussac untersucht und er fand folgende Gesetzmäßigkeit für das Gasvolumen in Relation zum Volumen bei 0 °C:

$$V_m(\theta) = V_m(0\,°C) \cdot \left(1 + \frac{\theta}{273,15\,°C}\right) \qquad (2.18)$$

Diese Gleichung wird in Abb. 2.1 veranschaulicht. Außerdem zeigt sich, dass die Änderung mit der Temperatur nur bis zu einer minimalen Grenze sinnvoll ist, da sonst das molare Volumen negative Werte annimmt. Damit wurde das erste Mal ein absoluter Nullpunkt für die Temperatur vorhergesehen.

Diese Erkenntnis legte den Grundstein zur Einrichtung der Kelvin-Skala, wie sie im Abschnitt 2.2.1 bereits erläutert wurde. Man kann die obige Formel dann entsprechend geändert darstellen.

$$V_m(T) = V_m(0\,°C) \cdot \frac{T}{273,15\,K} \qquad (2.19)$$

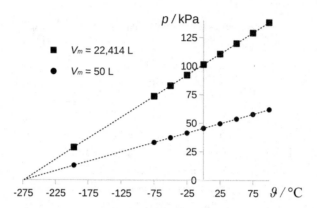

Abb. 2.1 Zwei Isochoren für das ideale Gas im Diagramm Druck in Abhängigkeit von der Temperatur. Das ideale Verhalten zeigt sich an der Lage der Punkte auf einer Geraden. Beide Geraden schneiden die Abzisse bei -273,15 °C, dem dadurch entdeckten absoluten Nullpunkt von $T = 0$ K. Die Isochore bei 22,414 L entspricht den Normbedingungen, weswegen sie bei 0 °C genau bei 100 kPa oder 1 bar die Ordinate trifft (vgl. Tab. 2.12).

Demnach ist das Molvolumen direkt proportional zur thermodynamischen Temperatur (in K). Erst im Jahre 1811 führten weitere Untersuchungen von Avogadro zur letzten entscheidenden Komponente. Er entwickelte die Hypothese, dass sich in einem bestimmten Volumen immer die gleiche Anzahl an Gasteilchen findet, was unabhängig von der Masse der Atome und der Größe der Moleküle der Fall sein sollte (Gesetz von Avogadro). Damit konnte er Messungen erklären, die bei Reaktionen gasförmiger Stoffe ganzzahlige Volumenverhältnisse der beteiligten Stoffe ergaben. Eine erstaunliche Entdeckung für die damalige Zeit, die unsere heutigen Vorstellungen von Molekülen erst geprägt hat. Nicht umsonst wurde nach ihm die Avogadro-Konstante N_A benannt. 1865 gelang es dann dem österreichischen Physikochemiker Loschmidt erstmals, die Größe von Molekülen größenordnungsmäßig abzuschätzen, womit die Zahl der Moleküle in einem Kubikzentimeter Luft (Loschmidtsche Zahl) bestimmt werden konnte. Die genannten Gesetzmäßigkeiten nach Boyle und Marriotte sowie Gay-Lussac, zusammen mit dem Gesetz von Avogadro, lassen sich in das ideale Gasgesetz als wichtigste allgemeine Zustandsgleichung für Gase verschmelzen.

$$\frac{p_1 \cdot V_{m1}}{T_1} = \frac{p_2 \cdot V_{m2}}{T_2} \quad \text{oder} \quad \frac{pV_m}{T} = \text{const} \qquad (2.20)$$

Das ideale Gasgesetz

Die historisch entwickelte Konstante, die die Gaseigenschaften verknüpft, wurde als allgemeine Gaskonstante mit R bezeichnet und mit 8,314 J/(K mol) ermittelt. Die übliche Schreibweise lautet dann wie folgt:

$$\boxed{p \cdot V = n \cdot R \cdot T} \quad \text{ideales Gasgesetz} \qquad (2.21)$$

Anwendungsübung 2.1

Benutzen Sie das Ideale Gasgesetz. Achten Sie dabei sorgfältig auf die Benutzung der richtigen Einheiten beziehungsweise Umformungen!

a) Schätzen Sie die Stoffmenge in einer vollgefüllten handelsüblichen Stahlflasche mit Stickstoff ab. Diese hat ein inneres Volumen von 20 L und wird bezogen auf die Normtemperatur von 15 °C bis zu einem Druck von 200 bar gefüllt.

b) Welches Volumen ergibt sich damit außerhalb der Flasche bei einem Luftdruck von 1 bar, wenn die Temperatur 25 °C beträgt? Wie lange könnten Sie damit also ein ESI-Massenspektrometer betreiben, das einen Volumenstrom von 10 L/min benötigt?

In der Chemie wird üblicherweise das Volumen auf ein Mol bezogen. Dieses Molvolumen kann für das Modell des idealen Gases in Abhängigkeit von Druck und Temperatur berechnet werden. Viele erinnern sich noch an die 22,414 L/mol, die in der Schule gelernt wurden oder wissen, dass dies als Konstante in ihrem Taschenrechner hinterlegt ist. Leider wissen wenige auch noch die zugehörigen Angaben der Zustandsvariablen. Dieser Wert gilt nämlich nur für 0 °C und einem Druck von einer Atmosphäre also 101325 Pa. Dieser sogenannte Normzustand (aus der deutschen DIN 1343) liegt aber vor allem im Winter am Strand vor, aber nicht gerade im Labor. Deswegen wäre es fast besser, einen anderen Wert zu lernen oder gleich eine umgeformte Variante des Idealen Gasgesetzes, mit dem beliebige Werte berechnet werden können und zwar gemäß

$$V_\mathrm{m} = \frac{R \cdot T}{p} \tag{2.22}$$

In Tabelle 2.12 werden einige weitere übliche oder praxisnahe Angaben zu Molvolumina bei entsprechenden Drücken und Temperaturen zur Orientierung angegeben. Das Molvolumen liegt also für übliche Bedingungen in Labor und Technik etwa zwischen 22 und 26 L/mol. Für extreme Temperaturen oder Drücke können sich diese Werte deutlicher verändern (siehe Angaben für Zugspitze in Tab. 2.12 oder rechnen Sie selbst).

Um das Ideale Gasgesetz grafisch abzubilden, liegen in Gl. 2.21 eigentlich zu viele Variablen vor. Der Druck wäre demnach abhängig von n, T und V; R ist ja eine Konstante. Teilweise werden dreidimensionale Grafiken gezeigt, aber unser Gehirn ist nur für zweidimensionale Bilder trainiert (auch wenn es 3D-Bilder rekonstruieren kann). Deshalb werden in der Physikalischen Chemie wie in der Physik überwiegend zweidimensionale Diagramme gezeigt (wie in Abb. 2.1). Besonders wichtig ist das Verhalten des Drucks in Abhängigkeit vom Volumen, es hat die Form einer Hyperbel, wie in Abb. 2.2 zu sehen ist. Sehr kleine Volumina werden bei hohen Drücken erreicht und umgekehrt. Eigentlich würde man hier vom Gefühl eher ein $V_\mathrm{m}(p)$-Diagramm erwarten. Die Achsen sind aber bewusst so gewählt, weil die Fläche in diesem Diagramm direkt ein Maß für die Volumenarbeit ist (Integration gemäß Gl. 2.16). Später werden noch modifizierte Diagramme dieser Art folgen.

Tab. 2.12 Molvolumina von Gasen für verschiedene Kombinationen von Temperatur T und Druck p gemäß dem Idealen Gasgesetz (nach Gl. 2.22). Ausgewählt wurden wichtige fest definierte Zustände und einige beispielhafte weitere Bedingungen.

θ in °C	T in K	p in hPa	V_m in L/mol	Zustandsdefinitionen (oder Beispielbedingungen)
Definierte Zustände				
0	273,15	1013,25	22,41	„Normzustand" der dt. DIN 1343
25	298,15	1000,00	24,79	„thermodyn. Standardzustand" (Abschn. 3.3.3)
15	288,15	1000,00	23,96	„Bezugszustand" der Gase-Industrie
Zusätzliche Beispiele				
20	293,15	960	25,4	Mittelwert in meinem Labor (495 m ü. NHN)
2,9	276,05	870	26,4	Jahresmittel auf dem Brocken (1141 m ü. NHN)
-4,8	268,35	693	32,2	Jahresmittel auf der Zugspitze (2962 m ü. NHN)

Die genannten Beziehungen gelten grundsätzlich nur unter der Annahme eines idealen Gases. Das heißt auf molekularer Ebene wird damit folgendes angenommen:

- zwischen den Gasteilchen herrschen keine Wechselwirkungen
- die Gasteilchen haben kein Eigenvolumen.

Diese beiden Annahmen für ein ideales Gas entsprechen nicht voll der Realität. Dennoch reicht in vielen Fällen die Beschreibung mit der Idealen Gasgleichung aus, was viele Betrachtungen erheblich vereinfacht. Sowohl im Labor wie auch in der Technik oder in der Meteorologie wird es daher oft angewandt, insbesondere bei nicht zu hohen Drücken

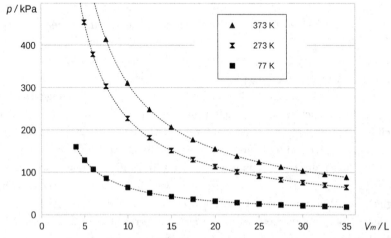

Abb. 2.2 Drei Isothermen für das ideale Gas im Diagramm Druck in Abhängigkeit vom Molvolumen. Das Verhalten entspricht einer Hyperbel, es gibt keine Schnittpunkte mit den Achsen, sondern eine kontinuierliche Annäherung. Dabei nimmt der Druck mit steigender Temperatur (Stickstoff am Siedepunkt, Normtemperatur und kochendes Wasser) proportional zu (siehe Abb. 2.1). Der Druck von 1 bar wird bei etwa 6; 22,4 bzw. etwa 30 L erreicht.

und moderaten Temperaturen. Grundsätzlich hilft es, erst einmal einen Überblick mittels Abschätzungen unter idealen Gesetzmäßigkeiten zu gewinnen, um dann über Verfeinerungen zu entscheiden.

 Beispiel 2.2

Wenn alle Gase nahezu das gleiche Molvolumen aufweisen, heißt das im Umkehrschluss, dass die Teilchen-Konzentrationen in Gasen ebenfalls nahezu gleich sein müssen (wenn Temperatur und Druck übereinstimmen, siehe Tab. 2.9). Als einfache Abschätzung können bei einem Molvolumen von 25 L pro Teilchen $V_\mathrm{m}/N_\mathrm{A} = 4{,}2 \cdot 10^{-26}\,\mathrm{m}^3$ abgeschätzt werden. Das entspräche einem Würfel der Kantenlänge von etwa 3,5 nm. Dieser ungefähre mittlere Abstand in Gasen ist für kleine Moleküle (Durchmesser von einigen Zehntel nm) relativ groß.

∎

Andererseits müssen sich dann die Dichten für unterschiedliche Gase unterscheiden.

$$\rho(\mathrm{Gas}) = \frac{m}{V} = \frac{M}{V_\mathrm{m}} = \frac{p \cdot M}{R \cdot T} \tag{2.23}$$

Entscheidender Unterschied ist dann einzig die Molmasse der Teilchen. Demnach hat zum Beispiel Helium eine deutlich geringere Dichte als Luft (Tab. 2.9) und kann als Auftriebsgas für Ballons benutzt werden. Kohlendioxid weist dagegen eine höhere Dichte als Luft auf und kann somit in Gärkellern, insbesondere in Bodennähe, zu Bewusstlosigkeit oder gar zum Erstickungstod führen.

2.3.3 Mikroskopisches Modell des idealen Gases

Warum übt ein Gas einen Druck aus bzw. nimmt ein bestimmtes Volumen ein? Stellt man sich das Gas als einen Raum mit einzelnen Atomen (analog auch für Gasmoleküle) vor, so sind diese Atome nicht in Ruhe, sondern bewegen sich mit hoher Geschwindigkeit im Gasvolumen. Damit hat jedes Atom drei translatorische Freiheitsgrade (durch Bewegung in den drei Raumrichtungen). Die Bewegungen der Gasatome stellen die thermische Energie der Atome dar, wenn die Temperatur deutlich über dem absolutem Nullpunkt liegt. Diese Bewegungen sind ungeordnet und im Mittel führen sie zu keiner makroskopischen Verschiebung. Das Gas hat also in einem festen Volumen überall die gleiche Dichte.

Im Rahmen der kinetischen Gastheorie stellt man sich vereinfacht die Atome als Massepunkte vor. Die Ausdehnung eines Atoms ist viel kleiner als das Gasvolumen. Die einzigen Wechselwirkungen sind Stöße der Atome untereinander oder mit einer Behälterwand. Diese Stöße sind elastisch, das heißt, dabei wird keine Energie ausgetauscht, nur die Bewegungsrichtung verändert.

Alternative Herleitung des Idealen Gasgesetzes

Der Druck eines Gases kann dann als Beitrag der Impulsüberträge pro Zeit auf die Behälterwand zurückgeführt werden. Der Gasdruck ist demnach die von den Gasatomen ausgehende Kraft pro Fläche der Wandung. Er nimmt mit steigender Atommasse m und mittlerer Geschwindigkeit $\bar{v}$ zu.

$$p = \frac{1}{3}\frac{N}{V} \cdot m\bar{v}^2 \qquad (2.24)$$

Dabei gehen noch die Teilchendichte (Teilchenzahl N pro Volumen) ein. Der Vorfaktor ein Drittel steht für den Bruchteil der Bewegungen in eine der Raumrichtungen. Drückt man diese Beziehung jetzt mit molaren Größen aus, d.h für eine Anzahl von 1 mol Atomen mit einem Molvolumen V_m:

$$p = \frac{1}{3}\frac{N_A}{V_m} \cdot m\bar{v}^2 \qquad (2.25)$$

Durch Umformen und Einführung der mittleren kinetischen Energie eines Gasatoms $\bar{E}_{kin}$ ergibt sich eine Beziehung, die mit dem empirisch gefundenen Idealen Gasgesetz für die makroskopische Sichtweise verglichen werden kann.

$$\text{mit} \quad \bar{E}_{kin} = \frac{1}{2}\,m\bar{v}^2 \qquad (2.26)$$

$$\text{folgt} \quad p = \frac{2}{3}\frac{N_A}{V_m} \cdot \bar{E}_{kin} \qquad (2.27)$$

$$\text{und} \quad p \cdot V_m = \frac{2}{3} \cdot N_A \cdot \bar{E}_{kin} = R \cdot T \qquad (2.28)$$

Zur Kontrolle wird noch eine Einheitenbetrachtung dieser Gleichung vorgenommen.

$$\text{Pa} \cdot \frac{m^3}{\text{mol}} = \text{mol}^{-1} \cdot \text{J} = \frac{\text{J} \cdot \text{K}}{\text{K} \cdot \text{mol}}$$

$$\frac{\text{N}}{\text{m}^2} \cdot \frac{\text{m}^3}{\text{mol}} = (\text{N} \cdot \text{m})/\text{mol} = \text{J/mol} \quad = \text{J/mol}$$

Es ergibt sich eine weitere Erkenntnis: Das Ideale Gasgesetz beschreibt nämlich ein Energiegleichgewicht. Auf der einen Seite steht quasi eine Volumenarbeit bei gegebenem Druck und auf der anderen die mittlere kinetische Energie bei einer gegebenen Temperatur. Der Druck des Gases (Stöße auf die Wandungen) ergibt sich damit aus der Temperatur. Eine Sichtweise, die sich ergibt, wenn das mikroskopische physikalische und das makroskopische chemische Bild des idealen Gases kombiniert werden. Der makroskopische und der mikroskopische Ansatz führen demnach zum gleichen Ergebnis, wenn sich die mittlere kinetische Energie eines Gasatoms über folgende Beziehung ausdrücken lässt.

$$\bar{E}_{kin} = \frac{3}{2}\frac{R}{N_A} \cdot T = \frac{3}{2} \cdot k_B \cdot T \quad \text{mit} \quad k_B = \frac{R}{N_A} \qquad (2.29)$$

Dabei ist k_B die Boltzmann-Konstante. Sie entspricht demnach der allgemeinen Gaskonstante R bezogen auf ein einzelnes Gasteilchen. Die mittlere kinetische Energie vom idealen Gas ändert sich damit nur mit der Temperatur. Die Anzahl der unabhängigen Freiheitsgrade F ist für die rein translatorische Bewegung in den drei Raumrichtungen gleich drei. Konkret trägt jeder translatorische Freiheitsgrad dann jeweils $1/2\ R \cdot T$ pro mol bzw. pro Teilchen $1/2\ k_B \cdot T$ bei. Diese Aussage kann verallgemeinert werden ohne hier näher darauf einzugehen. So erhöht sich die Anzahl bei Molekülen, weil zusätzliche Freiheitsgrade für Rotationen und Schwingungen hinzukommen und die Möglichkeit zur Energiespeicherung in den Teilchen erhöhen (dazu wird später im Abschnitt 3.2.3 noch ergänzt).

$$\bar{E} = \frac{F}{2} \cdot k_B \cdot T \tag{2.30}$$

Zunehmende Temperatur macht sich also bei Gasen durch eine erhöhte kinetische Energie bemerkbar. Damit bekommt die abstrakte makroskopische Messgröße Temperatur eine mikroskopische Deutung. Ohne es hier zu belegen, kann diese Aussage verallgemeinert werden. Eine Interpretation, die uns in diesem Buch an vielen Stellen wieder begegnen wird, da ihre Bedeutung weit über das Verständnis von Gasen hinausgeht. Sie werden noch sehen, die allgemeine Gaskonstante R (molar) beziehungsweise die Boltzmann-Konstante k_B (pro Teilchen) sind die zentralen Konstanten der Physikalischen Chemie.

 Satz 2.3
Die Eigenschaft Temperatur entspricht Bewegungen auf Teilchenebene.
Damit ist Wärme eine Energieform, nur ohne bevorzugte Ausrichtung
der wirkenden Kräfte.

Damit wird nun auch verständlich, dass es einen absoluten Nullpunkt der Temperatur geben sollte, von dem die Kelvin-Skala ausgeht. An diesem Punkt gibt es keine Bewegungsenergie mehr auf molekularer Ebene. Deshalb kann keine tiefere Temperatur erreicht werden. Selbst der absolute Nullpunkt kann praktisch nicht erreicht werden, was in Abschnitt 3.4.2 näher ausgeführt ist.

Beim idealen Gas wird die gesamte thermische Energie in Volumenarbeit umgesetzt. Es gibt keine weiteren Beiträge zur Energiebilanz. Damit wird aus dem mikroskopischem Bild verständlich, warum Gase mit geringen Wechselwirkungskräften (keine ausgeprägten permanenten Dipole) bei konstanter Temperatur nahezu das gleiche Volumen einnehmen bzw. gleiche Dichten haben, obwohl sie chemisch ganz unterschiedlich sein können (z. B. He, H_2, CO_2, SF_6 in Tab. 2.9).

2.4 Reales Verhalten von Gasen

Das ideale Gasgesetz löst viele Probleme, aber längst nicht alle. Daher wurden ab Ende des 19. Jahrhunderts auch weitere, verfeinerte Modelle entwickelt. Es gibt daraus keine einheitliche Lösung mehr. An diesen Modellen lassen sich aber sehr schön einige zentra-

Tab. 2.13 Abweichungen vom Idealen Gasgesetz für ausgewählte Gase bei einer Temperatur von 15 °C und zwei verschiedenen Drücken (Datenquelle AIR LIQUIDE Deutschland GmbH (2007, S. 140)). Meist liegen die Änderungen unter 10 % womit das Ideale Gasgesetz für Abschätzungen oftmals völlig ausreichend ist. Bei hohen Drücken (200 bar ist der Fülldruck handelsüblicher Gasflaschen) können aber vereinzelt auch gravierende Abweichungen auftreten. Teilweise gibt es diese Stoffe dann schon nicht mehr gasförmig, sondern sie liegen flüssig vor.

Gasart	Formel	Realgasfaktor Z(288 K)	
		bei $p = 10$ bar	bei $p = 200$ bar
Wasserstoff	H_2	1,006	1,13
Helium	He	1,004	1,09
Stickstoff	N_2	0,097	1,05
Sauerstoff	O_2	0,093	0,94
Argon	Ar	0,093	0,94
Methan	CH_4	0,98	0,80
Kohlendioxid	CO_2	0,95	flüssig
Ethan	C_2H_6	0,92	flüssig

le Konzepte und Vorgehensweisen in der Physikalischen Chemie lernen und verstehen. Insbesondere bei idealen Lösungen (Abschnitt 4.3) oder anderen flüssigen Mischungen (Abschnitt 4.4) und deren realen Verhalten werden diese Konzepte wieder aufgegriffen werden.

2.4.1 Virialansatz für reale Gase

Nach dem Idealen Gasgesetz ist das Produkt aus Druck und Molvolumen für eine bestimmte Temperatur eine Konstante und sollte unabhängig vom Druck sein.

$$\frac{p \cdot V_{\mathrm{m}}^{\mathrm{id}}}{R \cdot T} = 1 \qquad (2.31)$$

Betrachtet man dagegen Messwerte, so zeigen sich Abweichungen vom idealen Verhalten, weswegen von realen Gasen gesprochen wird. Diese Abweichungen hängen individuell von der Art des Gases ab und nehmen sowohl mit sinkender als auch steigender Temperatur zu, ebenso mit steigendem Druck. Außerdem sind Sie bei größeren Molekülen oder stärkeren Wechselwirkungen stärker ausgeprägt. Sie können als relative prozentuale Abweichungen angegeben werden oder werden als Realgas- oder Kompressibilitätsfaktor Z wie in Tab. 2.13 als Abweichung von eins beschrieben. Dieser Faktor entspricht dann der Abweichung des realen vom idealen Molvolumen.

$$\frac{V_{\mathrm{m}}^{\mathrm{real}}}{V_{\mathrm{m}}^{\mathrm{id}}} = \frac{p \cdot V_{\mathrm{m}}^{\mathrm{real}}}{RT} = Z(T, p) \qquad (2.32)$$

Er ist abhängig von der Art des Gases, aber zusätzlich auch von Temperatur und Druck.

Soll sehr exakt ein Gasvolumen oder dessen Druck oder Stoffmenge bestimmt werden, braucht es also kein ganz neues aber ein verfeinertes Modell. Es gibt zwei grundsätzlich

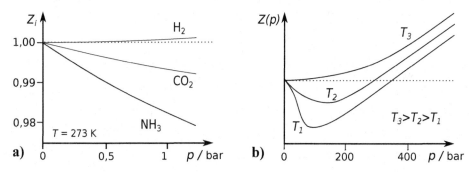

Abb. 2.3 Der Realgasfaktor Z zeigt für Gase deren Abweichung vom idealen Verhalten an, hier abhängig vom Druck. Ist **(a)** der Druck kleiner oder gleich dem atmosphärischen Luftdruck so ist der Verlauf nahezu linear (abgeschätzte Daten für die Normtemperatur von 0 °C übernommen aus Wedler und Freund (2012)). Dagegen zeigt **(b)** wie bei deutlich höheren Drücken nicht-lineare Anteile hinzukommen, deren Temperaturabhängigkeit qualitativ gezeigt wird.

verschiedene Herangehensweisen, eine experimentelle Abweichung von einem Modellansatz mathematisch zu erfassen. Der erste Weg ist eine rein mathematische Anpassung. Im Falle von realen Gasen wurde um 1900 ein sogenannter Virialansatz vorgenommen, der das ideale Gasgesetz um Korrekturterme erweitert, in denen das Produkt $p \cdot V_m$ mit steigenden Potenzen vom Druck abhängt.

$$p \cdot V_m^{\text{real}} = R \cdot T + B \cdot p + C \cdot p^2 + D \cdot p^3 + \dots \tag{2.33}$$

Die Konstanten B, C, D usw. werden als Virialkoeffizienten bezeichnet; der erste Koeffizient dabei ist $A = RT$. Mit dieser Gleichung kann man durch die Korrekturterme des Polynoms sehr genau anpassen, ohne allerdings gleich ein physikalisches Verständnis zu erlangen. Bei vielen Experimenten genügt eine einfache Korrektur mit nur einem zusätzlichen Koeffizienten um die Abweichungen anzunähern, zum Beispiel

$$p \cdot V_m = R \cdot T + B(T) \cdot p \tag{2.34}$$

Damit ergibt sich für die bereits genannte Ableitung ein korrigierter Wert ungleich null.

$$\left(\frac{\partial (p \cdot V_m)}{\partial p} \right)_T = B(T) \tag{2.35}$$

Diese Situation entspricht einem Realgasfaktor mit einem linearen statt konstantem Verlauf.

$$Z = 1 + B'(T) \cdot p \tag{2.36}$$

Virialkoeffizienten können experimentell für jedes Gas bestimmt werden. Bei Betrachtung von Werten, die bei hohen Drücken bestimmt wurden, ergibt sich das in Abb. 2.3b angedeutete kompliziertere Verhalten. Statt Z ist in diesem Diagramm $p \cdot V_m$ gegen p aufgetragen (Abb. 2.4), was die gleiche Form aufweist, aber für jede Temperatur verschoben. Die Steigung in dieser Auftragung sollte für ein ideales Gas gleich null sein.

$$\left(\frac{\partial (p \cdot V_m^{\text{id}})}{\partial p} \right)_T = 0 \tag{2.37}$$

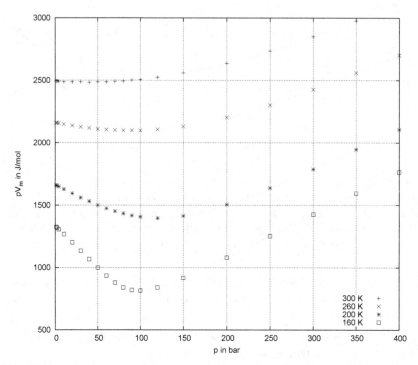

Abb. 2.4 Mehrere Isothermen im Diagramm pV_m gegen p für Stickstoff (Datenquelle: AIR LIQUIDE Deutschland GmbH (2007)). Das ideale Verhalten zeigt sich bei der Annäherung an $p = 0$. Bei 300 K verhält sich Stickstoff bis etwa 100 bar nahezu ideal. Bei 160 K sind deutliche Abweichungen als Steigung ungleich null erkennbar, und zwar mit unterschiedlichen Vorzeichen.

Für reale Gase ergeben sich Abweichungen davon. Grob qualitativ lässt sich dort wie auch schon in Abb. 2.3b erkennen, dass die Steigung der Isothermen negativ oder positiv sein kann. Und zwar bei kleinen Drücken eher negativ und bei hohen Drücken positiv. Diese beiden gegensinnigen Effekte weisen auf zwei entgegengesetzte Kräfte hin. Aufgrund des Ausschlusses von Wechselwirkungen beim idealen Gas, liegt es also nahe, Anziehungs- und Abstoßungskräfte zwischen den Gasmolekülen oder –atomen anzunehmen.

Bei sehr kleinen Drücken sind Wechselwirkungen ohne Relevanz, da die Teilchen sehr weit voneinander entfernt sind. Das Verhalten ist nahezu ideal. Bei zunehmendem Druck nehmen die Einflüsse unterschiedlich zu. Die entgegengesetzten Kräfte haben offensichtlich eine unterschiedliche Reichweite. Bei moderat zunehmendem Druck sind es zuerst die langreichweitigen Kräfte, offensichtlich die Anziehungskräfte, die sich bemerkbar machen. Das tatsächliche Volumen des Gases wird überproportional reduziert (und damit auch $p \cdot V_m$ oder Z). Bei sehr hohen Drücken nehmen die kurzreichweitigen Abstoßungkräfte stärker zu, das Volumen ändert sich weniger als die Druckerhöhung erwarten lässt.

Virialansätze sind generell einfache Modellansätze für physikochemische Probleme unterschiedlichster Art. Sie werden immer dann genutzt, wenn eine Geradengleichung nicht mehr ausreicht, um eine Abhängigkeit mathematisch zu beschreiben. Historisch stammen Sie aus der Zeit, in der noch keine Computer verfügbar waren. Sie lassen sich bei Ableitungen und Integrationen in ihre einzelnen Terme zerlegen und so kann die Gesamtlösung aus mehreren überschaubaren Rechnungen additiv zusammengesetzt werden. Aus diesem Grund finden sich in vielen Datenanpassungsprogrammen und auch in Tabellenkalkulationssoftware fast immer Möglichkeiten Polynome anzupassen.

2.4.2 Van-der-Waals-Gleichung

Ein erster physikalisch getriebener Ansatz, um das reale Verhalten von Gasen zu beschreiben, wurde von dem Holländer *van der Waals* im Jahr 1873 im Zuge seiner Dissertation entwickelt (Laidler, 1993). Er ging von der Idealen Gasgleichung aus und führte Korrekturterme für die beobachteten Abweichungen ein. Dabei werden die beiden vereinfachenden Annahmen für das Ideale Gas kompensiert.

Die Wirkung jeglicher intermolekularen Anziehungskräfte vermindert den ideal anzunehmenden Druck des Gases nach außen. Diese werden seither zusammenfassend als van-der-Waals-Kräfte benannt. Später konnte dann gezeigt werden, dass sie auf Wechselwirkungen von Dipolen oder induzierten Dipolen beruhen (manche Schulbücher ordnen diese fälschlich ausschließlich den erst 1931 beschriebenen Londonschen Dispersionskräften für induzierte Dipole zu). Sie können durch einen nach innen gerichteten Binnendruck p_{binnen} ausgedrückt werden, der unter Erhöhung des gemessenen Druckes p wirkt.

Des Weiteren vergrößert das Eigenvolumen oder Ausschließungsvolumen b des Gases das gemessene gegenüber dem idealen molaren Volumen, das eher den dazwischen liegenden Gasraum beschreibt. Das gemessene molare Volumen wird daher in der Van-der-Waals-Gleichung entsprechend vermindert.

$$p^{\text{id}} \cdot V_{\text{m}}^{\text{id}} = R \cdot T$$

$$\text{mit} \quad p^{\text{id}} - p_{\text{binnen}} = p \quad \text{und} \quad V_{\text{m}}^{\text{id}} + b = V_{\text{m}}$$

$$\text{folgt:} \quad (p + p_{\text{binnen}}) \cdot (V_{\text{m}} - b) = R \cdot T \tag{2.38}$$

Ausmultipliziert kann ein weiterer Vergleich mit dem Idealen Gasgesetz erfolgen.

$$pV_{\text{m}} - pb + p_{\text{binnen}}V_{\text{m}} - p_{\text{binnen}}b = RT$$

$$pV_{\text{m}} = RT + pb - p_{\text{binnen}}V_{\text{m}} + p_{\text{binnen}}b \tag{2.39}$$

Das Produkt $p \cdot V_{\text{m}}$ ist bei konstanter Temperatur generell keine Konstante wie beim idealen Gas. Bei hohen Temperaturen nimmt der Anteil der Korrekturterme ab und nähert sich somit an das ideale Verhalten an. Bei hohen Drücken erhöht sich die Abweichung vom idealen Verhalten. Zusätzlich verändert die betrachtete Temperatur die Situation, da sie die Energie pro Teilchen widerspiegelt.

Für seine beiden Korrekturterme lieferte van der Waals mittels einfacher Modelle noch Beziehungen zu deren Berechnung. Das Ausschlussvolumen b kann mit einem Modell von starren Kugeln angenähert werden. Die Mittelpunkte zweier gleicher Kugeln können sich höchstens auf den Abstand vom doppelten Radius aneinander annähern. Für das betrachtete Paar ist demnach ein Volumen vom achtfachen Molekülvolumen nicht zugänglich, bezogen auf ein Mol eines Moleküls muss noch der Faktor $0,5\,N_A$ eingefügt werden.

$$b = 0,5\,N_A\,\frac{4}{3}\pi(2r)^3 = N_A\frac{16}{3}\pi r^3 = 4 \cdot N_A \cdot V_{Kugel} \tag{2.40}$$

Damit wurde es möglich, aus Messwerten für das Gasverhalten, angenäherte Werte für Atom- bzw. Molekülgrößen zu berechnen.

Für den Binnendruck wurde kein Modell angenommen, sondern eine mathematische Anpassung. Die zugrunde liegenden Anziehungskräfte nehmen mit abnehmendem Volumen zu. Das heißt es muss eine inverse Beziehung zum Volumen vorliegen. Da zusätzlich bei sehr großem Volumen kein Einfluss des Binnendrucks und eine Annäherung an das ideale Verhalten vorliegt, bietet sich nach Gleichung 2.39 als einfachste Möglichkeit eine invers quadratische Abhängigkeit an.

$$p_{binnen} = \frac{a}{V_m^2} \quad \text{mit } a = \text{const} \tag{2.41}$$

Die Van-der-Waals-Gleichung kann damit folgendermaßen formuliert werden:

$$\left(p + \frac{a}{V_m^2}\right)(V_m - b) = RT \tag{2.42}$$

Nach Umformulierung und Multiplikation mit V_m^2/p zeigt sich, dass es bezogen auf V_m eine Gleichung dritten Grades ist. Das Volumen kann so nicht mehr direkt als Funktion von Druck und Temperatur umgeformt werden.

$$V_m^3 - \left(b + \frac{RT}{p}\right)V_m^2 + \frac{a}{p} \cdot V_m - \frac{ab}{p} = 0 \tag{2.43}$$

Das heißt, dass sich für einen gegebenen Druck bis zu 3 Werte für V_m ergeben. Nach p aufgelöst ergibt sich die folgende, wesentlich einfachere Form.

$$p = \frac{RT}{V_m - b} - \frac{a}{V_m^2} \tag{2.44}$$

Damit ist es nun möglich, $p(V_m)$-Diagramme für ein reales Gas nach van-der-Waals zu berechnen. In Abb. 2.5 ist dies am Beispiel von Kohlendioxid gezeigt.

Die Van-der-Waals-Gleichung gibt das Verhalten von Gasen schon recht gut wieder. Die Funktion beschreibt recht gut die Messwerte, wenn die Temperatur nicht zu tief oder der Druck zu hoch ist. Für diesen Bereich hat van der Waals noch ein weiteres Phänomen beschrieben, da sich seine Arbeiten mit Fluiden (vgl. Tab. 2.8), also Gasen und Flüssigkeiten beschäftigt haben.

2.4.3 Zweiphasengebiet und kritischer Punkt

Fluide im Modell nach van der Waals

Bei tiefen Temperaturen und kleinem Molvolumen fällt der Druck stark mit zunehmenden Volumen ab (Abb. 2.5). Ab einem bestimmten Punkt weicht das experimentelle Verhalten

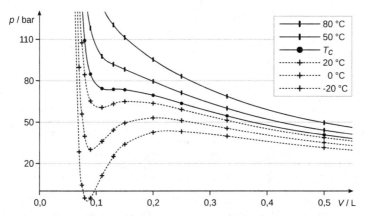

Abb. 2.5 Isothermen im $p(V_\mathrm{m})$-Diagramm, berechnet nach der Van-der-Waals-Gleichung für Kohlendioxid mit Parametern a und b gemäß Tab. 2.14 für verschiedene Temperaturen. Bei hohen Temperaturen ähnelt es einer $p(V)$-Hyperbel vom idealen Gas. Bei etwa 34 °C liegt die kritische Temparatur T_c von CO_2 und es wird ein Wendepunkt sichtbar (kritischer Druck etwa 74 bar). Darunter ergeben sich mathematisch Extrempunkte, aber der Verlauf ist nur noch anteilig sinnvoll (daher gestrichelt).

deutlich von der Van-der-Waals-Gleichung ab. Der Druck bleibt mit steigendem Volumen konstant. Dies ist begründet durch das Vorhandensein einer flüssigen Phase die mit einer gasförmigen Phase im Gleichgewicht steht. Eine Phase ist ein Bereich, innerhalb dessen keine sprunghaften Änderungen von makroskopischen physikalischen Größen wie Dichte, Brechungsindex oder Leitfähigkeit stattfindet. Meist ist die Phasengrenze nur wenige Molekülschichten dick und damit vernachlässigbar gegenüber dem Phaseninnern.

Die Volumenabsenkung führt zu einem kontinuierlichen Verdampfungsprozess bei konstantem Dampfdruck der flüssigen Phase. Man kann den Verlauf dieses sogenannten **Zweiphasengebietes** aus der Van-der-Waals-Gleichung ableiten und zwar müssen die Flächen über und unter dem waagerechten Verlauf gleich groß sein (da sie einer Volumenarbeit entsprechen). Der Bereich in dem der Druck mit zunehmenden Volumen ansteigt, entspricht nicht der physikalischen Erfahrung. Die Bereiche mit negativer Steigung im Zweiphasengebiet bis zu den Maxima sind tatsächlich beobachtbar und entsprechen einer überhitzten Flüssigkeit bzw. unterkühltem Dampf.

Des Weiteren erkennt man eine Isotherme, bei der gerade keine Kondensation mehr eintritt. Sie hat einen Wendepunkt, der am oberen Ende des Zweiphasengebietes liegt. Oberhalb dieser Temperatur tritt keine Verflüssigung mehr auf, eine Phasentrennung findet nicht mehr statt. Es gibt keine Unterschiede zwischen gasförmig und flüssig im überkritischen Gebiet. Wird ein Zweiphasengemisch in einem geschlossenen Gefäß über den kritischen Punkt erwärmt, so verschwindet schlagartig der Flüssigkeitsspiegel. Der **kritische Punkt** (engl. *critical point*) ist genau festgelegt durch die kritische Temperatur T_c sowie den zugehörigen kritischen Druck p_c und das kritische molare Volumen v_c. In dem p,V-Diagramm sind demnach vier unterschiedliche Gebiete zu unterscheiden: gasförmig, flüssig, zweiphasig und überkritisch. Dies ist in Abb. 2.6 noch einmal schematisch zusammengefasst.

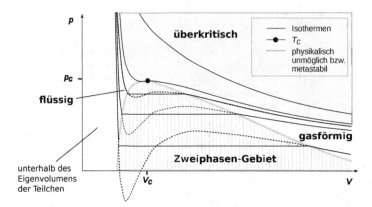

Abb. 2.6 Die vier möglichen Phasenbereiche im $p(V)$-Diagramm eines realen Gases. Die Isothermen sind als durchgezogene Linien gezeigt, zusätzlich sind abweichende Bereiche von gemäß der Van-der-Waals-Gleichung berechneten Verläufen gestrichelt eingetragen (vgl. Abb. 2.5). Die Isotherme bei der kritischen Temperatur trennt Zweiphasengebiet und überkritischen Bereich, die sich im kritischen Punkt berühren. Links davon befindet sich der Bereich mit nur Flüssigkeit und rechts der mit ausschließlich Gasphase.

 Obacht 2.2

Jenseits des kritischen Punktes sind (verdichteter) gasförmiger und (erhitzter) flüssiger Zustand identisch. Überkritische Fluide sind demnach weder Gase noch Flüssigkeiten sondern beides zugleich. Die Eigenschaften ähneln also einer Überlagerung von hoch verdichtetem Gas sowie einer Flüssigkeit mit erheblicher Teilchenbewegung.

Bestimmung der Van-der-Waals-Parameter aus dem kritischen Punkt

Aus den Daten für den kritischen Punkt lassen sich die Konstanten a und b der Van-der-Waals-Gleichung bestimmen. Da der kritische Punkt ein Wendepunkt ist, sind hier die erste und die zweite Ableitung der Zustandsgleichung gleich null.

$$\left(\frac{\partial p(V_{\mathrm{m}})}{\partial V_{\mathrm{m}}}\right)_{T} = \frac{-RT_{\mathrm{c}}}{(v_{\mathrm{c}} - b)^2} + \frac{2a}{v_{\mathrm{c}}^3} = 0 \tag{2.45}$$

$$\left(\frac{\partial^2 p(V_{\mathrm{m}})}{\partial V_{\mathrm{m}}^2}\right)_{T} = \frac{2RT_{\mathrm{c}}}{(v_{\mathrm{c}} - b)^3} - \frac{6a}{v_{\mathrm{c}}^4} = 0 \tag{2.46}$$

Werden beide Gleichungen nach Umstellung kombiniert, so kann durch Division weitgehend aufgelöst werden.

$$\frac{v_{\mathrm{c}} - b}{2} = \frac{v_{\mathrm{c}}}{3} \tag{2.47}$$

Tab. 2.14 Kritische Daten (Quelle: AIR LIQUIDE Deutschland GmbH, 2007) und gemäß Gl. 2.49 aus T_c und p_c berechnete Parameter b und a der Van-der-Waals-Gleichung für Gase unterschiedlicher Molekülgröße und Wechselwirkungen. Der kritische Koeffizient bietet ein Kriterium für das jeweilige Zutreffen des Modells nach van der Waals.

Gas	Formel	T_c	p_c	v_c	b	a	krit. Koeff.
		K	10^5 Pa	mL/mol	mL/mol	m^6 Pa mol^{-2}	(vdW: 0,375)
Wasserstoff	H_2	33,2	13,2	67	26	0,024	0,319
Helium	He	5,2	2,3	57	27	0,0035	0,302
Argon	Ar	151	49,0	75	32	0,14	0,291
Xenon	Xe	290	58,4	118	52	0,42	0,287
Stickstoff	N_2	126	34,1	89	38	0,14	0,290
Sauerstoff	O_2	155	50,4	73	32	0,14	0,288
Kohlendioxid	CO_2	304	73,9	94	43	0,37	0,276
Chlorwasserstoff	HCl	325	83,1	81	41	0,37	0,249
Wasser	H_2O	647	221	55	30	0,55	0,227
Ammoniak	NH_3	406	114	73	37	0,42	0,245
Methan	CH_4	191	46,0	99	43	0,23	0,286
Ethan	C_2H_6	305	48,7	147	65	0,56	0,282
Propan	C_3H_8	370	42,5	200	90	0,94	0,277

Nach weiterer Umformung ergibt sich die Lösung für das Ausschließungsvolumen b, mit dem durch Einsetzen auch a berechnet werden kann.

$$b = \frac{1}{3}v_c \quad \text{sowie} \quad a = \frac{9}{8}RT_c v_c \qquad (2.48)$$

Demnach entspricht das kritische molare Volumen dem Dreifachen des Ausschließungsvolumens. Das Ergebnis ist aber nicht eindeutig. Formt man das Gleichungssystem so um, dass statt des kritischen Volumens der kritische Druck verwandt wird (sowie jeweils die kritische Temperatur), ergeben sich nach Umformung alternative Beziehungen für a und b, die üblicherweise zur Berechnung benutzt werden:

$$b = \frac{RT_c}{8p_c} \quad \text{sowie} \quad a = \frac{27R^2T_c^2}{64p_c} \qquad (2.49)$$

In Tabelle 2.14 sind die Konstanten der Van-der-Waals'schen Gleichung für einige Gase dargestellt. Das Ausschließungsvolumen ist für kleinere Moleküle recht ähnlich. Es kommt nahe an die molaren Volumina der Flüssigkeiten (bleibt aber größer). Die Konstante a variiert dagegen sehr viel stärker, je nachdem welcher Art und demnach wie stark die Anziehungskräfte zwischen den Molekülen sind.

Grenzen des Modells nach van der Waals

Setzt man die im letzten Abschnitt bestimmten Beziehungen für die Parameter der Van-der-Waals'schen Gleichung (Gl. 2.49) in diese wieder ein, so ergibt sich folgende Beziehung:

$$\frac{p_c \cdot v_c}{R \cdot T_c} = \frac{3}{8}$$ (2.50)

Diese Beziehung müsste unabhängig von der Art des Gases gelten. Der sogenannte kritische Koeffizient sollte demnach stets $\frac{3}{8}$ oder 0,375 sein. Tabelle 2.14 gibt Werte für reale Gase an, die immer kleiner sind als der theoretische Wert (meist $< 0{,}3$), weil die Van-der-Waals-Gleichung eine verbesserte Näherung gegenüber dem Idealen Gasgesetz ist, aber keine abschließend exakte.

Unter der Annahme, dass die van-der-Waals'sche Gleichung gültig wäre, ließe sich aus Messungen der kritischen Punkte von Stoffen eigentlich eine veränderte Gaskonstante bestimmen.

$$R = \frac{8 p_c v_c}{3 T_c}$$ (2.51)

Würden R und die Beziehungen für a und b so in die Van-der-Waals-Gleichung eingesetzt werden, müsste sich eine allgemeine Gasgleichung, unabhängig von Stoffdaten, ergeben. Diese Idee wurde historisch unter dem Begriff „Theorem der übereinstimmenden Zustände" behandelt. Alle Zustandsgrößen könnten dann relativ angegeben werden, bezogen auf ihre Werte am kritischen Punkt. Ihr liegt die (letztlich falsche) Annahme zugrunde, dass die Wechselwirkungen zwischen den Stoffen einem universellen Prinzip unterliegen.

$$\left(\frac{1}{3} \frac{p}{p_c} + \left[\frac{v}{v_c} \right]^2 \right) \cdot \left(\frac{v}{v_c} - \frac{1}{3} \right) = \frac{8}{3} \frac{T}{T_c}$$ (2.52)

Der oben genannte Faktor von drei Achtel stimmt allerdings nicht mit den experimentell bestimmten Werten überein, die für Edelgase und kleinere Moleküle etwa um 0,29 liegen, wenn die Anziehungskräfte eher schwach sind (vgl. Tab. 2.14). Es zeigt sich, dass die Van-der-Waals-Gleichung zwar besser als das ideale Gasgesetz zutrifft, aber noch eine recht grobe Näherung für reale Gase ist. Die dort angegebenen Werte für a und b gemäß Gl. 2.49 weichen daher etwa 20-30 % von denen ab, wie sie über T_c und p_c (Gl. 2.48) alternativ bestimmt werden könnten.

Die Wechselwirkungen zwischen unterschiedlichen Molekülen sind nicht einheitlich in den Eigenschaften wiederzufinden, auch wenn es verschiedentlich gelingt, gute Näherungen für manche Stoffklassen zu erhalten. In Tabelle 2.14 zeigt sich die beste Übereinstimmung bei Atomen und näherungsweise kugelförmigen Molekülen mit geringen Anziehungskräften wie zum Beispiel Wasserstoff, Helium, Stickstoff oder Methan. Größere Moleküle und solche mit stärkeren Anziehungskräften weichen dagegen zunehmend ab.

Anwendungsübung 2.2

Schätzen Sie für eines der in Tab. 2.14 genannten Gase den Molekül-durchmesser unter Annahme einer Kugelform ab. Wählen Sie ein Gas, dessen Verhalten durch die Van-der-Waals-Gleichung vergleichsweise gut beschrieben werden kann.

Anwendungen von überkritischen Fluiden

Die Entdeckung eines überkritischen Zustandes durch den irischen Chemiker Andrews[2] war zunächst nur von theoretischer Bedeutung. Die Tatsache bereitet noch heute oft Probleme im Verständnis. Ist es nun flüssig oder gasförmig? Die Antwort lautet wie oben gesagt: beides. Zum Verständnis mag helfen, sich das Gas soweit verdichtet vorzustellen, dass es sich wie eine Flüssigkeit verhält. Andererseits ist die Temperatur so hoch, dass sich die Teilchen in der Flüssigkeit so schnell bewegen wie in einem Gas.

Mittlerweile gibt es eine ganze Reihe von Anwendungen für überkritische Fluide (engl. *supercritical fluids*, siehe zum Beispiel (Brunner, 2004)). Ihr Verhalten vereint Vorteile von Flüssigkeiten und Gasen, zum Beispiel hohe Löslichkeiten und niedrige Viskosität. Stand der Technik ist die Nutzung von CO_2 als unpolares Lösungsmittel im überkritischen Bereich (günstig: $T_c = 304\,K$). Es lässt sich gut nutzen, um unpolare Substanzen zu extrahieren – auch aus komplexen, biologischen Proben oder chemischen Synthesen. Im Anschluss kann CO_2 leicht als Gas oder durch Auswaschen mit Lauge wieder abgetrennt werden. Somit gibt es keine Lösungsmittelrückstände wie es bei herkömmlichen Prozessen mit Hexan der Fall ist.

Überkritisches CO_2 wird daher angewandt um Koffein aus Kaffee oder Tee zu entfernen sowie Inhaltsstoffe von Hopfen oder pharmazeutische Wirkstoffe anzureichern. Die geringe Temperatur wirkt sich dabei schonend auf die Stabilität der Moleküle bzw. Lebensmittel aus. Weitere Beispiele sind die Gewinnung von Gewürz- und Kräuterölen. Die pflanzlichen Rohstoffe werden dafür vorab meist getrocknet und gemahlen. Solche Extraktionen zur Probenvorbereitung werden auch in der Analytik eingesetzt. Außerdem gibt es zwischenzeitlich chromatografische Verfahren, in denen meist überkritisches CO_2 in der Pharmatechnik zur Anwendung kommt. Um die Trennleistung zu optimieren werden zusätzlich oft Alkohole als polare organische Lösungsmittel zugegeben.

In der Umwelttechnik ist die Dekontamination von mit Altlasten verseuchten Böden möglich. Neuerdings wird zudem die Nutzung zur Herstellung von Biodiesel und in einigen Recyclingverfahren untersucht. Mittlerweile gibt es viele Unternehmen, die überkritische Fluide bis zum großtechnischem Maßstab anwenden.

---

[2]Originalpublikation: Proc. Roy. Soc. 1875, 24, 455-63

Weitere Gasgleichungen

Sollten das Ideale Gasgesetz und auch die Van-der-Waals-Gleichung nicht ausreichend präzise sein, werden je nach Anwendung unterschiedliche weitere Beziehungen verwandt. Dies ist vor allem in der chemischen Verfahrenstechnik gängig, weil dort bei hohen Temperaturen, oftmals gekoppelt mit hohen Drücken gearbeitet wird. Neben erweiterten Virialansätzen nach Gl. 2.33 mit meist zwei Parametern $B(T)$ und $C(T)$ gibt es zahlreiche Ansätze, die in unterschiedlicher Art die vorherrschenden Wechselwirkungen modellieren (Baehr und Kabelac, 2012; AIR LIQUIDE Deutschland GmbH, 2007).

Weiterhin ist noch ein 1949 von Redlich und Kwong erweiterter van-der-Waals-Ansatz üblich (McQuarrie und Simon, 1999, ab S. 57).

$$p = \frac{RT}{V_\mathrm{m} - b} - \frac{a}{V_\mathrm{m}(V_\mathrm{m} + b)\sqrt{T}} \tag{2.53}$$

Hierbei haben die Parameter a und b eine ähnliche Bedeutung wie bei der Van-der-Waals-Gleichung, deren Werte sind aber nicht identisch. Sie lassen sich auch bei diesem Ansatz aus der Lage des kritischen Punktes bestimmen.

$$a = \frac{1}{9\left(-1 + \sqrt[3]{2}\right)} \cdot \frac{R^2 \cdot T_\mathrm{c}^{2,5}}{p_\mathrm{c}} \tag{2.54}$$

$$b = \left(-1 + \sqrt[3]{2}\right)\frac{RT_\mathrm{c}}{3p_\mathrm{c}} \tag{2.55}$$

Dabei ergibt sich der kritische Koeffizient als ein Drittel bzw. 0,33 und liegt damit deutlich näher an den Messwerten als im van-der-Waals-Ansatz mit 0,375 (siehe dazu Tabelle 2.14). Einige kompliziertere Gasgleichungen wurden darüber hinaus entwickelt, allerdings hat sich bislang keine allgemein gültige verbesserte Formel etablieren können.

2.5   Lernkontrolle

Selbsteinschätzung

Lesen Sie laut oder leise die Fragen und beantworten sie sich spontan in Hinblick auf Ihre Prüfung anhand von Kreuzen in der Tabelle. Tun Sie dies vorab sowie nach einer Bearbeitung der Verständnisfragen (VF) und noch einmal nach den Übungsaufgaben (Ü).

1. Den richtigen Umgang mit Einheiten und Größen pflegen.
2. Einfache physikalische Eigenschaften von Gasen abschätzen können.
3. Verfeinerung für reale Gase durch Einflüsse von Wechselwirkungen verstehen.
4. Die prinzipiellen Vorgehensweisen zur physikochemischen Modellierung von Gasen kennen.

Lernziel		1			2			3			4	
erreicht?[1]	vor	VF	Ü	vor	VF	Ü	vor	VF	Ü	vor	VF	Ü
sehr sicher												
recht sicher												
leicht unsicher												
noch unsicher												

[1] „vor" sowie nach Bearbeitung der Verständnisfragen („VF") bzw. Übungsaufgaben („Ü")

2.5.1 Alles klar? – Verständnisfragen

Erläutern oder erörtern Sie die folgenden Fragen zu Begriffen, Definitionen und Grundlagen. (Diese Lernkontrolle kann auch gut in einer Gruppe erfolgen)

Größen und Einheiten

- Was unterscheidet eine Größe und eine Einheit?
- Was ist das SI-System, welchen Nutzen hat es?
- Dürfen Einheiten außerhalb des SI-Systems benutzt werden?
- Wie wird aus einer extensiven Einheit eine intensive erzeugt?

Modellsystem Gase

- Wodurch ist das Ideale Gas gekennzeichnet?
- Welche Aussagen kombiniert das Ideale Gasgesetz?
- Wie kann das Ideale Gas in einem Teilchenmodell veranschaulicht werden?

Reales Verhalten von Gasen

- Was unterscheidet reale Gase vom Idealen Gas?
- Worauf basiert das Gasgesetz nach van der Waals?
- Unter welchen Bedingungen kann das Ideale Gasgesetz in der Praxis mit guter Näherung benutzt werden?

2.5.2 Gekonnt? – Übungsaufgaben

Größen und Einheiten

1. Stellen Sie die Einheit Watt für Leistung ausschließlich in SI-Basiseinheiten dar.
2. Geben Sie den Druck von 60 bar in den anderen Einheiten atm, psi, Pa und MPa an.

3. Was kennzeichnet ein geschlossenes System? Wieso ist es kaum möglich, einen Fermenter (Bioreaktor) als geschlossenes System zu führen?

Modellsystem Ideales Gas

1. a) Wieviele Argonatome atmet ein Mensch (typischer Atemzug von 0,5 L) bei einem Druck von 10^5 Pa und einer Temperatur von $37\,^\circ$C ein? Nehmen Sie einen Argongehalt von 0,9 Vol% für Luft und ideales Verhalten der Gase an.

b) Gedankenspiel: Angenommen, die Argonatome aus dem letzten Atemzug des griechischen Philosophen Plato hätten sich gleichmäßig in der Erdatmosphäre ($5 \cdot 10^{18}$ m^3 verteilt, wie lange würde es dauern, bis man eines dieser Atome einatmet? Als Atemfrequenz soll ein mittlerer Wert von 10 Atemzügen pro Minute angenommen werden.

2. Schätzen Sie den Luftdruck auf Höhe der Zugspitze ab (Höhe über NHN selbst recherchieren). Damit können Sie für eine Temperatur von $0\,^\circ$C das Molvolumen berechnen. Wie viel höher muss demnach etwa die Atemfrequenz sein als in München bei $15\,^\circ$C, um die gleiche Sauerstoffmenge aufzunehmen?

3. Die Dichte einer gasförmigen Substanz wird experimentell bei $30\,^\circ$C und einem Druck von 200 mbar zu 1,23 Gramm pro Liter bestimmt. Welche mittlere Molekülmasse hat die Verbindung unter Annahme von idealem Verhalten.

4. Eine Stickstoffflasche mit 20 L Volumen wurde bei der Bezugstemperatur ($15\,^\circ$C) bis 200 bar gefüllt. Zur Abgabe soll die Stahlflasche noch einen Restdruck von 5 bar aufweisen. Welche Stoffmenge ist maximal etwa verfügbar? Wie groß ist etwa der Bestimmungsfehler bei Nutzung des Idealen Gasgesetzes?

Reales Verhalten von Gasen

1. Ein Gas habe ein kritisches Volumen von 160 cm^{3}mol^{-1} und einen kritischen Druck von 39,5 bar.

a) Durch welche Eigenschaften ist der kritische Punkt charakterisiert?

b) Warum sind überkritische Fluide von steigendem technischem Interesse? Geben Sie ein Beispiel. Was ist vor- und nachteilig bei deren Anwendung?

c) Gehen Sie von einem van-der-Waals-Verhalten aus und berechnen Sie die kritische Temperatur. Wie groß ist der Radius der Moleküle, wenn Sie als kugelförmig angenommen werden?

2. Berechnen Sie den Druck, der für 600 g CO_2 bei $40\,^\circ$C in einem Volumen von 5180 mL herrscht. Berechnen Sie außerdem das Volumen unter einem Druck von 10,13 MPa bei ebenfalls $40\,^\circ$C. Verwenden Sie dazu

a) die ideale Gasgleichung.

b) die Van-der Waals-Gleichung (für CO_2 ist $a = 364$ kPa dm^6 mol^{-2} und $b = 0,0427$ dm^3 mol^{-1}). Bei der Volumenbestimmung ist eine Iteration in den Grenzen des experimentellen Wertes (945 mL) und dem Wert gemäß dem Idealen Gasgesetz zweckmäßig. Dies kann manuell oder mit einer Tabellenkalkulation erfolgen.

c) Vergleichen Sie die Ergebnisse mit dem experimentellem Wert. Skizzieren Sie dazu alle Punkte in einem p(V)-Diagramm.

2.6   Literatur zum Kapitel

(Erstautoren in alphabetischer Reihenfolge)

AIR LIQUIDE Deutschland GmbH. 1x1 der Gase, Firmenschrift, 2007.

H. D. Baehr und S. Kabelac. *Thermodynamik.* Springer Vieweg, Berlin und Heidelberg, 2012.

G. Brunner. *Supercritical fluids as solvents and reaction media.* Elsevier, Amsterdam and Boston, 2004.

E. R. Cohen und I. Mills. *Quantities, units and symbols in physical chemistry.* RSC Publ., Cambridge, 2007.

A. F. Holleman, E. Wiberg, und N. Wiberg. *Lehrbuch der anorganischen Chemie.* de Gruyter, Berlin, 2007.

K. J. Laidler. *The world of physical chemistry.* Oxford Univ. Press, Oxford und New York, 1993.

D. A. McQuarrie und J. D. Simon. *Molecular thermodynamics.* Univ. Science Books, Sausalito, 1999.

PTB. Die gesetzlichen Einheiten in Deutschland, 2007. URL www.ptb.de.

P. A. Tipler und G. Mosca. *Physik.* Spektrum, Heidelberg, 2009.

W. Trapp und H. Wallerus. *Handbuch der Maße, Zahlen, Gewichte und der Zeitrechnung.* Reclam, Stuttgart, 2006.

G. Wedler und H.-J. Freund. *Lehrbuch der Physikalischen Chemie.* Wiley-VCH, Weinheim, 2012.

3 Basis der Thermodynamik

Übersicht

„Wenn Millionen arbeiten, ohne zu leben,
wenn Mütter den Kindern nur Milchwasser geben –
das ist Ordnung.
Wenn Werkleute rufen: »Laßt uns ans Licht!
Wer Arbeit stiehlt, der muß vors Gericht!«
Das ist Unordnung."
Kurt Tucholsky (1890–1935), in *Ruhe und Ordnung*

3.1 Zielsetzung

Dieses und das folgende Kapitel bilden eine zentrale Einheit. Es gibt zahlreiche Erfahrungswerte aus Beobachtungen von Stoffen bei unterschiedlichsten Bedingungen. Diese Beobachtungen können Änderungen des Aggregatzustandes (z.B. Sieden), die bei Reaktionen freigesetzte Wärme oder insbesondere auch die Lage von chemischen Gleichgewichten sein. Thermodynamik liefert keine Erklärungen für diese Phänomene, ist aber ein mächtiges Rüstzeug zur Berechnung von Größen, für die eigentlich aufwändige Messungen in Experimenten nötig sind.

Dafür ist es anfangs wichtig, die Begriffe für Stoff- und damit gekoppelte Wärmeänderungen richtig zu lernen. Mit diesen Rahmenbedingungen ist es bereits möglich, den Formalismus der Thermodynamik richtig zu verwenden und Wärmeänderungen ohne Experiment zu berechnen. Durch Hinzufügen der Entropie, einer aus der Erfahrung zunächst schwer verständlichen Größe, bekommt die Wärmelehre eine ungeahnte Universalität für alle denkbaren Prozesse. Möglicherweise ist Sie Ihnen vereinfacht, als Maß für

Unordnung, schon bekannt. Mit ihr ergibt sich ein umfangreiches System, um unter anderem chemische Gleichgewichte zu beschreiben. Die Anwendungsmöglichkeiten werden im Folgekapitel eingehend beschrieben.

Lernziele dieses Kapitels

- Grundbegriffe und Definitionen der Thermodynamik kennen.
- Wissen wie Wärmeeffekte von Volumenänderungen bei Gasen und Stoffumwandlungen beschrieben sowie mathematisch formuliert werden.
- Wissen wie Wärmeeffekte von Reaktionen gemessen und über thermodynamische Datenbanken bestimmt werden können.
- Die Bedeutung von Entropie, Freier Enthalpie und der funktionellen Verknüpfung aller Zustandsfunktionen und -variablen kennen.

3.2 Wärme, Energieerhaltung und der Erste Hauptsatz

3.2.1 Grundbegriffe der Thermodynamik

Die Thermodynamik ist vor allem auch ein System von exakten Definitionen, um Effekte nicht nur beschreiben sondern auch berechnen zu können. Dieses Ordnen war eine wesentliche Arbeit der Gründer der Physikalischen Chemie und führte damals zu erheblichen Auseinandersetzungen. Glücklicherweise ist diese Phase längst abgeschlossen und es ist heute ausgesprochen wichtig, die anfänglich abstrakten Begriffe eindeutig zuzuordnen, um das Gedankengebäude der Thermodynamik richtig verstehen zu können.

Thermodynamik

Zunächst soll noch der Begriff Thermodynamik selbst erläutert werden. Es handelt sich um einen historisch geprägten Begriff. Er ist entstanden zur Zeit der beginnenden Nutzung von Dampfmaschinen als Wärmekraftmaschinen. Wärme wurde zuvor noch als Stoff angesehen (der mit Mechanik beschrieben werden kann). Zunehmend setzte sich Mitte des 19. Jahrhunderts die Vorstellung von Wärme als Form von Bewegung (Dymamik) durch. Als erster benutzte Thomson (der spätere Lord Kelvin) im Jahre 1849 den Begriff *thermo-dynamic* (Laidler, 1993).

Seither ist die Thermodynamik ein Teilgebiet der klassischen Physik. Im deutschen Sprachraum wurde sie auch als Wärmelehre bezeichnet. Aus den Grundlagen der Thermodynamik hat sich seither ein mächtiges System entwickelt, dass neben der Physik, vor allem in der Chemie wie auch der Verfahrenstechnik weiter vorangetrieben wird. Der historische Name ist im Umfeld der Chemie etwas irreführend, aber er ist absolut üblich und es geht immer noch um Wärme und Kräfte.

Tab. 3.1 Systembezeichnungen in der Thermodynamik in Bezug auf die Möglichkeit Materie oder Energie auszutauschen.

Systemart	Materie-Austausch	Energie-Austausch	Abb.-Nr.
offen	ja	ja	3.1a
geschlossen	nein	ja	3.1b
abgeschlossen oder isoliert	nein	nein	3.1c

System und Umgebung

Zuallererst gilt es zu erklären, worüber Aussagen getroffen werden. Das sogenannte System ist dabei ein heraus gegriffener Teil der Welt, für den eine Beschreibung gefunden werden soll. Um die Dinge möglichst einfach zu gestalten, wird alles nicht Dazugehörige aus dem System ausgeklammert und als Umgebung bezeichnet. Wichtig ist, sich im Klaren zu sein, wo die Trennlinie zwischen System und Umgebung verläuft.

Voraussetzung für ein System ist, dass es makroskopisch groß ist, das heißt die Teilchenzahl darin, muss so hoch sein, dass sich das wahrscheinlichste Gesamtbild statistisch ergibt. Ein einzelnes oder nur wenige Moleküle können nicht als System im thermodynamischen Sinn definiert werden. Es sind zu wenig Bausteine, um Systemeigenschaften zu entwickeln, die sich aus dem mittleren Verhalten der atomaren oder molekularen Bausteine ergibt. Meist haben wir es in Chemie und Biologie mit vielen Millionen oder noch deutlich mehr Teilchen zu tun.

Dies voraus geschickt, werden drei prinzipiell unterschiedliche Arten von Systemen unterschieden (siehe Tab. 3.1 und Abb. 3.1), je nachdem in wie weit Materie oder Energie (in Form von Arbeit oder Wärme) mit der Umgebung ausgetauscht werden können. Ein Beispiel für ein offenes System wäre ein offenes Reaktionsgefäß, in das Stoffe gefüllt werden und Gase sowie Wärme entweichen können. Ein abgeschlossenes System wäre zum Beispiel eine verschlossene und ideal isolierte Thermosflasche. Man spricht dabei analog zum Englischen oft auch vom isolierten System Die Systemgrenze wird möglichst geschickt per Definition festgelegt. Betrachtet man ein offenes Reaktionsgefäß in einer Art idealer Thermosflasche insgesamt als System, so ist es dadurch abgeschlossen.

 Satz 3.1

Gibt das System Materie oder Energie ab, so ist das Vorzeichen der zugehörigen Größe per Definition negativ – umgekehrt bei Aufnahme demnach positiv.

Eine eindeutige Zuordnung sollte stets Startpunkt der Überlegungen sein und eine geschickte Wahl hierbei kann die mathematischen Herleitungen vereinfachen. Das System wird dabei so einfach wie möglich gewählt, also auf das Notwendigste beschränkt. Ziel ist es schließlich, den Zustand des ausgewählten Systems eindeutig zu beschreiben.

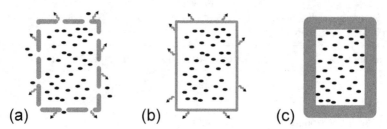

Abb. 3.1 Arten von thermodynamischen Systemen und deren Möglichkeit, Energie oder Materie mit der Umgebung auszutauschen; **(a)** offenes, **(b)** geschlossenes, **(c)** abgeschlossenes bzw. isoliertes System. Schwarze Ovale sollen Materie (z. B. Moleküle) repräsentieren und Pfeile mit Wellenlinie Energie in Form von Wärme.

Zustand und Gleichgewicht

Unter dem Zustand eines Systems wird die augenblickliche Beschaffenheit verstanden. Der Zustand ist eine makroskopische Beschreibung (von außen) und berücksichtigt nicht den mikroskopischen (inneren) Aufbau der Materie. Die mikroskopische Beschaffenheit, also die Art und Verhalten der individuellen Atome oder Moleküle, spielt für die Thermodynamik zunächst einmal keine Rolle.

Es werden nur äußere, makroskopische Zustandsvariablen wie Volumen oder Druck heran gezogen, um Systeme zu beschreiben. Der Zustand wird davon abhängig in Form von Zustandsgrößen beschrieben, dies können auch die genannten Zustandsvariablen sein (z.B. Volumen in Abhängigkeit vom Druck). Es werden im Verlauf einige neue Zustandsgrößen eingeführt werden sowie auch besondere mathematische Regeln, die Rechnungen und Herleitungen erleichtern.

Ein System befindet sich im Gleichgewicht, wenn es für die geltenden Zustandsvariablen ein Optimum in Zusammensetzung und Anordnung erreicht hat. Die Erfahrung hat ergeben, dass sich ein System so lange verändert, bis sich im thermodynamischen Gleichgewicht ein definierter Zustand unter den gegebenen Bedingungen eingestellt hat. Es kann dann nur durch Einwirkung von außen in einen anderen Zustand überführt werden. Je nach Art des Systems wird die Umgebung in die Gleichgewichtserreichung mit einbezogen. Eine Kerze in einem geschlossenen Gefäß wird im Gleichgewicht erloschen sein, eine Kerze in einem zur Atmosphäre offenen System dagegen abgebrannt. Weitere Definitionen des chemischen Gleichgewichtes können später auf Basis des gewachsenen Verständnisses zur Thermodynamik erfolgen.

Die Beschreibungen in der Chemischen Thermodynamik setzen grundsätzlich die Einstellung eines Gleichgewichtzustandes voraus. Dies heißt aber nicht, dass sich im System keine Vorgänge mehr abspielen, allerdings tritt nach außen hin (makroskopisch) keine Änderung mehr ein. Die Zeit spielt demnach keine Rolle in der Chemischen Thermodynamik (Die Zeit wird erst im Rahmen der Kinetik ab Kapitel 5 benötigt). In der gedanklichen oder experimentellen Praxis heißt es, dass so lange gewartet wurde, bis ein System sich makroskopisch nicht mehr weiter verändert. Es gibt auch thermodynamische Beschreibungen für Nichtgleichgewichtszustände, sie sind aber recht komplex und nicht Teil der üblichen Grundausbildungen. Im Folgenden wird hier nur noch kurz von Thermodynamik gesprochen.

Temperatur und Wärme

Die Temperatur ist eine allgemein bekannte Eigenschaft, die in der klassischen Mechanik allerdings nicht vorkommt. Wir kennen sie von unserem Wärmegefühl und von der Beschreibung des Wetters. Allerdings ist sie vom tieferen Verständnis gar nicht so einfach. Sie spielt eine äußerst zentrale Rolle im Leben wie auch in der Thermodynamik. Eine vermeintlich triviale Feststellung aus der Beobachtung ist für die Thermodynamik so wichtig, dass sie als sogenannter Hauptsatz (davon gibt es nur vier) festgehalten wurde:

Satz 3.2
Nullter Hauptsatz der Thermodynamik: Alle Systeme, die sich mit einem gegebenen System im thermischen Gleichgewicht befinden, stehen auch untereinander im thermischen Gleichgewicht. Diese Systeme haben als gemeinsame Eigenschaft die gleiche Temperatur.

Umgekehrt findet demnach ein Austausch von Wärme statt, wenn zwei thermisch verbundene Systeme nicht die gleiche Temperatur haben. Die Temperatur sagt also etwas darüber aus, welchen Wärmeinhalt ein System hat. Damit wird die Bedeutung des absoluten Nullpunkts der thermodynamischen Temperatur T noch einmal klar. Bei 0 K oder $-273{,}15\,°$C hat ein System keinen Wärmeinhalt mehr. Damit führt die Angabe in der Einheit Kelvin (K) (siehe Abschnitt 2.2.1 mit Tabelle 2.5) zu einer direkten Kopplung mit dem Wärmeinhalt und wird deswegen für Rechnungen in der Thermodynamik ausschließlich benutzt.

Neben der Energieübertragung durch mechanische Arbeit kann Energie auch in Form von Wärme transportiert werden. Diese Thematik wird im Kapitel zum 1. Hauptsatz der Thermodynamik ausführlich beschrieben. Wird einem System zum Beispiel Wärme zugeführt, so erhöht sich dessen Temperatur und umgekehrt. Die Temperaturänderung ist proportional zur Temperaturdifferenz und der ausgetauschten Wärmemenge Q. Der Proportionalitätsfaktor wird Wärmekapazität C genannt.

$$Q = C \cdot (T_2 - T_1) \tag{3.1}$$

Prozesse

Vorgänge, die Zustandsänderungen von Systemen zur Folge haben, werden als Prozesse bezeichnet. Für die Betrachtungen in der Thermodynamik ist es hilfreich, Prozesse so zu führen oder zu zerlegen, dass ihre Behandlung einfach ist. Deshalb wird sehr oft eine Größe konstant gehalten. Einige wichtige Prozessarten haben spezielle Eigennamen bekommen, die die Vereinfachung beinhalten.

- isotherm: Die Temperatur bleibt konstant

- isobar: Der Druck bleibt konstant
- isochor: Das Volumen ändert sich nicht
- adiabatisch: Kein Austausch von Wärme zwischen System und Umgebung
- exo- bzw. endotherm: Mit Wärmeabgabe bzw. -aufnahme einhergehend (z.B. bei chemischen Reaktionen)

Daneben gibt es noch Kreisprozesse, bei ihnen sind Anfangs- und Endzustand gleich. Auf sie wird später noch mehrfach und teilweise sehr ausführlich eingegangen (z. B. in Abschnitt 3.2.4). Ansonsten gilt es, Anfangs- und Endzustand des Systems sowie die ausgetauschte Energie und Materie eindeutig zu beschreiben.

3.2.2 Innere Energie und Enthalpie

Die Thermodynamik wurde eingeführt, um chemische Prozesse berechnen zu können, bei denen Wärme freigesetzt oder verbraucht wird. Dies sind zum Beispiel alle Verbrennungsprozesse, insbesondere zur Energiegewinnung. Des Weiteren wird sie gebraucht, um chemisch-technische Prozesse mit Wärmeänderungen zu beschreiben beziehungsweise zu regeln (z.B. Ammoniak-Synthese). Außerdem zählen dazu auch alle Phasenübergänge wie Schmelz- Verdampfungs- und Sublimationsvorgänge.

Der Erste Hauptsatz der Thermodynamik ähnelt dem Energieerhaltungssatz aus der Mechanik. Nach verschiedenen Versuchen Mitte des 19. Jahrhunderts zeigte sich eine Wesensverwandtheit von mechanischer Arbeit und Wärme (Wärme wurde zuvor als Stoff angenommen). Es wurde festgestellt, dass diese Energien nicht vernichtet oder aus dem Nichts geschaffen, sondern nur ineinander umgewandelt werden können.

Innere Energie

Ändert man die potentielle oder kinetische Energie eines Systems, so hat das Einfluss auf seine Koordinaten im Raum. Für die Thermodynamik sind diese nicht von Interesse, sondern allein die Innere Energie U eines Systems, die von Volumen, Druck, Temperatur und seiner Zusammensetzung abhängig ist. Diese können sich ändern, wenn das System mit der Umgebung Arbeit oder Wärme austauscht. Dabei kann insgesamt keine Energie verloren gehen, was im Ersten Hauptsatz der Thermodynamik festgehalten ist. Er entspricht damit im Prinzip dem Energieerhaltungssatz der Physik.

 Satz 3.3

Erster Hauptsatz der Thermodynamik: Die von einem geschlossenen System mit seiner Umgebung ausgetauschte Summe von Arbeit und Wärme ist gleich der Änderung der Inneren Energie des Systems.

Die mathematische Formulierung für eine Änderung der Inneren Energie $U_{\text{nach}} - U_{\text{vor}}$ in einem Austauschprozess (Differenz nachher/vorher) ist also gegeben durch die ausgetauschte Arbeit W und Wärme Q.

$$U_{\text{nach}} - U_{\text{vor}} = W + Q \qquad (3.2)$$

Die Innere Energie ist eine Zustandsfunktion. Was bedeutet das? Für einen gegebenen Zustand mit bestimmten Zustandsgrößen wie Volumen, Temperatur und Zusammensetzung ist die Innere Energie immer gleich - egal auf welchem Weg dieser Zustand erreicht wurde. Damit ist ein Perpetuum mobile Erster Art unmöglich. Man kann die Innere Energie nicht dadurch erhöhen, dass man auf einem Weg A vom Zustand 1 in den Zustand 2 wechselt und auf einem anderen Weg B wieder in den Zustand 1 zurück wechselt. Ansonsten wäre es möglich, in einem Kreisprozess dauernd Energie aus dem Nichts zu schöpfen, was dem Energieerhaltungssatz widerspricht.

Damit kann man auch Änderungen von der Inneren Energie eines geschlossenen Systems beschreiben was dem Ersten Hauptsatzes in Form einer mathematischen Formel entspricht.

$$\boxed{dU = \delta W + \delta Q} \qquad \textbf{Erster Hauptsatz als Formel} \qquad (3.3)$$

Im Gegensatz zu der Inneren Energie sind weder die Arbeit noch die Wärmemenge Zustandsfunktionen, weswegen dort für infinitesimale Änderungen das Zeichen δ vorangestellt wird und nicht wie bei der Zustandsfunktion Innere Energie ein „d".

Eine weitere Konsequenz aus dem Ersten Hauptsatz lautet: Die Innere Energie eines abgeschlossenen Systems ist konstant. Aus der Eigenschaft Zustandsfunktion folgt weiterhin, dass die Änderung der Inneren Energie für einen Kreisprozess gleich null sein muss.

$$\oint dU = 0 \qquad (3.4)$$

Zustandsfunktionen und totale Differentiale

Größen, wie die Innere Energie, die den Zustand eines Systems beschreiben werden **Zustandsgrößen** genannt. Für die Beschreibung einer Zustandsgröße eines Systems im physikalisch-chemischen Sinn ist in der Regel mehr als eine (Zustands-)Variable nötig. Generell werden zwei intensive Größen und weitere extensive Größen für jede Komponente gebraucht. Beziehungen der Zustandsgrößen werden **Zustandsfunktion** genannt, wenn Änderungen dieser Funktion, wie für die Innere Energie genannt, unabhängig vom Weg sind.

 Satz 3.4

Zustandsfunktion: Änderungen solcher Funktionen sind unabhängig vom Weg und demnach für einen Kreisprozess immer gleich null. Aus dieser Eigenschaft folgt logisch, dass sich Änderungen von Zustandsfunktionen bei bekanntem Anfangs- und Endwert einfach als Differenz ergeben.

$$\oint dZ = 0 \quad \text{und} \quad \int_1^2 dZ = Z_2 - Z_1 \qquad (3.5)$$

Mathematisch gesehen kann man für Zustandsfunktionen ein totales Differential formulieren. Hat man eine Zustandsfunktion Z vorliegen, die eine eindeutige Funktion von mehreren Variablen ist (z.B. ($Z = f(x,y)$), so kann man infinitesimale Änderungen von Z in die jeweils zu diesen Variablen zugehörigen Anteile aufspalten.

$$\boxed{dZ = \left(\frac{\partial Z}{\partial x}\right)_y dx + \left(\frac{\partial Z}{\partial y}\right)_x dy} \qquad \textbf{Totales Differential (von } \boldsymbol{Z(x,y)}\textbf{)} \qquad (3.6)$$

Die partiellen Änderungen je Variable (Zustandsgröße) werden mit einem abgerundetem d („∂ ") gekennzeichnet und partielle Differentialquotienten genannt. Sie stellen die Steigung der Zustandsfunktion bezüglich dieser einen Zustandsgröße dar, die anderen Größen werden dabei konstant belassen, was durch einen Index angezeigt werden kann. Je Variable taucht demnach ein Produkt mit einer partiellen Ableitung auf. Bei Zustandsfunktionen von mehr als zwei Variablen ergeben sich entsprechend mehr Terme in der Summe. Im Gegensatz dazu werden infinitesimale Änderungen von Zustandsfunktionen allgemein auch mit einem „d" gekennzeichnet.

In der Thermodynamik sind totale Differentiale und die zugehörigen partiellen Differentialquotienten in hohem Maße nützlich zur Beschreibung von vielen Phänomenen. Deswegen ist es auch wichtig, den Schwartz'schen Satz zu kennen. Er besagt, dass die gemischten zweiten Ableitungen nach beiden Variablen einer Zustandsfunktion von zwei Variablen gleich sind, unabhängig von der Reihenfolge der Differentiation.

$$\frac{\partial^2 Z}{\partial x \partial y} = \frac{\partial^2 Z}{\partial y \partial x} \qquad (3.7)$$

Der Schwartz'sche Satz kann auch dafür benutzt werden, um zu prüfen, ob es sich bei einer gegebenen Funktion von zwei Variablen um eine Zustandsfunktion handelt.

Beispiel 3.1

Es soll geprüft werden, ob es sich beim Molvolumen für das ideale Gas um eine Zustandsfunktion handelt. Aus Gleichung 2.21 ergibt sich der Startpunkt.

$$V_m(p,T) = \frac{RT}{p}$$

Das totale Differential enthält folgende partielle Ableitungen:

$$dV_m = \left(\frac{\partial V_m(p)}{\partial p}\right)_T dp + \left(\frac{\partial V_m(T)}{\partial T}\right)_p dT = -\frac{RT}{p^2} dp + \frac{R}{p} dT$$

Werden nun auch die zweiten Ableitungen betrachtet, so ist hier die Richtigkeit des Schwartz'schen Satzes zu erkennen:

$$\left(\frac{\partial^2 V_m(p,T)}{\partial p \partial T}\right) = -\frac{R}{p^2} = \left(\frac{\partial^2 V_m(T,p)}{\partial T \partial p}\right)$$

Das Molvolumen des idealen Gases ist demnach eine Zustandsfunktion der Variablen Druck und Temperatur.   ∎

Für Zustandsfunktionen dreier Variablen ($Z = f(x,y,z)$) gilt eine weitere, manchmal nützliche Beziehung für das Produkt der gemischten partiellen Ableitungen.

$$\left(\frac{\partial x}{\partial y}\right)_z \cdot \left(\frac{\partial y}{\partial z}\right)_x \cdot \left(\frac{\partial z}{\partial x}\right)_y = -1 \qquad (3.8)$$

Anwendungsübung 3.1

Zeigen Sie, ob auch Gleichung 3.8 für das Molvolumen des idealen Gases erfüllt ist.

Enthalpie

Die Innere Energie ist eine extensive Zustandsgröße. Für ihre Beschreibung bedarf es zweier intensiver Zustandsgrößen und der chemischen Zusammensetzung des Systems aus den Komponenten. Die Grundlage dazu ist nicht einfach und wird später mit der Gibbs'schen Phasenregel (Gl. 4.1) kompakt vorgestellt. Es hat sich als zweckmäßig erwiesen, die Temperatur und das Volumen als beschreibende Zustandsvariablen zu benutzen. Zusammen mit den Stoffmengen der Komponenten mit der Anzahl k ist die Innere Energie im Rahmen der kalorischen Zustandsgleichung festgelegt.

$$U = f(T,V,n_1,n_2,\ldots,n_k) \qquad (3.9)$$

Das totale Differential für die Innere Energie lautet demnach

$$dU = \left(\frac{\partial U(T)}{\partial T}\right) dT + \left(\frac{\partial U(V)}{\partial V}\right) dV + \left(\frac{\partial U(n_1)}{\partial n_1}\right) dn_1 + \ldots + \left(\frac{\partial U(n_k)}{\partial n_k}\right) dn_k \quad (3.10)$$

Außerdem ist nach dem Ersten Hauptsatz die Änderung der Inneren Energie als Summe der mit der Umgebung ausgetauschten Wärme und Arbeit gegeben. Die ausgetauschte Arbeit ist oft im Wesentlichen durch die Volumenarbeit gegeben, wenn keine elektrochemischen Effekte oder andere Arbeiten möglich sind. Oberflächeneffekte spielen erst dann eine Rolle, wenn das Volumen der Grenzflächen einen wesentlichen Anteil am Gesamtvolumen ausmacht. Die reversible Volumenarbeit ist in Gleichung 2.16 beschrieben worden. Betrachtet man nun ein geschlossenes System (das heißt $dn_i = 0$), bei dem nur Volumenarbeit erlaubt sein soll, so ergibt sich

$$dU = \left(\frac{\partial U(T)}{\partial T}\right) dT + \left(\frac{\partial U(V)}{\partial V}\right) dV = \delta Q - pdV \tag{3.11}$$

Es sind unterschiedliche Arten von Zustandsänderungen möglich. Wird das Volumen konstant gehalten (isochorer Prozess) ist die Volumenänderung dV gleich null. Volumenarbeit tritt dann nicht auf und die Änderung der Inneren Energie ist gleich der Änderung der Wärmemenge im System.

$$(dU)_V = \left(\frac{\partial U(T)}{\partial T}\right) dT = dQ_V \tag{3.12}$$

Somit ergibt sich für einen isochoren Prozess nach Integration

$$(U_{\text{nach}} - U_{\text{vor}})_V = Q_V \tag{3.13}$$

Daran kann man erkennen, dass Änderungen der Inneren Energie eines Systems ΔU messbar sind, nämlich über die Wärmeaufnahme oder -abgabe bei konstant gehaltenem Volumen des Systems. Die Innere Energie wurde deswegen so definiert und zum Beispiel von Maschinenbauern und Physikern genutzt, um Verbrennungsmotoren zu konzipieren.

Bei einer isobaren Zustandsänderung ist die Änderung des Druckes dp gleich null, das Volumen ändert sich dagegen. Die mit der Umgebung ausgetauschte Wärmemenge ist also nicht mehr gleich der Änderung der Inneren Energie.

$$\int_{\text{vor}}^{\text{nach}} dU = \int_{\text{vor}}^{\text{nach}} \delta Q - \int_{\text{vor}}^{\text{nach}} pdV \tag{3.14}$$

$$(U_{\text{nach}} - U_{\text{vor}})_p = Q_p - p(V_{\text{nach}} - V_{\text{vor}})$$

$$Q_p = (U_{\text{nach}} + pV_{\text{nach}}) - (U_{\text{vor}} + pV_{\text{vor}})$$

Da sehr viele Prozesse isobar ablaufen (zum Beispiel unter konstanten Atmosphärendruck), wurde für diesen Fall eine weitere Zustandsgröße, die Enthalpie eingeführt. Eine Änderung der Enthalpie entspricht der ausgetauschten Wärmemenge bei einem isobaren Prozess Q_p in einem geschlossenen System.

$$Q_p = H_{\text{nach}} - H_{\text{vor}} \tag{3.15}$$

Um von Gleichung 3.14 zu 3.15 zu kommen, wurde sie folgendermaßen geschaffen:

$$\boxed{H = U + pV} \qquad \textbf{Definition der Enthalpie} \tag{3.16}$$

Die Enthalpie ist ebenfalls eine Zustandsgröße. Es hat sich für sie als zweckmäßig erwiesen, die Temperatur und den Druck als beschreibende Zustandsvariablen zu benutzen, bei Mischungen zusammen mit den Stoffmengen der zugehörigen Komponenten.

$$H = f(T, p, n_1, n_2, \ldots, n_k) \tag{3.17}$$

Das totale Differential für die Enthalpie lautet demnach

$$\mathrm{d}H = \left(\frac{\partial H(T)}{\partial T} \right) \mathrm{d}T + \left(\frac{\partial H(p)}{\partial p} \right) \mathrm{d}p + \left(\frac{\partial H(n_1)}{\partial n_1} \right) \mathrm{d}n_1 + \ldots + \left(\frac{\partial H(n_k)}{\partial n_k} \right) \mathrm{d}n_k \tag{3.18}$$

Dabei entfällt der druckabhängige Anteil, wenn isobare Prozesse betrachtet werden. Dies sind nahezu alle Laborprozesse, weswegen Chemiker meist mit der Enthalpie arbeiten. Gleiches trifft für biologische Prozesse zu, auch sie laufen unter fast konstantem Luftdruck ab.

3.2.3 Wärmekapazitäten

Die partiellen Differentialquotienten in den benannten Zustandsgleichungen haben bestimmte physikalische Bedeutungen. Zuerst sollen die partiellen Differentialquotienten mit Ableitung nach der Temperatur besprochen werden.

Herleitung der Wärmekapazitäten c_V und c_p

Um die Effekte von Zusammensetzungen erst einmal auszuschließen, wird ein einphasiger Reinstoff als System betrachtet. Bei einem System, in dem Oberflächeneffekte keine Rolle spielen und nur Volumenarbeit mit der Umgebung ausgetauscht wird, gilt

$$\delta W = -p\mathrm{d}V \tag{3.19}$$

Aus dem 1. Hauptsatz und den totalen Differentialen folgt

$$\mathrm{d}U = \delta Q - p\mathrm{d}V = \left(\frac{\partial U(T)}{\partial T} \right) \mathrm{d}T + \left(\frac{\partial U(V)}{\partial V} \right) \mathrm{d}V \tag{3.20}$$

$$\mathrm{d}H = \mathrm{d}(U + pV) = \mathrm{d}U + p\mathrm{d}V + V\mathrm{d}p \tag{3.21}$$

$$= \delta Q + V\mathrm{d}p = \left(\frac{\partial H(T)}{\partial T} \right) \mathrm{d}T + \left(\frac{\partial H(p)}{\partial p} \right) \mathrm{d}p \tag{3.22}$$

Beide Gleichungen werden nach der Änderung der Wärmemenge δQ aufgelöst:

$$\delta Q = \left(\frac{\partial U(T)}{\partial T} \right) \mathrm{d}T + \left[\left(\frac{\partial U(V)}{\partial V} \right) + p \right] \mathrm{d}V \tag{3.23}$$

$$\delta Q = \left(\frac{\partial H(T)}{\partial T} \right) \mathrm{d}T + \left[\left(\frac{\partial H(p)}{\partial p} \right) - V \right] \mathrm{d}p \tag{3.24}$$

Ziehen wir nun die bereits angesprochenen Betrachtungsweisen in Betracht, das heißt konstantes Volumen bei Betrachtung der Inneren Energie bzw. konstanten Druck bei Betrachtung der Enthalpie, so vereinfachen sich die Beziehungen.

$$\delta Q_V = \left(\frac{\partial U(T)}{\partial T} \right) dT \tag{3.25}$$

$$\delta Q_p = \left(\frac{\partial H(T)}{\partial T} \right) dT \tag{3.26}$$

Durch Umformung erhalten wir die Wärmekapazität C, die ausdrückt wie viel Wärmemenge notwendig ist, um eine Temperaturänderung eines Systems um ein Kelvin zu erreichen.

$$C_V = \left(\frac{\partial Q(T)}{\partial T} \right)_V = \left(\frac{\partial U(T)}{\partial T} \right) \tag{3.27}$$

$$C_p = \left(\frac{\partial Q(T)}{\partial T} \right)_p = \left(\frac{\partial H(T)}{\partial T} \right) \tag{3.28}$$

Für ein Reinstoffsystem werden praktischerweise die molaren Wärmekapazitäten angegeben, die sich dann auf molare Zustandsfunktionen beziehen.

$$c_V = \left(\frac{\partial u(T)}{\partial T} \right) = \frac{C_V}{n} \tag{3.29}$$

$$c_p = \left(\frac{\partial h(T)}{\partial T} \right) = \frac{C_p}{n} \tag{3.30}$$

Die Wärmekapazitäten für isochore Prozesse unterscheiden sich von der für isobare Prozesse. Bei isobaren Prozessen leistet das System wie oben genannt noch anteilig Volumenarbeit mit der dafür verbrauchten Wärmemenge. Deshalb gilt

$$c_p > c_V \tag{3.31}$$

Experimentell lassen sich isobare Prozesse leichter durchführen, weswegen so zumeist c_p bestimmt wird und c_V rechnerisch abgeleitet wird. Dazu kann man die Gleichung 3.23 als Startpunkt benutzen und C_V für den analogen partiellen Differentialquotienten einsetzen.

$$\delta Q = C_V \, dT + \left[\left(\frac{\partial U(V)}{\partial V} \right) + p \right] dV \tag{3.32}$$

Da das Volumen ebenfalls eine Zustandsfunktion ist, kann man dV als totales Differential von T und p schreiben. Da isobare Prozesse (für C_p) betrachtet werden, fällt der Term für Druckänderungen mit dp fort und nur das temperaturabhängige Verhalten hat einen Einfluss.

$$\delta Q_p = C_V \, dT + \left[\left(\frac{\partial U(V)}{\partial V} \right) + p \right] \left(\frac{\partial V(T)}{\partial T} \right) dT \tag{3.33}$$

Durch Umformung kann jetzt C_p dargestellt werden

$$\left(\frac{\partial Q(T)}{\partial T}\right) = C_p = C_V + \left[\left(\frac{\partial U(V)}{\partial V}\right) + p\right]\left(\frac{\partial V(T)}{\partial T}\right) \qquad (3.34)$$

Um den Unterschied aus üblichen Messgrößen zu berechnen, ist noch eine Umformung nötig, die erst später (mit den charakteristischen Funktionen in Abschnitt 3.4.4) begründet werden kann.

$$\text{aus charakter. Fkt.} \quad \left(\frac{\partial U(V)}{\partial V}\right) = T \cdot \left(\frac{\partial p(T)}{\partial T}\right)_V - p \qquad (3.35)$$

Für die Differenz der molaren Wärmekapazitäten ergibt sich damit:

$$c_p - c_V = T\left(\frac{\partial p(T)}{\partial T}\right)\left(\frac{\partial v(T)}{\partial T}\right) \qquad (3.36)$$

Dies soll kurz am Beispiel des idealen Gases angewandt werden. Durch Bildung der partiellen Ableitungen aus dem idealen Gasgesetz ergibt sich für die Differenz der Wärmekapazitäten.

$$c_p - c_V = T\left(\frac{R}{V_m}\right)\left(\frac{R}{p}\right) = \frac{TR^2}{pV_m} = R \qquad (3.37)$$

Die Wärmekapazitäten spielen eine wichtige Rolle bei der Berechnung der Enthalpie oder Inneren Energie bei verschiedenen Temperaturen. Betrachtet man die jeweiligen totalen Differentiale für die Innere Energie bzw. Enthalpie bei isochoren bzw. isobaren Bedingungen für ein geschlossenes System, so ergibt sich

$$(\mathrm{d}U)_V = C_V\,\mathrm{d}T \qquad (3.38)$$

$$(\mathrm{d}H)_p = C_p\,\mathrm{d}T \qquad (3.39)$$

Durch Integration ergeben sich die Temperaturabhängigkeiten der Inneren Energie und der Enthalpie.

$$U(T_2) = U(T_1) + \int_{T_1}^{T_2} C_V\,\mathrm{d}T \qquad (3.40)$$

$$H(T_2) = H(T_1) + \int_{T_1}^{T_2} C_p\,\mathrm{d}T \qquad (3.41)$$

Bei Kenntnis der Wärmekapazität und deren Temperaturabhängigkeit für ein gegebenes System, ist damit die Änderung der Inneren Energie bzw. der Enthalpie berechenbar. Diese Aussage hat hohe praktische Bedeutung für thermodynamische Berechnungen. Sie wird später wieder aufgegriffen (Kirchhoff'scher Satz). Typisch für diese Zustandsfunktionen ist es, dass keine Absolutwerte bestimmt werden können, sehr wohl aber Änderungen bei definierten Prozessen.

Sehr bekannt ist insbesondere die **spezifische Wärmekapazität** (c_p': auf die Masse bezogen) von Wasser mit $4{,}18\,\mathrm{J\,K^{-1}\,g^{-1}}$, da darüber die alte Einheit Kalorie (cal) definiert wurde (s. Tab. 2.4). Über die Molmasse M lässt sich diese leicht in eine molare Wärmekapazität umrechnen.

$$c_p = c_p' \cdot M \quad \text{Umrechnung spezif. in molare Wärmekapazität} \qquad (3.42)$$

Bei flüssigem Wasser beträgt sie etwa $75\,\mathrm{J\,K^{-1}\,mol^{-1}}$. In der Physikalischen Chemie wird im Gegensatz zu den Ingenieurwissenschaften mit den molaren Wärmekapazitäten umgegangen, die als Vielfache der allgemeinen Gaskonstanten R angegeben werden können. Zur weiteren Veranschaulichung werden so in Tab. 3.2 typische Wärmekapazitäten für einige Stoffe in unterschiedlichen Aggregatzuständen bei $25\,^\circ\mathrm{C}$ aufgelistet. Außerdem ist der Unterschied zwischen c_V und c_p angegeben, der bei Gasen nahezu immer gleich R ist, da sich darin die Volumenarbeit widerspiegelt. Bei kondensierten Stoffen kann kaum Volumenarbeit stattfinden, weswegen Unterschiede in c_V und c_p meist vernachlässigt werden können.

Im Realfall sind Wärmekapazitäten selbst ebenfalls temperaturabhängig. Zur Abschätzung von Wärmekapazitäten und deren Temperaturabhängigkeit wurden verschiedene mikroskopische Modelle entwickelt, die auf der Annahme einer ganzzahligen Anzahl von Freiheitsgraden (F) auf Teilchenebene basieren (siehe Gleichung 2.30 oder dem Stichwort unter Gleichverteilungssatz z. B. in Wedler und Freund (2012); Tipler und Mosca (2009)), weswegen deren entsprechende Anzahl in Tab. 3.2 mit angegeben ist. Jeder Freiheitsgrad trägt $1/2\,R$ zu c_V bei, also zum Beispiel $3/2\,R$ beim idealen Gas (vergleiche die kinetische Gastheorie in Abschnitt 2.3.3).

Mit der Anzahl der Freiheitsgrade auf atomarer bzw. molekularer Ebene können die Wärmekapazitäten im Wesentlichen plausibel erklärt werden. Das ideale Gas hat einen Freiheitsgrad je Bewegungsrichtung im Raum (also insgesamt drei). Bei mehratomigen Gasen kommen Rotationsfreiheitsgrade hinzu. Bei linearen Molekülen sind es zwei (kein Trägheitsmoment um die Molekülachse) und drei bei gewinkelten Molekülen. Deswegen werden für Isolationszwecke Edelgase wegen Ihrer für Gase geringsten Wärmekapazität eingesetzt, zum Beispiel in Isolierverglasungen.

Bei genauerer Betrachtung fehlen bei mehratomigen Gasen (N_2, O_2 und CO_2) allerdings (anteilig) die prinzipiell ebenfalls vorhandenen Schwingungsfreiheitsgrade. Diese Anteile und damit die Wärmekapazitäten generell sind temperaturabhängig, was später noch einmal aufgegriffen wird. Dabei wird noch ersichtlich werden, dass die Wärmekapazitäten in der Thermodynamik eine weit höhere Bedeutung besitzen, als deren praktische Anwendung vermuten lässt (siehe Abschnitt 3.4.2). Eine praktische Bedeutung ergibt sich für die Schwingungsfreiheitsgrade in der Infrarotspektroskopie, die Schwingungen und Rotationen bei Änderungen von beteiligten Dipolmomenten detektieren kann. Das gleiche Prinzip ist für den Klimaeffekt von Gasen verantwortlich. Dabei ist zwar bislang überwiegend CO_2 in der Diskussion, es gilt aber für viele andere Moleküle auch. Das in der Atmosphäre enthaltene Wasser hat dabei, vor allem auch aufgrund seiner großen Menge, einen deutlich höher ausgeprägten Klimaeffekt als Kohlendioxid, ohne den die Temperatur der Erde deutlich unterhalb von $0\,^\circ\mathrm{C}$ läge. Nur können wir Menschen diesen Anteil im Gegensatz zum CO_2 nur wenig durch unsere Aktivitäten ändern.

Die meisten Metalle (wie z. B. Fe, Cu, Al) haben aufgrund der vergleichbaren Anzahl von sechs Schwingungsfreiheitsgraden die gleiche molare Wärmekapazität $c_V \approx c_p \approx 3\,R$, auch bekannt unter Dulong-Petit'sche Regel (ausführlich in Schmalzried und Navrotsky, 1975, Kap. 5). Daher wird das wenig dichte (und günstige) Leichtmetall Aluminium oft zur Wärmeabführung sehr effizient benutzt (zum Beispiel als Unterlage für Einschubkar-

Tab. 3.2 Molare Wärmekapazitäten (c_V, c_p) für ausgewählte Stoffe bei konstantem Volumen bzw. Druck (und bei Raumtemperatur), angegeben als Vielfache der allg. Gaskonstante R mit der daraus abgeschätzten Anzahl der Freiheitsgrade F auf Teilchenebene.

Substanz	Zustand	c_V/R	F	Vergleich	c_p/R	$c_p/(\mathrm{mol\,L^{-1}})$
Ideales Gas	(g)	3/2	3	$c_p = c_V + R$	5/2	20,8
Edelgase	(g)	$\approx 3/2$	≈ 3	$c_p = c_V + R$	$\approx 5/2$	≈ 21
N_2, O_2	(g)	$\approx 5/2$	≈ 5	$c_p = c_V + R$	$\approx 7/2$	≈ 29
CO_2	(g)	$\approx 3,7$	$\approx 7,5$	$c_p = c_V + R$	$\approx 4,7$	39,2
Metalle	(s)	≈ 3	≈ 6	$c_p \approx c_V$	≈ 3	≈ 25
NaCl	(s)	≈ 6	≈ 12	$c_p \approx c_V$	≈ 6	50,8
H_2O	(l)	≈ 9	≈ 18	$c_p \approx c_V$	≈ 9	75,3

ten oder andere elektronische Bauteile in Computern wie auch bei Lkw-Bremsen). Bei Salzen hat jedes Ion in der Verbindungsformel diese Freiheitsgrade, somit hat NaCl eine molare Wärmekapazität von etwa $6\,R$.

Die ungewöhnlich hohe Wärmekapazität von Wasser beruht auf den Vernetzungen über Wasserstoffbrückenbindungen und hat eine außerordentlich wichtige Bedeutung für den Globus. Die Ozeane sind demnach riesige Wärmespeicher. Später werden wir sehen, dass auch deren Verdampfung erhebliche Wärmemengen speichern kann. Die hohe Wärmekapazität des Wassers wird auch technisch sehr breit genutzt. Es hat eine der größten auf die Masse bezogene spezifische Wärmekapazität. Zum einen wird damit in den verschiedensten Bereichen gekühlt, zum anderen können physikochemische Experimente mit Wärmeänderung bei sich wenig ändernder Temperatur gemessen werden (Kalorimeter).

 Anwendungsübung 3.2
Berechnen Sie die Erwärmung eines Systems von 1 L konstantem Volumen, das für 1 Minute mit einem Heizgerät der Leistung 1 kW erwärmt wird. Vergleichen Sie dies für Wasser und Kupfer. Der Wärmeübergang soll dabei vereinfachend als vollständig angenommen werden.

3.2.4 Volumenarbeit vom idealen Gas und Wärme-Kraft-Maschinen

Anhand der Eigenschaften des idealen Gases lassen sich Prozesse mit Volumenänderungen von Gasen am einfachsten betrachten. Zum Beispiel wird damit ein wesentlicher Teil für die Verflüssigung von Gasen nachvollziehbar. Zum anderen kann man damit Kreisprozesse in ihren Auswirkungen auf die ausgetauschte Wärme und Arbeit untersuchen. Dies ist zum Beispiel wichtig, um Verbrennungsmotoren zu entwerfen.

Ausgangspunkt für die Betrachtungen ist wieder der Erste Hauptsatz für geschlossene Systeme und das entsprechende totale Differential für die Innere Energie.

$$dU = \delta Q - p dV = \left(\frac{\partial U(T)}{\partial T} \right) dT + \left(\frac{\partial U(V)}{\partial V} \right) dV \tag{3.43}$$

Für ideale Gase ist der partielle Differentialquotient der Inneren Energie nach dem Volumen gleich null. Wie bereits bei den Wärmekapazitäten erwähnt, gilt (unter Berücksichtigung des 2. Hauptsatzes):

$$\left(\frac{\partial u(v)}{\partial v} \right)_T = T \left(\frac{\partial p(T)}{\partial T} \right) - p \tag{3.44}$$

Nach Einsetzen für das ideale Gas ergibt sich:

$$\left(\frac{\partial u(v)}{\partial v} \right)_T = T \cdot \frac{R}{v} - p = p - p = 0 \tag{3.45}$$

Damit vereinfachen sich Änderungen der Inneren Energie für ein ideales Gas im geschlossenen System.

$$dU = \delta Q - p dV = \left(\frac{\partial U(T)}{\partial T} \right) dT \tag{3.46}$$

Mit Hilfe dieser Beziehung können isotherme und adiabatische Volumenänderungen beschrieben werden.

Isotherme Volumenänderungen

Für isotherme Zustandsänderungen soll als System ideales Gas in einem Zylinder mit einem reibungslos gelagerten Kolben eingeschlossen sein. Der Zylinder soll sich ständig im thermischen Gleichgewicht mit einem umgebenden Thermostaten befinden, der die Temperatur konstant hält (prinzipieller Aufbau: siehe Abb. 3.2a).

Bei isothermen Prozessen vereinfacht sich die oben angegebene Gleichung weiter. Weil $dT = 0$ ist, gilt damit auch $dU = 0$. Es folgt

$$-\delta Q = \delta W = -p dV \tag{3.47}$$

Die Volumenarbeit wird vollständig durch zugeführte Wärmeenergie aus dem Thermostaten oder Abkühlung kompensiert (ein Verbrennungsmotor mit konstant geregelter Temperatur käme dem nahe). Durch Integration kann man die geleistete Volumenarbeit berechnen.

$$W = -Q = - \int p dV \tag{3.48}$$

Zur Lösung des Integrals müssen die Grenzen der Integration betrachtet werden. Es sind zwei Grenzfälle möglich. Zum einen soll der Prozess so langsam ablaufen, dass der Druck des Gassystems ständig gleich dem Außendruck ist. Damit ist die Volumenarbeit bei einer solchen Änderung durch die Fläche von V_A zu V_E unter der $p(V)$-Isotherme für

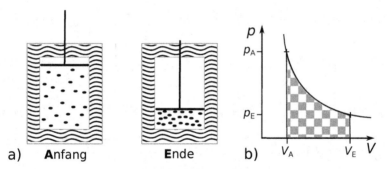

Abb. 3.2 Isotherme, reversible Kompression für das ideale Gas; a) Gaszylinder mit Thermostat sowie Prozessführung und b) Volumenarbeit im p(V)-Diagramm (als Schachbrettmuster unter der Hyperbel).

das ideale Gas gegeben(Abb. 3.2b), weil der Druck sich kontinuierlich mit der Volumenänderung von p_A nach p_E entwickelt. Dies ist der Fall bei einer reversiblen Volumenarbeit. Es ist dabei möglich, das Gas mit dem gleichen Arbeitsaufwand unter den vergleichbaren Bedingungen wieder zu komprimieren.

Die reversibel ausgetauschte Arbeit W_{rev} lässt sich also mit dem Druck für ein ideales Gas berechnen.

$$W_{\mathrm{rev}} = -\int_{V_A}^{V_E} p\,\mathrm{d}V = -\int_{V_A}^{V_E} \frac{nRT}{V}\,\mathrm{d}V \tag{3.49}$$

Da $\mathrm{d}\ln x/\mathrm{d}x = 1/x$ ist und nRT konstant, kann man noch weiter umformen.

$$W_{\mathrm{rev}} = -nRT \int_{V_A}^{V_E} \frac{1}{V}\,\mathrm{d}V = -nRT \cdot \ln\frac{V_E}{V_A} = -Q_{\mathrm{rev}} \tag{3.50}$$

Dieses Ergebnis entspricht der Fläche in Abbildung 3.2b.

Zum anderen kann der Druck des Gases deutlich höher als der Umgebungsdruck p_{Umg} auf dem Stempel sein, wenn der Stempel durch eine Arretierung befestigt ist. Erlaubt man nun eine schnelle Expansion des Gases durch Lösen der Arretierung, läuft diese Expansion irreversibel und dabei näherungsweise gegen den konstanten Druck p_{Umg} ab.

$$W_{\mathrm{irr}} = -Q_{\mathrm{irr}} = -p_{\mathrm{Umg}} \int \mathrm{d}V \tag{3.51}$$

Bei einer irreversiblen Expansion eines Gases arbeitet das Gas gegen einen konstanten Umgebungsdruck, der kleiner als der Anfangsdruck sein muss. Wird dieser Enddruck p_E erreicht, ist der Prozesses beendet. Damit konkretisiert sich die Berechnung der ausgetauschten Arbeit.

$$W_{\mathrm{irr}}(\mathrm{Expansion}) = -p_{\mathrm{Umg}} \int_{V_A}^{V_E} \mathrm{d}V = -p_E(V_E - V_A) \tag{3.52}$$

Dieses Ergebnis ist im $p(V)$-Diagramm in Abb. 3.3a veranschaulicht. Im Vergleich zu Abb. 3.2b ist die gekennzeichnete Fläche und somit die Volumenarbeit des Gases deutlich kleiner. Dort werden allerdings die Indices anders benannt, um auch eine nachfolgende irreversible Kompression zu veranschaulichen. Im ersten Teilprozess erfolgt eine irreversible Expansion von V_1 nach V_2. Daher gilt oben Gesagtes mit $p_{\mathrm{Umg}} = p_2$.

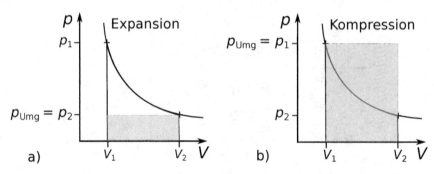

Abb. 3.3 Volumenarbeit bei einer irreversiblen **(a)** Expansion bzw. **(b)** Kompression, für ideales Gas im $p(V)$-Diagramm. Beide Flächen unterscheiden sich deutlich von der unter der Hyperbel liegenden Fläche für die reversible Arbeit sowie untereinander.

Bei der Umkehrung durch irreversible Kompression von V_2 nach V_1 wird die Ausgangssituation wieder herbeiführt (Abb. 3.3b). Dafür muss der Umgebungsdruck höher als der Gasdruck sein. Dieser Teilprozess läuft unter dem konstanten Außendruck p_1 dann so lange ab, bis Umgebungsdruck und Gasdruck gleich sind. Der höhere ursprüngliche Ausgangsdruck bestimmt dann den Prozess und es entsteht ein deutlicher Unterschied zwischen dem Betrag der Volumenarbeit für die schnelle, irreversible Expansion verglichen zu der entsprechenden Kompression (erkennbar an dem Unterschied der markierten Flächen in Abb. 3.3). Ein solcher Prozess ist deswegen irreversibel, d. h., nicht mit gleichem Arbeitsaufwand umkehrbar. Entsprechend der Definition nach Gl. 2.16 kehrt sich das Vorzeichen für die Volumenarbeit dabei um, da am System Arbeit geleistet wird.

$$W_{\mathrm{irr}}(\text{Expansion, Abb. 3.3a}) = -p_2(V_2 - V_1) \tag{3.53}$$

$$W_{\mathrm{irr}}(\text{Kompression, Abb. 3.3b}) = -p_1(V_1 - V_2) = +p_1(V_2 - V_1) \tag{3.54}$$

$$|W_{\mathrm{irr}}(\text{Kompression}) - W_{\mathrm{irr}}(\text{Expansion})| = (p_1 - p_2)(V_2 - V_1) \tag{3.55}$$

Im $p(V)$-Diagramm in Abb. 3.3 werden zum einen die Unterschiede in der Volumenarbeit zwischen irreversibler Expansion und Kompression anschaulich. Zum anderen ist im Vergleich mit Abb. 3.2b der Unterschied zwischen reversibler und irreversibler Volumenarbeit erkennbar. Damit sollte der Begriff der Irreversibilität anschaulich gemacht worden sein. Irreversibel expandiertes ideales Gas kann nicht wieder mit dem gleichen Betrag der vom System abgegebenen Expansionsarbeit komprimiert werden, es bedarf einer zusätzlichen Arbeit. Es heißt also nicht, dass ein solcher Prozess nicht umkehrbar ist, sondern dass die hierzu ausgetauschte Arbeit nicht gleich groß ist.

 Satz 3.5

Irreversible Prozesse können nicht arbeitsneutral hin und zurück geführt werden, es treten Verluste auf. Bestenfalls kann in reversiblen Prozessen die Arbeit die investiert wurde wiedergewonnen werden (entsprechend dem Ersten Hauptsatz). Für irreversible Prozesse wird später die Entropie gemäß dem Zweiten Hauptsatz eingeführt (Abschnitt 3.4.1).

Reversible adiabatische Prozesse

Ein alternativer reversibler Prozess liegt bei adiabatischen Volumenänderungen von Gasen vor, dabei soll kein Wärmeaustausch mit der Umgebung möglich sein. Dies kann über eine (theoretisch ideale) Isolierung erreicht werden, die den Thermostaten in Abb. 3.2a ersetzt. Für den reversiblen Ablauf muss der Stempel gedanklich wiederum stets den Gasdruck egalisieren. Die Änderung der inneren Energie des idealen Gases in einem geschlossenen System wird dann nach dem Ersten Hauptsatz gleich der Volumenarbeit. Der partielle Differentialquotient der Inneren Energie nach dem Volumen ist für ein ideales Gas wie bereits erläutert gleich null.

$$\mathrm{d}U(\text{adiabatisch}) = \delta W = -p\mathrm{d}V = \left(\frac{\partial U(T)}{\partial T}\right)\mathrm{d}T \tag{3.56}$$

Hieraus ist erkennbar, dass bei reversibler adiabatischer Expansion des idealen Gases Volumenarbeit auf Kosten der Inneren Energie geleistet wird. Damit sollte sich die Temperatur des Gases ändern und es stellt sich die Frage, in welchem Ausmaß dies geschieht.

Temperaturänderung bei reversibler adiabatischer Volumenänderung

Zunächst kann der Druck in Gleichung 3.56 gemäß dem idealen Gasgesetz ersetzt werden und der partielle Differentialquotient der Inneren Energie nach der Temperatur entspricht der Wärmekapazität des idealen Gases bei konstantem Volumen.

$$-\frac{nRT}{V}\mathrm{d}V = C_V\,\mathrm{d}T \tag{3.57}$$

Nun wird zur spezifischen Wärmekapazität übergegangen, durch Kürzung der Stoffmenge n.

$$-\frac{RT}{V}\mathrm{d}V = c_V\,\mathrm{d}T \tag{3.58}$$

Vor der Integration von einem Anfangszustand A zu einem Endzustand E, sei an die Temperaturunabhängigkeit von c_V erinnert (ideales Gas: $c_V = 3/2R$, s. Abschnitt 3.2.3).

$$-\frac{RT}{V}\,\mathrm{d}V = \frac{3}{2}R\,\mathrm{d}T \tag{3.59}$$

und

$$-\frac{1}{V}\,\mathrm{d}V = \frac{3}{2}\frac{1}{T}\,\mathrm{d}T \tag{3.60}$$

$$-\int_A^E \frac{1}{V}\,\mathrm{d}V = \frac{3}{2}\int_A^E \frac{1}{T}\,\mathrm{d}T \tag{3.61}$$

Nach Integration ergibt sich für beide Integrale der natürliche Logarithmus. Beide Terme lassen sich nach den Logarithmenregeln (Gl. A.4) umformen.

$$-\ln V_E + \ln V_A = \ln\left(\frac{V_A}{V_E}\right) = \frac{3}{2}\left(\ln T_E - \ln T_A\right) = \ln\left(\frac{T_E}{T_A}\right)^{3/2} \tag{3.62}$$

In der weiteren Umformung kann der Logarithmus wieder eliminiert werden und die Endtemperatur lässt sich somit konkret anhand der Volumenverhältnisse ausdrücken.

$$T_E = T_A \cdot \left(\frac{V_A}{V_E}\right)^{2/3} \tag{3.63}$$

Bei einer adiabatischer Expansion des idealen Gases kühlt sich die Temperatur des Gases demnach ab. Für eine adiabatische Kompression wäre es entsprechend umgekehrt.

Um jetzt eine Beziehung im Rahmen des p, V-Diagramm zu erhalten, wird T durch die ideale Gasgleichung ausgedrückt.

$$\frac{p_E V_E}{nR} \cdot V_E^{2/3} = \frac{p_A V_A}{nR} \cdot V_A^{2/3} \tag{3.64}$$

Durch Umformen erhält man über die sogenannte Poisson-Gleichung die Form der Adiabate im p, V-Diagramm.

$$p_A \cdot V_A^{5/3} = p_E \cdot V_E^{5/3} = \text{const} \tag{3.65}$$

$$p \propto V^{-5/3} \tag{3.66}$$

Die Form der Adiabate entspricht qualitativ der Hyperbel der Isothermen des idealen Gases, aber ihre Steigung ist betragsmäßig steiler. Die Isotherme weist einen kleineren Betrag von eins im Exponenten auf ($p \propto V^{-1}$). Hieraus ist zu erkennen, dass bei einer reversiblen adiabatischen Expansion der Druck im $p(V)$-Diagramm stärker abfällt als bei einer Isotherme. Abb. 3.4 soll diesen Umstand verdeutlichen. Damit wird anschaulich, dass die Volumenarbeit bei der adiabatischen Expansion kleiner ist (beim isothermen Prozess wird die Abkühlung durch die Umgebung ausgeglichen, das heißt ein Teil der Inneren Energie wird in Form von Wärme zugeführt). Umgekehrt ist die Volumenarbeit für eine adiabatische Kompression größer als für eine isotherme Kompression.

Weiter kann gezeigt werden, dass das Verhältnis von fünf zu drei im Adiabatenexponent durch die unterschiedlichen Wärmekapazitäten (gemäß Gl. 3.37) bestimmt wird.

$$p \propto V^{-c_p/c_V} \tag{3.67}$$

Dies gilt somit auch für einatomige Gase. Bei mehratomigen muss der Exponent entsprechend deren Freiheitsgraden korrigiert werden (s. Abschnitt 3.2.3), die Differenz von R bleibt bestehen.

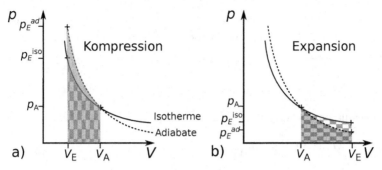

Abb. 3.4 Isotherme und Adiabate für die reversible Expansion und Kompression des idealen Gases im p, V-Diagramm. Beachten Sie die größere Volumenarbeit (Fläche unter der Kurve) für a) die Adiabate bei der Kompression und b) die Isotherme bei der Expansion

Kreisprozesse bei Dampf- und Verbrennungsmaschinen

Die beiden reversiblen Vorgänge vom idealen Gas lassen sich abwechselnd so kombinieren, dass sich Kreisprozesse ergeben. Damit sind sogenannte Wärme-Kraft-Maschinen beschreibbar, die ungerichtete Wärmeenergie in nutzbare Arbeit umwandeln können. Sie haben die industrielle Revolution ausgelöst und haben aufgrund ihrer Bedeutung die historische Entwicklung der Thermodynamik (Tab. A.7) wesentlich geprägt. Historischer Ausgangspunkt ist der Kreisprozess von Carnot, der 1824 als Kombination von je zwei isothermen und adiabatischen Prozessschritten beschrieben wurde. Nach vier Prozessschritten ist das Gas wieder im Ausgangszustand.

Bei dem Prozess wird vom Gas Arbeit geleistet. Die resultierende Volumenarbeit ergibt sich nach Abb. 3.5 als Differenz der beiden oberen Funktionen zu den beiden unteren, also als die eingeschlossene Fläche. Diese Darstellung von Volumenarbeit in $p(V)$-Diagrammen geht auf Watt zurück, den Entwickler der Dampfmaschine. Dies entspricht den Integralen

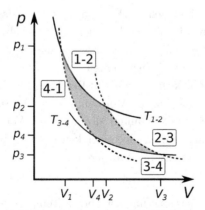

Abb. 3.5 Carnot-Prozess, Abfolge von je zwei reversiblen isothermen und adiabatischen Prozessschritten mit idealem Gas. Beide Isothermen sind durchgezogen ($T_{1\text{-}2}$ und $T_{3\text{-}4}$), beide Adiabaten gestrichelt. Die grau hinterlegte Fläche im $p(V)$-Diagramm entspricht der gewonnenen Arbeit.

von Isotherme 1-2 und Adiabate 2-3, abzüglich der Integrale von Isotherme 3-4 und Adiabate 4-1. Für einzelne Funktionen haben wir diese schon gelöst. Die Kombination der vier lautet wie folgt.

$$W_{\text{Carnot}} = nRT_1 \ln \frac{V_2}{V_1} + n\,c_V\,(T_{1\text{-}2} - T_{3\text{-}4}) - nRT_2 \ln \frac{V_3}{V_4} - n\,c_V\,(T_{1\text{-}2} - T_{3\text{-}4}) \qquad (3.68)$$

für diesen Prozess gilt $\frac{V_2}{V_1} = \frac{V_3}{V_4}$ und damit:

$$W_{\text{Carnot}} = nRT(T_{1\text{-}2} - T_{3\text{-}4}) \ln \frac{V_2}{V_1} \qquad (3.69)$$

Nun soll eine Beziehung abgeleitet werden, welcher Anteil der initial eingesetzten Wärme $Q_{\text{Carnot}}(T_1)$ in nutzbare Arbeit umgewandelt werden konnte. Der sogenannte Wirkungsgrad η beschreibt diesen Bruchteil.

$$\eta_{\text{Carnot}} = \frac{W_{\text{Carnot}}}{Q_{\text{Carnot}}(T_{1\text{-}2})} = \frac{nRT(T_{1\text{-}2} - T_{3\text{-}4}) \ln \frac{V_2}{V_1}}{nRT_{1\text{-}2} \ln \frac{V_2}{V_1}} = \frac{T_{1\text{-}2} - T_{3\text{-}4}}{T_{1\text{-}2}} = 1 - \frac{T_{3\text{-}4}}{T_{1\text{-}2}} \qquad (3.70)$$

und gilt universell für alle Arten von Wärme-Kraft-Maschinen.

$$\boxed{\eta = \frac{|W|}{|Q|} = 1 - \frac{T_{\text{kalt}}}{T_{\text{warm}}}} \qquad \textbf{Wirkungsgrad einer Wärme-Kraft-Maschine} \quad (3.71)$$

Satz 3.6

Der Wirkungsgrad einer Dampfmaschine (oder allgemein Wärme-Kraft-Maschine) ist demnach immer kleiner als eins. Damit wurde von Carnot beispielhaft belegt, dass niemals 100 % der eingesetzten Wärme in Arbeit umgewandelt werden kann.

Aus den Betrachtungen über den Wirkungsgrad solcher Maschinen kann der Zweite Hauptsatz der Thermodynamik entwickelt beziehungsweise abgeleitet werden. Es ergibt sich die Notwendigkeit einer weiteren Zustandsgröße, nämlich der Entropie. Darauf soll aber erst im Folgekapitel 4 eingegangen werden.

Eine wichtige praktische Erkenntnis aus der Beschreibung des Wirkungsgrads ist die Erhöhung der Temperaturdifferenz bei Motoren, die mit Wärme betrieben werden. So entwickelte Diesel den nach ihm benannten Motor mit der Vorgabe, die obere Temperatur deutlich zu erhöhen und konnte nach einigen konstruktionsbedingten Schwierigkeiten einen deutlich erhöhten Wirkungsgrad realisieren.

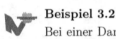

Beispiel 3.2

Bei einer Dampfmaschine mit der oberen Temperatur von 100 °C und einer Umgebungstemperatur von 25 °C liegt der Wirkungsgrad bei nur 20 % ($\eta = 1 - 298/373$).

■

Anwendungsübung 3.3

Ein Dieselmotor hat einen Wirkungsgrad von etwa 40% bei einer Abgastemperatur von 500° C. Wie groß muss demnach die Verbrennungstemperatur sein?

Kreisprozesse sind somit auch heute noch wichtige Anwendungsprozesse der Technischen Thermodynamik, s. zum Beispiel (Baehr und Kabelac, 2012). Hinzu kommt das Prinzip der Wärmepumpe, dass von Carnot eigentlich auch bereits beschrieben wurde. Dabei nimmt ein Arbeitsfluid bei tiefer Temperatur eine Wärmemenge aus einer nahezu thermostatisierten Umgebung auf, um nach Einsatz von Arbeit bei höherer Temperatur eine größere Wärmemenge zur Nutzung abgeben zu können. Es wird also umgekehrt durch Arbeitseinsatz Wärme erzeugt.

3.2.5 Gaskühlung bei realen Gasen

In den Jahren 1852/53 entdeckten Joule, der Sohn eines englischen Bierbrauers, der sich leidenschaftlich mit Physik beschäftigte und der Professor für Naturphilosophie und Physik in Glasgow, Thomson, diesen Effekt. Thomson war darüber hinaus einer der Begründer der klassischen Thermodynamik, arbeitete die ersten beiden Hauptsätze der Thermodynamik aus und als Lord Kelvin wurde nach ihm die Temperaturskala benannt.

Der Joule-Thomson-Effekt besteht in der Temperaturänderung eines realen Gases bei einer irreversiblen adiabatischen Expansion. Der schematische Versuchsaufbau ist in Abb. 3.6 wiedergegeben. Eine poröse Drossel trennt zwei Bereiche mit unterschiedlichen Gasdrücken. Außerdem kann das Gas damit keine kinetische Energie übertragen, so soll nur Volumenarbeit auftreten, keine anderen Arbeitsleistungen des Gases.

Das zur mathematischen Lösung betrachtete geschlossene System ist eine definierte Gasmenge, die durch die Drossel geströmt ist. Der Prozess soll adiabatisch sein, also tauscht dieses System keine Wärme mit der Umgebung aus ($\delta Q = 0$). Die Bedingungen vor (Anfangszustand, Index „A") und hinter der Drossel (Endzustand, Index „E") sind so eingestellt, dass $p_A = $ const und $p_E = $ const, wobei $p_A \gg p_E$. Damit ergibt sich eine Expansion mit $V_E \gg V_A$. Joule und Thomson haben experimentell zeigen können, dass sich verschiedene untersuchte Gase bei einem solchen Prozess abkühlen.

Herleitung des Joule-Thomson-Koeffizienten

Dieser Koeffizient (Symbol μ_{JT}) soll die Temperaturänderung eines Gases bei Druckänderung angeben und wurde folgendermaßen definiert:

$$\left(\frac{\partial T}{\partial p}\right) \equiv \mu_{JT} \qquad (3.72)$$

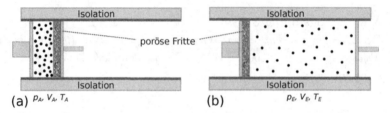

(a) p_A, V_A, T_A **(b)** p_E, V_E, T_E

Abb. 3.6 Aufbau zum Joule-Thomson-Effekt, irreversible adiabatische Expansion eines Gases durch eine poröse Druckdrossel („Fritte"); a) mit Index „A" für Anfangszustand und b) „E" für Endzustand. Dabei ist der Druck links von der Fritte p_A deutlich höher als p_E rechts davon, deshalb expandiert das Gas durch die Fritte hindurch.

Zur Herleitung starten wir wieder mit dem Ersten Hauptsatz, aus dem folgt zunächst einmal

$$\mathrm{d}U = \delta W; \text{ da } \delta Q = 0 \tag{3.73}$$

Integriert für einen End- und Anfangszustand, bei dem der Druck und das Volumen sich stufenförmig ändern, folgt

$$U_E - U_A = \int_A^E -p\,\mathrm{d}V = -p_E \cdot V_E + p_A \cdot V_A \tag{3.74}$$

An dem Gas wird also die Arbeit $p_A \cdot V_A$ beim Verdichten in die Drossel (Fritte) geleistet und das Gas leistet die Arbeit $p_E \cdot V_E$ beim Expandieren dahinter (gemäß Abb. 3.6). Diese Gleichung kann geschickt umgeformt werden.

$$U_E + p_E \cdot V_E = U_A + p_A \cdot V_A \quad \text{und damit } H_E = H_A \tag{3.75}$$

Der Prozess läuft demnach isenthalp ab, die Enthalpie des Gases (Systems) ändert sich dabei nicht. Damit ist auch die Änderung der Enthalpie, also ihr totales Differential gleich null, wodurch umgestellt werden kann.

$$\mathrm{d}H = \left(\frac{\partial H(T)}{\partial T}\right)\mathrm{d}T + \left(\frac{\partial H(p)}{\partial p}\right)\mathrm{d}p = 0$$

$$\left(\frac{\partial H(T)}{\partial T}\right)\mathrm{d}T = -\left(\frac{\partial H(p)}{\partial p}\right)\mathrm{d}p$$

Die in der Anwendung interessierende Änderung der Temperatur mit dem Druck wird durch Umstellen der Gleichung ausgedrückt. Dabei wandeln sich die „d" in gerundete „∂ ", weil sie gemeinsam dann einen partiellen Differentialquotienten bilden, der nur bei konstanter Enthalpie gilt. Dies ist der gesuchte Joule-Thomson-Koeffizient μ_{JT}.

$$\left(\frac{\partial T}{\partial p}\right)_H = \mu_{JT} = -\frac{\left(\frac{\partial H(p)}{\partial p}\right)}{\left(\frac{\partial H(T)}{\partial T}\right)} = -\frac{\left(\frac{\partial H(p)}{\partial p}\right)}{C_p} \tag{3.76}$$

Unter Vorab-Berücksichtigung von Gl. 3.166, gilt noch folgende Beziehung:

$$\left(\frac{\partial H(p)}{\partial p}\right)_T = V - T\left(\frac{\partial V(T)}{\partial T}\right)_p \tag{3.77}$$

Schließlich kann der Joule-Thomson-Koeffizient mit molaren Größen also wie folgt beschrieben werden:

$$\mu_{\mathrm{JT}} = \frac{T\left(\frac{\partial V_{\mathrm{m}}(T)}{\partial T}\right)_p - V_{\mathrm{m}}}{c_p} \tag{3.78}$$

Jetzt soll wieder der Modellfall für das ideale Gas betrachtet werden. Der Zähler der obigen Gleichung für den Joule-Thomson-Koeffizienten eines idealen Gases wird gleich null.

$$T\left(\frac{\partial V_{\mathrm{m}}(T)}{\partial T}\right)_p - V_{\mathrm{m}} = T \cdot \frac{R}{p} - \frac{RT}{p} = 0 \tag{3.79}$$

Das ideale Gas würde demnach keinen Joule-Thomson-Effekt zeigen. Nach der kinetischen Gastheorie kann man dies auch verstehen. Im idealen Gas sollen keine Wechselwirkungen herrschen und nur elastische Stöße vorkommen. Die gesamte kinetische Energie der Gasteilchen bleibt konstant und damit auch die Temperatur, die ein Maß für diese Gasbewegungen ist.

Da das Ideale Gasgesetz nicht den experimentellen Effekt erklärt, muss ein besseres Modell gewählt werden. Als nächstbeste Näherung wird die Van-der-Waals-Gleichung benutzt, wobei in den Termen höherer Potenzen vereinfachend das Ideale Gasgesetz weiter verwandt wird. Damit lässt sich die partielle Ableitung des Molvolumens nach der Temperatur ermittelt werden, welche dann in die obige Beziehung 3.78 für μ_{JT} eingesetzt werden kann.

$$\mu_{\mathrm{JT}} \approx c_p^{-1}\left(\frac{2a}{RT} - b - \frac{3abp}{R^2T^2}\right) \tag{3.80}$$

Dieser Term kann für eine Abschätzung bei nicht zu niedrigen Temperaturen und geringen Drücken näherungsweise weiter vereinfacht werden. Diese Näherung ist passend, wenn das Molvolumen deutlich größer als das Ausschließungsvolumen ist.

$$\mu_{\mathrm{JT}} \approx c_p^{-1}\left(\frac{2a}{RT_A} - b\right) \tag{3.81}$$

Mit dieser Beziehung kann man erkennen, dass der Joule-Thomson-Koeffizient für ein Van-der-Waals-Gas positive (bei niedriger Temperatur) und negative (bei hoher Temperatur) Werte sowie dazwischen den Wert null annehmen kann. Es existiert demnach eine sogenannte Inversionstemperatur T_{inv}, bei der das Vorzeichen wechselt. Hier liegt scheinbar ideales Verhalten des Gases vor, da sich anziehende und abstoßende Kräfte gerade aufheben.

$$\mu_{\mathrm{JT}} \approx 0 \text{ , wenn } \frac{2a}{RT_{\mathrm{inv}}} - b = 0 \tag{3.82}$$

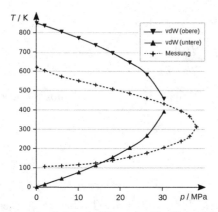

Abb. 3.7 Inversionstemperatur des Joule-Thomson-Koeffizienten für Stickstoff in Abhängigkeit vom Druck. Näherung nach van der Waals gemäß Gl. 3.80, die eine obere und untere Lösung ergibt. Im Vergleich mit experimentellen Daten (Quelle: Roebuck et al. *Phys. Rev.* 48 (1935) 450) ist die Form passend, wobei deutlich abweichend. In der mit der Ordinate eingeschlossenen Fläche kann das Gas durch Expansion abgekühlt werden, außerhalb erwärmt es sich dabei.

Die Inversionstemperatur T_{inv} kennzeichnet den Punkt, an dem $\mu_{JT} = 0$ ist. Bei höheren Temperaturen ist μ negativ, bei tieferen positiv. Das heißt, ein Van-der-Waals-Gas erwärmt sich bei Druckabsenkung sowie $T > T_{\mathrm{inv}}$; wenn $T < T_{\mathrm{inv}}$ kühlt es sich dagegen ab. Für die technisch gewünschte Nutzung (Kühlung) muss in jedem Fall die Temperatur unterhalb dieser Inversionstemperatur liegen oder es muss vorgekühlt werden. Aus der Herleitung in Gl. 3.81 ergibt sich eine Abschätzung für die (druckunabhängige) Inversionstemperatur.

$$T_{\mathrm{inv}} \approx \frac{2a}{Rb} \qquad (3.83)$$

Diese Inversionstemperatur hängt damit vom Verhältnis der Anziehungskräfte zum Eigenvolumen ab. Genau genommen ist sie nach Gl. 3.80 aber druckabhängig, was dann eine detailliertere Herleitung erfordert. Die bisherigen Näherungen gelten nur für die oberste (maximale) Inversiontemperatur. Mit steigendem Druck sinkt die Inversiontemperatur und bei tiefen Temperaturen existiert eine zweite Inversiontemperatur bei gleichem Druck (Abb. 3.7). Für einige bekannte Gase ist die experimentell oder rechnerisch bestimmte oberste Inversionstemperatur in Tabelle 3.3 angegeben. Nach Gl. 2.49 sollte sie gemäß der Van-der-Waals-Gleichung auch $T_{\mathrm{inv}} = (27/4) \cdot T_{\mathrm{c}}$, also etwa dem Siebenfachen der kritischen Temperatur entsprechen. Dabei gelten aber die schon genannten Einschränkungen der quantitativen Aussagen aus dem Van-der-Waals-Modell.

Die praktische Anwendung hat der Ingenieur und Unternehmer Carl von Linde erkannt und unter anderem das nach ihm benannte Linde-Verfahren zur Verflüssigung von Luft im Jahre 1895 entwickelt. Die heutige Linde AG nutzt das Verfahren noch immer nach dem gleichen Prinzip. Luft wird stark verdichtet (50–200 bar) und die entstehende Wärme abgeführt. Dann wird über nahezu adiabatische Entspannung durch eine Düse gekühlt. Diese Schritte werden mittels eines Gegenstromwärmeaustauschers so oft wiederholt, bis sich die Luft verflüssigt. Im Anschluss kann aufgrund der unterschiedlichen Siedepunkte

Tab. 3.3 Berechnete Joule-Thomson-Koeffizienten bei 298 K und obere Inversionstemperaturen T_{inv} im Vergleich mit gemessenen sowie Siedetemperaturen T_{vap} und kritischer Temperaturen T_c für ausgewählte Gase (Quellen: Wedler und Freund, 2012; Atkins und de Paula, 2014; Linstrom und Mallard, 2016).

Gas	Formel	μ_{JT}	T_{inv}^{calc}	T_{inv}^{exp}	T_c	T_{vap}
		K/bar	K	K	K	K
Ammoniak	NH_3	+0,85	2700	–	406	244
Kohlendioxid	CO_2	+0,68	2100	1500	304	195
Methan	CH_4	+0,40	1300	968	191	112
Sauerstoff	O_2	+0,27	1040	764	155	90
Argon	Ar	+0,37	1020	723	151	87
Stickstoff	N_2	+0,25	850	621	126	77
		— Raumtemperatur —				
Wasserstoff	H_2	-0,02	224	202	33	20
Helium	He	-0,06	35	51	5,2	4,2

eine fraktionierte Destillation (siehe Abschnitt 4.4.3) zur Trennung der Hauptkomponenten Stickstoff und Sauerstoff erfolgen.

Zur Messung von Joule-Thomson-Koeffizienten wird ein Gas verdichtet und die Temperaturänderung bei der irreversiblen adiabatischen Expansion durch eine Fritte gemessen. Dabei sollte die Druckdifferenz und damit auch die Temperaturdifferenz nicht zu groß sein, weil dann näherungsweise angenommen werden kann, dass der Quotient der absoluten Differenzen dem Differentialquotienten entspricht.

$$\left(\frac{T_E - T_A}{p_E - p_A}\right)_H \approx \left(\frac{\partial T}{\partial p}\right)_H = \mu_{JT} \tag{3.84}$$

Aus der Tabelle 3.3 ist ersichtlich, dass insbesondere die Hauptbestandteile von Luft sowie Erdgas über dieses Verfahren verflüssigt werden können. Sehr wenige Gase wie Wasserstoff und Helium müssten dagegen erst auf anderem Wege vorgekühlt werden, um eine Verflüssigung über den Joule-Thomson-Effekt nutzen zu können (Bedingung für Abkühlung $\mu_{JT} > 0$ bei $T_A < T_{inv}$).

Gase mit hohen intermolekularen Wechselwirkungen zeigen die höchsten Joule-Thomson-Koeffizienten. Wasserdampf hat daher auch einen recht ausgeprägten Joule-Thomson-Effekt, was zur Kondensation bei Entspannung führen kann (z.B. 6,6 K/bar bei 407 K und 3 bar (Linstrom und Mallard, 2016)).

 Anwendungsübung 3.4

Verständnisfrage: *Warum wird im Linde-Verfahren die Luft vorab durch einen Absorber von Wasser und Kohlendioxid befreit, bevor die Abkühlung erfolgt?*

Eine anschließend entwickelte, mindestens ebenso wichtige Anwendung ist die Nutzung des Effektes zur Kühlung in Kühlschränken oder -truhen. Ein elektrisch betriebener Kompressor verdichtet ein Gas, das nahezu adiabatisch entspannt wird und über einen Wärmetauscher dem zu kühlenden Volumen Wärme entzieht. Ein alternatives Prinzip funktioniert über Verdampfungskühlung wie sie im nächsten Abschnitt theoretisch beschrieben wird.

3.3   Umwandlungsenthalpien

Bislang sind sehr einfache geschlossene Systeme betrachtet worden, die aus reinen Stoffen in einer homogenen Phase bestanden. Daher brauchten bislang Einflüsse von Stoffmengenänderungen auf die Enthalpie oder Innere Energie nicht betrachtet werden. Es wurde allerdings bereits darauf hingewiesen, dass diese Zustandsfunktionen auch von Änderungen der Stoffmengen abhängen und deren totale Differentiale entsprechend erweitert werden müssen.

3.3.1   Phasenumwandlungsenthalpien

Wichtige, einfache Umwandlungsprozesse sind die Änderungen der Aggregatzustände. In diesem Fall liegt ein reiner Stoff in zwei unterschiedlichen Phasen vor. Üblicherweise werden folgende drei Größen tabellarisch erfasst (die Indices werden unterschiedlich gehandhabt und sind hier an die IUPAC-Vorgabe (Cohen und Mills, 2007) angepasst).

- Schmelzenthalpie $\Delta_{\text{fus}}H$ (engl. *fusion*), früher auch $\Delta_{\text{m}}H$ (engl. *melting*)
- Verdampfungsenthalpie $\Delta_{\text{vap}}H$ (engl. *vaporisation*), früher auch $\Delta_{\text{v}}H$
- Sublimationsenthalpie $\Delta_{\text{sub}}H$ (engl. *sublimation*), früher auch $\Delta_{\text{s}}H$

Diese Prozesse benötigen jeweils Energie, da Bindungskräfte im Festkörper oder in der Flüssigkeit aufgehoben werden. Die entsprechende umgekehrte Umwandlung besitzt jeweils den gleichen Betrag, aber mit umgekehrten Vorzeichen, da die Enthalpie eine Zustandsfunktion ist. Aus diesem Grund wird der jeweils umgekehrte Prozess (Erstarren oder Gefrieren bzw. Kondensation) nicht in Tabellen abgebildet.

Umwandlungsenthalpien können teilweise recht beachtliche Werte annehmen und damit große Wärmemengen benötigen. Einige Beispiele für unterschiedliche Bindungsarten sind in Tabelle 3.4 angegeben. Dadurch wird illustriert, dass der auszugleichende Bindungsverlust umso größer ist, je höher die Anordnungsnotwendigkeiten im Festkörper sind, da sich die Abstände der Teilchen beim Schmelzen nur geringfügig ändern. Beim Verdampfen nehmen dagegen die Teilchenabstände dramatisch zu, so dass hier die Bindungsstärken erkennbar werden. Da mit der Bindungsstärke auch die Verdampfungstemperatur zunimmt, sind diese im Gegensatz zum Schmelzvorgang in hohem Maße korreliert (darauf wird später im Abschnitt 3.4.1 noch näher eingegangen).

Tab. 3.4 Molare Schmelz- und Verdampfungsenthalpien mit Schmelz- und Siedetemperaturen für ausgewählte Stoffe bei Standarddruck von 10^5 Pa; Datenquellen: Lide (2006) sowie NIST Webbook (Linstrom und Mallard, 2016).

Stoff	Formel	Anziehung (überwiegende)	Schmelzen		Verdampfen	
			T_{fus} K	$\Delta_{\mathrm{fus}}H$ kJ/mol	T_{vap} K	$\Delta_{\mathrm{vap}}H$ kJ/mol
Wasserstoff	H_2	sehr geringe Disp.	14	0,12	20	0,90
Stickstoff	N_2	geringe Disp.	63	0,72	77	5,6
Benzen	C_6H_6	hohe Disp. (arom.)	279	9,9	353	30,7
Dihydrogensulfid	H_2S	schw. Dipole +Disp.	191	6	213	18,6
Aceton	$(CH_3)_2CO$	starker Dipol +vdW	179	5,7	329	29
Ammoniak	NH_3	H-Brücken	195	5,7	240	23,4
Wasser	H_2O	H-Brücken	273	6,0	373	40,7
Ethanol	C_2H_5OH	H-Brücken +vdW	186	5,0	352	38,6
Essigsäure	CH_3COOH	H-Brücken +vdW	290	11,7	392	24,4
Blei	Pb	Metall	601	5,1	2023	180
Aluminium	Al	Metall + koval.	934	10,7	2740	94
Kochsalz	NaCl	ionisch	1081	27,2	1738	171

Die Sublimation ist technisch nicht ganz so bedeutsam. Eine Sublimationsenthalpie ergibt sich näherungsweise als Summe der Enthalpieänderungen von Schmelz- und Verdampfungsprozess. Da diese meist bei deutlich unterschiedlichen Temperaturen bestimmt werden, fehlt allerdings noch eine temperaturabhängige Korrektur. Stellenweise werden auch Sublimationsenthalpien tabelliert. Insbesondere der Wert für Kohlendioxid ist technisch relevant, da dieses bei Standarddruck und $-78\,°C$ direkt sublimiert ohne zu Schmelzen (26 kJ/mol für $CO_2(s)$, „Trockeneis").

 Anwendungsübung 3.5
Berechnen Sie die Energiemengen, die nötig sind, um 1000 g Eis unter Standarddruck (a) bei 0 °C zu schmelzen, (b) auf 100 °C zu erwärmen und (c) anschließend zu verdampfen. Vergleichen Sie diese Werte miteinander.

3.3.2 Reaktionsenthalpien und -energien

Chemische Reaktionen gehen meist mit Wärmeänderungen einher. Bei konstantem Druck ist diese Wärmeänderung gleich der Reaktionsenthalphie $\Delta_r H$. Man unterscheidet exotherme Reaktionen, bei denen Wärme freigesetzt wird, und deren Reaktionsenthalpie negativ angegeben wird sowie endotherme Reaktionen, bei denen Wärme vom Reaktionssystem aus der Umgebung aufgenommen wird und deren Reaktionsenthalpie positiv ist.

Bei Phasenumwandlungen war diese Beziehung noch einfach. Schmelz-, Verdampfungs- und Sublimationsprozesse sind immer endotherm, die Umkehrungen exotherm. Bei chemischen Reaktionen kann vorab keine eindeutige Zuordnung getroffen werden. Der Formalismus ist allerdings in beiden Fällen der gleiche. Eine Reaktionsenthalpie $\Delta_r H$ ergibt sich aus der Enthalpiedifferenz von Endzustand (Produkte) und Anfangszustand (Edukte) bei konstanter Temperatur und Druck.

$$\Delta_r H = H(\text{Produkte}) - H(\text{Edukte}); \quad \text{isotherm, isobar} \tag{3.85}$$

Obacht 3.1

Damit eindeutig ist, was bilanziert wird, ist zum Index „r" immer die konkrete Reaktionsgleichung anzugeben. Selbst in unterschiedlicher Kürzung können sie zwar die gleiche Aussage haben, aber andere Enthalpiewerte (zum Beispiel $H_2 + 0{,}5\,O_2 \rightleftharpoons H_2O$ oder $2\,H_2 + O_2 \rightleftharpoons 2\,H_2O$).

Um dies mathematisch exakt zu erfassen, werden die stöchiometrischen Faktoren ν_i eingeführt. Sie sind für Edukte definitionsgemäß negativ und für Produkte positiv und haben einen Betrag, der in der zugehörigen Reaktionsgleichung steht. Eine Reaktionsenthalpie $\Delta_r H$ ergibt sich daher allgemein aus der Summe der mittels stöchiometrischen Faktoren gewichteten (allerdings so nicht messbaren) Enthalpien h_i aller Reaktanten.

$$\Delta_r H = \sum \nu \cdot h(\text{Produkte}) - \sum |\nu| \cdot h(\text{Edukte}) = \sum \nu_i \cdot h_i \tag{3.86}$$

Beispiel 3.3

Bei der Ammoniaksynthese kann folgende Reaktionsgleichung aufgestellt werden: $N_2(g) + 3\,H_2(g) \rightleftharpoons 2\,NH_3(g)$. Die stöchiometrischen Faktoren sind: $\nu_{N_2} = -1$, $\nu_{H_2} = -3$ und $\nu_{NH_3} = +2$. Die zugehörige Reaktionsenthalpie ist damit eindeutig definierbar.

$\Delta_r H = +2 \cdot h(NH_3(g)) - 1 \cdot h(N_2(g)) - 3 \cdot h(H_2(g))$

$\blacksquare$

Verbrennungsenthalpien, Energiegewinnung

In technischen wie in biologischen Systemen ist eine der wichtigsten Arten Energie zu erzeugen, die Verbrennung. Der Energiegewinn aus einer vollständigen Oxidation einer meist organischen Verbindung dient als Quelle, um Arbeit leisten zu können. Das Maß der möglichen Arbeit wird durch die chemische Energiereserve und damit die Reaktionsenthalpie ausgedrückt.

Tabelle 3.5 stellt eine Auswahl von technisch oder biologisch relevanten Energieträgern („Brennstoffen") zusammen. Die Verbrennungsenthalpien ($\Delta_c H$, mit Index „c" für *combustion*) sind allesamt negativ und weisen hohe Beträge auf. Interessant für deren Nutzung, insbesondere bei transportierten Energieträgern, ist noch die molare Enthalpie, die pro Masse (spezifische Enthalpie) bzw. pro Volumen (Enthalpiedichte) verfügbar ist. Flüssige und feste Substanzen haben die höchsten Enthalpiedichten. Verbrennungsenthalpien sind damit Grundlage für die Konzeption von Kraftwerken, Heizungen und

Tab. 3.5 Molare Verbrennungsenthalpien für ausgewählte Stoffe bei vollständiger Verbrennung unter Standardbedingungen sowie Vergleichsparameter für verschiedene Energieträger.

Stoff	Formel	Zustand	$\Delta_c H$ kJ/mol	spezif. Enth. kJ/g	Enthalpiedichte kJ/mL
Wasserstoff	H_2	(g)	−286	−142	−0,013
Methan	CH_4	(g)	−890	−55	−0,040
Erdgas	-	(g)	-	−44	−0,033
Biogas	-	(g)	-	−20	−0,024
Methanol	CH_3OH	(l)	−726	−30	−18,0
Ethanol	C_2H_5OH	(l)	−1368	−23	−23,7
Bier	-	(l)	-	ca. −2	ca. −2
Octan	C_8H_{18}	(l)	−5470	−48	−38,0
Graphit	C	(s)	−394	−33	−74,4
Glucose	$C_6H_{12}O_6$	(s)	−2800	−16	−24,3
Saccharose	$C_{12}H_{22}O_{11}$	(s)	−5645	−16	−26,2
Protein	-	(s)	-	ca. −17	ca. −24
Fett	-	-	-	ca. −38	ca. −34
Schokolade	-	(s)	-	ca. −22	ca. −29
Mehl	-	(s)	-	ca. −14	ca. −9,3
Brennholz	-	(s)	-	ca. −15	ca. −10

Motoren, aber auch für Lebensmittel oder Wärmeentwicklung in Bioreaktoren.

Anwendungsübung 3.6

Kennt man den Energiebedarf einer technischen Einrichtung oder eines biologischen Systems, so lassen sich so theoretische Mindestmengen an Energievorrat berechnen. Für Studierende im Alter von 19–25 Jahren werden 2 200 kcal/Tag (weiblich) bzw. 2 900 (männlich) von der Dt. Gesellschaft für Ernährung (www.dge.de) angegeben. Wenn Sie alleine mit Glucose (Traubenzucker) Ihren Tagesbedarf decken würden, wie viel müssten Sie davon ungefähr am Tag zu sich nehmen?

Anwendungsübung 3.7

In Deutschland werden durchschnittlich bei einer 3 Minuten langen Dusche etwa 60 Liter Wasser verbraucht. Berechnen Sie das Volumen an Erdgas, wenn das Leitungswasser dazu von etwa 15 °C auf 40 °C zum Duschen erwärmt wird? Damit ergibt sich auch das Einsparpotenzial für einen Duschkopf mit halbiertem Durchfluss. Zusatzfrage: Wie viel Kohlendioxid entsteht dabei, wenn reines Methan für die Erwärmung verbrannt wird?

Reaktionslaufzahl und Operator Δ

Für das tiefere Verständnis von mathematischen Beschreibungen in der Physikalischen Chemie ist es unabdingbar, sich mit der exakten Beschreibung des Operators Δ und der damit verbundenen Reaktionslaufzahl xi vertraut zu machen. Dies wird sowohl in diesem wie im nächsten Kapitel beim Umgang mit Reaktionsenthalpien und -entropien wie auch für in den späteren Kapiteln 5 und 6 in der Kinetik vorausgesetzt. Diese Beschreibung ist zwar zunächst etwas abstrakt, wegen ihrer allgemeinen mathematischen Verwendung aber sehr nützlich.

Eine einfache chemische Reaktion, wie zum Beispiel die Ammoniaksynthese ($N_2(g)$ + $3\ H_2(g) \rightleftharpoons 2\ NH_3(g)$), kann man mit den schon genannten stöchiometrischen Faktoren verallgemeinert folgendermaßen formulieren:

$$|\nu_A|\,A + |\nu_B|\,B \rightleftharpoons |\nu_C|\,C \tag{3.87}$$

Die Stoffmengenänderungen bei Reaktionen verhalten sich zueinander wie die stöchiometrischen Faktoren. Die differentiellen Umsätze eines Stoffes geteilt durch den zugehörigen stöchiometrischen Faktor sind damit für alle Reaktionspartner gleich und können durch die Änderung einer allgemeinen **Reaktionslaufzahl** ξ dargestellt werden.

$$\text{differentiell:}\quad d\xi = \frac{dn_A}{\nu_A} = \frac{dn_B}{\nu_B} = \frac{dn_C}{\nu_C} = \frac{dn_i}{\nu_i} \tag{3.88}$$

$$\text{integral:}\quad \xi = \frac{n_i(\text{nach Reaktion}) - n_i(\text{vor Reaktion})}{\nu_i} \tag{3.89}$$

Die zusätzliche Zustandsvariable ξ ist somit eine normierte Stoffmengenänderung. Ihre Einheit ist dementsprechend mol und damit ist es eine extensive Größe. Sie ist so definiert, dass sie generell positive Werte annimmt.

In einem geschlossenen System kann damit das totale Differential von der Zustandsfunktion Enthalpie mittels dieser zusätzlichen Zustandsvariablen aufgestellt werden.

$$dH(T,p,\xi) = \left(\frac{\partial H(T)}{\partial T}\right) dT + \left(\frac{\partial H(p)}{\partial p}\right) dp + \left(\frac{\partial H(\xi)}{\partial \xi}\right) d\xi \tag{3.90}$$

Analog lässt sich auch ein totales Differential für die Innere Energie aufstellen, dann mit den Zustandsvariablen T, V, ξ.

Neu ist nun ein partieller Differentialquotient nach der Reaktionslaufzahl. Um seine Bedeutung zu erkennen, wird ein isobarer und isothermer Prozess betrachtet und der Erste Hauptsatz hinzugezogen.

$$dH = d(U + pV) = dU + d(pV) = dU + p\,dV + V\,dp \tag{3.91}$$

$$\text{und } dU = \delta Q - p\,dV$$

$$dH = \delta Q + V\,dp = \delta Q_{T,p} = \left(\frac{\partial H(\xi)}{\partial \xi}\right) d\xi \tag{3.92}$$

Umgeformt ergibt sich

$$\left(\frac{\partial Q(\xi)}{\partial \xi}\right)_{T,p} = \left(\frac{\partial H(\xi)}{\partial \xi}\right)_{T,p} = \Delta H \tag{3.93}$$

ΔH entspricht der Umwandlungsenthalpie für genau einen Formelumsatz und ist damit eine molare Größe. Der Operator Δ wird in Zusammenhang mit Stoffumwandlungen oder Reaktionen allgemein als Ableitung nach der Reaktionslaufzahl benutzt.

$$\Delta = \frac{\partial}{\partial \xi} = \nu_i \frac{\partial}{\partial n_i} \qquad (3.94)$$

Satz 3.7

Anhand seiner Definition ist erkennbar, dass sich der Operator Δ immer auf einen bestimmten Prozess oder eine Reaktionsgleichung bezieht und einen zugehörigen molaren Umsatz abbildet.

Verschiedene Indices sind daher so definiert, dass sich die zugehörige Stöchiometrie eindeutig erschließt (Cohen und Mills, 2007, Abschnitt 2.11). Dort sind Schreibweisen für alle Phasenumwandlungen (s. Abschnitt 3.3.1) oder auch für die gerade besprochenen Verbrennungsprozesse mit dem Symbol Δ_c festgelegt.

Obacht 3.2

Der Operator Δ wird in der Physik oft für Differenzen benutzt. Seine Definition hier ändert dies nicht, gilt allerdings definiert für molare Änderungen von Zustandsfunktionen. Außerdem kommt als neue Bedeutung die partielle Ableitung nach der Reaktionslaufzahl hinzu.

Beispiel 3.4

Für Phasenumwandlungen ist die Betrachtung relativ einfach. Das soll am Beispiel des Schmelzens von Eis zu Wasser gezeigt werden.

$$H_2O(s) \rightleftharpoons H_2O(l)$$

Die stöchiometrischen Faktoren sind dann $\nu(\text{Eis}) = -1$ und $\nu(\text{Wasser}) = +1$ und Δ_{fus} (von engl. *fusion*, s. Abschnitt 3.3.1) ergibt sich als

$$\Delta_{\text{fus}} = -\frac{\partial}{\partial n(\text{Eis})} = +\frac{\partial}{\partial n(\text{Wasser})} \qquad (3.95)$$

Die Schmelzenthalpie kann über die benötigte Wärmemenge bei konstantem Druck bestimmt werden. Sie wird bezogen auf die Menge an geschmolzenem Eis, welche gleich der Menge des gebildeten Wassers ist.

$$\Delta_{\text{fus}} H(\text{Wasser}) = +h(\text{Wasser}) - h(\text{Eis}) = \frac{Q_{p,\text{fus}}}{n(\text{Wasser})} \qquad (3.96)$$

$\blacksquare$

Messung von Reaktionsenthalpien – Kalorimetrie

Um Reaktionsenthalpien oder -energien zu bestimmen, sind prinzipiell mehrere Wege möglich. Bei isothermem Verlauf können ausgetauschte Wärmemengen oder in ei-

Tab. 3.6 Prinzipien der kalorimetrischen Bestimmung von Reaktionswärmen und die zugehörige Zustandsgröße bzw. Messgröße.

Prozess	exotherm	endotherm
isobar	$Q_p = \Delta_r H < 0$	$Q_p = \Delta_r H > 0$
isochor	$Q_V = \Delta_r U < 0$	$Q_V = \Delta_r U > 0$
isotherm	Wärmeabgabe	Wärmeaufnahme
adiabatisch	Temperaturerhöhung	Temperaturerniedrigung

nem adiabatischen Aufbau Erwärmungen bestimmt werden. Die Verknüpfungen zu den Zustands- bzw. Messgrößen sind in Tab. 3.6 zusammengefasst.

Ein klassischer Weg ist die Nutzung eines adiabatischen Kalorimeters. Es handelt sich um ein offenes oder geschlossenes Gefäß mit Wärmeisolierung nach außen und einer bestimmten Wärmekapazität. Die Temperaturänderung im Kalorimeter wird gemessen, und wenn die Wärmekapazität des Kalorimeters vorher bestimmt wurde, kann damit die frei gewordene oder verbrauchte Wärmemenge bestimmt werden. Solche Geräte gibt es mittlerweile auch im Mikromaßstab, so dass auch kleinste Reaktionswärmen, zum Beispiel das Binden eines Antigens in Lösung an einen Antikörper messbar sind.

Neben temperierten isothermen Kalorimetern gibt es weitere dynamische kalorimetrische Messmethoden als Standardverfahren in einigen Labors. Die *Differential Scanning Calorimetry* (DSC) wird zum Beispiel oft zur Qualitätskontrolle eingesetzt. Bei ihr werden eine Probe und eine Referenz im Vergleich in einem Kalorimeter erhitzt. Für beide wird jeweils die Temperaturänderung pro Zeiteinheit aufgenommen. Durch Integration kann daraus die aufgenommene Wärmemenge bestimmt werden. Der Vergleichsaufbau verringert Messfehler, so dass nur sehr kleine Probenmengen nötig sind. Eine typische Anwendung ist die Reinheitsbestimmung eines immer wieder vermessenen Stoffes (Erklärung erfolgt später noch im Abschnitt 4.3.2 zu kolligativen Eigenschaften). Außerdem sind damit Enthalpiewerte von Schmelzvorgängen oder anderen Phasenübergängen gut zugänglich.

3.3.3 Berechnung von Reaktionsenthalpien

Die Bestimmung von Reaktionsenthalpien ist zeitaufwändig, bedarf genauer Messinstrumente und vor allem sehr reiner Substanzen. Viele Reaktionen sind in Experimenten zudem nur schwer oder gar nicht durchführbar. Wie misst man zum Beispiel die Reaktionsenthalpie der Fotosynthese ($6\,CO_2(g) + 6\,H_2O(l) \rightarrow C_6H_{12}O_6(s) + 6\,O_2(g)$)? Andererseits laufen viele Reaktionen nicht vollständig ab oder nicht bei Standardtemperatur. Mittlerweile kann fast jede Reaktionsenthalpie mit Taschenrechner oder Computer und geeigneten Datenbanken (Linstrom und Mallard, 2016) oder Nachschlagewerken (Lide, 2006) berechnet werden. Damit können aufwändige kalorische Messungen auf ein Minimum beschränkt werden. Dies ist eine der großen Errungenschaften der Physikalischen Chemie.

Kreisprozesse von Reaktionen

Ein Beispiel für eine schwer durchführbare Reaktion ist die teilweise Oxidation von Kohlenstoff zu Kohlenmonoxid, da gleichzeitig die Folgereaktion zu Kohlendioxid abläuft. Für solche Reaktionen hatte Heß bereits 1840, vor der Formulierung des 1. Hauptsatzes, das Gesetz der konstanten Wärmesummen formuliert. Demnach kann eine Reaktion aus beliebigen Teilreaktionen zusammengesetzt werden, um die Reaktionswärme zu bestimmen. Dieser auch Heß'scher Satz genannte Sachverhalt spiegelt erneut die Eigenschaft einer Zustandsfunktion wider. Nicht messbare Reaktionsenthalpien können also aus anderen messbaren Reaktionen durch Addition ermittelt werden.

Beispiel 3.5

Reaktionsenthalpie für die Reaktion von Kohlenstoff zu CO:

- (a) $2\,C(s) + O_2(g) \rightarrow 2\,CO(g)$ ist experimentell nicht zugänglich;
- (b) $C(s) + O_2(g) \rightarrow CO_2(g)$ dagegen leicht;
- (c) $2\,CO(g) + O_2(g) \rightarrow 2\,CO_2(g)$ ebenfalls.

Die gesuchte Reaktion (a) minus Reaktion (c) und minus zweimal Reaktion (b) führt wieder zur Ausgangssituation, ist also ein Kreisprozess. Man kann dann aus zweimal der Reaktionsenthalpie $\Delta_r H(b)$ abzüglich $\Delta_r H(c)$ die Reaktionsenthalpie zum Kohlenmonoxid für (a) berechnen.

$$\Delta_r H(a) = 2 \cdot \Delta_r H(b) - \Delta_r H(c)$$
$$= (-788 + 566)\,\text{kJ/mol} = -222\,\text{kJ/mol}$$

Anders ausgedrückt kann die Reaktion (a) durch einen Umweg aus zweimal (b) und umgekehrtem (c) aufgestellt werden. ∎

Das Beispiel belegt erneut, welchen großen Nutzen Zustandsfunktionen haben. Die Summe aller Enthalpiewerte (oder Änderungen anderer Zustandsfunktionen) in einem Kreisprozess muss gleich null sein.

$$\oint (\mathrm{d}H)_{p,T} = 0 \tag{3.97}$$

So lässt sich eine unbekannte Änderung der Enthalpie berechnen, wenn alle anderen Änderungen im Kreisprozess bekannt sind. Eine weitere Erkenntnis ist, dass die Umkehrung einer Reaktionsgleichung bezüglich einer Zustandsfunktion lediglich die Umkehrung des Vorzeichens zur Folge hat.

Satz 3.8

Chemische Gleichungen können demnach auch nach Ihren Wärmeeffekten in mathematischen Gleichungssystemen behandelt werden. Mit diesem Ansatz werden viele Reaktionsenthalpien rechnerisch zugänglich, die sich experimentell nicht ohne Weiteres bestimmen lassen.

Auf der Basis des 1. Hauptsatzes und der Wegunabhängigkeit von Zustandsfunktionen ist diese Vorgehensweise generell ohne Einschränkung anwendbar. An dieser Stelle kann dann auch verstanden werden, warum bei Phasenumwandlungen üblicherweise keine Sublimationsenthalpien tabelliert werden. Die Sublimation kann auch als verkettetes Schmelzen und Verdampfen beschrieben werden. Damit ist $\Delta_{sub}H \approx \Delta_{fus}H + \Delta_{vap}H$. Lediglich eine gewisse Temperaturabhängigkeit müsste für höhere Genauigkeit noch berücksichtigt werden, aber auch diese ergibt sich über tabellierte Wärmekapazitäten wie im Abschnitt 3.3.4 beschrieben.

Standardbildungsenthalpien

Allein mit Kenntnis des Heß'schen Satzes ist es kaum möglich, Reaktionsenthalpien für alle erdenklichen Reaktionen zu bestimmen. Insbesondere in der Biochemie und der Organischen Chemie würden unzählige experimentelle Bestimmungen nötig sein. Denkt man aber den Ansatz von Heß konsequent weiter, so lassen sich alle Stoffe grundsätzlich auf Reaktionen aus den reinen Elementen zurückführen.

Für jeden Stoff ist daher eine Standardbildungsenthalpie $\Delta_f H^\ominus$ („f" für englisch: *formation*) aus den in ihm enthaltenen Elementen zuzuordnen. Der Kreisprozess lautet schematisch: Alle Edukte reagieren stöchiometrisch zu den Elementen und aus den Elementen werden die Produkte gebildet. Diese Reaktionen sind praktisch meistens nicht messbar, aber indirekt berechenbar. Der Aufwand für Tabellenwerke (oder Datenbanken) wird damit aber überschaubar. Zu jedem Stoff muss nur eine Standardbildungsenthalpie angegeben werden.

$$\text{Elemente} \rightarrow \text{Stoff} \quad \text{mit } \Delta_f H^\ominus(\text{Stoff}) \tag{3.98}$$

Jede Reaktion kann formal als Reaktion der Edukte zu Elementen und den daraus gebildeten Produkten angesehen werden. Damit kann man die Reaktionsenthalpie einer beliebigen Reaktion aus der gewichteten Summe der Standardbildungsenthalpien der Produkte minus der Summe derer der Edukte berechnen.

$$\text{Edukte} \rightarrow \text{Elemente} \rightarrow \text{Produkte} \tag{3.99}$$

$$\Delta_r H^\ominus = \sum \Delta_f H^\ominus(\text{Produkte}) - \sum \Delta_f H^\ominus(\text{Edukte})$$

In der allgemeinen Form werden die stöchiometrischen Faktoren benutzt:

$$\boxed{\Delta_r H^\ominus = \sum \nu_i \cdot \Delta_f H_i^\ominus} \quad \textbf{über Standardbildungsenthalpien} \tag{3.100}$$

Satz 3.9

Reaktionsenthalpien können universell berechnet werden und zwar für jede Reaktion, bei der für alle Reaktanten ihre Standardbildungsenthalpie tabelliert ist. Solche werden daher für nahezu alle chemischen Verbindungen tabelliert oder in Datenbanken zur Verfügung gestellt.

Als freie Quelle für thermodynamische Werte findet sich das *Handbook of Chemistry and Physics* (Lide, 2006) in praktisch jeder naturwissenschaftlich-technisch ausgerichteten Bibliothek. Im Internet sind im *NIST Webbook* (Linstrom und Mallard, 2016) zahlreiche physikochemische Werte frei recherchierbar. Mittlerweile kann fast jede Reaktionsenthalpie mit Taschenrechner oder Computer und kommerziellen Datenbanken oder Nachschlagewerken berechnet werden. Damit können aufwändige kalorische Messungen auf ein Minimum beschränkt werden. Dies ist eine der großen Errungenschaften der Physikalischen Chemie.

Da die absoluten Werte der Enthalpien von den Zuständen der Stoffe und den Zustandsvariablen Temperatur und Druck abhängen, muss für diese Tabellierung ein sogenannter Standardzustand vereinbart sein. Diese Festlegungen sind international gültig und werden über Standardisierungsorganisationen in der Chemie (www.IUPAC.org) und der Physik (www.IUPAP.org) harmonisiert.

Im Standardzustand sollen sich Gase ideal verhalten und Flüssigkeiten und Feststoffe als reine Phasen in ihrer thermodynamisch stabilsten Form vorliegen. Für die reinen Elemente im thermodynamisch stabilsten Zustand werden die Standardbildungsenthalpien durch Definition gleich null gesetzt. Sie sind damit als Bezugspunkte fixiert und dadurch erst können für alle Verbindungen Absolutwerte angegeben werden. Die Standardbildungsenthalpien von gasförmigem H_2, O_2, flüssigem Quecksilber und festem Graphit sind gemäß dieser Definition gleich null (von Diamant nicht).

Der Bezug auf Standardzustände wird durch einen Index symbolisiert. Hier wird „$^{\ominus}$" verwandt. In vielen Tabellenwerken oder Büchern erscheint ebenso üblich die Alternative „$^{\circ}$", die allerdings leicht mit dem Gradzeichen verwechselbar ist (teilweise auch eher „^{0}"). Standardwerte werden üblicherweise bei einer Bezugstemperatur von 25 °C, also 298,15 K angegeben. Der Standarddruck beträgt 0,1 MPa oder 1 bar (bis vor zwei Jahrzehnten waren noch 1,013 bar festgelegt (1 atm), was einige Lehrbücher noch nicht angepasst haben) .

Beispiel 3.6
$\Delta_f H^{\ominus}$(CO, g) entspräche damit der Bildungsenthalpie von einem Mol gasförmigem Kohlenmonoxid aus den Elementen im Standardzustand, die Reaktionsgleichung ergibt sich also zwingend (und wird daher meist nicht angegeben): C(s, Graphit) $+ \frac{1}{2}$ O_2(g) $\rightarrow$ CO(g) ∎

Standardbildungsenthalpie aus Verbrennungsenthalpien

Für die meisten organischen und biochemischen Verbindungen sind direkte Messungen der Standardbildungsenthalpien nicht möglich. Die Verbrennungsenthalpien sind dagegen oft leicht zugänglich. Die vollständige Verbrennung ergibt in erster Linie Wasser und Kohlendioxid. Da deren Standardbildungsenthalpien bekannt sind bzw. als Verbrennungsenthalpien von Wasserstoff und Kohlenstoff gut messbar, können Kreisprozesse

Tab. 3.7 Molare Standardbildungsenthalpien für ausgewählte Stoffe bei Standardbedingungen von 25 °C und 10^5 Pa (Quellen: Cox et al., 1989; Linstrom und Mallard, 2016). Einige Werte entsprechen direkt einer Verbrennungsenthalpie des entsprechenden Elementes.

Stoff	Formel	Zustand	$\Delta_f H^\ominus$ kJ mol^{-1}	Bemerkung
Kohlendioxid	CO_2	(g)	−393,5	$= \Delta_c H(C)$
Kohlenmonoxid	CO	(g)	−110,5	
Schwefeldioxid	SO_2	(g)	−296,8	$= \Delta_c H(S)$
Dihydrogensulfid	H_2S	(g)	−20,6	
Hydrogenchlorid	HCl	(g)	−92,3	
Wasser	H_2O	(l)	−285,83	$= \Delta_c H(H_2)$
Benzen („Benzol")	C_6H_6	(l)	49	instabiler als Elemente
Ethanol	C_2H_5OH	(l)	−1368	
Essigsäure	CH_3COOH	(l)	−484	
Glucose	$C_6H_{12}O_6$	(s)	−2805	
Kochsalz	$NaCl$	(s)	−411,1	
Bleisulfat	$PbSO_4$	(s)	−920	
Quarz	SiO_2	(s)	−910,9	$= \Delta_c H(Si)$

aufgestellt werden.

Beispiel 3.7

Bestimmung der Standardbildungsenthalpie von Glucose: Die notwendigen Verbrennungsenthalpien ergeben sich aus Tabelle 3.5. Ein Kreisprozess muss zunächst aufgestellt werden und über die richtige Stöchiometrie ergibt sich die Standardbildungsenthalpie von Glucose.

$$\text{Bildungsreaktion: } 6\,C + 6\,H_2 + 3\,O_2 \rightarrow C_6H_{12}O_6$$
$$\text{Alternativweg: } 6\,C + 6\,H_2 + 9\,O_2 \rightarrow 6\,CO_2 + 6\,H_2O$$
$$\rightarrow C_6H_{12}O_6 + 6\,O_2$$
$$\Delta_f H^\ominus(\text{Glucose}) = 6\,\Delta_f H^\ominus(CO_2) + 6\,\Delta_f H^\ominus(H_2O) - \Delta_c H^\ominus(\text{Glucose})$$
$$= [6 \cdot (-394) + 6 \cdot (-286) + 2800]\,\tfrac{kJ}{mol} = -1280\,\tfrac{kJ}{mol}$$

■

Anwendungsübung 3.8

Bestimmen Sie die Standardbildungsenthalpie von Ethanol und Methan. Die notwendigen Verbrennungsenthalpien finden Sie in Tabelle 3.5.

Reaktionsenthalpien von biochemischen Reaktionen

Gerade viele biochemische Reaktionen lassen sich nur bedingt bezüglich ihrer Wärmeeffekte messen. Mittels thermodynamischen Grunddaten ist es dagegen einfach, Standardreaktionsenthalpien zu bestimmen. Es erfordert nur geschickte Anwendung des bislang Erlernten unter Aufstellung korrekter Reaktionsgleichungen.

Bei diesen Rechnungen zeigt sich allerdings, dass die Tabellenwerte teilweise hohe Präzision aufweisen müssen. Aus sehr großen Beträgen werden hier deutlich kleinere abgeleitet. Geringe Präzision in den Tabellenwerten kann zu großer Unsicherheit im Ergebnis führen. Aus diesem Grund gibt es laufend Bestrebungen, die thermodynamischen Tabellenwerke oder (meist käufliche) Datenbanken zu verbessern. Dies geschieht alles im Hintergrund, ohne dass die Nutzer viel mitbekommen, ist aber eine sehr wichtige Grundlagenarbeit.

Energierelevante Reaktionen wären zum Beispiel die anaerobe Glykolyse, die jeden Sportler ereilt, wenn nicht genug Sauerstoff den Muskel erreicht. Glucose wird dann nicht mehr vollständig „verbrannt", sondern nur zu Milchsäure umgesetzt. Ein ähnlich gelagertes Beispiel wäre die alkoholische Gärung, bei der Glucose durch Hefen in Ethanol umgesetzt wird.

Anwendungsübung 3.9
Welche der beiden Reaktionen von Glucose liefert unter Standardbedingungen mehr Energie – die Glykolyse im sauren Muskel zu Milchsäure ($C_3H_6O_3$) oder die anaerobe Gärung der Hefepilze zu Ethanol?
Benötigt werden dazu noch die Standardbildungsenthalpien von Ethanol (s. obige Übung) und Milchsäure ($-674\,kJ/mol$).

Jetzt fehlt noch die Kenntnis zur Temperaturabhängigkeit von Reaktionsenthalpien. So können zum Beispiel auch für physiologische Bedingungen Aussagen getroffen werden, wenn die Temperatur nicht nahe 25 °C liegt.

3.3.4 Temperatur- und Druckabhängigkeit, Bezug Innere Energie

Für die Praxis benötigt man Reaktionsenthalpien unter den Bedingungen, die biologisch oder technisch optimiert sind, und damit bei anderen Temperaturen und Drücken als im Standardzustand. Es musste also ein Weg gefunden werden, auch diese Einflüsse rechnerisch zu ermitteln. Dazu starten wir wieder mit dem totalen Differential der Enthalpie und zwar bei konstantem Druck, um die Temperaturabhängigkeit zu ermitteln, und umgekehrt.

$$dH = \left(\frac{\partial H}{\partial T}\right) dT + \left(\frac{\partial H}{\partial p}\right) dp + \left(\frac{\partial H}{\partial \xi}\right) d\xi \qquad (3.101)$$

Temperaturabhängigkeit von Reaktionsenthalpien

Dazu wird der Druck als konstant angenommen werden (p = const; dp = 0).

$$(\mathrm{d}H)_p = \left(\frac{\partial H}{\partial T}\right)\mathrm{d}T + \left(\frac{\partial H}{\partial \xi}\right)\mathrm{d}\xi \tag{3.102}$$

Das totale Differential kann nach Ersetzung mit bekannten Definitionen auch anders geschrieben werden.

$$(\mathrm{d}H)_p = C_p\mathrm{d}T + \Delta_\mathrm{r}H\mathrm{d}\xi \tag{3.103}$$

Nach dem Schwartz'schen Satz müssen die gemischten zweiten Ableitungen gleich sein.

$$\left(\frac{\partial \Delta_\mathrm{r}H}{\partial T}\right)_p = \left(\frac{\partial C_p}{\partial \xi}\right)_p = \Delta_\mathrm{r}C_p \tag{3.104}$$

Nach Umstellen der Gleichung, kann man dann die Temperaturabhängigkeit von ΔH durch Integration über den Temperaturbereich bestimmen.

$$\mathrm{d}\Delta_\mathrm{r}H = \Delta_\mathrm{r}C_p\mathrm{d}T \tag{3.105}$$

$$\int_{H(T_1)}^{H(T_2)} \mathrm{d}\Delta_\mathrm{r}H = \int_{T_1}^{T_2} \Delta_\mathrm{r}C_p\mathrm{d}T$$

$$\Delta_\mathrm{r}H(T_2) = \Delta_\mathrm{r}H(T_1) + \int_{T_1}^{T_2} \Delta_\mathrm{r}C_p\mathrm{d}T \tag{3.106}$$

Ganz analog können so auch geänderte Phasenumwandlungsenthalpien für andere Temperaturen als die tabellierten bestimmt werden (dazu werden die Wärmekapazitäten beider beteiligten Phasen benötigt).

 Satz 3.10

Die Beziehung 3.106 (auch Kirchhoff'scher Satz genannt) erlaubt gene-rell die Berechnung von Standardreaktionsenthalpien bei einer anderen Temperatur T_x als der Standardtemperatur ($T^\ominus$ = 25°C).

$$\Delta_\mathrm{r}H(T_x) = \Delta_\mathrm{r}H(T^\ominus) + \int_{T^\ominus}^{T_x} \Delta_\mathrm{r}C_p\mathrm{d}T \tag{3.107}$$

Die Änderung der Wärmekapazität mit der Reaktionslaufzahl, $\Delta_\mathrm{r}C_p$, lässt sich, analog zur Reaktionsenthalpie, als Summe der mit den stöchiometrischen Faktoren gewichteten Wärmekapazitäten der Reaktionsteilnehmer formulieren.

$$\Delta_\mathrm{r}C_p = \left(\frac{\partial C_p}{\partial \xi}\right)_p = \sum \nu_i \cdot c_{p,i} \tag{3.108}$$

Sie ändern sich zwar selbst mit der Temperatur, aber diese Präzision wird selten benötigt. Meist reicht es, sie als Konstanten zu betrachten, welche dann nicht integriert werden müssen.

$$\Delta_r H(T_x) \approx \Delta_r H(T^{\ominus}) + \Delta_r C_p \int_{T^{\ominus}}^{T_x} dT = \Delta_r H(T^{\ominus}) + \Delta_r C_p \cdot (T_x - T^{\ominus}) \qquad (3.109)$$

Erst bei großen Temperatursprüngen muss auch die Temperaturabhängigkeit der Wärmekapazitäten selbst berücksichtigt werden.

Anwendungsübung 3.10

Die Standardbildungsenthalpie von Kohlendioxid beträgt −39,8 kJ/mol bei 25 °C. Welchen Wert hat sie bei 37 °C? Die Wärmekapazitäten betragen $c_p(C) = 8,75\ J/(mol\,K)$, $c_p(O_2) = 29,4\ J/(mol\,K)$ und $c_p(CO_2) = 37,3\ J/(mol\,K)$.

Druckabhängigkeit von Reaktionsenthalpien

Hierzu wird das totale Differential bei Temperaturkonstanz aufgestellt.

$$(dH)_T = \left(\frac{\partial H}{\partial p}\right) dp + \left(\frac{\partial H}{\partial \xi}\right) d\xi \qquad (3.110)$$

Es gilt die schon beim Joule-Thomson-Effekt vorgenommene Ersetzung des partiellen Differentialquotienten der Enthalpie nach dem Druck (Gl. 3.77), die erst in Gl. 3.166 belegt wird.

$$\frac{\partial H(p)}{\partial p} = V - T \cdot \left(\frac{\partial V(T)}{\partial T}\right)_p$$

Nach Anwendung des Schwartz'schen Satzes, Umstellung der Gleichung und Integration ergibt sich analog zum Rechenweg zum Kirchhoff'schen Satz (Gl. 3.106):

$$\Delta_r H(p_x) = \Delta_r H(p^{\ominus}) + \int_{p^{\ominus}}^{p_x} \left(\Delta_r V - T \cdot \left(\frac{\partial \Delta_r V(T)}{\partial T}\right)_p\right) dp \qquad (3.111)$$

Zur Lösung des Integrals muss die molare Volumenänderung mit der Reaktion $\Delta_r V$ betrachtet werden. Dafür sind vor allem beteiligte Gase verantwortlich. Kondensierte Stoffe leisten erst bei sehr hohen Drücken einen Beitrag. Für das ideale Gas wird zudem das Integral genau gleich null, analog zu Gleichung 3.79 beim Joule-Thomson-Effekt.

Satz 3.11

Die Druckabhängigkeit von Reaktionsenthalpien kann daher meist ver-
nachlässigt werden. (Nur für deutlich nicht-ideale Gase bei hohen
Drücken oder kondensierte Stoffe bei sehr hohen Drücken können diese
Effekte eine merkliche Rolle spielen).

Sind solche detaillierten Betrachtungen doch von Interesse, so müssen Näherungen für
die Molvolumina (oder Dichten) von den beteiligten Stoffen bekannt sein.

Obacht 3.3

Durchläuft man bei Temperatur- und Druckänderungen eine Phasenum-
wandlung einzelner Reaktionsteilnehmer, so müssen die entsprechenden
Umwandlungsenthalpien der Phasenumwandlungen unbedingt mit
berücksichtigt werden und die veränderten Wärmekapazitäten. Sie
haben üblicherweise einen merklichen Einfluss auf die Werte.

Änderungen der Inneren Energie bei Reaktionen

Für die Reaktionsenergien $\Delta_r U$ gilt analog das Gleiche, was für Reaktionsenthalpien gesagt wurde. Da sich Reaktionen bei konstantem Volumen allerdings schlechter standar-
disieren lassen als bei konstantem Druck, beschränkt sich ihr Gebrauch vorwiegend auf
Verbrennungskalorimeter und ihre Aufstellung in Tabellenwerken ist sehr selten.

Die jeweiligen Enthalpien unterscheiden sich von den Inneren Energien durch den Betrag $p \cdot V$. Daraus ergibt sich der Unterschied zwischen Reaktionsenergien und Reaktionsenthalpien.

$$\Delta_r U = \Delta_r H - \Delta_r (p \cdot V) = \sum \nu_i \Delta_f H_i - \sum \nu_i \cdot (p \cdot V)_i \qquad (3.112)$$

Entscheidend ist also die Differenz der Summe aller Volumina der Reaktionsteilnehmer
vor und nach der Reaktion. Im Wesentlichen werden diese Volumeneffekte durch Gase
bestimmt. In erster Näherung kann das Ideale Gasgesetz zur Abschätzung des Unter-
schiedes herangezogen werden.

Satz 3.12

Für Reaktionen ohne nennenswerte Volumeneffekte, also vor allem oh-
ne (oder neutrale) Beteiligung von Gasen, sind die Reaktionsenthalpien
damit nahezu gleich den Reaktionsenergien.

$$\Delta_r U \approx \Delta_r H \quad \text{wenn keine Gase beteiligt sind} \qquad (3.113)$$

Damit entsprechen Schmelzenthalpien auch in etwa den Schmelzenergien, dagegen gibt
es bei Verdampfungsprozessen (wie auch bei Sublimationen) einen merklichen Unter-

schied. Beim Verdampfen gemäß dem Operator „Δ_{vap}" bildet sich ein Mol Gas. Wenn dieses als ideal angenähert wird, gilt $p \cdot V_{\mathrm{m}} = R \cdot T$.

$$\Delta_{\mathrm{vap}}U \approx \Delta_{\mathrm{vap}}H - (p \cdot V_{\mathrm{m}}) = \Delta_{\mathrm{vap}}H - (R \cdot T) \tag{3.114}$$

Diese Zahlenwerte werden zwar praktisch nie angegeben, aber mit dieser Überlegung ist es möglich, die Volumenarbeit von der Arbeit zum Öffnen von Bindungen zu trennen und Bindungsstärken aus Verdampfungsenthalpien abzuschätzen.

 Beispiel 3.8
$\Delta_{\mathrm{vap}}H$ von Wasser beträgt gemäß Tab. 3.4 40,7 kJ/mol am Siedepunkt von 100 °C, also 373 K. Die Differenz $(R \cdot T)$ hat dann einen Wert von etwa 3,1 kJ/mol, also verbleibt $\Delta_{\mathrm{vap}}U \approx 37{,}6$ kJ/mol für die Bindungen. Weil je Wassermolekül zwei Wasserstoffbrückenbindungen auftreten, kann deren Stärke mit etwa 19 kJ/mol abgeschätzt werden (vgl. Tab. 2.7).

■

Die Temperaturabhängigkeit von Umwandlungsenergien lässt sich in analoger Form wie für Umwandlungsenthalpien herleiten. Das Ergebnis ist auch sehr ähnlich, nur dass jetzt ΔC_V statt ΔC_p auftritt. Diese Aussage gehört historisch ebenso mit zum Kirchhoff'schen Satz wie er in Gl. 3.106 für die Enthalpie bereits entwickelt wurde.

$$\mathrm{d}\Delta_{\mathrm{r}}U = \Delta_{\mathrm{r}}C_V \,\mathrm{d}T \quad \text{mit } \Delta_{\mathrm{r}}C_V = \sum \nu_i \cdot c_{V,i} \tag{3.115}$$

$$\Delta_{\mathrm{r}}U(T_2) = \Delta_{\mathrm{r}}U(T_1) + \int_{T_1}^{T_2} \Delta_{\mathrm{r}}C_V \,\mathrm{d}T \tag{3.116}$$

3.4 Entropie und Gibbs'sche Freie Enthalpie

Die bisherigen Betrachtungen basierten auf der im 1. Hauptsatz festgestellten Energieerhaltung. Zahlreiche Beobachtungen in Experimenten sind aber nicht alleine mit diesem Ansatz beschreibbar. Es ist bereits nicht selbstverständlich, dass der Nullte Hauptsatz zutrifft und zwei Teilsysteme im thermischen Kontakt ihre Temperaturen einander angleichen unter Austausch von Wärme.

Bei der Befassung mit Wärme-Kraft-Maschinen wurde im Zusammenhang mit deren Wirkungsgraden (Satz 3.6) festgestellt, dass dieser immer unter eins liegt. Daraufhin wurde der **Zweite Hauptsatz der Thermodynamik** erstmals folgendermaßen formuliert: *Es gibt keine periodisch arbeitende Maschine, die Wärme vollständig in mechanische Arbeit überführt.* Eine klarere Formulierung des 2. Hauptsatzes ergab sich erst mit der Einführung der Entropie.

3.4.1 Was bedeuten der Zweite Haupsatz und die Entropie?

Experimentelle Definition der Entropie

Von Clausius wurde die Entropie eingeführt, indem die reversibel ausgetauschte Wärmeänderung durch die herrschende Temperatur geteilt wird. Durch diese Definition erst ergibt sich eine weitere Zustandsfunktion (McQuarrie und Simon, 1999, ab S. 240).

$$dS = \frac{\delta Q_{\text{rev}}}{T} \tag{3.117}$$

Eine infinitesimale Änderung der Entropie ist gleich einer infinitesimalen Änderung der in einem reversiblen Prozess ausgetauschten Wärme geteilt durch die Temperatur. Die Entropie wurde daher auch „reduzierte Wärme" genannt. Für einen vollständig reversibel geführten Kreisprozess ist das Integral dieser Änderungen gleich null.

$$\oint_{\text{rev}} \frac{\delta Q_{\text{rev}}}{T} = \oint_{\text{rev}} dS = 0 \tag{3.118}$$

Sobald auch nur ein Teilschritt irreversibel ist, kann man nicht mehr mit der Entropie ersetzen. Im Integral steht daraufhin keine Zustandsfunktion mehr, folglich ist es ungleich null. Erfahrungsgemäß ist das Kreisintegral dann immer kleiner als null. Es geht Energie in Form von Wärme verloren. Dies wurde bereits beim Wirkungsgrad von Wärme-Kraft-Maschinen (Gl. 3.71) und bei irreversiblen Expansionen von Gasen festgestellt (Abschnitt 3.2.4). Es gilt allgemein, dass die Entropieänderung für eine irreversible und isotherme Zustandsänderung in einem abgeschlossenen System größer als null sein muss.

$$\oint_{\text{irrev}} \frac{\delta Q_{\text{irrev}}}{T} < 0 \quad \text{und} \quad \int_1^2 \frac{\delta Q_{\text{irrev}}}{T} < \int_1^2 dS = S_2 - S_1 \tag{3.119}$$

Aus diesen Überlegungen folgt eine universellere Formulierung des 2. Hauptsatzes.

Satz 3.13
Die Entropie eines abgeschlossenen Systems bleibt für reversible Zustandsänderungen konstant, für irreversible Zustandsänderungen nimmt die Entropie immer zu.

$$\Delta S \geq 0 \quad \textit{für abgeschlossene Systeme} \tag{3.120}$$

Damit kann umgekehrt definiert werden:

- *Prozesse ohne Entropieänderung sind reversibel.*
- *Prozesse mit Entropiezunahme sind irreversibel.*

Die Entropie erscheint zunächst als sehr abstrakte Größe, die aufgrund von experimentellen Beobachtungen eingeführt wurde. Am Beispiel der Phasenübergänge lässt sich ein Versuch einer anschaulichen Erläuterung der Entropie deutlich machen. Demnach ist die

Entropie ein Maß für „den Grad der Unordnung" eines Systems. Bei einem Schmelzvorgang geht die Ordnung eines kristallinen Festkörpers verloren, bei einem Verdampfungsprozess verlieren die Moleküle oder Atome ihre Anordnung zu einander völlig. Diese und andere Beobachtungen führten zu der Regel, dass bei spontan verlaufenden Prozessen eine Zunahme der „Unordnung" angestrebt wird.

Statistische Deutung der Entropie

Mit Hilfe der statistischen Thermodynamik kann man diese Formulierung präzisieren. Aus den Überlegungen dort (insbesondere nach Boltzmann), die hier nicht vertieft werden sollen, ergibt sich die Entropie als Maß für die Anzahl von gleichberechtigten mikroskopischen Zuständen Z, in denen ein System vorliegen kann, ohne dass sich seine makroskopischen Eigenschaften ändern. Diese Wahrscheinlichkeitsverteilung oder auch eine Quantenstatistik führen zu einer absoluten Berechnung der Entropie (McQuarrie und Simon, 1999, ab S. 250).

$$S = k_B \cdot \ln \Omega; \quad k_B: \text{Boltzmann-Konstante} \tag{3.121}$$

Diese Gleichung ist so eng mit Boltzmann verknüpft, dass sie in seinen Grabstein auf dem Friedhof in Wien eingraviert ist. Sie ist von ihm je Systembestandteil (zum Beispiel Molekül) aufgestellt worden und wird so in der Physik benutzt. Um eine molare Entropie s in der Chemie zu erhalten, muss nur von der Boltzmann-Konstante zur allgemeinen Gaskonstante $R = N_A \cdot k_B$ gewechselt werden (Zahlenwerte in Tab. A.1).

$$s = N_A \cdot S = R \cdot \ln \Omega \tag{3.122}$$

Je größer das statistisches Gewicht Ω ist, desto größer ist die Entropie. Zudem lässt sich eine Entropie von null begründen, bei ihr gibt es nur einen einzigen möglichen Zustand für alle Teilchen mit $\Omega = 1$ und damit $s = 0$.

Am Beispiel der Phasenumwandlungen lässt sich dies anschaulich erläutern. In Kristallen gibt es nur sehr wenige Anordnungsmöglichkeiten der Bausteine. In einer Flüssigkeit ist die Lage der Moleküle oder Atome dagegen variabler. Es gibt zwar wenige Möglichkeiten für die Anordnung in der Nahordnung, dagegen viele Anordnungsmöglichkeiten, wenn man über mehrere Molekül- oder Atomabstände hinweg vergleicht. Ein Gas hat weder die eine noch die andere Beschränkung in der Anordnung und damit die größte Anzahl von möglichen Mikrozuständen wie auch die höchste Entropie der Aggregatzustände.

Der Begriff „Unordnung" bekommt damit eine klare wissenschaftliche Definition. In ähnlicher Form können alle thermodynamischen Zustandsgrößen aus statistischen Überlegungen abgeleitet werden, allerdings nicht so direkt wie die Entropie (siehe Wedler und Freund (2012, Kap. 4) oder Keszei (2012, Kap. 10)). Die Entropie ist eine Größe, die das natürliche Bestreben zum wahrscheinlichsten Zustand wiedergibt. Der Zweite Hauptsatz besagt damit auch, dass die Natur (das Universum) bestrebt ist, den wahrscheinlichsten Zustand zu erreichen.

Daraus ergibt sich mathematisch begründet, dass thermodynamische Größen nur für ausreichend große Systeme angegeben werden können, die eine solche Statistik für ihre Bestandteile erlauben. Für wenige Moleküle kann weder Entropie, noch Enthalpie, noch Temperatur angegeben werden, es gibt auch keine Möglichkeit, diese Systeme ausreichend mit Statistik zu beschreiben.

Die treffende Beschreibung von physikalisch-chemischen Verteilungen erfolgt über die Boltzmann-Verteilung. Sie beschreibt die Wahrscheinlichkeit, mit der ein Systembestandteil, also zum Beispiel ein Molekül in einem Stoff, in einem ganz bestimmten Energiezustand E_1 vorliegt, bezogen auf die Gesamtzahl N_{ges} der Bestandteile (Moleküle).

$$\frac{N_1}{N_{ges}} = \frac{\exp(-E_1/k_B T)}{\sum_i \exp(-E_i/k_B T)} \tag{3.123}$$

Die wichtigste Zustandsvariable für diese Verteilung ist die Temperatur, was erneut die zentrale Bedeutung der Temperatur in der Thermodynamik und damit für physikalisch-chemische Prozesse unterstreicht.

Als Beispielprozess soll hier auf die isotherme, reversible Volumenänderung des idealen Gases zurückgegriffen werden (Gl. 3.50).

$$Q_{rev} = -W_{rev} = nRT \cdot \ln \frac{V_E}{V_A} \tag{3.124}$$

Damit kann die Entropieänderung für diesen Prozess direkt angeben werden.

$$S_E - S_A = \frac{Q_{rev}}{T} = nR \cdot \ln \frac{V_E}{V_A} = R \cdot \ln \Omega \tag{3.125}$$

Entropieänderungen bei Phasenumwandlungen

Allgemein kann man die Entropieänderung eines isothermen Prozesses über die reversibel ausgetauschte Wärmemenge bestimmen, gemäß der eingangs genannten Definition und der Eigenschaft, eine Zustandsfunktion zu sein.

$$S_E - S_A = \int_A^E \frac{dQ_{rev}}{T} \tag{3.126}$$

Deshalb ist die Entropieänderung bei Phasenübergängen leicht zu ermitteln, da diese reversibel und isotherm ablaufen. So lange der Phasenübergang stattfindet, bleibt das System bei der Umwandlungstemperatur. Die reversibel ausgetauschte Wärmemenge entspricht genau der Umwandlungsenthalpie.

Am Beispiel eines Verdampfungsvorganges soll die Berechnung der entsprechenden molaren Umwandlungsentropie $\Delta_{vap}S$ demonstriert werden.

$$s_E - s_A = \Delta_{vap}S = \frac{Q_{rev}}{n \cdot T} = \frac{\Delta_{vap}H}{T_{vap}} \tag{3.127}$$

Allgemein gilt für Umwandlungsentropien einer reversiblen Phasenumwandlung (Index „PhU")

$$\Delta_{PhU}S = \frac{\Delta_{PhU}H}{T_{PhU}} = \sum \nu_i s_i = s(\text{Phase } 2) - s(\text{Phase } 1) \tag{3.128}$$

Tab. 3.8 Molare Schmelz- und Verdampfungsentropien am Schmelz- bzw. Siedepunkt für ausgewählte Stoffe bei Standarddruck von 10^5 Pa. Der Großteil dieser Werte ergibt sich aus den Daten in Tabelle 3.4 und ergänzt diese.

Stoff	Formel	Anziehungskräfte (überwiegende)	$\Delta_{fus}S$ J K^{-1}mol^{-1}	$\Delta_{vap}S$ J K^{-1}mol^{-1}
Wasserstoff	H_2	sehr geringe Disp.	8,6	45
Stickstoff	N_2	geringe Disp.	11	73
Benzen („Benzol")	C_6H_6	hohe Disp. (arom.)	36	87
Dihydrogensulfid	H_2S	schw. Dipole + Disp.	31	88
Aceton	$(CH_3)_2CO$	starker Dipol + vdW	32	88
Ammoniak	NH_3	H-Brücken	29	97
Wasser	H_2O	H-Brücken	22	109
Ethanol	C_2H_5OH	H-Brücken + vdW	27	110
Essigsäure	CH_3COOH	H-Brücken + vdW	40	62
Blei	Pb	Metall	8,5	89
Aluminium	Al	Metall + koval.	11,4	107
Kochsalz	NaCl	ionisch	25	98

Damit lassen sich Umwandlungsentropien aus den Angaben für $\Delta_{PhU}H$ und T_{PhU} in Tabelle 3.4 leicht berechnen. Der Betrag der Umwandlungsentropie steigt mit zunehmender Umwandlungsenthalpie und abnehmender Umwandlungstemperatur. Das Vorzeichen entspricht dem der Umwandlungsenthalpie und ist für den umgekehrten Prozess entsprechend auch negativ. Da Schmelz-, Verdampfungs- und Sublimationsenthalpien immer positiv (also endotherm) sind, folgt daraus eine Zunahme der Entropie, also ist die Umwandlungsentropie für Schmelzen, Verdampfen und Sublimation immer positiv. Bei Umkehrung der Vorgänge nimmt die Entropie ab. Damit kann man mit tabellierten Werten für die Umwandlungstemperatur und -enthalpie, wie in Tabelle 3.4 angegeben, Umwandlungsentropien berechnen, wie in Tabelle 3.8 geschehen.

Die Phasenumwandlungsentropien unterscheiden sich deutlich weniger, als die Phasenumwandlungsenthalpien (Tabelle 3.4). Die Ähnlichkeiten der Phasenumwandlungsentropien lassen sich leicht über die Definition der Entropie verstehen. Die Zunahme an Unordnung bzw. an möglichen mikroskopischen Zuständen ist für Phasenübergänge ähnlich. Beim Schmelzprozess ergibt sich nur eine Spannbreite mit dem Faktor 4 bis 5 vom kleinsten bis zum größten Wert.

Für den Verdampfungsvorgang ist die Variationsbreite noch deutlich geringer. Es ergibt sich gemäß der Näherung vom idealen Gas eine ähnliche Volumenzunahme, unabhängig vom Stoff, und praktisch keine Ordnung mehr im Gas. Noch ohne Kenntnis der Entropie wurde die **Trouton'sche Regel** im Jahr 1884 so aufgestellt. Demnach liegt das Verhältnis von Verdampfungsenthalpie zu absoluter Siedetemperatur bei nicht assoziierenden Flüssigkeiten in der Nähe von 22 cal K^{-1}mol^{-1} (Nernst, 1924, S. 111, was einer Verdampfungsentropie von etwa $90\,\mathrm{J\ K^{-1}\,mol^{-1}}$ entspricht). Für so unterschiedliche Stoffe wie Blei, Aceton und Dihydrogensulfid trifft diese Regel gemäß Tab. 3.8 gut zu.

Gase mit tiefen Siedepunkten zeigen zunehmende Abweichungen. Treten sonst Abweichungen von der Trouton'schen Regel auf, so müssen Wechselwirkungen vorliegen, die den Ordnungszustand verändern. Dies können besondere Anordnungen der Moleküle oder Atome entweder im flüssigen Zustand oder in der Gasphase sein, zum Beispiel Wasserstoffbrücken in Flüssigkeiten oder assoziierte Multimere (aneinandergelagerte Moleküle) in Gasen. Bei flüssigem Wasser führt die hohe Ordnung (durch Wasserstoffbrückenbindungen) zu einer deutlich höheren Verdampfungsentropie als die von Trouton angegebene (ebenso bei Ethanol). Umgekehrt verhält es sich bei der Essigsäure, von der bekannt ist, dass sie in der Gasphase teilweise (geordnet) als Dimer vorliegt. Diese Abweichungen sind mit 20–30 % allerdings insgesamt immer noch moderat (s. Tab. 3.8).

3.4.2   Dritter Hauptsatz und Standardentropien

Die Diskussionen, die zum Dritten Hauptsatz der Thermodynamik führten, haben die Physik und Chemie lange beschäftigt. Diese Diskussionen basierten auf fundamentalen Fragen der Physik und Statistik. Im Nachhinein erscheint der Hauptsatz vielleicht nicht so entscheidend wie die ersten beiden, aber es ergeben sich wichtige Konsequenzen daraus. Im Gegensatz zur Situation bei Enthalpie und Innerer Energie können damit absolute Entropien angegeben werden.

Dritter Hauptsatz der Thermodynamik

Bei Reaktionen zwischen reinen, kristallinen Feststoffen hat sich gezeigt, dass die Reaktionsentropie bei Annäherung an den absoluten Nullpunkt der thermodynamischen Temperaturskala gegen null strebt.

$$\lim_{T \to 0\mathrm{K}} \Delta_\mathrm{r} S = 0 \tag{3.129}$$

Daraus wurde das sogenannte Nernst'sche Wärmetheorem entwickelt: „...besagt also, daß in der Nähe des absoluten Nullpunktes alle Vorgänge ohne Änderung der Entropie ablaufen."(Nernst, 1924).

$$\lim_{T \to 0\mathrm{K}} (S_2 - S_1) = 0 \tag{3.130}$$

Dieses hat als praktische Folge, dass der absolute Nullpunkt prinzipiell nicht erreicht werden kann. Er ist ein Endpunkt, dem experimentelle Physiker seither versuchen, immer näher zu kommen. Auf theoretischer Seite gibt es ebenfalls wichtige Konsequenzen. Dazu betrachten wir die andere Schreibweise der Reaktionsentropie.

$$\lim_{T \to 0\mathrm{K}} \Delta_\mathrm{r} S = \lim_{T \to 0\mathrm{K}} \sum \nu_i s_i = 0 \tag{3.131}$$

Wenn diese Aussage für Reaktionen aller Art gelten soll, so müssen die Entropien aller Stoffe am absoluten Nullpunkt gleich null sein oder zumindest alle den gleichen Wert haben. Zudem streben die Wärmekapazitäten aller Stoffe dort den Wert null an. Aus quantenthermodynamischer Sicht hat Planck für die Entropie ideal kristallisierter, reiner Festkörper den Wert null bestätigt. Dies lässt sich aus der statistischen Bedeutung der Entropie verstehen, da ein solcher Kristall nur eine einzige Möglichkeit der thermodynamisch stabilen Anordnung hat und diese damit eine Wahrscheinlichkeit von eins. Das statistische Gewicht Ω ist somit 1 und mit Gleichung 3.122 ergibt sich eine (molare) Entropie gleich null.

Die Ergebnisse aus dem Postulaten von Nernst waren in der Summe so bahnbrechend (Nernst, 1924), dass ihm ein Nobelpreis verliehen (s. Tab. A.8) und noch ein weiterer Hauptsatz benannt wurde. Nernst erkannte zudem, dass damit das System der Thermodynamik vervollständigt sei und kein weiterer Hauptsatz nötig ist (Nernst, 1924, S.184). Eine Formulierung des 3. Hauptsatzes der Thermodynamik lautet aus heutiger Sicht: Wenn man die Entropie eines jeden Elementes in irgendeinem kristallinen Zustand beim absoluten Nullpunkt der Temperatur gleich null setzt, hat jeder Stoff eine bestimmte positive Entropie. Am absoluten Nullpunkt kann sie den Wert null annehmen, wie es im Fall ideal kristallisierter Festkörper nach Berechnungen von Planck zutrifft (Wedler und Freund, 2012). Daraus ergibt sich eine ganz besondere Konsequenz für die Entropie:

Satz 3.14

Konsequenz aus dem 3. Hauptsatz: Die Entropie für jeden Stoff kann absolut angegeben werden, wenn die Druck- und Temperaturabhängigkeit bekannt ist. Dazu wird ein absoluter Nullpunkt der Entropie für jeden Stoff angenommen.

Abhängigkeit der Entropie von Temperatur, Druck und Volumen

Nach den Erkenntnissen des Dritten Hauptsatzes sind die Abhängigkeiten der Entropie von den Zustandsvariablen p und T von besonderem Interesse. Als Startpunkt wird die Definition der Entropie und weiterhin der 1. Hauptsatz für ein geschlossenes System gewählt.

$$\mathrm{d}S = \frac{\mathrm{d}Q_{rev}}{T} = \frac{\mathrm{d}U + p\mathrm{d}V}{T} = \frac{\mathrm{d}H - V\mathrm{d}p}{T} \tag{3.132}$$

Herleitung zur Temperaturabhängigkeit der Entropie

Es gilt das totale Differential der Zustandsfunktion Entropie mit den jeweiligen Zustandsvariablen für ein geschlossenes System mit einem reinen Stoff. Zunächst werden Temperatur und Druck gewählt.

$$\mathrm{d}S(T,p) = \left(\frac{\partial S(T)}{\partial T}\right)\mathrm{d}T + \left(\frac{\partial S(p)}{\partial p}\right)\mathrm{d}p \tag{3.133}$$

Dann kann für die Enthalpie im Ansatz nach Gl. 3.132 auch das totale Differential eingesetzt werden.

$$dS = \frac{dH - V dp}{T} = \frac{1}{T}\left[\left(\frac{\partial H(T)}{\partial T}\right)dT + \left(\frac{\partial H(p)}{\partial p}\right)dp - V dp\right] \qquad (3.134)$$

Unter Einsetzen der Wärmekapazität und Trennung der Variablen ergibt sich

$$dS = \frac{C_p}{T}dT + \frac{1}{T}\left[\left(\frac{\partial H(p)}{\partial p}\right) - V\right]dp \qquad (3.135)$$

Beim Vergleich mit dem totalen Differential zeigt sich, dass

$$\left(\frac{\partial S(T)}{\partial T}\right)_p = \frac{C_p}{T} \qquad (3.136)$$

$$\left(\frac{\partial S(p)}{\partial p}\right)_T = \frac{1}{T}\left[\left(\frac{\partial H(p)}{\partial p}\right)_T - V\right] \qquad (3.137)$$

Erneut kann eine bereits im Kapitel zum 1. Hauptsatz mehrfach hinzugezogene Beziehung genutzt werden, um diese Änderungen auf bekannte Größen zurückzuführen (die Herleitung erfolgt in dem bald folgenden Abschnitt zu charakteristischen Funktionen, Gl. 3.166).

$$\left(\frac{\partial H(p)}{\partial p}\right)_T = V - T \cdot \left(\frac{\partial V}{\partial T}\right)_p$$

$$dS(T, p) = \frac{C_p}{T}dT - \left(\frac{\partial V}{\partial T}\right)_p dp \qquad (3.138)$$

Startet man bei der Herleitung mit den Zustandsvariablen Temperatur und Volumen (und nicht Druck) und führt diese mathematischen Umformungen dann unter Benutzung der Inneren Energie in Gl. 3.132 durch, so ergibt sich ein ganz analoges Ergebnis.

$$dS(T, V) = \left(\frac{\partial S(T)}{\partial T}\right)_V dT + \left(\frac{\partial S(V)}{\partial V}\right)_T dV \qquad (3.139)$$

$$= \frac{C_V}{T}dT + \left(\frac{\partial p}{\partial T}\right)_V dV \qquad (3.140)$$

Aus den jeweiligen partiellen Ableitungen lässt sich für beide Ansätze die Änderung der Entropie bei Änderung der Zustandsvariablen ablesen. Für die Änderung der Entropie mit der Temperatur gilt damit, je nachdem ob der Druck oder das Volumen konstant gehalten werden:

$$(dS)_p(T) = \frac{C_p}{T}\, dT \tag{3.141}$$

$$(dS)_V(T) = \frac{C_V}{T}\, dT \tag{3.142}$$

und nach Integration für einen Prozess von Zustand 1 nach Zustand 2:

$$S_2 = S_1 + \int_{T_1}^{T_2} C_p\, d\ln T \quad \text{für } p = \text{const} \tag{3.143}$$

$$S_2 = S_1 + \int_{T_1}^{T_2} C_V\, d\ln T \quad \text{für } V = \text{const} \tag{3.144}$$

Für kondensierte Phasen ist im Wesentlichen die Temperaturabhängigkeit der Entropie zu berücksichtigen. Die Änderung mit dem Druck bzw. dem Volumen ist dann vernachlässigbar, wenn keine Gase betrachtet werden.

Für ideale Gase kann man eine Zustandsänderung für beide Variablen konkret ausdrücken. Es soll der Fall für $S(T, p)$ betrachtet werden.

$$dS = \frac{C_p}{T}\, dT - \left(\frac{\partial V}{\partial T}\right)_p dp = n \cdot c_p\, d\ln T - nR\, d\ln p \tag{3.145}$$

Nach Integration für einen Prozess von Zustand 1 nach Zustand 2 ergibt sich aufgrund der konstanten Wärmekapazität:

$$S_2 = S_1 + n \cdot c_p \cdot \ln \frac{T_2}{T_1} - n \cdot R \cdot \ln \frac{p_2}{p_1} \tag{3.146}$$

Standardentropien

Aus dem Ersten Hauptsatz und der Temperaturabhängigkeit folgt, dass molare Entropien von Stoffen s_i absolut ermittelt werden können, wenn für ideale Kristalle $s(0\,\text{K}) = 0$ angenommen wird und die Wärmekapazitäten in Abhängigkeit von der Temperatur sowie Phasenumwandlungsentropien bekannt sind. Für konstanten Druck gilt:

$$s(T) = s(0\,\text{K}) + \int_0^T \frac{c_p}{T}\, dT = s(0\,\text{K}) + \int_0^T c_p\, d\ln T \tag{3.147}$$

Für konstantes Volumen muss man nur c_p durch c_V ersetzen. Es müssen also die temperaturabhängigen Wärmekapazitäten bekannt sein, um molare Standardentropien angeben zu können. Dies ergänzt die Angaben im Abschnitt 3.2.3. Unter anderem aus diesem Grund werden daher häufig Wärmekapazitäten in thermodynamischen Tabellenwerken nicht nur bei Standardtemperatur sondern auch temperaturabhängig angegeben. Die einfachste Möglichkeit ist die Angabe eines Polynoms, meist mit drei Gliedern. Tabelle 3.9 gibt einige Beispiele für eine solche Schreibweise.

Tab. 3.9 Temperaturabhängigkeit von molaren Wärmekapazitäten bei konstantem Druck (c_p) für ausgewählte Stoffe, angegeben als Polynom der Form $c_p = a+b{\cdot}T+c/T^2$ (Quelle: Atkins und de Paula (2014); Lee (2012)). Die Korrekturterme b und c sind sehr klein, so dass Veränderungen meist eher im Prozentbereich liegen, wenn die Temperatur um einige 10 K geändert wird, und sich erst bei einigen 100 K deutlich bemerkbar machen. Für sehr tiefe Temperaturen gelten bei den Festkörpern allerdings andere Beziehungen.

Formel	Zust.	a	b	c	$c_p(298\,\text{K})$
		$\text{J K}^{-1}\,\text{mol}^{-1}$	$10^{-3}\,\text{J K}^{-2}\,\text{mol}^{-1}$	$10^{-5}\,\text{J K}\,\text{mol}^{-1}$	$\text{J K}^{-1}\,\text{mol}^{-1}$
H_2	(g)	27,28	3,26	0,50	28,7
N_2	(g)	28,58	3,77	$-0,50$	29,3
O_2	(g)	29,96	4,18	$-1,67$	29,7
CO_2	(g)	44,22	8,79	$-8,62$	39,2
NH_3	(g)	29,75	25,1	$-1,55$	35,9
H_2O	(l)	75,29	0	0	75,3
C (Graphit)	(s)	17,15	4,27	$-8,79$	10,6
Al	(s)	20,67	12,38	0	24,4
Cu	(s)	22,64	6,28	0	24,5
NaCl	(s)	45,94	16,32	0	50,8
$CaCO_3$	(s)	104,5	21,92	$-25,9$	88,0
SiO_2	(s)	46,95	34,31	$-11,3$	47,1

Die experimentelle Bestimmung ist keineswegs einfach. Insbesondere der genaue Verlauf bis $T = 0$ K erforderte viele Anstrengungen in der Tieftemperatur- und theoretischen Physik. Die Bestimmung von Phasenumwandlungsentropien wurde im Abschnitt 3.4.1 erläutert. Beispielhaft soll die Bestimmung der Entropie am Beispiel Stickstoff verdeutlicht werden. In Abb. 3.8 sind dessen temperaturabhängigen Verläufe der Wärmekapazität und der Entropie skizziert.

 Obacht 3.4
Durchläuft man bei Temperatur- und Druckänderungen eine Phasen-
umwandlung, so müssen die entsprechenden Umwandlungsentropien
unbedingt mit berücksichtigt werden. Sie haben einen merklichen
Einfluss auf die ermittelten Werte.

Somit können mittels des Dritten Hauptsatzes für alle Stoffe Standardentropien (bei 25 °C und 10^5 Pa) bestimmt und tabelliert werden. Tabelle 3.10 gibt eine exemplarische Übersicht für unterschiedliche Stoffe in verschiedenen Aggregatzuständen. Dabei sind Standardentropien für Gase relativ hoch, bei vielen einfachen Gasen etwa 200 J/(K· mol); für Flüssigkeiten moderat und für feste Stoffe eher niedrig, bei vielen einfachen Feststoffen deutlich kleiner als 100 J/(K· mol).

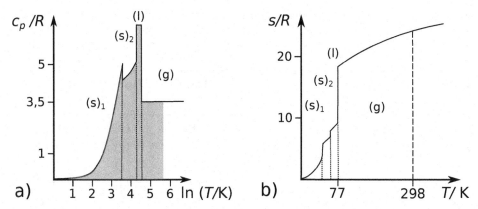

Abb. 3.8 Beispielhafte Bestimmung von molaren Standardentropien für Stickstoff gemäß Gl. 3.147. **(a)** Molare Wärmekapazität des Stickstoffs in Abhängigkeit von $\ln(T/\mathrm{K})$ und **(b)** daraus durch Integration ermittelte molare Entropie in Abhängigkeit von der Temperatur. Bei den Phasenumwandlungen zwischen den Aggregatzuständen treten Sprünge auf (gepunktete Linien), es gibt zwei feste Phasen. Die graue Fläche in a) zeigt exemplarisch die Ermittlung der molaren Entropie für 298 K, die in b) mit der gestrichelten Linie markiert ist (Werte übertragen nach: Wedler und Freund, 2012).

Für Reaktionsentropien gilt nach dem Nernst'schen Wärmetheorem ($\Delta_{\mathrm{r}}S(0\,\mathrm{K})$), dass sie in jedem Fall absolut angegeben werden können, wenn die Wärmekapazitäten der Reaktanten in Abhängigkeit von der Temperatur bekannt sind.

$$\Delta_{\mathrm{r}}S(T) = \int_0^T \frac{\Delta C_p}{T}\,\mathrm{d}T = \int_0^T \Delta C_p\,\mathrm{d}\ln T \tag{3.148}$$

Standardreaktionsentropien

Zur Betrachtung von Reaktionen kann man analog zu den Reaktionsenthalpien ein geschlossenes System betrachten, in dem Reaktionen oder Phasenumwandlungen stattfinden können. Dadurch ist die Entropie auch von der Reaktionslaufzahl ξ abhängig und das totale Differential muss erweitert werden.

$$\mathrm{d}S(T,p,\xi) = \left(\frac{\partial S(T)}{\partial T}\right)\mathrm{d}T + \left(\frac{\partial S(p)}{\partial p}\right)\mathrm{d}p + \left(\frac{\partial S(\xi)}{\partial \xi}\right)\mathrm{d}\xi \tag{3.149}$$

Analog kann eine Reaktionsentropie $\Delta_{\mathrm{r}}S$ definiert werden, die sich als mit den stöchiometrischen Faktoren gewichtete Summe der molaren Entropien der Reaktionsteilnehmer ergibt.

$$\Delta_{\mathrm{r}}S = \left(\frac{\partial S}{\partial \xi}\right)_{T,p} = \sum \nu_i s_i \tag{3.150}$$

Chemische Reaktionen laufen oft irreversibel ab, weswegen die Reaktionsentropie nicht generell wie bei Phasenübergängen aus der Reaktionsenthalpie zu bestimmen ist. Der Weg über die Summierung der Entropiewerte der einzelnen Reaktanten ist dagegen gut möglich. Dazu mussten Tabellen mit molaren Standardentropien $s^{\ominus}$ (bei Standardbedingungen von 25 °C und 0,1 MPa Druck) für alle bekannten Substanzen angelegt werden,

Tab. 3.10 Molare Standardentropien für ausgewählte Stoffe im stabilsten Zustand unter Standardbedingungen von 25 °C und 10^5 Pa (Quellen für gerundete Werte: Cox et al. (1989); Linstrom und Mallard (2016)). Weitere Werte finden sich im Anhang in den Tabellen A.2 und A.3.

Stoff	Formel	Zustand	$s^{\ominus}$ J K^{-1} mol^{-1}
Wasserstoff	H_2	(g)	130,7
Stickstoff	N_2	(g)	191,6
Sauerstoff	O_2	(g)	205,2
Kohlendioxid	CO_2	(g)	213,8
Wasser	H_2O	(l)	70,0
Benzen („Benzol")	C_6H_6	(l)	174
Ethanol	C_2H_5OH	(l)	160
Essigsäure	CH_3COOH	(l)	158
Glucose	$C_6H_{12}O_6$	(s)	212
Aluminium	Al	(s)	28,3
Graphit	C	(s)	5,7
Kochsalz	NaCl	(s)	72,1

um Standardreaktionsentropien bestimmen zu können. Diese Auflistung von absoluten Werten der Entropie als einer Zustandsfunktion ist ohne Weiteres möglich, wenn man für die reinen Elemente am absoluten Nullpunkt der Temperatur eine Entropie von null annimmt. Zusätzlich werden tabellierte Wärmekapazitäten benötigt, um von Standardreaktionsentropien auf andere Temperaturen umrechnen zu können.

 Beispiel 3.9

Für die Reaktion der Bildung von Wasser soll die Standardreaktionsentropie bestimmt werden:

$H_2(g) + 0.5\,O_2(g) \rightarrow H_2O(l)$

Sie ist die gewichtete Summe aller Standardentropien der Reaktionspartner.

$$\Delta_{\mathrm{f}} S^{\ominus} = \sum \nu_i s_i^{\ominus} = s^{\ominus}(H_2O(l)) - s^{\ominus}(H_2(g)) - 0.5 \cdot s^{\ominus}(O_2(g))$$

Unter Nachschlagen in Tabelle 3.10 ergibt sich:

$$\Delta_{\mathrm{f}} S^{\ominus}(H_2O(l)) = (70.0 - 130.7 - 0.5 \cdot 205.2)\,\tfrac{\mathrm{J}}{\mathrm{K\,mol}} = -163.3\,\tfrac{\mathrm{J}}{\mathrm{K\,mol}}$$

Diese Standardbildungsentropie ist erwartungsgemäß negativ, da bei der Reaktion Gase verbraucht werden und sich damit die Anordnungsmöglichkeiten deutlich verringern.

∎

Warum aber läuft die Knallgasreaktion trotz Entropieverlust spontan ab? Eine andere Größe muss den Verlust auf der Entropieseite kompensieren. Dies ist der im Kapitel zum Ersten Hauptsatz bereits behandelte Bindungsgewinn, der als Standardreaktionsenthalpie berechenbar oder auch messbar ist. Die Reaktion ist exotherm und erst die Kombination dieser Informationen liefert das richtige Ergebnis zur Freiwilligkeit einer chemischen Reaktion (dies wird in Abschnitt 4.5.1 eingehend behandelt).

 Anwendungsübung 3.11
Bestimmen Sie die Standardreaktionsentropie der Bildung von Glucose aus Kohlendioxid und Wasser (alle im Standardzustand) mit in diesem Buch tabellierten Werten.

3.4.3 Gibbs'sche Freie Enthalpie und Gleichgewicht

Mit Wärme- und Entropieänderungen sind die beiden zentralen thermodynamischen Auswirkungen von chemischen Reaktionen, also der Umwandlung von Stoffen, beschrieben. Wärmeänderungen werden durch die Zustandsfunktionen Enthalpie und Innere Energie beschrieben. Die Entropie beschreibt die Veränderung bezüglich der möglichen, unterschiedlichen Mikrozustände des betrachteten Systems („Unordnung").

Triebkräfte einer chemischen Umwandlung oder Reaktion

Die Kombination aus Entropieeffekten zusammen mit Wärmeeffekten beschreibt die Triebkräfte einer chemischen Reaktion vollständig. Ihre Kombination erlaubt eine Aussage darüber, ob ein irreversibler Prozess freiwillig (von allein, ohne Energiezufuhr) ablaufen kann. Für eine irreversible Zustandsänderung (z.B. eine chem. Reaktion) ist das System bestrebt, den Zustand von minimaler Enthalpie bzw. Innerer Energie sowie von maximaler Entropie einzunehmen. In nur einer Formel ausgedrückt lautet dies folgendermaßen:

$$\mathrm{d}S - \frac{\mathrm{d}H}{T} \geq 0 \quad \text{für konstanten Druck und Temperatur} \tag{3.151}$$

$$\mathrm{d}S - \frac{\mathrm{d}U}{T} \geq 0 \quad \text{für konstantes Volumen und Temperatur} \tag{3.152}$$

Für reversible Prozesse wird der jeweilige Ausdruck gerade gleich null.

Um eine Gesamtaussage über jegliche Art von Prozessen treffen zu können, wurden daher zwei weitere Zustandsfunktionen eingeführt. Die Gibbs'sche Freie Enthalpie G vereint Enthalpie und Entropie.

$$\boxed{G = H - T \cdot S} \quad \textbf{Definition der Gibbs'schen Freien Enthalpie} \tag{3.153}$$

Die Freie Enthalpie ist ein Potential, das genauso wie eine potentielle Energie bei freiwilligen Prozessen immer minimiert wird. Dieser Vergleich, analog zur Schwerkraft, wird in Abb. 3.9 veranschaulicht. Daraus folgt, dass Änderungen von G bei konstantem Druck

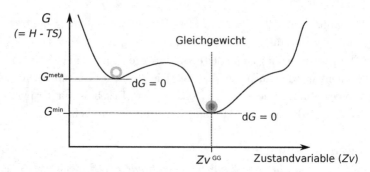

Abb. 3.9 Änderungen der Freien Enthalpie entsprechen einer mechanischen Potentialänderung, ein Rad rollt also ins Tal. Betrachtet man den Verlauf bezüglich nur einer Zustandsvariablen, so wird der Zustand der geringsten Freien Enthalpie als Gleichgewichtslage angestrebt (G^{min}). Der Prozess kommt zum Stillstand, wenn $\mathrm{d}G = 0$ wird. Dies kann temporär auch bei höherer Potentiallage der Fall sein, diese Situation wird als metastabil bezeichnet (G^{meta}).

und konstanter Temperatur im thermodynamischen Gleichgewicht gleich null sind und für freiwillige Prozesse immer negativ (zu geringerem Potential ablaufen).

$$(\mathrm{d}G)_{p,T} = \mathrm{d}H - T\mathrm{d}S \leq 0 \qquad \textbf{Mögliche Änderungen der Freien Enthalpie}$$

$$(3.154)$$

Satz 3.15

Die Verringerung von G beschreibt allgemein die natürliche Triebkraft in einem geschlossenen System. Gleichung 3.154 ist eine der grundlegendsten Beziehungen der Thermodynamik. Nur wenn die Änderung der resultierenden Freien Enthalpie kleiner als null ist, läuft ein Prozess aus thermodynamischer Sicht freiwillig ab.

Alternativ vereint die Helmholtz'sche Freie Energie A (von Affinität) entsprechend Innere Energie und Entropie. Sie wird für konstantes Volumen verwendet, was in Chemie und Biochemie seltener Gebrauch findet. In physikalischer und in älterer Literatur wird sie oft auch als F symbolisiert, laut IUPAC ist der Gebrauch von A gemäß Cohen und Mills (2007) aber zu bevorzugen.

$$A = U - T \cdot S \quad \text{und} \quad (\mathrm{d}A)_{V,T} = \mathrm{d}U - T\mathrm{d}S \leq 0 \qquad (3.155)$$

Aus den oben genannten Beziehungen lässt sich auch herleiten, dass Freie Energie und Freie Enthalpie in gleicher Beziehung stehen wie Innere Energie und Enthalpie.

$$A - G = U - T \cdot S - H + T \cdot S = U - H = -p \cdot V$$
$$G = A + p \cdot V \qquad (3.156)$$

Gleichgewicht und freiwilliger Ablauf

Thermodynamisch unmöglich sind Prozesse, bei denen die Freie Enthalpie beziehungsweise die Freie Energie zunehmen würde. Damit ist zudem eine richtige Definition von Gleichgewicht im Sinne der Thermodynamik gegeben.

Satz 3.16
Definition für das thermodynamische Gleichgewicht:
Im thermodynamischen Gleichgewicht ist der Minimalwert für die Freie Enthalpie (bzw. Energie) erreicht, dann ist d$G = 0$ *(bzw.* d$A = 0$), *wie in Abb. 3.9 veranschaulicht.*

3.4.4 Bezüge zwischen den Zustandsfunktionen und -variablen

Das System der thermodynamischen Zustandsfunktionen und -variablen ist nun komplettiert. Es ist äußerst ausgeklügelt und beinhaltet eine Reihe von Zusammenhänge der Größen untereinander.

Charakteristische Funktionen von U, H, A und G

Um die Energie eines Systems abzubilden werden in der Thermodynamik, entsprechend den Ausarbeitungen von Gibbs (Gibbs, 1928), vier Zustandsfunktionen (U, H, A und G) benutzt, die thermodynamisch eine Energie darstellen. Aus der Kombination vom 1. und 2. Hauptsatz ergeben sich wichtige Zusammenhänge, die sogenannten charakteristischen Funktionen.

Betrachten wir dazu ein geschlossenes System, aus einem reinen, homogenen Stoff. Arbeit soll nur in Form von Volumenarbeit stattfinden. Der 1. Hauptsatz kann dann für reversible Prozesse umformuliert werden. Dazu wird die reversibel ausgetauschte Wärmemenge über die Entropie ausgedrückt (und die Volumenarbeit in bekannter Form).

$$dU = \delta Q + \delta W = c_V \, dT - p \, dV = T \cdot \frac{c_V}{T} \, dT - p \, dV$$

$$= T \, dS - p \, dV \tag{3.157}$$

Über die bereits genannten Beziehungen der Energiearten untereinander lassen sich auch die anderen drei charakteristischen Funktionen als totale Differentiale formulieren.

$$dH = T \, dS + V \, dp \qquad \text{mit } dH = dU + V \, dp + p \, dV \tag{3.158}$$

$$dA = -S \, dT - p \, dV \qquad \text{mit } dA = dU - T \, dS - S \, dT \tag{3.159}$$

$$dG = -S \, dT + V \, dp \qquad \text{mit } dG = dH - T \, dS - S \, dT \tag{3.160}$$

Die jeweils zwei partiellen Differentialquotienten der vier Zustandsfunktionen sind so direkt ablesbar.

$$T = \left(\frac{\partial U}{\partial S}\right)_V = \left(\frac{\partial H}{\partial S}\right)_p \tag{3.161}$$

$$p = -\left(\frac{\partial U}{\partial V}\right)_S = -\left(\frac{\partial A}{\partial V}\right)_T \tag{3.162}$$

$$S = -\left(\frac{\partial G}{\partial T}\right)_p = -\left(\frac{\partial A}{\partial T}\right)_V \tag{3.163}$$

$$V = \left(\frac{\partial G}{\partial p}\right)_V = \left(\frac{\partial H}{\partial p}\right)_S \tag{3.164}$$

Alle diese partiellen Ableitungen kann man sich über ein sehr eingängiges Merkschema einprägen, das von Guggenheim (1959) entwickelt wurde (Tabelle 3.11).

Tab. 3.11 Merkschema zu Zustandsgrößen, das thermodynamische Potentiale (in Fettdruck) in einem geschlossenen System und zugehörige Zustandsvariablen verknüpft (Original in: Guggenheim, 1959, S. 29). Es können jeweils partielle Ableitungen der Potentiale mit den benachbarten Zustandsvariablen gebildet werden. Die Lösung steht dann jeweils diagonal entgegengesetzt. Das Vorzeichen der Lösung ist positiv, wenn die Variable links steht (S und p bzw. umgekehrt für V und T (entsprechend Gl. 3.161 bis 3.164).

$$
\begin{array}{ccc}
 & S \quad \boldsymbol{U} \quad V & \\
+ & \boldsymbol{H} \qquad \boldsymbol{A} & - \\
 & p \quad \boldsymbol{G} \quad T &
\end{array}
$$

Beispiel 3.10

Um die partielle Ableitung von G nach T mit Tab. 3.11 zu formulieren, geht es von G zu T nach rechts (also zum negativen Vorzeichen). Auf der anderen Seite von G steht p und wird demnach konstant gehalten. In der diagonal gegenüberliegenden Ecke befindet sich S, also gilt:

$$\left(\frac{\partial G}{\partial T}\right)_p = -S$$

Dies entspricht Gl. 3.163.   ∎

Zu diesem wichtigen Schema wurden zahlreiche Merksätze formuliert, die wenig tiefsinnig, aber gut einprägsam sind. Dabei wird die Freie (Helmholtz'sche) Energie als A symbolisiert (in anderen Lehrbüchern gelegentlich auch als F). Mein zugehöriger Merksatz lautet: „Schon Unter Varus hatten alle praktischen Germanen Taschenmesser – gut oder schlecht." Diesen habe ich von meinem sehr verehrten Lehrer Prof. Schmalzried an der Universität Hannover gelernt und er ist mir nie mehr entfallen (Sie können sich gerne auch einen anderen aussuchen, sollten sich dieses Merkschema aber in jedem Fall einprägen). Mit den charakteristischen Funktionen ist es möglich, thermodynamische Zustandsgrößen in vielfältiger Weise in anderer Form darzustellen, zunächst einmal alle partiellen ersten Ableitungen der vier Potentialgrößen U, H, A und G.

Anwendungsübung 3.12
Überprüfen Sie die Richtigkeit der Gleichungen 3.161 und 3.162 mit Tabelle 3.11.

Zusätzlich können aus dem Schema weitere Beziehungen aus den nach dem Schwartz'schen Satz entwickelten gemischten zweiten Ableitungen gebildet werden. Dies führt zu den Ableitungen der Zustandsvariablen (S, V, p und T) untereinander, wie exemplarisch in Gl. 3.165 gezeigt. Sie werden Maxwell-Beziehungen genannt (vollständig in Wedler und Freund, 2012, S. 308). Als Nutzungsbeispiel soll die mehrfach verwendete Ersetzung der partiellen Ableitung der Enthalpie nach dem Druck betrachtet werden, die unter anderem im Kapitel vom 1. Hauptsatz beim Joule-Thomson-Effekt benutzt wurde (Gl. 3.77). Sie kann mit Hilfe der charakteristischen Beziehungen in folgender Weise hergeleitet werden:

$$\text{mit} \quad \mathrm{d}H = T\mathrm{d}S + V\mathrm{d}p$$

$$\text{folgt} \quad \left(\frac{\partial H}{\partial p}\right) = T \cdot \left(\frac{\partial S}{\partial p}\right) + V$$

$$\text{und mit} \quad \left(\frac{\partial S}{\partial p}\right)_T = -\left(\frac{\partial^2 G}{\partial T \partial p}\right) = -\left(\frac{\partial^2 G}{\partial p \partial T}\right) = -\left(\frac{\partial V}{\partial T}\right)_p \tag{3.165}$$

$$\text{folgt schließlich} \quad \left(\frac{\partial H}{\partial p}\right) = V - T \cdot \left(\frac{\partial V}{\partial T}\right) \tag{3.166}$$

Die Gleichungen gemäß dem Guggenheim-Schema beinhalten im Grunde in äußerst kondensierter Form das Grundgerüst der Thermodynamik. Dieses wird, wie schon gesagt, in unterschiedlichen Fachrichtungen verschieden genutzt, was zusätzliche Verwirrung erzeugen kann. Da ich mich auch immer über die thermodynamischen Diagramme im Maschinenbau gewundert habe, hilft eine Aufstellung nach Keszei (2012). Sie beschreibt gemäß Tabelle 3.12, mit welchen Zustandsgrößen gearbeitet wird, wenn bestimmte Zustandsvariablen bevorzugt konstant gehalten werden können.

Nach den grundlegenden Arbeiten von Gibbs (Gibbs, 1928) werden für ein geschlossenes System zwei Zustandsvariablen und Informationen zur Zusammensetzung benötigt. Dies wird später noch als Gibbs'sche Phasenregel in Gl. 4.1 konkret beschrieben. Ideal ist es, einzelne Variablen konstant halten zu können. Im Labor bietet sich der (nahezu) konstante Luftdruck an, daher wird dafür die Enthalpie H und Freie Enthalpie G bevorzugt. In Physik oder Technik ist oft das Volumen konstant, wodurch Innere Energie U und Freie Energie A vorwiegend benutzt werden. Zusätzlich kann noch die Temperatur mittels Regeltechnik konstant gehalten werden, dann sind G oder A gegenüber H oder U bevorzugt.

Wenn Sie nicht gleich alle Informationen in Tabelle 3.12 durchschauen, so sorgen Sie sich nicht. Dort sind die Kerngedanken der verschiedenen Varianten der Thermodynamik festgehalten. Wir werden auf dem Pfad der Chemie weiter wandeln und uns daher fast ausschließlich mit der (Gibbs'schen) Freien Energie als Funktion von Druck und Temperatur beschäftigen. Sollten Sie die Thermodynamik vom Abschnitt 3.2 noch einmal wiederholen oder Fragestellungen aus Sicht anderer Fachgebiete kennenlernen, lohnt es sich, diese Tabelle zur Orientierung zu nutzen.

Tab. 3.12 Unterschiedliche Nutzung von Zustandsgrößen als thermodynamische Potentiale, wenn bestimmte Zustandsvariablen in einem geschlossenen System bevorzugt konstant gehalten werden können, gemäß dem Guggenheim-Schema in Tab. 3.11 bzw. Gl. 3.161 bis 3.164. Zusätzlich sind die thermodynamischen Gleichgewichtsbedingungen angegeben, die sich entsprechend den charakteristischen Funktionen ergeben (entwickelt nach Keszei, 2012, S. 50).

Variablen	Größe	GG-Bedingung	GG-Gleichung	Fachgebiet
p und T	G	Min. in $G(T,p)$	$\mathrm{d}G = -S\mathrm{d}T + V\mathrm{d}p = 0$	Chemie
p und S	H	Min. in $H(S,p)$	$\mathrm{d}H = T\mathrm{d}S - V\mathrm{d}p = 0$	Maschinenbau
V und T	A	Min. in $A(T,V)$	$\mathrm{d}A = -S\mathrm{d}T - p\mathrm{d}V = 0$	Physik
V und S	U	Min. in $U(S,V)$	$\mathrm{d}U = T\mathrm{d}S - p\mathrm{d}V = 0$	Gase

Ein weiterer sich daraus ergebender Aspekt sind unterschiedlich aufgetragene Diagramme, um Volumenarbeit oder Wärme abzubilden. Mögliche Prozesse sind in Tabelle 3.13 aufgelistet. Daraus wird ersichtlich, dass $p(V)$-Diagramme in der Physikalischen Chemie sehr üblich sind, um Arbeit bei isobaren und isothermen Prozessen abzubilden. Um bei solchen Prozessen Wärmemengen zu bestimmen, sind dagegen $T(S)$-Diagramme sehr geeignet und werden in der Technischen Thermodynamik neben $H(S)$-Diagrammen sehr häufig eingesetzt (z. B. Baehr und Kabelac, 2012); kommen in diesem Buch aber nicht vor. Die Entropie ist sicher auch die vom Verständnis komplizierteste Zustandsvariable.

3.4.5 Chemisches Potential

In Tabelle 3.12 wurde die Freie Enthalpie als ideale Laborgröße festgestellt. Mit ihr lassen sich für reine Stoffe in geschlossenen Systemen Effekte von Prozessen mit mechanischer Gleichgewichtseinstellung (zu konstantem Druck) und thermischer Gleichgewichtseinstellung (zu konstanter Temperatur) beschreiben, aber keine Stoffumwandlungen. Um diese Einschränkung aufzuheben und zusätzlich auch Triebkräfte für Prozesse wie chemische Reaktionen und Phasenänderungen beschreiben zu können, müssen zusätzlich Änderun-

Tab. 3.13 Unterschiedliche Bestimmungsmöglichkeiten von Prozess-Arbeit und -Wärme, wenn bestimmte Zustandsvariablen in einem geschlossenen System konstant gehalten werden, abhängig von der Prozessführung (nach Keszei, 2012, S. 52).

Prozessart	Bedingung	Volumenarbeit	Wärmemenge
isochor	$\mathrm{d}V = 0$	$= 0$	$= \Delta U = \int T\mathrm{d}S$
isobar	$\mathrm{d}p = 0$	$= -p\Delta V = \Delta U - \Delta H$	$= \Delta H = \int T\mathrm{d}S$
isotherm	$\mathrm{d}T = 0$	$= \Delta A = -\int p\mathrm{d}V$	$= T\Delta S = \Delta A - \Delta U$
isentrop	$\mathrm{d}S = 0$	$= \Delta U = -\int p\mathrm{d}V$	$= 0$

gen der Stoffmengen aller Komponenten n_i betrachtet werden. Das totale Differential der Freien Enthalpie muss dafür entsprechend erweitert werden.

$$dG = \left(\frac{\partial G}{\partial T}\right) dT + \left(\frac{\partial G}{\partial p}\right) dp + \sum_i \left[\left(\frac{\partial G}{\partial n_i}\right) dn_i\right] \tag{3.167}$$

Werden alle Stoffmengen konstant gehalten sowie die Temperatur oder der Druck, so ergeben sich die ersten beiden partiellen Differentialquotienten entsprechend dem Guggenheim-Schema (Tab. 3.11) wie in Gl. 3.163 und 3.164 angegeben.

$$\left(\frac{\partial G}{\partial T}\right)_{p,n_i} = -S \quad \text{und} \quad \left(\frac{\partial G}{\partial p}\right)_{T,n_i} = V$$

Definition

Die partiellen Differentialquotienten der Freien Enthalpie nach den einzelnen Stoffmengen werden nach Gibbs als Potentiale bezeichnet (Gibbs, 1928, S. 92). Mittlerweile ist ihr erweiterter Name chemisches Potential des jeweiligen Stoffes i mit dem Symbol μ_i.

$$\boxed{\left(\frac{\partial G}{\partial n_i}\right)_{T,p,n(j\neq i)} = \mu_i} \quad \textbf{Definition des chemischen Potentials} \tag{3.168}$$

Üblicherweise wird das chemische Potential bei konstantem Druck betrachtet und damit bevorzugt von der Freien Enthalpie hergeleitet. Das totale Differential der Freien Enthalpie kann auch in der Form der Fundamentalgleichungen (gemäß Gibbs, 1928, S. 85) mit Gl. 3.163 und 3.164 folgendermaßen geschrieben werden:

$$dG = -SdT + Vdp + \sum_i (\mu_i\, dn_i) \tag{3.169}$$

Das chemische Potential ist eine der wichtigsten Größen, um chemische Reaktionen mit Hilfe der Thermodynamik zu beschreiben und wird daher in den weiteren Abschnitten immer wieder benutzt werden. Die Temperatur- und Druckabhängigkeiten entsprechen denen der Freien Enthalpie, nur dass alle Größen dann molar angesetzt werden müssen (Anwendung des Schwartz'schen Satzes).

$$\left(\frac{\partial \mu}{\partial T}\right)_p = \left(\frac{\partial^2 G}{\partial n \partial T}\right)_p = -s \quad \text{und} \quad \left(\frac{\partial \mu}{\partial p}\right)_{T,n} = \left(\frac{\partial^2 G}{\partial n \partial p}\right)_T = v \tag{3.170}$$

Chemisches Potential bei Gasen

Als ausführliches Anwendungsbeispiel soll das chemische Potential eines reinen Gases in Abhängigkeit vom Druck betrachtet werden. Die Änderung des chemischen Potentials mit dem Druck entspricht dem molaren Volumen v (wie oben beschrieben). Daraus ergibt sich:

$$d\mu = vdp \text{ , also } \int_{p_1}^{p_2} d\mu = \mu(p_2) - \mu(p_1) = \int_{p_1}^{p_2} vdp \tag{3.171}$$

Für ideales Gas kann man durch Substitution des molaren Volumens die Änderung des chemischen Potentials bei einer Druckänderung berechnen.

$$\int_{p_1}^{p_2} \mathrm{d}\mu^{\text{ideal}} = \mu_2^{\text{ideal}} - \mu_1^{\text{ideal}} = \int_{p_1}^{p_2} \frac{RT}{p}\, \mathrm{d}p = RT \cdot \ln \frac{p_2}{p_1} \tag{3.172}$$

Es hängt vom Verhältnis der Drücke ab. Für Standardisierungszwecke wird daher ein Standarddruck $p^{\ominus}$ (0,1 MPa oder 1 bar) definiert mit einem dazugehörigen Standardpotential $\mu^{\ominus}$. Ist dieses bekannt, so lassen sich für alle anderen Drücke die chemischen Potentiale μ^{ideal} berechnen.

$$\mu^{\text{ideal}} = \mu^{\ominus} + RT \cdot \ln \frac{p}{p^{\ominus}} \tag{3.173}$$

Für reale Gase trifft die Beziehung nicht mehr zu. Im Van-der-Waals-Modell ist das Molvolumen näherungsweise um das Ausschlussvolumen vergrößert, reduziert um die temperaturabhängigen Anziehungskräfte.

$$v = \frac{RT}{p} + b - \frac{a}{RT} \tag{3.174}$$

Die Druckabhängigkeit des chemischen Potential muss gegenüber dem idealen Gas um diese Einflüsse ergänzt werden.

$$\mu^{\text{vdW}} = \mu^{\ominus} + RT \cdot \ln \frac{p}{p^{\ominus}} + (b - \frac{a}{RT}) \cdot p \tag{3.175}$$

Je höher der Druck, desto deutlicher ist die Abweichung des chemischen Potentials vom idealen Verhalten. Dies entspricht den bislang gemachten Erfahrungen. Die Korrekturterme hängen von dem verwendeten Modell ab. Verallgemeinert können alle Abweichungen vom idealen Verhalten in einen entsprechend modifizierten Druck eingearbeitet werden, der dann Fugazität $\tilde{p}$ genannt wird.

$$\mu^{\text{real}} = \mu^{\ominus} + RT \cdot \ln \frac{\tilde{p}}{p^{\ominus}} \tag{3.176}$$

Das Ausmaß dieser Abweichung für reale Gase ist, wie im Abschnitt 2.4 bereits besprochen, abhängig von Druck und Temperatur.

Freie Standardreaktionsenthalpien und Gleichgewichtslage

Das totale Differential der Freien Enthalpie lautete allgemein:

$$\mathrm{d}G = -S\mathrm{d}T + V\mathrm{d}p + \sum_i \mu_i \mathrm{d}n_i$$

Ist das System geschlossen, können sich Stoffmengen nur noch durch Reaktionen (oder Phasenumwandlungen) ergeben. Unter der Bedingung, dass nur eine bestimmte Reaktion abläuft, kann die Beschreibung über die entsprechende Reaktionslaufzahl ξ (Def. in Gl. 3.88) erfolgen, die alle Stoffmengenumwandlungen der Reaktionsgleichung zusammenfasst.

$$\text{geschl. System mit Reaktion:} \quad \mathrm{d}G = -S\mathrm{d}T + V\mathrm{d}p + \left(\frac{\partial G}{\partial \xi} \right) \mathrm{d}\xi \tag{3.177}$$

Der für die Reaktion maßgebliche Teil ergibt sich, wenn Druck und Temperatur konstant gehalten werden ($dp = 0$; $dT = 0$).

$$(dG)_{p,T} = \left(\frac{\partial G}{\partial \xi} \right)_{p,T} d\xi \tag{3.178}$$

Der benannte partielle Differentialquotient ist dann für Änderungen der Freien Enthalpie maßgeblich. Durch die bisherigen Definitionen ergeben sich unterschiedliche Schreibweisen für die hiermit definierte molare Freie Reaktionsenthalpie $\Delta_r G$.

$$\left(\frac{\partial G}{\partial \xi} \right)_{p,T} = \sum_i \nu_i \left(\frac{\partial G}{\partial n_i} \right)_{p,T} = \sum_i \nu_i \mu_i = \Delta_r G \tag{3.179}$$

Wenn hierfür der thermodynamische Standard analog zu Standardreaktionsenthalpien und -entropien gelten soll, erfolgt eine entsprechende Ergänzung mit dem Symbol „$\ominus$". Dabei sind Temperatur und Druck festgelegt (wenn nicht anders angegeben auf $T = 298$ K und $p = 1$ bar) und die beteiligten Stoffe liegen in ihren thermodynamisch stabilsten Zuständen bei diesen Zustandsvariablen vor (passende Bindungen, Aggregatzustände und Modifikationen). Damit ergibt sich die Definition der molaren Freien Standardreaktionsenthalpie $\Delta_r G^\ominus$.

$$\Delta_r G^\ominus = \left(\frac{\partial G}{\partial \xi} \right)_{p^\ominus, T^\ominus} = \sum_i \nu_i \cdot \mu_i^\ominus \tag{3.180}$$

Übertragen wir die Definition der Freien Enthalpie ($G = H - TS$) auf die molare Freie Standardreaktionsenthalpie, so folgt zudem eine Beziehung zur Bestimmung aus den thermodynamischen Basisgrößen der molaren Enthalpie- und Entropieänderung für die Reaktion.

$$\Delta_r G^\ominus = \Delta_r H^\ominus - T \cdot \Delta_r S^\ominus \tag{3.181}$$

Mit dem bereits früher Erarbeiteten ergibt sich eine einfache Vorschrift, wie molare Freie Standardreaktionsenthalpien aus Tabellenwerten oder Datenbanken bestimmt werden können. Standardreaktionsenthalpien ließen sich aus Standardbildungsenthalpien gemäß Abschnitt 3.3.3 berechnen und Standardreaktionsentropien aus molaren Standardentropien gemäß Gleichung 3.150.

$$\boxed{\Delta_r G^\ominus = \sum_i \nu_i \cdot \Delta_f H^\ominus - T \cdot \sum_i \nu_i \cdot s_i^\ominus} \qquad \textbf{aus Tabellenwerten} \tag{3.182}$$

Dies ist eine der grundlegendsten Gleichungen der Thermodynamik für chemische Reaktionen. Ihre Bedeutung wird sich erst im Folgekapitel vollständig entfalten. Die Standardreaktionsenthalpie ist zunächst ein Maß für die Abweichung von der Gleichgewichtslage einer Reaktion, wenn alle Reaktionsteilnehmer im Standardzustand bei Standardbedingungen vorliegen.

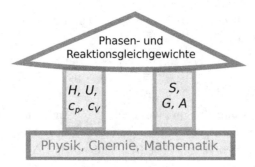

Abb. 3.10 Gedankengebäude der Thermodynamik: Aufbauend auf den Grundlagenfächern wurden in diesem Kapitel Zustandsgrößen entwickelt, mit denen sich chemische Gleichgewichtslagen berechnen lassen, wenn die Zusammensetzung bekannt ist oder umgekehrt. Die relevanten Zustandsgrößen stehen für Wärmeeffekte (erste Säule) oder zusätzliche Entropieeffekte (zweite Säule).

 Satz 3.17

Ist der Wert für die Freie Standardreaktionsenthalpie negativ, so liegt das Gleichgewicht der Reaktion im Standardzustand auf Seiten der Produkte und umgekehrt. Ist ihr Wert null, so wäre die Reaktion dann exakt im Gleichgewicht.

Damit ist die zentrale Verknüpfung der Thermodynamik zu chemischen Gleichgewichten und ebenso eine Berechnungsmöglichkeit vorbereitet worden. Im nächsten Kapitel werden zahlreiche Anwendungen dieser Beziehungen gezeigt werden. Durch dieses Gedankengebäude (Abb. 3.10) wurde es möglich, viele Aussagen in der chemischen Technik oder im Labor durch Rechnungen abzuschätzen, anstatt aufwändig zu messen.

3.5 Lernkontrolle zur Basis der Thermodynamik

Selbsteinschätzung

Lesen Sie die Fragen laut oder leise und beantworten Sie sich diese spontan in Hinblick auf Ihre Prüfung anhand von Kreuzen in der Tabelle. Tun Sie dies vorab sowie nach der Bearbeitung der Verständnisfragen (VF) und noch einmal nach den Übungsaufgaben (Ü).

1. Kenne ich die Grundbegriffe und Definitionen der Thermodynamik?
2. Kann ich Wärmeänderungen bei Volumenänderungen und Phasenumwandlungen beschreiben und mathematisch formulieren?
3. Weiß ich, wie Wärmeeffekte von Reaktionen gemessen und über thermodynamische Datenbanken bestimmt werden?
4. Kenne ich die Bedeutung von Entropie, Freier Enthalpie und die funktionelle Verknüpfung aller Zustandsfunktionen und -variablen?

Lernziel erreicht?[1]	1			2			3			4		
	vor	VF	Ü	vor	VF	Ü	vor	VF	Ü	vor	VF	Ü
sehr sicher												
recht sicher												
leicht unsicher												
noch unsicher												

[1] „vor" sowie nach Bearbeitung der Verständnisfragen („VF") bzw. Übungsaufgaben („Ü")

3.5.1 Alles klar? – Verständnisfragen

Erläutern oder erörtern Sie die folgenden Fragen zu Begriffen, Definitionen und Grundlagen. (Diese Lernkontrolle kann auch gut in einer Gruppe erfolgen.)

Grundbegriffe der Thermodynamik

- Was ist ein System und welche Arten gibt es davon?
- Welches Vorzeichen trägt die Volumenarbeit eines Gases?
- Was unterscheidet eine Zustandsvariable und eine Zustandsgröße?
- Wann ist ein System im thermodynamischen Gleichgewicht?
- Was besagt der Nullte Hauptsatz der Thermodynamik?
- Was ist unter Temperatur, was unter Wärme zu verstehen?
- Wodurch ist die thermodynamische Temperaturskala festgelegt?
- Welche Arten von thermodynamischen Prozessen kennen Sie?

Wärme und der Erste Hauptsatz der Thermodynamik

- Was ist Innere Energie und warum kann sie nicht absolut angegeben werden?
- Was ist unter einer Zustandsfunktion und einem totalen Differential zu verstehen und welche Konsequenzen ergeben sich daraus?
- Was ist ein partieller Differentialquotient?
- Warum und wie wurde Enthalpie definiert?
- Was besagt die Wärmekapazität, warum gibt es zwei Definitionen, welche ist leichter zu bestimmen und welche ist größer?
- Welche Einheit haben Wärmekapazitäten und welche Größenordnung?
- Wie und warum ändert sich die Temperatur des idealen Gases bei reversibler adiabatischer Expansion?
- Was ist der Joule-Thomson-Effekt, was bewirkt er und unter welchen Bedingungen?

Umwandlungsenthalpien

- Welche Symbole werden für Phasenumwandlungsenthalpien genutzt und warum werden keine Erstarrungs- und Kondensationsenthalpien tabelliert?
- Wofür werden die stöchiometrischen Faktoren gebraucht? Erläutern Sie anhand einer Reaktionsgleichung.
- Wie ist die molare Verbrennungsenthalpie definiert und welches Symbol wird benutzt?
- Welche Funktion übt der Operator Δ aus und wie kann er anderweitig erklärt werden?
- Wie können Reaktionsenthalpien oder -energien experimentell bestimmt werden?

Berechnung von Reaktionsenthalpien

- Was besagt der Heß'sche Satz?
- Was sind molare Standardbildungsenthalpien und wofür werden sie genutzt?
- Wie lassen sich Reaktionsenthalpien aus Angaben in Datenbanken berechnen?
- Wie ist der Begriff Standardzustand definiert?
- Wie ändern sich Reaktionsenthalpien mit Änderungen der Temperatur?
- Wie ändern sich Reaktionsenthalpien mit Änderungen des Druckes?
- Warum werden meist keine Änderungen von Inneren Energien tabelliert?

Entropie und Gibbs'sche Freie Enthalpie

- Was besagt der 2. Hauptsatz der Thermodynamik und welche Konsequenzen ergeben sich daraus?
- Was ist die Entropie; warum kann sie sogar absolut angegeben werden und wofür wird dies genutzt?
- Wie ist die Freie Enthalpie definiert und wie ist sie für Reaktionen zu deuten?
- Welche partiellen Ableitungen der Freien Enthalpie lassen sich aus dem Merkschema zur Thermodynamik herleiten und was lässt sich noch damit festlegen?

3.5.2 Gekonnt? – Übungsaufgaben

Gase als Modellsystem zum Ersten Hauptsatz

1. Begründen Sie, ob der Druck eines Gases eine Zustandsfunktion der Variablen Volumen und Temperatur ist. Verwenden Sie dazu
   a) die ideale Gasgleichung.
   b) die Van-der-Waals-Gleichung.

2. 2 mol Kohlendioxid sind in einem Behälter mit einem Volumen von 15 L bei 300 K eingeschlossen.
   a) Welchen Aggregatzustand wird die Substanz haben (mit kurzer Begründung)?
   b) Durch Zugabe einer Wärmemenge von 2,35 kJ wird die Temperatur des Kohlendioxids auf 341 K angehoben. Geben Sie an, welche Volumenarbeit, Änderung der Inneren Energie und Änderung der Enthalpie an dem System erfolgt ist. Nehmen Sie zum einen ein Verhalten als ideales Gas und zum anderen als Van-der-Waals-Gas an (für CO_2 ist $a = 364\,\text{kPa}\,\text{dm}^6\,\text{mol}^{-2}$ und $b = 0{,}0427\,\text{dm}^3\,\text{mol}^{-1}$).

3. 3 mol eines Gases expandieren reversibel bei einer konstanten Temperatur von 300 K von einem Volumen von 2 Liter auf das doppelte Volumen. Geben Sie für diesen Vorgang die ausgetauschte Wärmemenge und Volumenarbeit, sowie die Änderung der Zustandsgrößen Innere Energie und Enthalpie (sowie Entropie) an.
   a) unter der Annahme eines idealen Gases.
   b) für Kohlendioxid, das sich über eine Virialgleichung vom Typ $pV = n(RT + Bp)$ beschreiben lässt. Es sei $B = -123\,\text{cm}^3\,\text{mol}^{-1}$ und $\frac{dB}{dT} = 0$. Hilfestellung: Die Lösung lässt sich über die Darstellung der totalen Differentiale von Enthalpie bzw. Innerer Energie entwickeln.

4. Sauerstoff soll durch irreversible adiabatische Expansion gegen den äußeren Luftdruck abgekühlt werden. Das Gas soll nach van der Waals beschrieben werden (mit $a = 0{,}138\,\text{Pa}\,\text{m}^6\,\text{mol}^{-2}$ und $b = 31{,}8\,\text{mL/mol}$). Seine spezifische Wärmekapazität beträgt $c_p' = 0{,}918\,\text{J}\,\text{K}^{-1}\text{g}^{-1}$ (Beachten Sie die Einheiten!)
   a) Skizzieren Sie den Aufbau einer solchen Anlage.
   b) Welche Temperaturgrenze muss eingehalten werden, um auf keinen Fall eine Erwärmung des Gases zu erreichen?
   c) Auf welchen Druck muss ungefähr (Näherung) verdichtet werden, damit bei 250 K eine Abkühlung von 10 K durch eine Drosselentspannung erzielt würde?
   d) Überprüfen Sie, wie viel sich die Kühlrate bei diesen Bedingungen unterscheidet, wenn zusätzlich auch eine Druckabhängigkeit abgeschätzt wird.

5. Wenn man eine Kältemaschine konstruieren will, muss man wissen, welche Abkühlungen bei irreversibler adiabatischer Expansion des Kühlmittels erreichbar sind. Ein Fluorchlorkohlenwasserstoff wurde untersucht. Bei 0 °C und einer Reihe von Anfangsdrücken p_A wurden bei der Expansion auf 1 bar folgende Temperaturerniedrigungen ΔT gemessen.

p_A	bar	32	24	18	11	8	5
$-\Delta T$	Kelvin	22	18	15	10	7,4	4,6

Der Joule-Thomson-Koeffizient ist demnach druckabhängig. Bestimmen Sie den ungefähren Zahlenwert durch Extrapolation auf eine Druckänderung von null.

Umwandlungsenthalpien

6. Wasser soll bei einem mittleren Atmosphärendruck auf Meereshöhe von 1,013 bar genau auf seine Siedetemperatur (373,15 K) erhitzt werden. Dann wird ein elektrischer Strom von 0,5 A aus einer Batterie mit 12 V für eine Dauer von 10 min durch einen im Wasser befindlichen Heizdraht geschickt. Es verdampfen 1,596 g Wasser. Berechnen Sie die molare Verdampfungsenthalpie und -energie für Wasser aus diesen Angaben (Bei der Berechnung der Volumenarbeit kann in Näherung das Volumen des Gases über das Ideale Gasgesetz berechnet werden). Welche Aussage beinhaltet die nicht messbare Verdampfungsenergie?

7. Ein Stückchen Würfelzucker hat ein Volumen von ungefähr einem Kubikzentimeter, bei einer Dichte von etwa 1,5 g/cm^3. Es besteht aus Saccharose ($C_{12}H_{22}O_{11}$). Wie viele Stückchen müsste ein Mensch von 65 kg theoretisch essen, um einen Hügel mit 50 m Höhendifferenz zu erklimmen? Nehmen Sie an, dass die Änderung der potentiellen Energie mit einem Wirkungsgrad von 25 % bei der Ausnutzung der Reaktionsenthalpie eingeht.

8. Bestimmen Sie aus den Angaben der Anwendungsübungen die Standardverbrennungsenthalpie von Milchsäure. Wie viel Energie kann demnach mit einem Gramm Milchsäure erzeugt werden?

9. Eine Probe von 0,727 g des Zuckers D-Ribose ($C_5H_{10}O_5$) wurde in ein Kalorimeter eingebracht und im Sauerstoffüberschuss vollständig verbrannt. Die Temperatur des geschlossenen Kalorimeters stieg dabei von 25,00 auf 25,91 °C. Vorher wurden in demselben Kalorimeter 0,825 g Benzoesäure verbrannt, um die Kalorimetereigenschaften zu messen. Die Temperatur stieg um 1,94 K, wobei die molare Innere Verbrennungsenergie von Benzoesäure -3251 kJ/mol beträgt. Berechnen Sie die molare Innere Verbrennungsenergie (sowie die Verbrennungsenthalpie) von D-Ribose.

10. Die Standardverbrennungsenthalpien von Glucose ($C_6H_{12}O_6$) und Brenztraubensäure betragen $\Delta_c H^{\ominus} = -2821,5$ kJ/mol beziehungsweise $-1170,4$ kJ/mol. Berechnen Sie die Enthalpieänderung bei der Umwandlung von Glucose in Brenztraubensäure. Bei der Reaktion werden aus einem Molekül Glucose und einem Sauerstoffmolekül zwei Moleküle Brenztraubensäure und zwei Wassermoleküle gebildet. Stellen Sie zuerst die Reaktionsgleichung und den benötigten Kreisprozess auf.

11. Vor und nach der Verbrennung von 302 mg Saccharose ($C_{12}H_{22}O_{11}$) wird in einer kalorimetrischen Bombe die Temperatur gemessen. Im Mittel waren es etwa 25 °C. Die Temperaturerhöhung beträgt 33,0 % derjenigen, die man zuvor nach Zufuhr von 15,0 kJ elektrischer Energie gemessen hatte. Wie groß ist die molare Standardbildungsenergie und -enthalpie von Saccharose?

12. Berechnen Sie die Standardreaktionsenthalpie, -entropie und die zugehörige Änderung der Freien Enthalpie für die Veresterung von Ameisensäure mit Methanol. Erläutern Sie die Ergebnisse und zeigen Sie anhand deren auch, dass die Reaktion irreversibel ablaufen muss. Folgende Ausgangswerte (Linstrom und Mallard, 2016) sind bekannt:

Stoff	$\Delta_f H^\ominus$ kJ mol^{-1}	$s^\ominus$ J K^{-1} mol^{-1}
Ameisensäure	−425	132
Methanol	−239	127
Ameisensäuremethylester	−366	160

3.6 Literatur zum Kapitel

(Erstautoren in alphabetischer Reihenfolge)

P. W. Atkins und J. de Paula. *Physical chemistry*. Oxford Univ. Press, 2014.

H. D. Baehr und S. Kabelac. *Thermodynamik*. Springer Vieweg, Berlin und Heidelberg, 2012.

E. R. Cohen und I. Mills. *Quantities, units and symbols in physical chemistry*. RSC Publ., Cambridge, 2007.

J. D. Cox, D. D. Wagman, und V. A. Medvedev. *CODATA key values for thermodynamics*. Hemisphere, New York, 1989.

J. W. Gibbs. *Thermodynamics*. Longmans, Green, New York, 1928.

E. A. Guggenheim. *Thermodynamics*. North-Holland, Amsterdam, 1959.

E. Keszei. *Chemical thermodynamics*. Springer, Heidelberg und New York, 2012.

K. J. Laidler. *The world of physical chemistry*. Oxford Univ. Press, Oxford und New York, 1993.

H.-G. Lee. *Materials thermodynamics*. World Scientific, Singapore, 2012.

D. R. Lide. *CRC handbook of chemistry and physics*. CRC, Boca Raton, 2006.

P. J. Linstrom und W. G. Mallard. NIST Chemistry WebBook, 2016. URL `webbook.nist.gov`.

D. A. McQuarrie und J. D. Simon. *Molecular thermodynamics*. Univ. Science Books, Sausalito, 1999.

W. Nernst. *Die theoretischen und experimentellen Grundlagen des neuen Wärmesatzes*. W. Knapp, Halle, 1924.

H. Schmalzried und A. Navrotsky. *Festkörperthermodynamik*. Verlag Chemie, Weinheim, 1975.

P. A. Tipler und G. Mosca. *Physik*. Spektrum, Heidelberg, 2009.

G. Wedler und H.-J. Freund. *Lehrbuch der Physikalischen Chemie*. Wiley-VCH, Weinheim, 2012.

4 Anwendungen der chemischen Thermodynamik

„Abwechslung ohne Zerstreuung wäre für Lehre und Leben der schönste Wahlspruch,
wenn dieses löbliche Gleichgewicht nur so leicht zu erhalten wäre!"
Johann Wolfgang von Goethe (1789–1830), in *Wahlverwandschaften*

4.1   Zielsetzung

Mit den Ausarbeitungen des vorigen Kapitels ist es nun möglich, zahlreiche wichtige Phänomene nahezu exakt zu beschreiben oder zumindest abschätzen zu können. Aus diesen Betrachtungen ergab sich die Entropie als weitere notwendige Zustandsfunktion und zusammenfassend die Gibbs'sche Freie Enthalpie als zentrale Zustandsgröße zur Beschreibung von thermodynamischen Gleichgewichten. Damit wurde das Gedankengebäude gemäß Abb. 3.10 komplettiert. Dessen Bedeutung bezüglich verschiedenster Anwendungsmöglichkeiten wird in diesem Kapitel umfassend beschrieben.

Lernziele dieses Kapitels

- Phasendiagramme und Dampfdruck von Reinstoffen sicher zu beschreiben.

- Das Verhalten von Mischungen mehrerer Stoffe und Entropieeffekte wie den osmotischen Druck quantitativ ermitteln sowie Löslichkeiten von Stoffen und Beeinflussung durch dritte Komponenten interpretieren können.

- Das Prinzip der Trennverfahren Extraktion und Destillation verstehen und für ideale Systeme die Aufreinigung durch Destillation simulieren zu können.

- Die Lage von Gleichgewichtsreaktionen über thermodynamische Daten bestimmen sowie deren Temperaturabhängigkeit abschätzen zu können.

4.2   Phasendiagramme von reinen Stoffen

Liegt ein Stoff in mehreren Phasen im Gleichgewicht vor, so ist das chemische Potential im gesamten System gleich groß. Ist dies umgekehrt nicht der Fall, dann kann durch eine anteilige Phasenumwandlung noch eine Absenkung der Freien Enthalpie erreicht werden, das heißt, es liegt kein Phasengleichgewicht vor.

4.2.1   Gibbs'sche Phasenregel

Für ein System, das aus einer oder mehreren Komponenten (Anzahl K) besteht und in P unterschiedlichen Phasen vorliegt (z.B. Aggregatzuständen), hat Gibbs eine allgemeingültige Phasenregel aufgestellt. Sie stellt eine sehr einfache Beziehung her, um die Anzahl der Freiheitsgrade eines Systems zu bestimmen (Gibbs, 1928, S. 359). Ein Freiheitsgrad ist dabei die Anzahl an unabhängigen Zustandsvariablen, bei denen sich durch kleine Änderung nicht zwangsläufig eine veränderte Anzahl an Phasen ergibt. Für Systeme, in denen keine Reaktionen ablaufen, gilt folgende Beziehung.

$$F = K - P + 2 \tag{4.1}$$

Einstoffsysteme mit nur einer Phase ergeben $F = 2$ und werden divariant genannt, es bleiben zwei veränderliche Zustandsvariablen, zum Beispiel Temperatur und Druck. Bei zwei Phasen mit $F = 1$ ist das System univariant und mit drei Phasen dementsprechend invariant mit $F = 0$. Die theoretische Herleitung der Phasenregel war keineswegs einfach, da sie sehr allgemein gilt. Aus dieser Regel leitet sich unter anderem ab, dass bei nur einer Komponente maximal zwei intensive Zustandsvariablen hinreichen, um ein System vollends zu beschreiben. Bei mehreren Komponenten im System kommen $K - 1$ stoffmengenbezogene Angaben hinzu.

Bei mehreren Komponenten werden nur diejenigen unabhängigen gezählt, deren Menge nicht bereits durch Reaktionsgleichgewichte mit anderen Komponenten festgelegt ist. Bei einer gesättigten Lösung sind demnach die zugehörigen gelösten Ionen keine unabhängigen Komponenten, wohingegen Sie es in einer Lösung ohne Bodensatz wären.

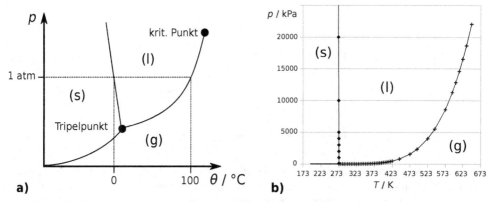

Abb. 4.1 Phasendiagramm von Wasser als $p(T)$-Diagramm. In **(a)** ist eine typische Skizze gezeigt, wie sie in den meisten Lehrbüchern der Chemie vereinfacht abgebildet wird. Darin sind die Flächen aller drei Aggregatzustände, der Schmelz- und Siedepunkt sowie Tripel- und kritischer Punkt qualitativ eingezeichnet. Die tatsächlichen Verhältnisse und Steigungen in diesem Bereich zeigt **(b)** anhand von Messwerten. Dann ist die negative Steigung der s/l-Phasengrenzlinie aufgrund deren Steilheit nicht mehr erkennbar und die s/g-Grenzlinie wird sehr flach (Datenquelle: http://cdm.unfccc.int/UserManagement/FileStorage/U4BKYDK7NTLWWFQ1OTUFUCKJMTEE3Y; ehemals ETH Zürich, Kilo-Labor).

4.2.2 Exemplarische Phasendiagramme

In einem Phasendiagramm kann der stabile Bereich für alle Aggregatzustände abgelesen werden wie auch die trennenden Phasengrenzlinien. Nach der Phasenregel ist ein System mit einer Komponente maximal divariant, nämlich wenn eine Phase vorliegt. Sind zwei Phasen im Gleichgewicht, so verliert es einen Freiheitsgrad und wird univariant. Als Beispiel soll im $p(T)$-Diagramm das Phasendiagramm von Wasser betrachtet werden (Abb. 4.1). Die eingezeichneten Linien stellen jeweils das Gleichgewicht zwischen zwei Phasen dar. Die Univarianz des Systems macht sich im Diagramm als Linie bemerkbar. Die Grenzlinie zwischen flüssig und gasförmig endet bei hoher Temperatur und Druck im kritischen Punkt (für Wasser: 647 K, 21,8 MPa). Ab diesem Punkt gibt es, wie schon bei den Gasen erläutert, keinen Unterschied zwischen diesen beiden Phasen mehr. Einen weiteren ausgezeichneten Punkt gibt es bei 273,16 K und 6 hPa. Am sogenannten Tripelpunkt liegen alle Phasen nebeneinander vor. Nach der Phasenregel ist das System dort invariant, was für ein Einstoffsystem einen Punkt im $p(T)$-Diagramm zur Folge hat.

Das Phasendiagramm von Wasser wurde auch für die Definition der beiden wichtigsten Temperaturskalen benutzt. Die Kelvin-Skala des SI-Systems ist über den Tripelpunkt definiert. Die ältere Celsius-Skala basiert auf Schmelz- und Siedepunkt von reinem Wasser bei einem Druck von einer Atmosphäre (1013,25 hPa).

Bei konstantem Druck führt eine Erhöhung der Temperatur zum Schmelzen von Festkörpern und anschließend zum Verdampfen der Flüssigkeit. Die Verläufe in Phasendiagrammen können mit Hilfe des chemischen Potentials veranschaulicht werden. Trägt man das chemische Potential gegen die Temperatur auf, so ist jeweils der Aggregatzustand

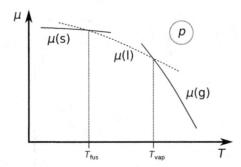

Abb. 4.2 Temperaturabhängigkeit des chemischen Potentials für einen reinen Stoff bei konstantem Druck in den drei Aggregatzuständen. Das chemische Potential nimmt generell mit der Temperatur ab, die unterschiedlichen Steigungen sind durch die molaren Entropien bestimmt. Stabil ist jeweils der Aggregatzustand mit dem geringsten chemischen Potential für die jeweilige Temperatur. An den Schnittpunkten befinden sich die Phasenumwandlungstemperaturen für diesen Druck.

bei einer bestimmten Temperatur stabil, der das niedrigste chemische Potential besitzt (Abb. 4.2). Da chemische Potentiale temperaturabhängig sind, ändern sich die Stabilitätsbedingungen.

Wie kann man die experimentellen Werte im $p(T)$-Diagramm auch physikochemisch berechnen? Das chemische Potential für einen reinen Stoff, der gleichzeitig in zwei Phasen (α und β) vorliegt, muss im Gleichgewicht in beiden Phasen gleich sein. Auch im Gleichgewicht treten noch Moleküle von der einen in die andere Phase über, aber es verschieben sich nicht mehr die Gesamtanteile.

$$\mu(\text{Phase } \alpha) = \mu(\text{Phase } \beta) \tag{4.2}$$

In einem solchen während Gleichgewicht muss jede infinitesimale Änderung des chemischen Potentials einer Phase gleich der Änderung in der anderen Phase sein.

$$\mathrm{d}\mu^{\alpha} = \mathrm{d}\mu^{\beta} \tag{4.3}$$

Formulieren wir nun die Änderung der chemischen Potentiale als totales Differential, so zeigt sich nach Umformung unmittelbar, welche Größen die Lage im $p(T)$-Diagramm beeinflussen.

$$-s^{\alpha}\mathrm{d}T + v^{\alpha}\mathrm{d}p = -s^{\beta}\mathrm{d}T + v^{\beta}\mathrm{d}p \tag{4.4}$$

$$-s^{\alpha}\mathrm{d}T + s^{\beta}\mathrm{d}T = v^{\beta}\mathrm{d}p - v^{\alpha}\mathrm{d}p \tag{4.5}$$

$$\frac{\mathrm{d}p}{\mathrm{d}T} = \frac{\Delta_{\mathrm{PhU}}S}{\Delta_{\mathrm{PhU}}V} \tag{4.6}$$

Die Steigung der Gleichgewichtskurven im $p(T)$-Diagramm ist also durch das Verhältnis der Umwandlungsentropie zum Umwandlungsvolumen gegeben. Die Steigungen der Gleichgewichte mit der Gasphase sind damit immer positiv, da bei der Umwandlung in die Gasphase sowohl Entropie als auch Volumen immer zunehmen. Die Steigung zwischen fester und flüssiger Phase ist oft groß, da sehr kleine Volumenänderungen auftreten. Eine

Besonderheit im Phasendiagramm von Wasser ist die negative Steigung für den Phasenübergang flüssig/fest. Beim Schmelzen nimmt die Entropie immer zu, aber im Falle der Kanalstruktur von festem Wasser nimmt das Volumen ab. Für die meisten anderen Stoffe ist die Steigung dieses Astes auch positiv (weitere Ausnahme: Gallium).

4.2.3 Siedepunkte und Dampfdruck von reinen Stoffen

Dampfdruck nach Clausius-Clapeyron

Ändert sich die Temperatur, so ergibt sich ein geänderter Druck beim Phasengleichgewicht. Umgekehrt führt ein anderer Druck zu einer geänderten Umwandlungstemperatur. Diese Phänomene haben eine hohe praktische Bedeutung, zum Beispiel für Destillationen im Vakuum, die oft in der organischen Chemie oder der Verfahrenstechnik eingesetzt werden.

Um mit experimentellen Werten zu vergleichen, findet man üblicherweise eine relativ einfache Herleitung nach Clapeyron modifiziert durch Clausius. Zur Clausius-Clapeyron'schen Gleichung wird die Umwandlungsentropie durch die Umwandlungsenthalpie geteilt durch die Umwandlungstemperatur ausgedrückt. Das ist möglich, weil Phasenumwandlungen vollständig reversible Prozesse sind.

$$\frac{\mathrm{d}p}{\mathrm{d}T} = \frac{\Delta_{\mathrm{PhU}}S}{\Delta_{\mathrm{PhU}}V} = \frac{\Delta_{\mathrm{PhU}}H}{T \cdot \Delta_{\mathrm{PhU}}V} \tag{4.7}$$

Über Trennung der Variablen und nachfolgende Integration kann daraus der Druck in Abhängigkeit von der Temperatur für Phasengleichgewichte generell bestimmt werden.

$$\int \Delta_{\mathrm{PhU}}V\,\mathrm{d}p = \int \frac{\Delta_{\mathrm{PhU}}H}{T}\,\mathrm{d}T \tag{4.8}$$

Dabei ist im Allgemeinen das Umwandlungsvolumen druckabhängig und die Umwandlungsenthalpie temperaturabhängig.

Siedepunkte bei anderem Druck

Für die Übergänge mit Beteiligung der Gasphase kann man diese Gleichungen noch weiter entwickeln, wenn man annimmt, dass für übliche niedrige Drücke das Volumen der Gasphase deutlich größer als von kondensierten Phasen ist. Damit ist das Umwandlungsvolumen für Verdampfung und Sublimation etwa gleich dem Gasvolumen. Nimmt man als weitere Näherung dafür ideales Gasverhalten an, so ergibt sich eine Beziehung für den Dampfdruck einer Substanz und die zugehörige Steigung (Herleitung für Verdampfung).

$$\frac{\mathrm{d}p}{\mathrm{d}T} = \frac{\Delta_{\mathrm{vap}}H}{T \cdot V_{Gas}} \tag{4.9}$$

mit $v^{\mathrm{id}} = RT/p$ folgt $\quad \dfrac{\mathrm{d}p}{\mathrm{d}T} = \dfrac{\Delta_{\mathrm{vap}}H \cdot p}{T^2 \cdot R} \tag{4.10}$

Über eine Integration kann daraus der Dampfdruck in Abhängigkeit von der Temperatur bestimmt werden. Für kleinere Temperaturintervalle kann davon ausgegangen werden, dass die Umwandlungsenthalpie konstant ist.

$$\int_{p_1}^{p_2} p^{-1}\mathrm{d}p = \int_{T_1}^{T_2} \frac{\Delta_{\mathrm{vap}}H}{RT^2}\mathrm{d}T \tag{4.11}$$

$$\ln\frac{p_2}{p_1} = -\frac{\Delta_{\mathrm{vap}}H}{R}(T_2^{-1} - T_1^{-1}) \tag{4.12}$$

Siedepunkte T_{vap} sind meist leicht aufzufinden, sie gelten bei **Standarddruck** $p^{\ominus}$, also $100\,000\,\mathrm{Pa}$ (seit 1982 bzw. davor $1\,\mathrm{atm} = 101\,325\,\mathrm{Pa}$, gemäß Cohen und Mills (2007)). Mit der zusätzlichen Angabe der zugehörigen Verdampfungsenthalpie $\Delta_{\mathrm{vap}}H$ (z.B. aus Tab. 3.4) können somit **Siedetemperaturen** bei anderen Drücken $T_{\mathrm{vap}}(p)$ sehr gut abgeschätzt werden. Da eine Substanz siedet, wenn ihr Dampfdruck gleich dem Außendruck ist.

$$T_{\mathrm{vap}}(p) = \left(T_{\mathrm{vap}}^{\ominus-1} + \frac{R}{\Delta_{\mathrm{vap}}H}\cdot\ln\frac{p^{\ominus}}{p}\right)^{-1} \tag{4.13}$$

Die Herleitung erfolgte am Beispiel der Verdampfung und gilt analog für die Sublimation (jeweils den Index „vap" durch „sub" ersetzen).

 Anwendungsübung 4.1

Berechnen Sie die Siedetemperatur von reinem Wasser in zunehmender Höhe für: Freising (448 m), Zugspitze (2 957 m, Münchner Haus) und Höhenlager am Mount Everest (8 000 m). Auf Meereshöhe bei 101 325 Pa ist die Siedetemperatur $T_{\mathrm{vap}} = 100\,°C$. Den Luftdruck können Sie über die barometrische Höhenformel abschätzen (Gl. 2.8).

Damit ist außerdem eine Beziehung gegeben, um Verdampfungs- und Sublimationsenthalpien aus temperaturabhängigen Dampfdruckbestimmungen zu ermitteln.

$$\Delta_{\mathrm{vap/sub}}H = -R\left(\frac{\mathrm{d}(\ln p)}{\mathrm{d}(1/T)}\right) \tag{4.14}$$

Man muss demnach den Druck logarithmisch gegen die inverse Temperatur auftragen. Die Beziehung sollte linear sein wenn $\Delta_{\mathrm{vap}}H$ bzw. $\Delta_{\mathrm{sub}}H$ nahezu konstant ist. Aus der Steigung multipliziert mit $-R$ wird so die entsprechende Umwandlungsenthalpie bestimmt. Als Beispiel wird in Abb. 4.3 ein umfangreicher Datensatz für Wasser gezeigt.

Zum anderen kann man auch direkt den Dampfdruck in Abhängigkeit von der Temperatur bestimmen, wenn der Siedepunkt bei Standarddruck bekannt ist (was in der Regel der Fall ist).

$$\boxed{p(T_x) = p^{\ominus}\cdot\exp\left[-\frac{\Delta_{\mathrm{vap}}H}{R}(T_x^{-1} - T_{\mathrm{vap}}^{\ominus-1})\right]} \quad \textbf{Dampfdruckformel} \tag{4.15}$$

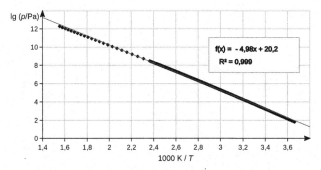

Abb. 4.3 Logarithmische Auftragung des Dampfdruckes von Wasser gegen die inverse Temperatur (Datenquelle: `http://cdm.unfccc.int/UserManagement/FileStorage/` `U4BKYDK7NTLWWFQ1OTUFUCKJMTEE3Y`; ehemals ETH Zürich, Kilo-Labor). Die Steigung multipliziert mit $1000\,R$ ergibt die Verdampfungsenthalpie von Wasser. Der Achsenabschnitt multipliziert mit R entspricht dessen Verdampfungsentropie. Die Parameter der Anpassung sind sehr gut, da die Punkte kaum von der angepassten Gerade abweichen, was belegt, dass sich die unterschiedlichen temperaturabhängigen Abweichungen im Ansatz nach Clausius und Clapeyron (Gl. 4.12) nahezu gegenseitig aufheben.

Für konkrete Stoffe ergeben sich so Dampfdruckkurven in Abhängigkeit von der Temperatur. Wenn diese berechnet werden, ergeben sich oft ganz anders anmutende Verläufe als in den gängigen Darstellungen von Phasendiagrammen in Schul- und Lehrbüchern. Letztere sind, wie bereits in Abb. 4.1 gezeigt, meist stark gestaucht, um die Prinzipien zu verdeutlichen, bilden dadurch die Exponentialfunktionen aber nur äußerst verzerrt ab.

 Anwendungsübung 4.2

Entwerfen Sie die Dampfdruckkurve von Wasser als Grafik in einem Tabellenkalkulationsprogramm. Recherchieren Sie selbständig die dazu nötigen Größen. Vergleichen Sie das Ergebnis mit Abbildung 4.1b.

Erweiterte Dampfdruckformeln

Werden größere Temperaturintervalle betrachtet, verändert sich die Verdampfungsenthalpie. Dieser Übergang ist kontinuierlich, da sich die chemischen Potentiale der Flüssigkeit und der Gasphase zum kritischen Punkt hin einander annähern. Am kritischen Punkt wird die Verdampfungsenthalpie damit gleich null (die molare Volumenänderung allerdings auch). Durch den gegenläufigen Effekt bei den anderen Annahmen funktioniert die Siedepunktsabschätzung dennoch über weite Temperaturbereiche ziemlich gut.

Mit dem Ziel, die Fälle abzudecken, bei denen höhere Genauigkeit gewünscht ist, wird in der Technik oft mit Formeln gearbeitet, die einen oder mehrere weitere Parameter enthalten, um die Temperaturabhängigkeit der Verdampfungsenthalpie zu beschreiben.

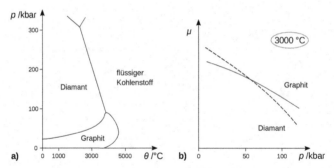

Abb. 4.4 **(a)** Phasendiagramm von Kohlenstoff, nach dem unter üblichen Bedingungen Graphit stabil ist. Allerdings ist die Herstellung von Diamanten unter sehr hohen Temperaturen und Drücken möglich [übernommen nach: R. Sappok, *Chemie in unserer Zeit* 70 (1970) S. 568-593]. Ein zugehöriges $\mu(p)$-Diagramm wurde für 3000 °C in Teil **(b)** skizziert. Demnach müsste sich Graphit etwa über 50 kbar in den dort stabileren Diamant umwandeln, weil dann sein chemisches Potential am niedrigsten ist.

Sehr gängig ist zum Beispiel die Form nach Antoine, bei der ein Parameter C diese Abweichung zusätzlich abdeckt.

$$\ln \frac{p_2}{p_1} = A - \frac{B}{T - C}; \quad \text{Dampfruck nach Antoine} \tag{4.16}$$

Für unterschiedliche Stoffe können die Parameter aus Tabellenwerken (z. B. Lide, 2006) und Datenbanken (z. B. Linstrom und Mallard, 2016) entnommen werden. Modelle mit noch mehr Parametern können sogar die gesamte Dampfdruckkurve vom kritischen bis zum Tripelpunkt abdecken.

4.2.4 Weitere Phasengleichgewichte

Mit dem bisher Gesagten kann man nicht nur die Änderung von allen Aggregatzuständen untereinander, sondern auch von unterschiedlichen Modifikationen eines Stoffes beschreiben. Anhand der zusätzlich dargestellten Freien Enthalpie kann man zum Beispiel beim Kohlenstoff die stabilere Modifikation (Graphit oder Diamant) in Abhängigkeit von der Temperatur erkennen. Die Modifikation mit dem niedrigeren chemischen Potential (der niedrigeren molaren Freien Enthalpie) ist die thermodynamisch stabilere, welches sich bei geändertem Druck umkehren kann (s. Abb. 4.4).

Ebenso gilt diese Aussage für Gläser. Es sind unterkühlte Schmelzen, das heißt, die ungeordnete Struktur der Flüssigkeit wurde durch sehr schnelles Abkühlen „eingefroren". Man wandert dann auf der Funktion des chemischen Potentials der Flüssigkeit unter den Schmelzpunkt (s. dazu gestrichelte Linie in Abb. 4.2). Dies ist im Grunde mit jeder Flüssigkeit möglich. Beim Einfrieren von Zellen in flüssigem Stickstoff wird dies ausgenutzt. Dabei können sich innerhalb der Zellen nicht schnell genug Eiskristalle bilden, die aufgrund ihrer höheren Dichte die Zellwand zerreißen würden. Sie erstarren glasartig.

Das chemische Potential vom Kristallen liegt immer günstiger als von Gläsern. Thermodynamisch müssten sich demnach Kristalle bilden. Durch den erhöhten Energieaufwand zur Erzeugung von Kristallkeimen unter Umlagerung von Bindungen, ist dieser Prozess bei niedrigen Temperaturen oft so langsam, dass er keine praktische Auswirkung mehr hat. Das heißt, dass die thermodynamisch stabilste Form nicht immer vorliegt. Es wird von kinetischer Hinderung gesprochen, die eine metastabile Form als Konsequenz hat. So sind auch Diamanten bei Raumtemperatur metastabil und wandeln sich nicht gemäß Abb. 4.4 in Graphit um. Die Beschreibung dieser temperaturabhängigen Effekte der Kinetik werden in Abschnitt 5.3.1 behandelt.

Grenzlinien in Phasendiagrammen sind Gleichgewichtsbereiche, in denen zwei Phasen das gleiche chemische Potential aufweisen. Unter diesen Bedingungen treten Phasenübergänge auf. Für den üblichen Fall von Phasenübergängen erster Art, mit sprunghafter Änderung der Steigung des chemischen Potentials, ändern sich ebenfalls das Volumen (die Dichte), die Entropie und die Enthalpie sprunghaft. Die Wärmekapazität geht kurzfristig gegen unendlich, weil Wärme (die Phasenumwandlungsenthalpie) zugeführt wird, ohne dass sich die Temperatur ändert. Hierzu zählt auch das „Schmelzen" von DNA, ein Phasenübergang, bei dem geordnete Doppelhelix-Strukturen am Schmelzpunkt aufgehoben werden. Beim Abkühlen bilden sich wieder Doppelhelices. Diese Eigenschaft wird bei der PCR praktisch ausgenutzt (Haynie, 2008; Lottspeich und Engels, 2012).

4.3 Thermodynamik von Lösungen

Mischphasen bestehen aus mehreren Komponenten, die nicht miteinander reagieren und ungeladen sind. Alle Komponenten gemeinsam bestimmen das Verhalten dieser Systeme. Die Volumenkontraktion beim Mischen von Wasser und Alkohol oder Ether ist ein bekannter Effekt, der zeigt, dass sich die Eigenschaften von Reinstoffen nicht einfach additiv zusammensetzen. Dies ist nur eines von vielen praktischen Anwendungsgebieten der sogenannten Mischphasenthermodynamik.

4.3.1 Variablen und Größen der Mischphasenthermodynamik

Zuerst einmal muss es Größen geben, um die Zusammensetzung zu beschreiben. Eine sehr gängige Angabe ist die der Konzentration c, die besagt, welche Stoffmenge einer Komponente pro Volumen der Lösung vorliegt. Es gibt einige weitere Größen, die auf andere Weise Information über die Zusammensetzung geben. Die Molarität hat den Nachteil, dass sie infolge der thermischen Ausdehnung temperaturabhängig ist. Eine in der Physikalischen Chemie sehr übliche Größe ist der Molenbruch x. Er bezieht die Stoffmenge einer Komponente auf die Gesamtzahl der Stoffmengen im System.

$$x_i = \frac{n_i}{n_{\text{ges}}} \quad \text{Definition Molenbruch} \tag{4.17}$$

Damit ist festgelegt, dass die Summe über alle Molenbrüche gleich eins ist.

$$\sum x_i = \sum \frac{n_i}{\sum n_i} = 1 \tag{4.18}$$

Partialdruck in idealen Gasmischungen

Besteht ein ideales Gas aus mehr als einer Komponente, so setzt sich das Volumen additiv aus Teilvolumina für jeden Stoff zusammen.

$$V = \sum n_i \cdot v_i \tag{4.19}$$

Für ein Zweistoffgemisch ist $V = n_1 v_1 + n_2 v_2$. Für die Teilvolumina gilt wiederum das Ideale Gasgesetz, da im Idealfall keine Wechselwirkungen vorliegen sollen.

$$V = \sum n_i \cdot \frac{RT}{p} \tag{4.20}$$

Der Druck p ist der Gesamtdruck der Gasmischung, durch Umformung mittels Multiplizieren mit p und Division durch V folgt

$$p = \sum n_i \cdot \frac{RT}{V} = \sum p_i \tag{4.21}$$

Damit ist das Dalton'sche Gesetz entwickelt. Es besagt, dass sich der Gesamtdruck aus der Summe der Partialdrücke zusammensetzt. Der Partialdruck p_i ist der Druck, unter dem das Gas stehen würde, wenn es alleine das gegebene Volumen ausfüllen würde. Weiter kann man den Molenbruch x_i einführen:

$$\frac{p_i}{p} = \frac{n_i RT/V}{\sum n_i RT/V} = \frac{n_i}{\sum n_i} = x_i \tag{4.22}$$

Der Molenbruch einer Komponente ist also der Quotient aus der Stoffmenge einer Komponente geteilt durch die Summe aller Stoffmengen. Für ideales Gasverhalten ist er gleich dem Verhältnis von Partialdruck zu Gesamtdruck.

Partielle molare Größen

Eine extensive Zustandsgröße ist abhängig von der Zusammensetzung der Mischung. Im Falle einer idealen Mischung aus k Komponenten würden sich die Anteile an einer Zustandsfunktion (wie Volumen oder Freie Enthalpie) aus den Teilgrößen für die Komponenten zusammensetzen. Dies wäre jeweils die molare Größe für eine Komponente multipliziert mit ihrer Stoffmenge n_i.

$$V(ideale Mischung) = V_1 + V_2 + \cdots + V_k = n_1 \cdot v_1 + \cdots + n_k \cdot v_k = \sum n_i \cdot v_i \tag{4.23}$$

Gegen diese ideale Form spricht die Erfahrung, wie sie anhand der Volumenkontraktion beim Mischen bereits beispielhaft angesprochen wurde. Werden 1 L Ethanol und 1 L Wasser gemischt, so ergibt sich ein Volumen von 1,9 Liter für die Mischung. Offensichtlich gibt es in der Mischung eine Anordnung, in der sich die Moleküle im Mittel näher sind als in den reinen Stoffen. Die obige Gleichung für das Volumen gilt nicht mehr. Stellt man für die Zustandsfunktion Volumen das totale Differential auf, so sind bei konstanter Temperatur und konstantem Druck noch stoffmengenabhängige Differentialquotienten zu beachten.

$$(\mathrm{d}V)_{T,p} = \left(\frac{\partial V}{\partial n_1}\right)_{T,p,n_2} \mathrm{d}n_1 + \left(\frac{\partial V}{\partial n_2}\right)_{T,p,n_1} \mathrm{d}n_2 \qquad (4.24)$$

Die partiellen molaren Volumina der beiden Komponenten sind keine konstanten Größen, sondern sind von der jeweiligen Zusammensetzung abhängig. In analoger Weise addieren sich auch nicht die molaren Enthalpien der Reinstoffe. Nach der Gibbs-Duhem'schen Gleichung ist die Summe aller partiellen molaren Zustandsgröße (z.B. Volumen) einer Mischung multipliziert mit der jeweiligen Stoffmenge gleich null, wenn Temperatur und Druck konstant sind.

$$\sum_i n_i \left(\frac{\partial V}{\partial n_i}\right) = 0 \quad \text{Gibbs-Duhem'sche Gleichung, für Volumina} \qquad (4.25)$$

Für die partiellen molaren Volumina eines Zweistoffsystems folgt daraus:

$$n_1 \cdot \left(\frac{\partial V}{\partial n_1}\right) + n_2 \cdot \left(\frac{\partial V}{\partial n_2}\right) = 0 \qquad (4.26)$$

$$x_1 \cdot \left(\frac{\partial V}{\partial n_1}\right) + x_2 \cdot \left(\frac{\partial V}{\partial n_2}\right) = 0 \qquad (4.27)$$

Für eine binäre Mischung heißt das, dass nur das partielle molare Volumen einer Komponente bekannt sein muss, die andere ergibt sich daraus. Dies kann man nutzen, um in einer Auftragung des Volumens gegen den Molenbruch die partiellen Volumina als Achsenabschnitte zu bestimmen. Andererseits kann man experimentell nicht eine partielle molare Größe ändern ohne die andere auch zu ändern.

Mischungsentropie und chemisches Potential

Das Vermischen ist ein spontan ablaufender Prozess, der irreversibel ist. Das heißt folgerichtig, dass sich beim Mischen die Entropie eines Systems aus vorher reinen Komponenten erhöht. Die partielle molare Entropie einer Substanz in einer idealen Mischung unterscheidet sich daher bereits von der molaren Entropie der reinen Substanz s_i^*.

$$\left(\frac{\partial S}{\partial n_i}\right)_{T,p,n_{j \neq i}} - s_i^* = s_i - s_i^* = -R \cdot \ln x_i \qquad (4.28)$$

Da der Molenbruch immer kleiner als eins ist und damit der natürliche Logarithmus negativ, ist nach der Formel die partielle molare Entropie einer Substanz in einer Mischung daher stets größer als die molare Entropie der reinen Substanz. Dies lässt sich auch leicht über die Bedeutung der Entropie verstehen. Die Mischung hat eine höhere „Unordnung" beziehungsweise mehr Mikrozustände, die das System einnehmen kann.

Aus diesem Grund ist auch das chemische Potential einer Komponente in einer idealen Mischung unterschiedlich von dem chemischen Potential der reinen Substanz. Die Differenz wird über die Entropie bestimmt.

$$h_i - h_i^* \approx 0 \quad \text{und} \quad s_i - s_i^* = -R \cdot \ln x_i$$

$$\mu_i - \mu_i^* = (h_i - T \cdot s_i) - (h_i^* - T \cdot s_i^*) = -T \cdot (s_i - s_i^*) = RT \cdot \ln x_i$$

Das chemische Potential einer idealen Mischung muss also um die entropischen Effekte korrigiert werden gegenüber μ_i^*, dem chemischen Potential der reinen Komponente im gleichen Aggregatzustand bei gleicher Temperatur und gleichem Druck.

$$\mu_i^{ideal} = \mu_i^* + RT \cdot \ln x_i \tag{4.29}$$

Betrachtet man reale Mischungen, so treten abweichende Entropieeffekte und zusätzlich Enthalpie-Effekte auf, woraus sich eine Abweichung vom idealen Verhalten ergibt. Dafür hat man eine korrigierte Konzentrationsangabe eingeführt. Statt des Molenbruchs wird die Aktivität a verwendet. Die Abweichung vom idealen Verhalten wird über den Aktivitätskoeffizienten f ausgedrückt.

$$a_i = f_i \cdot x_i \tag{4.30}$$

Im idealen Fall ist $f_i = 1$, im Realfall allerdings teilweise deutlich ungleich eins und dabei abhängig von Temperatur, Druck und Zusammensetzung der Mischung. Das chemische Potential einer Komponente in einer realen Mischung lautet damit

$$\mu_i^{\text{real}} = \mu_i^* + RT \cdot \ln a_i \tag{4.31}$$

Andersherum kann man die Aktivität über die Änderung des chemischen Potentials gegenüber der reinen Komponente formulieren.

$$a_i = \exp \frac{\mu_i - \mu_i^*}{RT} \tag{4.32}$$

Die Aktivität weicht also umso stärker von eins ab, je größer die Differenz zwischen realem und idealem chemischen Potential bei einer bestimmten Temperatur ist. Diese Abweichungen machen sich in realen Zustandsgrößen, die von denen im idealen Fall abweichen, bemerkbar. Die Änderung gegenüber dem idealen Wert wird auch als Exzessgröße bezeichnet (z.B. Exzessvolumen).

4.3.2   Kolligative Eigenschaften verdünnter Lösungen

Kolligative (lat. *colligere* $\hat{=}$ sammeln) Eigenschaften sind eine Sammlung von Eigenschaften, die gelöste Substanzen ausüben. Allen gemeinsam ist ein Phasengleichgewicht einer reinen mit einer Mischphase. Für eine korrekte Beschreibung müssen folgende Annahmen zutreffen, die bei gelösten Salzen und Zucker meist gut erfüllt sind:

■ Die Substanzen lösen sich gut im flüssigen Lösungsmittel (oft Wasser).

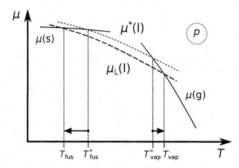

Abb. 4.5 Temperaturabhängigkeit des chemischen Potentials für eine Lösung $\mu_{\mathrm{L}}(\mathrm{l})$ (gestrichelt) im Vergleich zum reinen Lösungsmittel $\mu^*(\mathrm{l})$ (gepunktet) bei konstantem Druck. Das chemische Potential ist generell in der Lösung niedriger als im reinen Lösungsmittel und damit thermodynamisch stabiler. Das chemische Potential in der festen und gasförmigen Phase ist praktisch unverändert. Die Schnittpunkte der Phasengleichgewichte verschieben sich somit, der Schmelzpunkt sinkt und die Siedetemperatur steigt. Durch die unterschiedlichen Steigungen für feste und gasförmige Phase ist der Effekt beim Schmelzpunkt ausgeprägter.

- Die Konzentration dieser gelösten Komponenten ist klein gegen die Konzentration des Lösungsmittels.
- Die gelösten Substanzen haben einen vernachlässigbar kleinen Dampfdruck.
- Im festen Zustand gibt es keine Mischphasen (jeweils eigene Kristallstrukturen).

Durch diese Annahmen ist nur eine Änderung des chemischen Potentials in der flüssigen Phase zu betrachten. Weil nur kleine Konzentrationsänderungen eintreten sollen, wird eine kleine Änderung des chemischen Potentials auftreten. Da die gelösten Teilchen zuallererst einen Entropieeffekt ausüben, wird das chemische Potential des Lösungsmittels in der flüssigen Phase $\mu_{\mathrm{L}}(l)$ abgesenkt. Dies lässt sich auch mathematisch beschreiben.

$$\mu_{\mathrm{L}}(l) = \mu_{\mathrm{L}}^*(l) + RT \cdot \ln x_{\mathrm{L}} \qquad (4.33)$$

Durch eine gelöste Substanz wird der Molenbruch des Lösungsmittels kleiner eins und damit entsteht ein negativer Korrekturterm. Diese Veränderung beim chemischen Potential als Funktion der Temperatur ist in Abbildung 4.5 auftragen (vgl. dazu Abb. 4.2).

Die Änderungen sind bei kleinen Konzentrationen nur abhängig von der Teilchenzahl in der Lösung und im Wesentlichen nicht von der Art der Substanz. Damit sind alle kolligativen Eigenschaften auf den Entropieeffekt beim chemischen Potential des Lösungsmittels zurückzuführen. Mit diesem Ansatz lassen sich alle zugehörigen Effekte gut näherungsweise berechnen.

Gefrierpunktserniedrigung und Siedepunktserhöhung

Aus Abb. 4.5 geht hervor, dass sich der Gefrierpunkt eines Lösungsmittels erniedrigt, wenn eine Substanz darin gelöst ist. Zum anderen ergibt sich eine Erhöhung des Siedepunktes für das Lösungsmittel. Die Effekte sind nicht gleich stark ausgeprägt, da die größere Steigung für das chemische Potential in der Gasphase eine relativ kleine Siedepunktserhöhung zur Folge hat.

Um die Stärke des Effektes zu bestimmen geht man vom chemischen Potential aus. Es ist für das Lösungsmittel gleich in der Lösung wie in der festen bzw. gasförmigen Phase. Die Lösung ist dabei eine Mischphase, die andere Phase ist jeweils rein. Für die Gefrierpunktserniedrigung ist folgendes Gleichgewicht zu betrachten.

$$\mu_L(s) = \mu_L^*(s) = \mu_L(l) = \mu_L^*(l) + RT \cdot \ln x_L \qquad (4.34)$$

Durch Umformung und Ersetzen des Molenbruchs des Lösungsmittels x_L mit dem der gelösten Komponente x_K über $x_L = 1 - x_K$ kann man die Gleichung auch so schreiben:

$$\mu_L^*(s) - \mu_L^*(l) = RT \cdot \ln[1 - x_K] \qquad (4.35)$$

Die Differenz der chemischen Potentiale der reinen Komponente im festen und flüssigen Zustand ist gleich der Differenz der molaren freien Enthalpien und damit die freie Schmelzenthalpie (die temperaturabhängig ist).

$$\frac{-\Delta_{fus}G(T)}{RT} = \ln[1 - x_K] \qquad (4.36)$$

Betrachtet man die differentiellen Änderungen und formt nach der Ableitung nach der Temperatur und anschließender Integration weiter um, so kommt man über mehrere Zwischenschritte zu der folgenden Beziehung für kleine Beimischungen einer gelösten Komponente (Aufgrund einer Reihenentwicklung $ln[1-x_K] = -x_K - 1/2x^2 - 1/3x^3 \ldots$ und Abbruch nach dem ersten Glied ist $ln[1 - x_K] \approx -x_K$).

$$\frac{-\Delta_{fus}H}{R}\left(\frac{1}{T_{fus}} - \frac{1}{T_{fus}^*}\right) = \frac{-\Delta_{fus}H}{R}\left(\frac{T_{fus}^* - T_{fus}}{T_{fus} \cdot T_{fus}^*}\right) \approx \frac{-\Delta_{fus}H}{R}\left(\frac{T_{fus}^* - T_{fus}}{T_{fus}^{*2}}\right) \approx x_K$$
$$(4.37)$$

Durch Umstellen dieser Näherung ergibt sich die Beziehung für eine Temperaturdifferenz zum Schmelzpunkt des reinen Lösungsmittels.

$$\text{Gefrierpunktserniedrigung: } T_{fus} - T_{fus}^* \approx -\frac{RT_{fus}^{*2}}{\Delta_{fus}H} \cdot x_K = -\frac{RT_{fus}^*}{\Delta_{fus}S} \cdot x_K \qquad (4.38)$$

Mit dieser Beziehung lassen sich Reinheitsbestimmungen durchführen. Die Schmelzpunktänderung hängt demnach für jeden Stoff proportional von der Anzahl der in der Schmelze gelösten Teilchen ab. Eine genaue Bestimmung des Schmelzpunktes gibt also Auskunft über Verunreinigungen. Die Proportionalitätskonstante wird auch kryoskopische Konstante genannt. Über den in einfachen Apparaturen bestimmbaren Schmelzpunkt kann damit sogar der Grad der Reinheit abgeschätzt werden. Zum Beispiel in der Pharmaindustrie können so thermisch stabile, kleine Moleküle in der Qualitätskontrolle untersucht werden. Detailliertere Untersuchungen sind mit der schon erwähnten Differenzkalorimetrie (DSC) möglich.

Bei der Siedepunktserhöhung ist entsprechend das Gleichgewicht zwischen Lösung und Gasphase zu betrachten.

$$\mu_L^*(g) = \mu_L(l) = \mu_L^*(l) + RT \cdot \ln x_L \qquad (4.39)$$

Es ergibt sich eine ähnliche Beziehung durch analoge Umformung.

$$\text{Siedepunktserhöhung: } T_{vap} - T_{vap}^* \approx \frac{RT_{vap}^{*2}}{\Delta_{vap}H} \cdot x_K = \frac{RT_{vap}^*}{\Delta_{vap}S} \cdot x_K \qquad (4.40)$$

Die Proportionalitätskonstante wird hier ebullioskopische **Konstante** genannt. Da $\Delta_{vap}S$ nach der Trouton'schen Regel etwa konstant ist, wird der Effekt tendenziell immer größer, je höher der Siedepunkt des Lösungsmittels ist. Im Realfall müssen die Molenbrüche jeweils durch Aktivitäten ersetzt werden.

Dampfdruckerniedrigung

Die Erniedrigung des Dampfdruckes eines Lösungsmittels durch eine gelöste Komponente ist bereits durch die Siedepunktserhöhung erkennbar. Der erniedrigte Dampfdruck bedeutet, dass die Siedetemperatur für die Lösung höher liegt.

Startpunkt für die Dampfdruckerniedrigung ist dasselbe Gleichgewicht wie für die Siedepunktserhöhung.

$$\mu_L^*(g) = \mu_L^*(l) + RT \cdot \ln x_L \qquad (4.41)$$

Es ergibt sich nach Betrachtung des währenden Gleichgewichtes, dass der Molenbruch durch den Quotienten aus dem Dampfdruck der Lösung bezogen auf den Dampfdruck des reinen Lösungsmittels bei gleichen Bedingungen ersetzt werden kann ($x_L = p_L/p_L^*$). Aufgrund der Beziehung der Molenbrüche untereinander ($x_K = 1 - x_L$), kann mit dem Molenbruch des Gelösten die Dampfdruckerniedrigung für verdünnte Lösungen angegeben werden. Diese Abhängigkeit wird auch als Raoult'sches **Gesetz** bezeichnet.

$$\text{Dampfdruckerniedrigung: } 1 - x_L = 1 - \frac{p_L}{p_L^*} = \frac{p_L^* - p_L}{p_L^*} = x_K \qquad (4.42)$$

Da $x_K < 1$ immer gilt, ergibt sich ein durchgängig abgesenkter Dampfdruck im $p(T)$-Phasendiagramm.

Osmotischer Druck

Der osmotische Druck macht sich in ganz anderer Form bemerkbar, gehört aber auch zu den kolligativen Eigenschaften. Er wurde zunächst als experimentelles Phänomen von Pfeffer, einen Pflanzenphysiologen, entdeckt. Es handelt sich um einen Druckunterschied zwischen Lösungen und reinem Lösungsmittel. In einer sogenannten Pfeffer'schen Zelle ist die Lösung über eine semipermeable Membran mit reinem Lösungsmittel in Kontakt. Die Moleküle des Lösungsmittels können die Membran passieren, die gelöste Komponente nicht. Dann stellt sich in einem Steigrohr eine Säule der Lösung ein, deren Gewichtskraft dem osmotischen Druck (*osmos* = griech., Stoß, Schub) entspricht.

Er wird ebenfalls durch den Entropieeffekt im Lösungsmittel bewirkt. Das chemische Potential des Lösungsmittels ist in einer idealen Lösung niedriger als im reinen Lösungsmittel.

$$\mu_L(l) < \mu_L^*(l)$$
$$\mu_L(l) = \mu_L^*(l) + RT \cdot \ln x_L \tag{4.43}$$

Wenn dennoch beide Phasen nebeneinander vorliegen, gibt es einen Verdünnungseffekt der Lösung, um das chemische Potential zu minimieren. Die Stärke, mit der dieser Ausgleich stattfindet, kann durch den osmotischen Druck beziffert werden. Es ist die Druckerhöhung, die notwendig ist, um das chemische Potential der Lösung an das chemische Potential des reinen Lösungsmittels anzugleichen.

$$\mu_L^*(p) = \mu_L(x_L, p + \Pi) \tag{4.44}$$

Das chemische Potential der Lösung kann aufgespalten werden und der Molenbruch des Lösungsmittels durch die gängigere Größe, den Molenbruch der gelösten Komponente $x_K = 1 - x_L$, ersetzt werden.

$$\mu_L(x_K, p + \Pi) = \mu_L^*(p + \Pi) + RT \cdot \ln(1 - x_K) \tag{4.45}$$

Nach einigem Umformen ergibt sich eine Beziehung für den osmotischen Druck einer ideal verdünnten Lösung. Er ist wiederum direkt von der Anzahl der Teilchen der gelösten Komponente über deren Molenbruch abhängig, unabhängig davon, welcher Stoff gelöst ist. Im Realfall wird der Molenbruch wieder durch die Aktivität ersetzt. Es geht näherungsweise das molare Volumen des Lösungsmittels v_L ein, das in der verdünnten Lösung nahezu gleich dem partiellen molaren Volumen des Lösungsmittels ist.

$$\text{Osmotischer Druck: } \Pi = \frac{RT}{v_L} \cdot x_K \tag{4.46}$$

Diese Beziehung lässt sich leicht anders einprägen, da sie für verdünnte Lösungen umgeformt formal sehr dem Idealen Gasgesetz ähnelt.

$$\Pi \cdot V_L \approx n_K RT \quad \text{weil } x_K = \frac{n_K}{n_L + n_K} \approx \frac{n_K}{n_L} \tag{4.47}$$

Damit ist der osmotische Druck bei verdünnter Lösung nur von der Konzentration des Gelösten abhängig.

$$\Pi \approx c_K \cdot RT \tag{4.48}$$

 Anwendungsübung 4.3
Überprüfen Sie die Einheiten bei Gleichung 4.48.

Tab. 4.1 Vergleichende Einschätzung der Effekte der kolligativen Eigenschaften für eine einmolare, ideale Lösung in Wasser.

kolligative Eigenschaft	Bedingungen	Messgrösse	Effekt
Gefrierpunktserniedrigung	0 °C	$T_{\text{fus}} - T_{\text{fus}}^*$	−1,9 K
Siedepunktserhöhung	100 °C	$T_{\text{vap}} - T_{\text{vap}}^*$	0,52 K
Dampfdruckerniedrigung	273 K, $p^* = 610$ Pa	$p - p^*$	−11 Pa
osmotischer Druck	298 K	Π	2,5 MPa

4.3.3 Kolligative Eigenschaften in Biologie, Analytik und Technik

Alle kolligativen Eigenschaften hängen im Idealfall nur von dem Molenbruch der gelösten Teilchen ab. Das heißt, die Effekte sind erst einmal unabhängig von der Art des gelösten Stoffes. Für eine einmolare wässrige Lösung ergeben sich, unabhängig von der Art der gelösten Komponente, folgende Werte, wenn man ideales Verhalten annimmt. Reines Wasser hat eine Konzentration von etwa 55 mol pro Liter, der Molenbruch einer einmolar gelösten Komponente ist also etwa $1/55$ ($x_{\text{K}} \approx 0,02$).

Der deutlichste Effekt tritt beim osmotischen Druck auf, dessen experimentelle Bestimmung damit schon bei kleinen Konzentrationen gute Auskunft über die Anzahl der gelösten Teilchen gibt. Außerdem kann man überprüfen, wie stark die Abweichungen vom Idealverhalten sind. Eine Verstärkung der Effekte ist gegeben, wenn ein Stoff beim Lösen in mehrere Komponenten dissoziiert. Beim Lösen von z. B. NaCl verdoppelt sich der Effekt der kolligativen Eigenschaften, durch Dissoziation in zwei Komponenten, nämlich Natrium- und Chlorid-Ionen. Von diesem Effekt profitiert zum Beispiel der Streudienst im Winter, der Streusalz auf der Straße ausbringt und damit den Gefrierpunkt des Wassers soweit senkt, dass das Eis auf der Straße schmilzt.

Ein anderer Nutzen der kolligativen Eigenschaften ist die Bestimmung von Molekülmassen M gelöster Substanzen. Aufgrund der Größe des Effektes wird dafür bevorzugt der osmotische Druck genutzt. Dabei wird angenommen, dass das Volumen praktisch nur durch das Lösungsmittel bestimmt wird. Ähnlich wie bei der Molmassen-Bestimmung von Gasen mit Hilfe des Idealen Gasgesetzes wird die Stoffmenge ersetzt (nach Gl. 2.4).

$$\Pi \cdot V = n_{\text{K}} R T = \frac{m_{\text{K}} R T}{M_{\text{K}}} \quad \text{also} \quad M_{\text{K}} = \frac{m_{\text{K}} R T}{\Pi \cdot V} \tag{4.49}$$

Eine Molmassenbestimmung ist auch mit den anderen kolligativen Eigenschaften möglich, wenn man den Molenbruch umformt, bei Näherung für kleine Molenbrüche.

$$x_{\text{K}} = \frac{n_k}{n_k + n_{\text{L}}} \approx \frac{n_k}{n_{\text{L}}} = \frac{m_k \cdot M_{\text{L}}}{m_{\text{L}} \cdot M_{\text{K}}} \tag{4.50}$$

Diese Art der Bestimmung liefert allerdings die geringeren Effekte und außerdem wird die Bestimmung durch mögliche Unterkühlung oder Überhitzung experimentell zusätzlich erschwert. Am ehesten spielte die Gefrierpunktserniedrigung hier eine Rolle, wobei das Lösungsmittel Campher aufgrund seiner hohen kryoskopischen Konstante dafür gerne genutzt wurde.

Weitere Anwendungsbeispiele

Die Konzentration gelöster Teilchen innerhalb und außerhalb von Zellen muss gleich sein, sonst wirkt osmotischer Druck auf die Zellen ein. Die Art der Teilchen kann unterschiedlich sein. Ein Austausch von Ionen muss immer in beiden Richtungen stattfinden, um die Ladungsneutralität zu erhalten. Zahlreiche Beispiele belegen die Wichtigkeit des osmotischen Druckes für biologische und technische Prozesse.

- Transport von Wasser in Pflanzen, die mit Nährstoffen gefüllte Pflanzenzelle zieht das verdünntere Wasser aus dem Boden. In Bäumen muss der osmotische Druck mit der Höhe steigen, sie können demnach nicht beliebig hoch werden.
- Pflanzenzellen haben eine feste Zellwand oder Wachsschichten, da Sie unter einem osmotischen Druck stehen würden, wenn sie in Kontakt zu Regenwasser kommen. Andererseits vertragen einige Früchte mit dünnen Schalen diesen Kontakt nicht und platzen auf (Kirschen, Tomaten).
- Physiologische Ringer-Lösung als Infusion ist eine Kochsalzlösung mit 0,9 % Natriumchlorid, also 154 mM, das heißt etwa 300 mM Teilchen in Lösung, was einem osmotischen Druck von 0,75 MPa wie im Blutplasma entspricht, ansonsten schrumpfen bzw. platzen rote Blutkörperchen.
- Isotonische Getränke (griechisch, gleich konzentriert): Deren Zusammensetzung ist isoosmotisch zu Blutplasma, d.h. entspricht im osmotischen Druck einer physiologischen Lösung.
- Umkehrosmose als technisches Trennverfahren unter Druckanwendung, z.B. zur Meerwasserentsalzung, Trinkwasseraufbereitung oder zur Aufbereitung von Laborwasser.

Die Gefrierpunktserniedrigung hat auch einige wichtige Anwendungen:

- Hohe Konzentrationen an Zuckern und Salzen führen dazu, dass Pflanzensäfte im Winter nicht einfrieren.
- Streusalz senkt den Gefrierpunkt von Wasser(eis) auf Straßen im Winter.
- Kältemischungen zur Kühlung im Labor, insbesondere aus Kochsalz und Eis (im Verhältnis 1:3), erzeugen Temperaturen bis $-20\,°C$.

 Anwendungsübung 4.4
Wie groß sind Gefrierpunktserniedrigung und Siedepunktserhöhung für eine wässrige NaCl-Lösung mit einem osmotischen Druck von 2 bar? Wie groß ist die Konzentration (in mol/L), wenn es sich um gelöstes NaCl handelt?

4.3.4   Löslichkeit von Gasen in Flüssigkeiten

Eine begrenzte Löslichkeit in Flüssigkeiten lässt sich in ähnlicher Weise behandeln wie die kolligativen Eigenschaften, im Resultat handelt es sich erneut um verdünnte Lösungen. Ist eine Lösung gesättigt mit einer Komponente, so ist ein Gleichgewichtszustand erreicht. Das chemische Potential der gelösten Komponente ist dann gleich dem chemischen Potential der reinen Komponente im festen bzw. gasförmigen Zustand. In einführenden Veranstaltungen zur Chemie wird die alte Erkenntnis gelehrt, dass sich Gleiches in Gleichen löst. Unter den Alchimisten wurde dies lateinisch als *similia similibis solvuntur* beschrieben, was noch etwas präziser aussagt, dass sich ähnliche Stoffe ineinander lösen. Unpolare Lösungsmittel lösen unpolare Stoffe und Wasser löst sehr gut polare Stoffe wie auch Ionen. Über diesen Unterschied lassen sich Stoffgemische gut in hydrophile und lipophile Fraktionen trennen. Diese qualitative Beschreibung und Nutzung ist in Labor und Technik meist nicht präzise genug. Oft stellt sich die Frage nach den konkret löslichen Mengen, die über die Thermodynamik für alle wichtigen Anwendungen beantwortet werden kann.

Die Löslichkeit von Gasen in Flüssigkeiten ist eine wichtige Größe in Technik oder Biologie. Bei Fermentern ist zum Beispiel die Löslichkeit von Sauerstoff und Kohlendioxid ebenso wichtig wie deren Löslichkeit in Blutplasma für die menschliche Atmung. Startpunkt einer theoretischen Beschreibung ist die Verteilung eines Gases zwischen Gas- und Flüssigphase und die Beschreibung über die chemischen Potentiale des Gases in diesem Gleichgewicht.

$$\text{Gas(g)} \rightleftharpoons \text{Gas(aq)} \quad \text{und} \quad \mu_G(g) = \mu_G(aq) \tag{4.51}$$

Druckabhängigkeit der Gaslöslichkeit

In erster Näherung wird angenommen, dass die Gasphase rein ist und deren cheHmisches Potential gleichgesetzt werden kann mit dem der Lösung. Hier wird Wasser als Lösungsmittel angenommen, es gilt aber analog für alle anderen Lösungsmittel.

$$\mu_G^*(g) = \mu_G^\infty(aq) + RT \cdot \ln x_G(aq) \tag{4.52}$$

Demnach soll das Lösungsmittel einen vernachlässigbaren Dampfdruck haben. Im idealen Fall (hoch verdünnt) ist die Löslichkeit eines Gases dann nur von dem Druck in der Gasphase abhängig. Da die meisten Gase nur eine geringe Tendenz haben, in Lösung zu gehen (und damit viel Entropie zu verlieren), ist die letzte Annahme oft gut zutreffend.

$$p_G(g) = K_{H,x} \cdot x_G(aq) \quad \text{„Henry'sches Gesetz" (für Wasser)} \tag{4.53}$$

Je höher die Löslichkeit, desto größer muss der Gasdruck sein, mit der Henry-Konstante $K_{H,x}$ als Proportionalitätskonstante. Das Henry'sche Gesetz ist eine der einfachsten Formeln der Physikalischen Chemie, hat aber hohe praktische Bedeutung. Aus diesem Grund zischt eine CO_2-haltige Mineralwasserflasche beim Öffnen. CO_2 muss bei hohem Druck gelöst werden, um höhere Konzentrationen zu erreichen. Inertgase wie die Edelgase können mit diesem Gesetz auch bei hohen Drücken bis 5 MPa beschrieben werden. Gase, die wie CO_2 mit Wasser wechselwirken, weichen dagegen von diesem Verhalten bei sehr hohen Drücken zunehmend ab.

Sind Gasgemische mit einer Flüssigkeit in Kontakt, so gebraucht man den Partialdruck p_i der einzelnen Gase. Er ist über den Molenbruch in der Gasphase $x_i(g)$ definiert und ersetzt einfach den Gasdruck p_G im Henry'schen Gesetz. Außerdem wird in der Praxis oft die inverse Formulierung benutzt, also welche Konzentration in der Flüssigkeit vorliegt, wenn ein bestimmter Partialdruck vorliegt; dann wird der Kehrwert der eigentlichen Henry-Konstante benutzt ($K'_H = 1/K_H$).

$$\text{Partialdruck (bei Gasmischung): } p_i(g) = x_i(g) \cdot p(g) \tag{4.54}$$

$$\text{Henry-Dalton'sches Gesetz: } x_i(aq) = K'_{H,x} \cdot p_i(g) \tag{4.55}$$

Diese, als Henry-Dalton'sches Gesetz bezeichnete Erweiterung wird analog mit den Partialdrücken angewandt. Die Konstante ist die Gleiche, wenn statt des Gasdrucks der Partialdruck dieses Gases benutzt wird. Die Konzentration eines Gases in den üblicherweise auftretenden, verdünnten wässrigen Lösungen ist also proportional zum Molenbruch des Gases in der Gasphase.

$$c_G(aq) = K'_{H,c} \cdot p_G(g) = K'_{H,c} \cdot x_G(g) \cdot p_{ges}(g) \tag{4.56}$$

Die Löslichkeit eines Stoffes wird also gesenkt, wenn ein zweites Gas bei gleichem Gesamtdruck mit anwesend ist. Die Henry-Konstanten kann man nachschlagen. Eine Übersicht für einige wichtige Gase gibt Tabelle 4.2, in ihr wurde das Henry'sche Gesetz auf verdünnte Stoffmengenkonzentrationen bezogen, dadurch ändert sich die Einheit der Konstante.

 Obacht 4.1
Henry-Konstanten werden in mehreren unterschiedlichen Einheiten angegeben (für Molenbrüche als $K_{H,x}$ wie in Gl. 4.53 oder für Konzentrationen als $K_{H,c}$ wie in Gl. 4.56 und Tab. 4.2, aber auch noch in einigen anderen Varianten). Zusätzlich sind auch alle Kehrwerte K'_H üblich. Es existiert kein fester Standard und meist wird eine Variante ohne weitere Angabe oder Indices benutzt. Daher sollte unbedingt eine Einheitenkontrolle erfolgen.

 Anwendungsübung 4.5
Wie viel Sauerstoff löst sich in Wasser bei $20\,°C$, das mit Luft in Kontakt steht? Um wie viel ändert sich dies bei Einsatz von reinem Sauerstoff? Welchen Molenbrüchen entsprechen die Konzentrationen?

 Anwendungsübung 4.6
Dihydrogensulfid löst sich bei $20\,°C$ und $101\,325$ Pa mit $x_G = 2{,}08 \cdot 10^{-3}$ sowie mit $x_G = 1{,}51 \cdot 10^{-3}$ bei $35\,°C$. Wie groß ist die zu Tabelle 4.2 entsprechende Henry-Konstante?

Einfluss weiterer Gleichgewichte auf die Gaslöslichkeit

Viele Gase gehen nicht einfach nur physikalisch in Lösung, sondern reagieren mit den Wassermolekülen. Der wichtigste Reaktionstypus ist die (temporäre) Bildung einer Säure,

Tab. 4.2 Henry-Konstanten $K'_{H,c}$ (in $10^{-9} Pa^{-1} L^{-1} mol$; zur Berechnung von Stoffmengenkonzentrationen) verschiedener Gase, etwa bei typischer Labor- bzw. physiologischer Temperatur (berechnet nach Lide, 2006; Linstrom und Mallard, 2016). Die meisten der genannten Gase sind nahezu unpolar und daher wenig löslich (kleine $K'_{H,c}$). Polar sind CO_2 und O_3. Treten nennenswerte Folgereaktionen auf, wie hier bei CO_2 und Cl_2, steigt dadurch die Löslichkeit scheinbar zusätzlich an. Eine äußerst ausführliche Datensammlung für 25 °C findet sich in Sander, *Atmos. Chem. Phys.* 15 (2015) 4399-4981.

Gas	Formel	bei 20 °C	bei 35 °C
Stickstoff	N_2	7,0	5,7
Sauerstoff	O_2	13,7	10,8
Kohlendioxid	CO_2	387	263
Argon	Ar	15,1	11,9
Helium	He	3,9	3,8
Wasserstoff	H_2	8,0	7,4
Chlor	Cl_2	1030	760
Ozon	O_3	120	—
Methan	CH_4	15,4	11,9

die unter Protonenabspaltung ein Anion bildet. Typisches Beispiel in der Biotechnologie ist Kohlenstoffdioxid:

$$CO_2(g) \rightleftharpoons CO_2(aq) \tag{4.57}$$

$$CO_2(aq) + 2\,H_2O(l) \rightleftharpoons HCO_3^-(aq) + H_3O^+(aq) \tag{4.58}$$

Das zweite Gleichgewicht führt zu einer Absenkung der Konzentration des gelösten Gases im ersten Gleichgewicht und damit im Endeffekt zu einer erhöhten Gaslöslichkeit. Die Verteilung im zweiten Gleichgewicht hängt kaum vom Druck ab. Man gibt dann üblicherweise effektive Werte für die Henry-Konstanten dieser Gase an, dessen Nutzung direkt die tatsächlichen Löslichkeiten ergeben. Deswegen ist die Henry-Konstante für CO_2 oder andere in Wasser reagierende Gase (wie Chlor, Stickoxide, Ozon) vergleichsweise groß.

Temperaturabhängigkeit der Gaslöslichkeit

Weiterhin ist die Löslichkeit von Gasen noch von der Temperatur abhängig. Dies war bereits aus Tabelle 4.2 ersichtlich. Allgemein gilt, dass die Löslichkeit mit zunehmender Temperatur abnimmt, weil der Entropieeinfluss dann verstärkt wird. Eine Mineralwasserflasche gerät beim Erwärmen zunehmend unter Druck und umgekehrt kann sich in einem kühlen Bier- oder Sektkeller weit mehr CO_2 aus dem Gärprozess lösen. In Abbildung 4.6 ist die temperaturabhängige Löslichkeit für CO_2 gezeigt. Dies gilt auch für Wasser in Rohrleitungen: Wird es bei niedrigen Temperaturen eingefüllt und in der Leitung erwärmt, so gast die gelöste Luft aus. Das Gleiche geschieht in einem Wasserkocher,

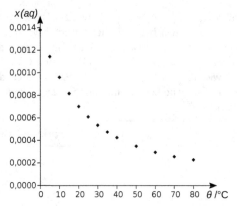

Abb. 4.6 Temperaturabhängige Löslichkeit von CO_2 in Wasser (Datenquelle: AIR LIQUIDE Deutschland GmbH (2007, Tab. 6.13)).

der etwa bei 60 °C anfängt, Zischlaute von ausströmender Luft abzugeben, bevor das Wasser dann kocht. Dementsprechend bekommen Fische oder andere Wasserbewohner im Sommer Probleme, ausreichend Sauerstoff aufnehmen zu können.

Der Einfluss der Temperatur auf den Molenbruch ist exponentiell, man kann näherungsweise eine folgende Abhängigkeit angeben:

$$\ln x_G = A + \frac{B}{T} + C \ln \frac{T}{1\,\mathrm{K}} \tag{4.59}$$

Für einige Gase sind in Tabelle 4.3 entsprechende Werte aufgeführt.

Gaslöslichkeit in der Biotechnologie

In der biotechnologischen Praxis ist eine wichtige Anwendung dieser Beziehung beim Betreiben von Fermentationsreaktoren nötig. Ein besonders wichtiges Gas ist Luft. Ihre Hauptkomponenten sind wahrscheinlich bekannt, allerdings gibt es einige weitere Stoffe, die womöglich weniger bekannt sind. Zudem ist die genaue Zusammensetzung wohl den Wenigsten geläufig. Für das wichtigste Gas in Biologie und Technik ist es aber gut zu

Tab. 4.3 Temperaturabhängigkeit der Löslichkeit von Gasen von 0 °C bis etwa 60 °C bei $p = 101\,325$ Pa, ausgedrückt über drei Parameter (nach Lide (2006)).

Gas	Formel	A	B in K	C
Stickstoff	N_2	−181,6	8632	24,80
Sauerstoff	O_2	−179,3	8748	24,45
Argon	Ar	−150,4	7476	20,14
Helium	He	−106,0	4260	14,01
Wasserstoff	H_2	−125,9	5528	16,89
Methan	CH_4	−416,2	7476	65,26

Tab. 4.4 Stoffmengenanteile (Molenbrüche; entsprechen Volumenanteilen) der häufigsten Komponenten von Luft bei 20 °C ($p_{H_2O} \approx 24$ hPa) und 50 % Luftfeuchtigkeit sowie Partialdrücke bei einem Gesamtdruck von 1 bar (1000 hPa).

Gas	Formel	Molenbruch	p_i/hPa
Stickstoff	N_2	0,77	770
Sauerstoff	O_2	0,20	200
Wasser	H_2O	0,012	12
Argon	Ar	0,009	9
Kohlendioxid	CO_2	0,0004	0,4
Sonstige	-	0,0002	0,2

wissen, welche Komponenten in welcher Menge vorkommen. Die für uns normalerweise zugängliche Zusammensetzung ist in Tabelle 4.4 angegeben.

Der chemisch und damit technisch wichtigste Bestandteil darin ist Sauerstoff, als biologisches Hauptoxidationsmittel. Seine Löslichkeit ist nach dem oben gesagten durch die Temperatur und den Partialdruck gegeben. Der Partialdruck in Luft ist nahezu konstant aufgrund der konstanten Zusammensetzung von Luft (etwa 20 % Sauerstoff in trockener Luft). Trotz der großen Menge in Luft sind die absoluten Konzentrationen von Sauerstoff in Wasser sehr niedrig (völlig unpolares Molekül). Soll der Anteil an gelöstem Sauerstoff angehoben werden, muss zusätzlich mit reinem Sauerstoff begast werden, um den Partialdruck des Sauerstoffs zu erhöhen (ein Absenken der Temperatur ist in Bioreaktoren nur bedingt möglich).

Vorwiegend sorgen Entropie-Effekte für eine geringe Löslichkeit. Der gelöste Sauerstoff wird durch Zellatmung permanent verbraucht. Somit liegt eher eine noch niedrigere Konzentration vor. Eine der wichtigsten Aufgaben in der Biotechnologie ist daher die permanente Begasung mit Luft, um den Sauerstoffgehalt möglichst nah an die mögliche Menge heranzubringen. Damit der schnelle Verbrauch kompensiert werden kann, muss ein guter Stoffübergang ermöglicht werden. Dazu wird die Austauschoberfläche maximiert, indem sehr viele kleine Gasblasen gebildet werden. Der dazu eingeführte Parameter, um diesen Stoffübergang zu beschreiben, ist der $k_L(A)$-Wert; Näheres findet sich zum Beispiel in (Chmiel, 2011).

Die Idee liegt damit nahe, in der Biotechnologie oder generell bei aeroben Zellkulturen mit erhöhtem Sauerstoffanteil (wie in der Medizin) zu arbeiten. Dagegen sprechen aber zwei Aspekte. Zum einen ist über den Sauerstoffanteil im Wesentlichen das Redoxverhalten der Gasphase bestimmt, welches biologisch in etablierten Grenzen liegen sollte, um nicht schädlich zu wirken. Zum anderen adaptieren die sauerstofftoleranten Zellen relativ schnell an die neuen Bedingungen. Ihre Produktionsleistung steigt zunächst an, klingt aber relativ schnell ab, wenn die Zellen ihren Stoffwechsel an den „Luxus" der so verbesserten Lebensbedingungen angepasst haben. Hier wird kontinuierlich geforscht, da Sauerstoff bei der Aufarbeitung von Luft mittlerweile zur Überschusskomponente gegenüber Stickstoff geworden ist, der auch in Relation zum Anteil in der Luft besser verkauft werden kann.

In der Technik werden häufiger die Konzentrationen von in Flüssigkeiten gelösten Gasen bestimmt. In der biotechnologischen Praxis sind dies vor allem Sauerstoff und gegebenenfalls Kohlendioxid. Oft findet man dann Angaben wie der „Partialdruck vom gelösten Sauerstoff beträgt 250 mbar", welche eigentlich nicht sauber formuliert sind, aber indirekt über das Henry'sche Gesetz auf den Molenbruch und damit eine entsprechende Stoffmengen- oder Massenkonzentration hinweisen.

 Anwendungsübung 4.7
Wie groß ist die Konzentration von Stickstoff und Sauerstoff in Wasser bei 35 °C, wenn sich bei Standardbedingungen ein Gleichgewicht mit Luft eingestellt hat? Welche Gasvolumina sind demnach in einem Liter gelöst? Wie viel Gramm Glucose kann man theoretisch mit dem Sauerstoff in einem Liter Lösung vollständig oxidieren?

4.3.5   Löslichkeit von Salzen

Diese relativ gut bekannte Eigenschaft ist theoretisch schon etwas aufwändiger zu modellieren. Damit ergeben sich aber auch für in Wasser gelöste Ionen thermodynamische Basisdaten (siehe Tab. 4.5). Deren Bestimmung ist zwar nicht ganz einfach, mit geeigneten Kreisprozessen aber möglich. Sie haben eine hohe Bedeutung als Basis für Löslichkeitsfragen, alle Reaktionen in Lösung unter Beteiligung von Ionen und damit vielen aus der Biochemie sowie auch aus der Elektrochemie.

Gitterenthalpie und Lösungswärme von Salzen

Eine spezielle und recht anspruchsvolle Anwendung des Heß'schen Satzes und des zugehörigen Gesagten ist der Born-Haber-Kreisprozess zur Bestimmung von Gitterenthalpien von Ionenkristallen. Die sogenannte Gitterenthalpie als ionische Bindungsenergie eines kristallinen Salzes entspricht der hypothetischen Umwandlung eines Kristalls zu Ionen in der Gasphase bei konstantem Druck (historisch Gitterenergie genannt, wäre bei konstantem Volumen aber nicht definierbar). Dies soll am Beispiel von Kochsalz demonstriert werden.

$$NaCl(s) \rightarrow Na^+(g) + Cl^-(g) \tag{4.60}$$

Eine solche Reaktion ist experimentell nicht zugänglich, um die Bindungsenthalpie zu bestimmen. Der gewählte Kreisprozess ist etwas aufwändig. Er beginnt bei den reinen Elementen, aus denen zum einen auf direktem Weg kristallines NaCl entsteht, und zum anderen atomisierte Gase, aus denen nach Ionisierung der Kristall gebildet wird. Aus diesem Kreisprozess ist die Gitterenthalpie bestimmbar, da die Standardbildungsenthalpie von NaCl und die Sublimationsenthalpie von Natrium kalorimetrisch messbar sind und die Ionisierungsenergien sowie die Dissoziationsenthalpie von Chlor spektroskopisch bestimmbar sind. Die Gitterenergie von Natriumchlorid ergibt sich damit als deutlich endotherm mit $+787$ kJ/mol. Damit zeigt sich an diesem Beispiel umgekehrt die hohe Bindungsenergie von Ionenkristallen.

Einen modifizierten Kreisprozess kann man nutzen, um Hydratationsenthalpien zu bestimmen, das heißt die Enthalpie einer hypothetischen Reaktion von Ionen in der Gasphase zu einem verdünnt gelösten Salz. Am Beispiel NaCl:

$$\mathrm{Na^+(g) + Cl^-(g) \rightarrow NaCl(aq)} \tag{4.61}$$

Es ist dabei nur die Bildungsenthalpie des festen, kristallinen Salzes durch die Bildung des in Wasser gelösten Salzes ($\Delta_f H^\ominus = 407$ kJ/mol) zu ersetzen und zu berücksichtigen, dass die Reaktionsgleichung anders herum formuliert wird, weswegen Hydratationsenthalpien exotherm sind. Für Natriumchlorid ist sie mit -784 kJ/mol etwa entgegengesetzt gleich groß wie die Gitterenergie. Damit weiß man, dass beim Lösen von NaCl in Wasser kaum eine Reaktionswärme verbunden ist. Da sich das Lösen von Salzen gedanklich in diese beiden Schritte zerlegen lässt.

$$\mathrm{NaCl(s) \rightarrow Na^+(g) + Cl^-(g) \rightarrow NaCl(aq)} \tag{4.62}$$

Aus mehreren solcher Werte lassen sich auch Hydratationsenthalpien einzelner Ionen ableiten und damit auch die Bildungsenthalpien einzelner gelöster Ionen. Dazu muss vorab ein Bezugspunkt als Nullpunkt vorhanden sein, wofür das gelöste Proton festgelegt wurde ($\Delta_f H^\ominus(\mathrm{H^+}) = 0$). Die Werte für einige Ionen sind in Biologie und Technik so wichtig, dass sie in einem internationalen Standard immer genauer bestimmt und gepflegt werden (Cox et al. (1989) oder `www.codata.org`).

Zusätzlich kann mit Gitter- und Hydratationsenthalpien abgeschätzt werden, welche Lösungswärmen beim Auflösen von Salzen in Wasser entstehen. Beide Wärmemengen haben jeweils sehr hohe Werte. Die Differenzen sind betragsmäßig dagegen eher klein. Es gibt sowohl viele Salze, die sich exotherm lösen als auch solche, die sich endotherm lösen. Mit dieser Beobachtung lässt sich ebenfalls sehr schön erklären, dass mit der Entropieänderung eine weitere Triebkraft existieren muss, damit ein endothermer Auflösungsprozess (wie beim Ammoniumnitrat) überhaupt freiwillig abläuft. Andererseits gibt es viele Salze, deren Wasserlöslichkeit nur sehr niedrig ist.

4.4 Trennverfahren bei flüssigen Mischungen

Viele Trennverfahren für gemischte Lösungen basieren auf unterschiedlichen Löslichkeiten der Komponenten. Fällungen und Extraktionen sind effiziente Beispiele, um einzelne Komponenten in einer Phase anzureichern. Daher ist es wichtig, ein umfassendes Verständnis für relevante Parameter zu entwickeln.

Tab. 4.5 Molare Bildungsenthalpien und Entropien für ausgewählte Kationen und Anionen, in Wasser gelöst bei Standardbedingungen von $25\,^\circ$C und 10^5 Pa (Quelle: Cox et al. (1989)). Das gelöste Proton in einmolarer (ideal angenommener) Lösung dient als Bezugszustand, weswegen für dieses beide Werte gleich null sind und für einige Ionen auch negative Entropien in Relation dazu möglich sind. Weitere Werte finden sich in Tabelle A.4.

Ion	Formel	$\Delta_f H^\ominus$ kJ mol^{-1}	$s^\ominus$ J K^{-1} mol^{-1}
Kationen			
gelöstes Proton	H^+ (aq)	0,0	0,0
Natrium-Ion	Na^+ (aq)	$-240,3$	$+58,5$
Kalium-Ion	K^+ (aq)	$-252,1$	$+101$
Ammonium-Ion	NH_4^+ (aq)	$-133,3$	$+111$
Calcium-Ion	Ca^{2+} (aq)	-543	-56
Blei(II)-Ion	Pb^{2+} (aq)	$+0,9$	$+18,5$
Anionen			
Hydroxid-Ion	OH^- (aq)	$-230,02$	$-10,9$
Chlorid-Ion	Cl^- (aq)	$-167,1$	$+56,6$
Nitrat-Ion	NO_3^- (aq)	$-206,9$	$+147$
Carbonat-Ion	CO_3^{2-} (aq)	$-675,2$	$-50,0$
Sulfat-Ion	SO_4^{2-} (aq)	$-909,3$	$+18,5$

4.4.1 Fällungen von Biopolymeren aus Lösungen

Ein- und Aussalzeffekte bei Lösungen

Es soll bestimmt werden, wovon die Löslichkeit von Gasen in Flüssigkeiten im Realfall noch abhängt. Die wesentliche Mischphase ist die Lösung. Im Gleichgewicht gilt für die chemischen Potentiale:

$$\mu_G^*(g) = \mu_G(l) = \mu_G^\infty(l) + RT \cdot \ln(a_G^\infty) \tag{4.63}$$

Als Bezugszustand ist eine reine Phase unter den gleichen Bedingungen nicht nutzbar, deshalb wird hier die ideale (unendliche) Verdünnung als Standardzustand gewählt. Bei den kolligativen Eigenschaften konnte man bereits erkennen, dass dann ideales Verhalten überwiegt. Die Aktivität wird ebenfalls auf die ideale Verdünnung bezogen. Aufgelöst nach der Aktivität ergibt sich:

$$a_G^\infty = f_G^\infty \cdot x_G = exp\left(\frac{\mu_G^*(g) - \mu_G^\infty(l)}{RT}\right) \tag{4.64}$$

Bei konstanter Temperatur und konstantem Druck ist die Sättigungsaktivität damit eine Konstante, die unabhängig ist von weiteren gelösten Stoffen. Dies gilt allerdings nicht für den Molenbruch, da der Aktivitätskoeffizient f_G^∞ durch andere Stoffe beeinflusst wird. Auch wenn sie nicht mit den Komponenten reagieren, tragen sie dennoch zu den Wechselwirkungen zwischen den Teilchen bei.

Im Allgemeinen wird der Aktivitätskoeffizient gelöster Gase durch Zusätze in der Lösung vergrößert. Damit muss der Molenbruch sinken, wenn die Aktivität konstant bleiben soll.

$$x_G = \frac{a_G^\infty}{f_G^\infty} \qquad (4.65)$$

Diese übliche Änderung wird als **Aussalzeffekt** benannt, weil durch die Zugabe von Salzen, die Löslichkeit von Gasen gesenkt werden kann. Das heißt zum Beispiel, dass Meerwasser weniger Sauerstoff enthält als Süßwasser. In der Praxis, bei relativ vielen gelösten Komponenten, muss daher die gelöste Gasmenge gemessen werden; eine exakte Berechnung ist kaum möglich.

Einsalzeffekte bei schwerlöslichen Salzen

Für gleichartige Komponenten kann der Effekt auch umgekehrt eintreten. Werden zu Lösungen von schwerlöslichen Salzen leicht lösliche hinzugegeben, so erhöht sich deren Löslichkeit. Es werden mehr geladene Teilchen in der Lösung, wodurch ionische Anziehungskräfte zunehmen. Durch die Erhöhung der Wechselwirkungen können mehr Ionen des schwerlöslichen Salzes in Lösung gehen. Der Verlust an Gitterenergie wird geringer und der Gewinn an Entropie bleibt ähnlich hoch. In Leitungswasser ist daher zum Beispiel Bleisulfat etwas besser löslich als die Tabellenangabe erwarten lässt, die für reines Wasser gilt. Die tabellierten Löslichkeitsprodukte, die für Reinstwasser gelten, werden im Realfall daher oft überschritten. Sie sind andersherum schwer exakt zu bestimmen, da das Wasser optimal entionisiert sein muss.

Der Einfluss von Salzen hängt bei beiden Effekten, die durch Wechselwirkungen (also Bindungen) verursacht werden, auch von der Ladung der Ionen ab. Die Ladung kann man über die sogenannte Ionenstärke I berücksichtigen. Sie ist definiert als

$$I = \frac{1}{2} \sum c_i z_i^2 \qquad (4.66)$$

In der Summe steht c_i für die Konzentrationen aller Ionen und z_i für deren zugehörige Ladungszahl. Die quadratische Wichtung führt zu einem deutlich höheren Einfluss von mehrfach geladenen Ionen. In der Praxis wird alternativ die gemessene Leitfähigkeit angegeben, wenn der Salzgehalt einer Lösung nicht bekannt ist.

Fällung durch Aussalzeffekte

Mit Hilfe einer Fällung kann man Proteine (Biopolymer aus Aminosäuren) oder Polynukleotide (DNA, RNA) aus wässrigen oder organischen Lösungen abtrennen. Dies ist eine der einfachsten Labormethoden (Lottspeich und Engels, 2012, Kap. 2 und 27), welche auch technisch hochskaliert werden kann. Die Abtrennung erfolgt durch Filtration der entstandenen Suspension, wobei die gefällten Substanzen im Filterkuchen dann fest vorliegen. Dieser Vorgang wird durch Aussalzen eingeleitet, wobei gut lösliche Salze eingesetzt werden, die die Hydrathülle der Biopolymere beeinflussen. Bei kleinen Kon-

Tab. 4.6 Hofmeister-Reihen für ausgewählte Anionen und Kationen. Die Stärke der Proteinfällung nimmt von links nach rechts ab (Quelle: (Lottspeich und Engels, 2012, Kap. 11)).

Fällung	stark	>	>		>	>	>	schwach
Anionen	PO_4^{3-}	$> SO_4^{2-}$	$> CH_3COO^-$	>	Cl^-	$> NO_3^- >$		SCN^-
Kationen	NH_4^+	$> K^+$	$> Na^+$		$> Mg^{2+}$	$> Ca^{2+}$	$> Guanidinium^+$	
Bezeichnung	antichaotrop >	>		>	>	>	chaotrop	

zentrationen kann eine Erhöhung der Löslichkeit bei Salzzugabe beobachtet werden. Die zugesetzten Ionen führen offensichtlich zunächst zu einer verbesserten Hydratisierung der Protein- und DNA-Moleküle. Bei sehr hohen Salzkonzentrationen sinkt die Konzentration der Biopolymere dann deutlich ab. Es tritt also ein Aussalzeffekt durch die zugesetzten Salze ein, der auf veränderten Aktivitätskoeffizienten der gelösten Stoffe beruht. Dies ist dadurch zu erklären, dass jetzt die zugesetzten Ionen mit den Proteinmolekülen um die Hydratation durch Wassermoleküle konkurrieren bzw. Abschirmung der polaren Gruppen des Proteins erfolgt. Als Folge kann man Proteine durch hohe Salzzugaben aus Lösungen ausfällen, was praktisch gerne genutzt wird, da es eine einfache Methode ist.

Trägt man die Löslichkeit eines Proteins für unterschiedliche Ionenstärken auf, so bleibt eine deutliche Abhängigkeit von der Art des Salzes bestehen. Diese Abhängigkeiten wurden vom deutsch-österreichischen Chemiker Hofmeister (Prag) empirisch untersucht und 1888 publiziert. Er beschrieb damit die Stärke der Fällungswirkung von Salzen auf Hühnereiweiß in wässriger Lösung. In den sogenannten Hofmeister-Reihen werden Anionen und Kationen nach ihrer Wirkung wie in Tab. 4.6 angeordnet. Sogenannte kosmotrophe oder antichaotrope Salze erhöhen hydrophobe Eigenschaften, begünstigen Aggregation und senken damit die Löslichkeit von Proteinen. Chaotrope Reagenzien wirken entsprechend umgekehrt und werden benutzt, um bindende Wechselwirkungen zwischen Proteinen aufzuheben.

 Beispiel 4.1
Proteine werden daher verschiedentlich besonders effektiv (und günstig) durch Fällung mit Ammoniumsulfat aus Lösungen abgetrennt. Guanidiniumsalze (mit dem Kation $[C(NH_2)_3]^+$) werden dagegen zur denaturierenden Solubilisierung von hydrophoben Proteinen eingesetzt, beispielsweise bei der Aufreinigung von DNA oder RNA. ∎

In der Medizin sind die Hofmeister-Reihen auch für die Diuresewirkung von Bedeutung. Außerdem basiert die hydrophobe Interaktionschromatographie auf diesen Erkenntnissen. Das Ausfällen von Tofu mit Gips ist eine der ältesten technischen Anwendungen solcher Fällungen. Die praktisch genutzten Effekte beruhen auf einem komplexen Zusammenspiel von zusätzlichen bindenden Eigenschaften (Enthalpieeffekte) zwischen dem Lösungsmittel sowie gelösten Ionen. NaCl wirkt dabei in etwa neutral. Theoretisch ist die Hofmeister-Reihe nicht vollständig verstanden und immer noch Gegenstand der Forschung.

DNA-Lösungen werden zum Beispiel mit Natriumacetat (Na-Salz der Essigsäure) versetzt. Dabei wird mit Konzentrationen von etwa 0,3 mol/L Natriumacetat gearbeitet. Durch die Hydratisierung der zugesetzten einfach geladenen Ionen werden die äußeren Hydrathüllen der DNA vermindert. In der Regel reicht dies aber noch nicht zur Fällung. Erst nach Zugabe von absolutem Ethanol wird die Löslichkeit der DNA überschritten und es kommt zur Ausfällung von DNA, die durch Filtration abgetrennt werden kann (Lottspeich und Engels, 2012, Kap. 17).

4.4.2 Verteilungsgleichgewichte und Extraktion

Extraktionen sind ein beliebtes Aufreinigungsverfahren. Hierbei wird eine Komponente in eine Lösung überführt und andere Inhaltsstoffe in einem komplementären Lösungsmittel gelöst. Unpolare Lösungsmittel lösen unpolare Stoffe und Wasser löst sehr gut polare Stoffe wie auch Ionen. Über diesen Unterschied lassen sich Stoffgemische gut in hydrophile und lipophile Fraktionen trennen. Diese qualitative Beschreibung und Nutzung ist in Labor und Technik meist nicht präzise genug. Oft stellt sich die Frage nach den konkret löslichen Mengen, die über die Thermodynamik für alle wichtigen Anwendungen beantwortet werden kann.

Die Lösungsmittelkombination ist komplementär also oft Wasser und ein organisches Lösungsmittel mit geringen Dipolmomenten, wie zum Beispiel Hexan, ein Aromat oder ein Ether. Sehr oft kann bei Naturstoffen noch mit dem pH die Löslichkeit vorab deutlich beeinflusst werden, da über Säure-Base-Reaktionen geladene Stoffe gebildet oder verbraucht werden. So kann man Amine nach Ansäuern gut in die wässrige Phase überführen, organische Säuren umgekehrt. Für Proteine hat man damit sogar beide Möglichkeiten offen. Lipide können sehr gut in unpolaren Lösungsmitteln wie Chloroform extrahiert werden (Lottspeich und Engels, 2012, Kap. 25).

Theoretisch betrachtet man zunächst die vollständige Verteilung eines Stoffes A auf zwei Phasen α und β von nicht mischbaren Lösungsmitteln, also zwei Mischphasen im Gleichgewicht. Eine Komponente verteilt sich dann zwischen beiden Phasen so lange, bis ihr chemisches Potential im Gleichgewicht ist.

$$\text{A (solv, } \alpha) \rightleftharpoons \text{A (solv, } \beta) \tag{4.67}$$

$$\mu_A^\alpha = \mu_A^\beta \tag{4.68}$$

$$\mu_A^{\infty\alpha} + RT \cdot \ln(a_A^\alpha) = \mu_A^{\infty\beta} + RT \cdot \ln(a_A^\beta) \tag{4.69}$$

$$\frac{a_A^\alpha}{a_A^\beta} = \exp\frac{\mu_A^{\infty\beta} - \mu_A^{\infty\alpha}}{R \cdot T} = \text{const} \tag{4.70}$$

Für kleine Konzentrationen können die Aktivitäten näherungsweise durch Molenbrüche ersetzt werden.

$$\frac{x_A^\alpha}{x_A^\beta} \approx \text{const} \quad \text{Nernst'scher Verteilungssatz} \tag{4.71}$$

Die Verteilung auf die beiden Lösungsmittel erfolgt demnach in einem festen Verhältnis der Molenbrüche oder auch der Konzentrationen. Sie hängt nach obigen Gleichungen von

Tab. 4.7 n-Octanol-Wasser-Verteilungskoeffizienten K_{ow} für organisch-chemische Stoffe. Der Logarithmus ist positiv bei lipophilen und negativ bei hydrophilen Substanzen (amphiphil, wenn nahe null). Zum Vergleich wird auch die relative Dielektrizitätskonstante ϵ_r angegeben. Quellen: Datenbank LOGKOW$^©$; http://logkow.cisti.nrc.ca/logkow/ sowie (Lide, 2006)

Stoff	Formel	Aggr.	$\lg K_{ow}$	ϵ_r	Anmerkung
n-Hexan	C_6H_{14}	(l)	3,9	1,9	Lösungsmittel zur Extraktion
Benzen	C_6H_6	(l)	2,1	2,3	einfachster Aromat
Chloroform	$CHCl_3$	(l)	2,0	4,9	Lösungsmittel in Analytik
Aspirin	$C_9H_8O_4$	(s)	1,2	-	einfaches Pharmakon
Ethylacetat	$C_4H_8O_2$	(l)	0,73	6,0	in Nagellackentferner
Essigsäure	CH_3COOH	(l)	−0,17	6,2	amphiphil
Aceton	CH_3COCH_3	(l)	−0,24	21	amphiphiles Lösungsm. im Labor
Ethanol	C_2H_5OH	(l)	−0,30	33	Lösungsmittel in Lebensmitteln
Acetonitril	CH_3CN	(l)	−0,34	36	Lösungsmittel für Peptide
Vitamin C	$C_6H_8O_6$	(s)	−1,6	-	biochemischer Metabolit
Wasser	H_2O	(l)	nicht def.	78	biologisches Lösungsmittel

der Natur der beiden Lösungsmittel und der Temperatur ab. Diese einfache Beziehung bedeutet, dass eine einmal festgestellte Verteilung unter den gleichen Bedingungen immer wieder und auch in deutlich größeren Volumina realisierbar sein sollte.

Als ein Bezugsstandard zur Einstufung des lipo- bzw. hydrophilen Charakters einer Substanz wird häufiger der n-Octanol-Wasser-Verteilungskoeffizient K_{ow} oder logarithmisch als pOW angegeben. Damit wird das Verhältnis der Konzentrationen eines Stoffes in diesem untereinander nicht mischbaren Zweiphasensystem angegeben.

$$K_{ow} = \frac{c\,(\text{n} - \text{Oct.})}{c\,(\text{H}_2\text{O})} \tag{4.72}$$

Der Koeffizient ist eine dimensionslose Größe; je größer dessen Wert ist, desto höher ist die Lipophilie der Substanz. Er wird oft als dekadischer Logarithmus angegeben, wie in Datenbanken (z. B. LOGKOW$^©$: http://logkow.cisti.nrc.ca/logkow/), einige Beispiele daraus finden sich in Tab. 4.7. Der Logarithmus ist positiv bei lipophilen und negativ bei hydrophilen Substanzen. Bei Werten nahe null wird von amphiphilen Stoffen gesprochen, die in beiden Extremen löslich sind. Zum Vergleich wird auch die relative Dielektrizitätskonstante ϵ_r als aus der Physik übliches Maß für die Polarität von Lösungsmitteln angegeben. Eine hohe Dielektrizitätskonstante bewirkt eine Absenkung des anziehenden Coulomb-Potentials entgegengesetzter Ladungen im Vergleich zum Vakuum und führt somit zur Dissoziation von Ionenbindungen.

Stoffe mit ähnlichen Werten sind gut miteinander mischbar. Für Feststoffe kann so ein geeignetes Lösungsmittel gesucht werden. Oft besteht auch eine gute Korrelation zwischen Lipidlöslichkeit und Membranpassage, somit können Werte für $\lg K_{ow}$ (z. B. aus Sicherheitsdatenblättern) zur Abschätzung genutzt werden. Vergleichbare Systematiken sind gelegentlich auch mit anderen Zweiphasensystemen wie Chloroform/Wasser, n-Heptan/Wasser, Olivenöl/Wasser und Blut/Fett zu finden.

Bei Extraktionen lösen sich Stoffe bevorzugt in Lösungsmitteln vergleichbarer Polarität, die man dann auch als **Extraktionsmittel** bezeichnet. Das heißt, Stoffe mit negativem $\lg K_{ow}$ (wie zum Beispiel Vitamin C) finden sich bevorzugt in der wässrigen Phase (oder allgemein in Lösungsmitteln hoher Dielektrizitätszahl). In unpolaren Lösungsmitteln lösen sich dagegen bevorzugt Stoffe mit positivem $\lg K_{ow}$ (wie zum Beispiel Aspirin), wie auch in überkritischem Kohlendioxid (siehe Abschnitt 2.4.3). Ein Vorteil in der Technik ist die gute Skalierbarkeit der Extraktion, gemäß dem Nernst'schen Gesetz in Gl. 4.71(Baerns, 2013; Sattler, 1995). Tests in kleinem Maßstab können gut auf größere Volumina übertragen werden, da sich die Löslichkeitsbedingungen kaum ändern.

Die Extraktion kann auch gut mit einem Lösungsmittel aus einem festem Gemisch erfolgen. Das bekannteste Beispiel dürfte die Zubereitung von Tee oder Kaffee sein, bei der aus Blättern oder gemahlenen Kaffeebohnen mit heißem Wasser extrahiert wird. Ähnlich können Naturstoffe für Parfümöle, natürliche Farbstoffe oder Hopfeninhaltsstoffe mit unpolaren Lösungsmitteln wie Hexan oder überkritischem Kohlendioxid als Extrakte gewonnen werden.

 Anwendungsübung 4.8

Experiment: *Ein durchsichtiges Gefäß, zum Beispiel ein Reagenzglas oder eine kleine Flasche, wird zu einem Drittel mit Wasser und zu einem weiterem Drittel mit möglichst farblosem Pflanzenöl befüllt. Dann werden zerkleinerte Karottenstückchen zugegeben. Nach intensivem Schütteln findet sich das Carotin in welcher Phase (welches Vorzeichen hat demnach $\lg K_{ow}$ für Carotin)?*

4.4.3 Siedediagramme und Destillation

Die Destillation ist ein in Technik und Labor häufig eingesetztes Verfahren zur Trennung von flüssigen Gemischen (Baerns, 2013; Sattler, 1995). Die Komponente, die leichter siedet, wird bevorzugt in die Gasphase entweichen, ihr Partialdruck ist höher. Vergleichen Sie dazu in Abschnitt 4.2.3 die Beziehungen für den Dampfdruck einer reinen Substanz in Abhängigkeit von der Temperatur. Wird durch Temperaturerhöhung der Dampfdruck gleich dem Außendruck, so siedet eine Mischung. Kondensiert man diese Mischung wieder, so erhält man eine Flüssigkeit, in der die leichter flüchtige Komponente angereichert ist (bekanntes Beispiel: Schnapsherstellung).

Es handelt sich hier ebenfalls um zwei Mischphasen im Gleichgewicht, nämlich Gasphase und Flüssigkeit. Die Dampfdrücke der Komponenten addieren sich in der Gasphase.

$$p_{ges} = \sum p_i \quad \text{Henry-Dalton'sches Gesetz} \tag{4.73}$$

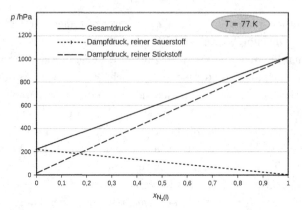

Abb. 4.7 Dampfdruck einer idealen binären Mischung in Abhängigkeit der Zusammensetzung der Flüssigkeit, am Beispiel des Systems Stickstoff/Sauerstoff bei einer Temperatur von 77 K. Der Gesamtdruck (durchgezogene Linie) ergibt sich als Summe der Partialdrücke der Komponenten Stickstoff (gestrichelt) und Sauerstoff (gepunktet). Beim Molenbruch von 1 hat reiner Stickstoff einen Partialdruck von 1 bar, würde also bei diesem Druck sieden.

In erster Näherung ergeben sich die idealen Dampfdrücke der Komponenten gemäß ihrem Anteil in der flüssigen Mischung.

$$p_i = x_i^{(g)} \cdot p_{ges} = x_i^{(l)} \cdot p_i \quad \text{Variation vom Raoult'schen Gesetz} \tag{4.74}$$

Diese ideale Abhängigkeit entspricht der Dampfdruckerniedrigung gemäß dem Gesetz von Raoult in Gl. 4.42. Das heißt, die anderen Komponenten führen zu einer Absenkung des jeweiligen Dampfdruckes, tragen hier aber selber auch einen anteiligen Dampfdruck bei. Manche Mischungen zeigen nahezu solch ein ideales Verhalten, vor allem wenn chemisch ähnliche Komponenten mit geringen Wechselwirkungen gemischt sind. Der Gesamtdruck einer binären Mischung ist dann die Summe der beider anteiligen Dampfdrücke.

$$p_{ges} = x_1^{(l)} \cdot p_1 + x_2^{(l)} \cdot p_2 = x_1^{(l)} \cdot p_1 + (1 - x_1^{(l)}) \cdot p_2 \tag{4.75}$$

Es reicht in einer binären Mischung also einen Molenbruch anzugeben, mit dem dann die Dampfdrücke festgelegt sind. Der Gesamtdruck ändert sich somit linear mit dem Molenbruch in der flüssigen Phase wie in Abb. 4.7 exemplarisch gezeigt.

Die Gasphase ist angereichert mit der leichter flüchtigen Komponente. Die Abhängigkeit des Gesamtdruckes vom Molenbruch in der Gasphase ist dann nicht linear. Dies ist die Grundlage für die Trennung von flüssigen Gemischen durch Destillation. Um die Anreicherung der Komponenten zu beschreiben, benutzt man den sogenannten Trennfaktor α, der über die Anteile von zwei Komponenten in flüssiger und gasförmiger Phase bestimmt wird. Im Idealfall ergibt er sich aus dem Verhältnis der Dampfdrücke der reinen Phasen.

$$\alpha = \frac{x_1^{(l)} x_2^{(g)}}{x_1^{(g)} x_2^{(l)}} = \frac{x_1^{(l)}}{x_1^{(g)}} \cdot \frac{x_2^{(g)}}{x_2^{(l)}} = \frac{x_1^{(l)}}{x_2^{(l)}} \cdot \frac{x_2^{(g)}}{x_1^{(g)}} \quad \text{Definition vom Trennfaktor} \tag{4.76}$$

$$= \frac{p_2^*}{p_1^*} \quad \text{nur bei idealen Mischungen} \tag{4.77}$$

Dabei werden die Indices 1 und 2 definitionsgemäß so vergeben, dass sich der Trennfaktor α größer als eins ergibt. Demnach muss in Gl. 4.76 die leichter siedende Komponente den Index 2 erhalten, da von ihr anteilig mehr in der Gasphase enthalten sein sollte.

Berechnung von $T(x)$-Diagrammen

In der Praxis noch relevanter sind sogenannte Siedediagramme, da es technisch einfacher ist, die Temperatur bei konstantem Druck zu variieren. Das Diagramm in Abb. 4.7 wurde entsprechend simuliert. Da die Temperatur exponentielle Änderungen beim Dampfdruck hervorruft, ist die Beschreibung etwas aufwändiger. Folgende Schritte werden durchlaufen, um ein solches Diagramm für ein binäres System aufstellen zu können:

1. Die Dampfdrücke werden anteilig temperaturabhängig beschrieben und addiert.
2. Für Temperaturen zwischen den Siedepunkten der reinen Stoffe wird die Zusammensetzung gesucht, bei der die Summe beider Dampfdrücke gleich dem Außendruck ist (Bedingung für Sieden). Damit ist die sogenannte Siedelinie festgelegt.
3. Die zugehörige Zusammensetzung der Gasphase ergibt sich aus dem Verhältnis der Dampfdrücke. Dadurch ist die sogenannte Kondensationslinie festgelegt.
4. Das Verhältnis aller Molenbrüche ergibt den Trennfaktor. Dieser entspricht qualitativ der Breite des Zweiphasengebietes.

Folgende Berechnungen gelten demnach bei idealen Mischungen:

$$p_{\text{ges}} = p_1 + p_2 = x_1^{(l)} \cdot p_1^* + x_2^{(l)} \cdot p_2^* = x_1^{(l)} \cdot p_1^* + \left[1 - x_1^{(l)}\right] \cdot p_2^* \tag{4.78}$$

$$x_1^{(l)} = \frac{p_{\text{ges}} - p_2^*}{p_1^* - p_2^*} \tag{4.79}$$

Mit den Dampfdrücken der Reinstoffe nach Gl. 4.15 ergeben sich bei $p_{\text{ges}} = \text{const}$ dann Werte für $x_1^{(l)}$, in Abhängigkeit von der gewählten Temperatur T_x. Diese muss zwischen den Siedetemperaturen der Reinstoffe liegen.

für Stoff 1 und 2 analog: $p_i^*(T_x) = p^{\ominus} \cdot \exp\left[-\frac{\Delta_{\text{vap}} H_i}{R}\left(T_x^{-1} - T_{i,\text{vap}}^{-1}\right)\right]$

$$x_1^{(l)} = \frac{\frac{p_{\text{ges}}}{p^{\ominus}} - \exp\left[-\frac{\Delta_{\text{vap}} H_2}{R}\left(T_x^{-1} - T_{2,\text{vap}}^{-1}\right)\right]}{\exp\left[-\frac{\Delta_{\text{vap}} H_1}{R}\left(T_x^{-1} - T_{1,\text{vap}}^{-1}\right)\right] - \exp\left[-\frac{\Delta_{\text{vap}} H_2}{R}\left(T_x^{-1} - T_{2,\text{vap}}^{-1}\right)\right]} \tag{4.80}$$

$$x_2^{(l)} = \left[1 - x_1^{(l)}\right] \quad \text{und} \quad x_i^{(g)} = x_i^{(l)} \cdot p_i^* \quad \text{sowie} \quad \alpha = \frac{x_1^{(l)} \cdot x_2^{(g)}}{x_1^{(g)} \cdot x_2^{(l)}} = \frac{p_2^*}{p_1^*} \tag{4.81}$$

Eigentlich wird die Siedetemperatur als Funktion der Molenbrüche in der Flüssigkeit gesucht, aber zur Darstellung und praktischen Nutzung erfolgt die Berechnung umgekehrt. Gleichung 4.80 mag zwar relativ kompliziert aussehen, aber es werden letztlich

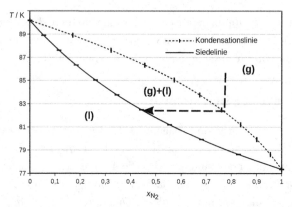

Abb. 4.8 Siedediagramm einer idealen binären MischungMischung!binäre, am Beispiel des Systems Stickstoff/Sauerstoff. Die Siedetemperatur (durchgezogen) und Kondensationstemperatur (gepunktet) sind berechnet und in Abhängigkeit vom Molenbruch aufgetragen, dazwischen liegt das Zweiphasengebiet. Die gestrichelte Linie zeigt eine mögliche Anwendung: Wenn Luft (ungefährer Anteil an Stickstoff von 0,79) abgekühlt wird, beginnt diese bei knapp unter 83 K zu kondensieren. Der Anteil in der entstandenen flüssigen Phase wird bei der gleichen Temperatur auf der Siedelinie abgelesen. Im Beispiel befindet sich dort noch ein Anteil an Stickstoff von etwa 0,44, Sauerstoff ist also im Kondensat angereichert. (Die Ablesung kann umgekehrt auch ausgehend von der flüssigen Phase analog durchgeführt werden.)

nur 5 Angaben benötigt, nämlich der vorliegende Gesamtdruck, die beiden Standard-siedepunkte und beide Verdampfungsenthalpien. In einer Tabellenkalkulationssoftware lässt sich somit ein ideales Siedediagramm gut simulieren (wie in Abb. 4.8 gezeigt). Für Destillationen werden dann üblicherweise die Siede- bzw. Kondensationstemperaturen gegen den Molenbruch wie in Abb. 4.8 aufgetragen. Im Idealfall ergibt sich in etwa das Bild einer „Linse" für das Zweiphasengebiet. Über der Kondensationskurve befindet sich nur Gasphase und unter der Siedekurve nur Flüssigkeit.

Siedediagramme enthalten eine Fülle von Informationen in kompakter Form. Man bildet dazu die Isothermen, sogenannten Konoden. Es lässt sich daraus ablesen:

- die Änderung der Zusammensetzung beim Verdampfen (Temperaturerhöhung)
- die Änderung der Zusammensetzung bei Kondensation (Temperaturerniedrigung)
- die Anreicherung bei Wiederholung solcher Schritte (fraktionierte Destillation)
- die theoretische Anzahl der Schritte, um eine bestimmte Anreicherung zu erzielen (theoretische Böden)

Für eine ideale MischungMischung!ideale ist das Verhältnis der Molenbrüche für jede Komponente in Gasphase zu Flüssigkeit vorwiegend durch die als konstant angenommene Verdampfungsenthalpie sowie den Abstand der Siedetemperatur der Mischung von der der reinen Komponente bestimmt.

$$\frac{x_i^{(g)}}{x_i^{(l)}} = \exp\left[\frac{\Delta_{vap}H_i}{R}\left(\frac{T - T_{i,\text{vap}}^*}{T \cdot T_{i,\text{vap}}^*}\right)\right] \tag{4.82}$$

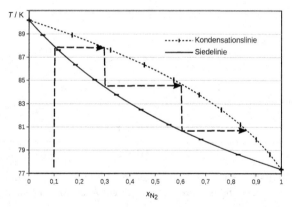

Abb. 4.9 Prinzip der fraktionierten Destillation im Siedediagramm der binären Mischung von Stickstoff und Sauerstoff. Wenn flüssiger Sauerstoff mit einem Anteil an Stickstoff von 0,1 zum Sieden gebracht wird, siedet diese Mischung bei etwa 88 K. Nach Abkühlung kondensiert eine Mischung mit einem Anteil an Stickstoff von 0,3. Wird diese Anreicherung noch zweimal wiederholt, kann theoretisch eine Anreicherung auf x_{N_2} von 0,85 erreicht werden (dies entspräche drei theoretischen Böden).

Die Gleichung ähnelt dem Ausdruck für die Siedepunktserhöhung. Aus der Gleichung ist noch einmal zu ersehen, dass sich die Komponente mit dem niedrigeren Siedepunkt in der gasförmigen Phase anreichert. Dies kann auch nochmals über den Trennfaktor α in der idealen Mischung ausgedrückt werden.

$$\alpha = \frac{x_1^{(l)} \cdot x_2^{(g)}}{x_1^{(g)} \cdot x_2^{(l)}} = \frac{\exp\left[\frac{\Delta_{vap}H_2}{R}\left(\frac{T-T_{2,\mathrm{vap}}^*}{T \cdot T_{2,\mathrm{vap}}^*}\right)\right]}{\exp\left[\frac{\Delta_{vap}H_2}{R}\left(\frac{T-T_{2,\mathrm{vap}}^*}{T \cdot T_{2,\mathrm{vap}}^*}\right)\right]} = \frac{p_2^*}{p_1^*} \tag{4.83}$$

Dabei werden die Indices üblicherweise so vergeben, dass $\alpha > 1$ gilt. Hier müsste also Stoff 2 der leichter siedende (niedrigere Standardsiedetemperatur) sein.

Die Destillation hat in der Technik eine hohe Bedeutung. Vor allem die Rohölproduktion basiert auf einer mehrstufigen, sogenannten fraktionierten Destillation, mit den allseits bekannten Namen der Fraktionen (z.B. Diesel, Kerosin). Das Prinzip der fraktionierten Destillation ist in Abbildung 4.9 dargestellt. Weitere Verfahren sind die Destillation von Alkohol-Wasser-Gemischen, die Auftrennung von flüssiger Luft zur Gewinnung von reinem Stickstoff und Sauerstoff und die Regeneration von organischen Lösungsmitteln.

In realen Mischungen weicht das Verhalten teilweise deutlich ab, und zwar können die realen Dampfdrücke kleiner oder größer als im Idealfall sein. Nahe der reinen Phase einer Komponente (verdünnte Mischung), findet man für die Überschusskomponente ein nahezu ideales Verhalten des Dampfdruckes (gemäß Raoult'schem Gesetz) und für die Unterschusskomponente einen Dampfdruck mit abweichender Steigung, entsprechend dem Henry'schen Gesetz. Alles zusammen wird durch die Einführung von Aktivitätskoeffizienten dargestellt, die damit kleiner oder größer als eins sein können. Dadurch werden aus den Dampfdruckgeraden gekrümmte Funktionen.

Durch ausgeprägte zusätzliche Wechselwirkungen können sich Minima oder Maxima in Dampfdruckkurven ergeben. In den $T(x)$-Siedediagrammen ergeben sich entspre-

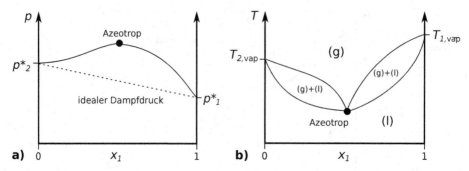

Abb. 4.10 Reales Verhalten einer binären flüssigen Mischung, a) Dampfdruckdiagramm mit einem Dampfdruckmaximum und entsprechend in b) ein Azeotrop mit niedrigster Siedetemperatur.

chend entgegengesetzt Maxima (bei einem Dampfdruckminimum) und Minima (zu einem Dampfdruckmaximum, wie in Abb. 4.10). Die Mischungen an diesen Extrempunkten lassen sich nicht mehr weiter per Destillation auftrennen, da die Zusammensetzung der flüssigen und der gasförmigen Phase identisch sind. Sie haben ein Verhalten wie reine Stoffe und werden als **Azeotrope** bezeichnet. Aus diesem Grund kommt zum Beispiel ein Azeotrop mit 96%igem Ethanol und Restwasser in den Handel, weil die weitere Aufreinigung zu teuer wäre. Weitere ähnliche Beispiele für Azeotrope sind die konzentrierten Handelsformen von 98%iger Schwefelsäure und 69%iger Salpetersäure, beide mit Wasser, sowie einige Mischungen von organischen Lösungsmitteln.

Ein weiterer interessanter Fall sind nicht mischbare Flüssigkeiten wie Wasser und Öle. In diesem Fall liegen zwei nahezu reine, unmischbare Flüssigkeiten, deren Dampfdrücke sich addieren und eine gasförmige Mischphase bilden. Die leichter flüchtige Flüssigkeit siedet an dem Siedepunkt der reinen Substanz, damit können durch **Wasserdampfdestillation** höher siedende Öle aus Gemischen bei niedriger Temperatur schonend abgetrennt werden. Die verschiedenen Arten von Siedeverhalten sind in Tabelle 4.8 zusammengefasst.

Tab. 4.8 Arten von zusätzlichen intramolekularen Wechselwirkungen in flüssigen Mischungen, gegenüber denen der Reinstoffe, und ihr Bezug zu realen Siedediagrammen. Genannt werden Ursache, resultierende Summeneffekte sowie exemplarische Beispielsysteme für diese Fälle.

Wechselwirkungen	Dampfdruck	Siedetemperatur	Beispiel
keine (ideal)	Addition	berechenbar	Luft
Anziehung	erniedrigt	erhöht	
starke Anziehung	Minimum	Maximum	Wasser/Alkohole
Abstoßung	erhöht	erniedrigt	
starke Abstoßung	Maximum	Minimum	Ethanol/Benzen
unmischbar	Addition	vom Niedrigsieder	Wasserdampfdestillation

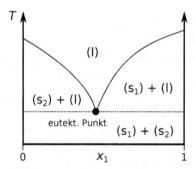

Abb. 4.11 Schmelzdiagramm einer binären Mischung mit Eutektikum, wenn die festen Stoffe keine Mischkristalle bilden. Wird aus der Schmelze (l) abgekühlt, so ergeben sich unterschiedliche Erstarrungspunkte bzw. umgekehrt Schmelzpunkte. Der niedrigste Schmelzpunkt wird als eutektischer Punkt bezeichnet.

4.4.4   Schmelzdiagramme, Eutektika und Kristallisation

Für feste Stoffe lassen sich in ähnlicher Form $T(x)$-Diagramme aufstellen, $p(x)$-Diagramme haben dort seltener eine Bedeutung. Phasendiagramme werden dort als komprimierte Information genutzt, um die stabilen Phasen je nach Temperatur zu beschreiben. Sie haben eine sehr hohe Bedeutung bei Mehrstoffsystemen. Diese Thematik spielt unter anderem in der Werkstoffkunde eine wichtige Rolle. Ähnlich den Siedediagrammen werden dann **Schmelzdiagramme** für binäre oder auch komplexere Systeme (z. B. ternäre, mit drei Komponenten) beschrieben (eine große Zahl an Fällen dazu wird in Lee (2012); Schmalzried und Navrotsky (1975) beschrieben).

Ideale Gemische mit völliger Mischbarkeit im flüssigen wie im festen Zustand liefern ideale Phasendiagramme. Die daraus entstehenden Kristalle werden Substitutionsmischkristalle genannt. Dieser Näherung entsprechen vor allem Legierungen sehr ähnlicher Metalle. Einfache Beispiele sind die Systeme Silber/Gold oder Kupfer/Nickel. Deren ideale Schmelzdiagramme ähneln in ihrer Form stark den zuvor behandelten Siedediagrammen. Somit kann auch das Schmelzgleichgewicht zum Aufreinigen benutzt werden, was zum Beispiel beim Tiegelziehverfahren oder Zonenschmelzen zur Erzeugung von Reinstsilizium genutzt wird. Die Verunreinigungen akkumulieren dabei in der Schmelze (höhere Entropie).

Sind zwei Stoffe im festen Zustand dagegen vollständig unmischbar, dann ergibt sich ein deutlich verändertes Diagramm. Schmelzdiagramme von solchen binären Systemen weisen eine Zusammensetzung mit einem tiefsten Schmelzpunkt auf, diese wird eutektische Mischung genannt (Lee (2012, S. 308ff) und Schmalzried und Navrotsky (1975, S. 39ff)). Ein Beispiel ist das System mit den Salzen KCl/LiCl, welches sich qualitativ wie in Abbildung 4.11 gezeigt verhält. Gemäß Anwendung der Gibbs'schen Phasenregel (Gleichung 4.1) können auch hier Flächen mit zwei Freiheitsgraden und Linien mit einem ausgemacht werden. Am eutektischen Punkt ist das System invariant.

Systeme mit Eutektikumsbildung spielen in der Praxis unter anderem eine wichtige Rolle, wenn Schmelztemperaturen gesenkt werden sollen. Ein wichtiges großtechnisches Verfahren ist die Gewinnung von Aluminium. Dieses muss über Elektrolyse unter Wasserausschluss hergestellt werden. Das eingesetzte Aluminiumoxid schmilzt eigentlich erst bei 2050 °C. Durch Schmelzflusselektrolyse mit zugesetztem Kryolith (Natriumhexafluoroaluminat, Na_3AlF_6; $T_{fus} = 1050\,°C$) kann der Schmelzpunkt allerdings bis unter 1000 °C gesenkt werden, wodurch die Energiekosten auf ein akzeptables Maß gesenkt werden können.

In eutektischen Systemen verursacht eine kleine Verunreinigung einer Komponente mit einer anderen eine kalkulierbare Erniedrigung des Schmelzpunktes gemäß der bereits besprochenen Gefrierpunktserniedrigung (Abschnitt 4.3.2). Der Schmelzpunkt ist deshalb auch bei festen Stoffen ein wichtiges und einfach zu ermittelndes Kriterium für die Reinheit einer Substanz. Ein weiteres Beispiel für ein eutektisches Gemisch ist die Kältemischung im System $NaCl/H_2O$. Aufgrund des hohen Salzgehaltes lässt sich die Gefrierpunktserniedrigung dazu aber nicht mehr ohne Messung exakt bestimmen.

Die Bildung von Substitutionsmischkristallen ist relativ selten, viel häufiger bilden sich nahezu eutektische Systeme. Betrachtet man die Voraussetzungen für wechselseitige Vertretung auf Gitterplätzen (gleicher Gittertyp, ähnliche Größe, gleichartige Bindungsverhältnisse), kommen solche festen Lösungen selbst bei der gegebenen Vielzahl von möglichen Stoffmischungen nicht allzu oft vor. Bei Teilmischbarkeit der festen Phasen liegen weitere Gleichgewichtslinien vor und es ergibt sich eine Form, die einer „Narrenkappe" ähnelt (Lee (2012, S. 317ff) oder Schmalzried und Navrotsky (1975, S. 39)).

Die in festen Stoffen geringe Mischbarkeit wird technisch und im Labor ebenfalls genutzt. Die Kristallisation ist ein sehr beliebtes Verfahren, um hohe Reinheiten zu erzielen (Baerns, 2013; Sattler, 1995). Dazu Bedarf es mindestens eines ternären Systems, nämlich eines Lösungsmittels und mindestens zwei gelösten Stoffen. Wird die Löslichkeit durch Temperaturänderung verringert oder ein Teil des Lösungsmittels abgedampft, so wird sich der schwerer lösliche Stoff zuerst abscheiden oder beide nebeneinander in unterschiedlichen Kristallformen. Dieses Verfahren eignet sich auch für komplexe Lösungen und wird dann oft mehrstufig als fraktionierte Kristallisation durchgeführt. Sie wird zum Beispiel bei der sogenannten „Raffination" von braunem Rohzucker zu weißem Haushaltszucker eingesetzt.

 Beispiel 4.2

Kristallisation von Proteinen

Die Struktur der meisten Proteine wurde mit Röntgenstrukturanalyse aufgeklärt. Dazu müssen zunächst Kristalle aus den sehr großen Protein-Molekülen gezüchtet werden, was die Hauptschwierigkeit ist. Die Kristallisation beginnt mit Lösungen von relativ hoher Proteinkonzentration (etwa 5 bis 50 mg/mL). Dann können Temperaturänderungen, Lösungsmittelreduktion und Aussalzen sowie Impfkristalle eingesetzt werden, um erste Kristallite zu bilden. Diese Bedingungen werden in langen Versuchsreihen immer wieder angepasst. Brauchbare Kristalle sollten Abmessungen von mindestens 0,2 bis 0,4 mm besitzen.

■

4.4.5 Bindung an Oberflächen über Adsorptionsgleichgewichte

Grundlagen der Adsorption

Adsorption ist ein Grenzflächenphänomen. Gase oder gelöste Teilchen können sich auf einer festen (oder auch flüssigen) Oberfläche anlagern. Dieser Prozess kann wie eine normale Gleichgewichtsreaktion behandelt werden.

$$\text{Molekül(g oder aq)} + \text{freier Oberflächenplatz} \rightleftharpoons \text{Molekül auf Oberflächenplatz} \quad (4.84)$$

Die Gleichgewichtskonstante für diese Reaktion, die Aussagen über die Konzentrationsverhältnisse macht, kann über die Freie Reaktionsenthalpie für diesen Adsorptionsprozess $\Delta_{ads}G^\circ$ beschrieben werden.

$$\ln K = -\frac{\Delta_{ads}G^\circ}{RT}$$
$$= -\frac{\Delta_{ads}H^\circ - T \cdot \Delta_{ads}S^\circ}{RT}$$

Die Entropieänderung bei der Adsorption muss negativ sein. Durch die Anordnung der Moleküle aus Gasphase oder Lösung auf der Oberfläche wird ein stärker geordneter Zustand eingenommen. Aus dieser Überlegung folgt zwingend, dass die Enthalpieänderung negativ sein muss, um eine freiwillige Adsorption zu erhalten. Dies bedeutet, dass eine Bindung zwischen dem Molekül und der Oberfläche aufgebaut werden muss. Diese Bindung kann als Physisorption über eher physikalische Wechselwirkungen (Van-der-Waals-Ww., Dipol-Ww. oder Ladungswechselwirkungen) oder auch chemische Bindungen (Chemisorption) erfolgen (siehe auch Tab. 2.7).

Chemisorption hat deutlich höhere Bindungsstärken, wie in Tabelle 4.9 beispielhaft für Eisen-Oberflächen gezeigt wird. Die Adsorptionsenthalpien liegen in der Größenordnung von kovalenten Bindungen, also deutlich oberhalb von 100 kJ/mol (vgl. auch spätere Tab. 5.4). Chemisorption kann zudem zu Folgeprozessen im Adsorbat führen, die nicht ohne Weiteres umkehrbar sind. Deren wichtigste technische Anwendung ist insbesondere die heterogene Katalyse, welche später im Abschnitt 5 bei der Reaktionskinetik kurz besprochen wird (ausführlicher in Wedler und Freund (2012, Abschnitt 6.7). Die reversible Physisorption führt zu deutlich schwächeren Bindungen, die sich leicht wieder lösen lassen, ohne den molekularen Aufbau zu verändern. Sie hat vielfältige technische Anwendungen, vor allem die Chromatographie sowie Gas- und Lösungsmittelreinigung über Aktivkohle oder andere Adsorbentien. Der Übergang zwischen beiden Extremen ist allerdings fließend (s. Lit. in Lauth und Kowalczyk, 2016, Abschnitt 5.9).

Aus den obigen Überlegungen folgt weiterhin, dass Adsorptionsprozesse deutlich temperaturabhängig sind. Sie müssen exotherm sein und damit hat eine Zunahme der Temperatur einen senkenden Einfluss auf die Gleichgewichtskonstanten. Der für die Freie Reaktionsenthalpie ungünstige Entropieterm wird durch die Temperatur verstärkt (eine detaillierte Begründung folgt in Abschnitt 4.5.3). Zur praktischen Durchführung gehört demnach unbedingt ein gutes Wissen über die Temperaturabhängigkeit bzw. eine strikte Kontrolle über Temperaturkonstanz. Aus diesem Grund werden zur Beschreibung des Adsorptionsverhaltens Adsorptionsisothermen dargestellt.

Tab. 4.9 Standard-Adsorptionsenthalpien für die Bindung eines Adsorptivs in Gasphase an unterschiedliche Adsorbentien (Quelle: u. a. Atkins und de Paula (2014)).

Adsorptiv	Phase	Adsorbens	$\Delta_{ads}H^{\ominus}$ kJ / mol	Adsorptionsart
H_2	(g)	Fe	−134	Chemisorption
N_2	(g)	Fe	−293	Chemisorption
NH_3	(g)	Fe	−188	Chemisorption
Xe	(g)	Ni	−20	Physisorption
CO_2	(g)	Na-ZSM-5 Zeolith	−48	Physisorption

Adsorptionsisotherme nach Langmuir

Um Adsorptionsgleichgewichte zu beschreiben müssen die jeweiligen Edukt- und Produktkonzentrationen im Gleichgewicht gegeneinander aufgetragen werden. Man wählt hierzu einerseits die spezifisch gebundene Stoffmenge n_{ads} bezogen auf die Masse des verwendeten Adsorbens m_A. Andererseits werden Lösungen durch die Konzentration der freien Moleküle und Gase über den Druck bzw. Partialdruck von freien Gasmolekülen beschrieben. Hier soll die in der Biotechnologie häufigere Adsorption aus Lösungen beschrieben werden (für Gase sind die Aussagen analog mit dem Druck als Variable zu treffen).

Die beschreibende Funktion sollte im Ursprung beginnen, da bei einer unendlichen Verdünnung auch keine Teilchen auf der Oberfläche sind, wenn der Prozess reversibel ist. Eine kleine Erhöhung der Gleichgewichtskonzentration c_{GG} sollte die adsorbierte Stoffmenge deutlich erhöhen, da das Angebot an freien Plätzen hoch ist. Mit zunehmender Belegung sollte die Steigung in dieser Auftragung abnehmen und bei vollständiger Belegung einen Grenzwert erreichen, wenn nicht mehr als eine Lage an Molekülen an die Oberfläche gebunden werden kann. Damit ist bereits die Form der Langmuir'schen Adsorptionsisothermen beschrieben.

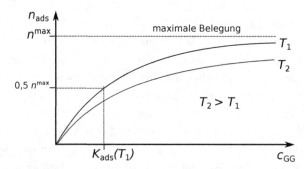

Abb. 4.12 Adsorptionsisotherme nach Langmuir: Verlauf der spezifisch adsorbierten Stoffmenge n_{ads} an ein Adsorbens A in Abhängigkeit von der Konzentration der noch in Lösung befindlichen Moleküle. Außerdem ist eine zweite Adsorptionsisotherme bei höherer Temperatur gezeigt. Sie erreicht den gleichen Maximalwert, aber erst bei höherer Gleichgewichtskonzentration.

Die Herleitung der Langmuir'schen Adsorptionsisothermen kann über die Reaktionskinetik beschrieben werden, welche im folgenden Abschnitt behandelt wird (s. auch Lauth und Kowalczyk, 2016, Kap. 5.10). Die Annahmen dazu sind: maximal monomolekulare Bedeckung der Oberfläche; alle Oberflächenplätze sind gleich bezüglich der Bindungsenthalpie, wodurch die Adsorptionsenthalpie unabhängig von der Konzentration freier Moleküle ist. Die mathematische Form lautet

$$\frac{n_{ads}}{m_A} = \frac{n_{ads}^{max}}{m_A} \cdot \frac{K \cdot c_{GG}}{1 + K_{ads} \cdot c_{GG}} \quad \text{Adsorptionsisotherme nach Langmuir} \quad (4.85)$$

Dabei sind c_{GG} die Gleichgewichtskonzentration und K_{ads} die Gleichgewichtskonstante (zur Bedeutung siehe nächsten Abschnitt 4.5) für diesen Prozess.

Der Verlauf der Langmuir'schen Adsorptionsisothermenist in Abb. 4.12 für zwei Temperaturen skizziert. Die in der Grafik erkennbaren Grenzfälle werden ersichtlich, wenn man den Nenner betrachtet. Ist $K_{ads} \cdot c_{GG}$ klein gegen 1, so ergibt sich der lineare Anfangsverlauf. Wird $K_{ads} \cdot c_{GG}$ dagegen groß gegen 1, so nähert sich die Bedeckung dem maximal möglichen Wert. Für eine erhöhte Temperatur bleibt das qualitative Verhalten gleich, nur dass die Isotherme durchgehend kleinere Steigungen hat.

Andere Modelle für Adsorptionsisothermen

Die Annahme im einfachen Modell nach Langmuir, dass die Adsorptionsenthalpie unabhängig von der Bedeckung ist, trifft in der Realität oft nicht zu. Es gibt unterschiedlich geartete Oberflächenplätze und damit eine Verteilung von Bindungsenthalpien. Geht man von einer logarithmischen Abnahme der Adsorptionsenthalpie mit der Bedeckung aus, so ist ein einfaches Potenzgesetz zutreffend. Dieser Zusammenhang wurde bereits durch die empirisch ermittelte Adsorptionsisotherme nach Freundlich wieder gegeben.

$$\frac{n_{ads}}{m_A} = a \cdot (c_{GG})^b \quad \text{Adsorptionsisotherme nach Freundlich} \quad (4.86)$$

Diese Beschreibung entspricht dann den experimentellen Verläufen, wenn der konstante Fitparameter b kleiner als 1 ist. Die Funktion strebt im Gegensatz zur Langmuir'schen Form nicht gegen einen Grenzwert.

Mehrschichtige Adsorption beobachtet man vor allem durch weitere Physisorption, weitere Lagen kondensieren im Grunde auf der ersten belegten Oberflächenschicht. Das übliche Standardmodell für eine mehrschichtige Adsorption stammt von Brunauer, Emmett und Teller, deshalb als BET-Isotherme benannt (s. Lauth und Kowalczyk, 2016, Kap. 5.11). Ähnlich wie bei Langmuir wird davon ausgegangen, dass jede Lage eine bestimmte Bindungsenthalpie aufweist. Dabei ist sie für die erste Lage höher als für alle weiteren, für die weiteren nähert sie sich der Verdampfungsenthalpie des Adsorptivs an. Daraus lässt sich ableiten, dass so die Stoffmenge für eine monomolekulare Bedeckung einer Oberfläche ermittelt werden kann. Bei Annahme oder Kenntnis der Molekülgröße ist damit die Bestimmung der spezifischen Oberfläche eines porösen Materials möglich. Solche Messungen erfolgen meist mit Gasen, hier sei jedoch nur auf die weiterführende Literatur verwiesen (z. B. Wedler und Freund (2012); Lauth und Kowalczyk (2016)).

4.5   Chemische Gleichgewichtskonstanten

Chemische Gleichgewichte lassen sich unter bestimmten Annahmen aus thermodynamischen Grundgrößen berechnen. Damit entfallen viele Experimente im Labor, weil zumindest eine Abschätzung der Gleichgewichtslagen erfolgen kann. Dazu sind thermodynamische Wertesammlungen nötig. Diese sind zu einem gewissen Grad in der Literatur (wie zum Beispiel Lide (2006)) oder als freie Datenbanken (beispielsweise Linstrom und Mallard (2016)) verfügbar. In Spezialfällen wird auf umfangreiche kostenpflichtige Datenbanken zurückgegriffen. Im Prinzip müssen diese Werte für jeden Stoff nur einmal erhoben werden, um in wechselnden Fragestellungen immer wieder benutzt werden zu können.

4.5.1   Freie Reaktionsenthalpie und Massenwirkungsgesetz

Gibbs'sche Freie Standardreaktionsenthalpie

In Abschnitt 3.4.3 wurde bereits erläutert, dass die Freie Enthalpie die Triebkraft für Prozesse unter isobaren Bedingungen ist. Dies gilt auch für chemische Reaktionen. Bei chemischen Reaktionen werden Stoffe verbraucht beziehungsweise erzeugt, weswegen das chemische Potential eingeführt wurde (Abschnitt 3.4.5). Betrachtet man das totale Differential für die Freie Enthalpie, so sind die Einflussgrößen als partielle Differentialquotienten erkennbar.

$$\mathrm{d}G = -S\mathrm{d}T + V\mathrm{d}p + \sum \nu_i \mu_i \mathrm{d}\xi \tag{4.87}$$

Reaktionsbedingte Änderungen werden durch die Änderung der Reaktionslaufzahl ξ ausgedrückt. Das chemische Potential ist die Änderung der Freien Enthalpie nach der Reaktionslaufzahl, welches aufsummiert und gewichtet mit **stöchiometrischen Faktoren** die **Gibbs'sche Freie Reaktionsenthalpie** $\Delta_\mathrm{r}G$ ergibt .

$$\Delta_\mathrm{r}G = \left(\frac{\partial G}{\partial \xi}\right)_{T,p} = \sum \nu_i \mu_i \quad \text{entspricht Gl. 3.179} \tag{4.88}$$

Satz 4.1
Reaktionen laufen bei konstantem Druck und konstanter Temperatur nur dann freiwillig ab, wenn $\Delta_\mathrm{r}G$ negativ ist. Der Zustand des chemischen Gleichgewichtes ist dadurch charakterisiert, dass $\Delta_\mathrm{r}G$ bei konstantem p und T gleich null ist.

Es ist also keine Triebkraft mehr vorhanden, wenn die Freie Reaktionsenthalpie zum Gleichgewicht hin gegen null geht. Reaktionen kommen so in einen stationären Zustand. Es tritt aber kein Stillstand auf molekularer Ebene ein, da weiterhin die Hin- und Rückreaktion ablaufen, man spricht deshalb auch von einem dynamischen Gleichgewicht. Weil beide Reaktionen mit gleichem Umsatz ablaufen, treten makroskopisch keine erkennbaren Änderungen mehr auf.

Betrachtet man die chemischen Potentiale der einzelnen Komponenten, so hat man es in der Regel mit Mischphasen zu tun. Wie bereits behandelt, muss der Einfluss der Mischung berücksichtigt werden. Das chemische Potential spaltet in ein Standardpotential und einen aktivitätsabhängigen Teil auf.

$$\mu_i = \mu_i^{\ominus} + RT \ln a_i \tag{4.89}$$

Daraus ergibt sich für die Freie Reaktionsenthalpie eine erweiterte Definition.

$$\Delta_r G = \sum \nu_i \mu_i^{\ominus} + RT \sum \nu_i \cdot \ln a_i \tag{4.90}$$

Diese kann man noch weiter aufschlüsseln, unter Benutzung von Molenbrüchen x_i und Aktivitätskoeffizienten f_i.

$$\Delta_r G = \sum \nu_i \mu_i^{\ominus} + RT \sum \nu_i \cdot \ln x_i + RT \sum \nu_i \cdot \ln f_i \tag{4.91}$$

Im Falle von idealen Mischungen sind die Aktivitätskoeffizienten gleich eins und verschwinden damit aus der Gleichung.

Die Beziehung für die Freie Reaktionsenthalpie kann durch die Zusammenfassung des Terms mit den Standardpotentialen zur **Freien Standardreaktionsenthalpie** $\Delta_r G^{\ominus}$ verkürzt werden:

$$\Delta_r G = \Delta_r G^{\ominus} + RT \sum \nu_i \cdot \ln a_i \tag{4.92}$$

Dabei ist $\Delta_r G^{\ominus}$ die Freie Standardreaktionsenthalpie, die sich aus den chemischen Potentialen bei Standardbedingungen ergibt, die unabhängig von den Aktivitäten/Molenbrüchen ist, aber von Temperatur und Druck abhängig.

$$\Delta_r G^{\ominus} = \sum \nu_i \mu_i^{\ominus} \quad \text{identisch zu Gl. 3.180}$$

Zu beachten ist, dass dieser Bezugszustand, nach IUPAC gekennzeichnet durch „$^{\ominus}$" (leider noch uneinheitlich und in einigen Büchern auch „^{0}" oder „$^{\circ}$", wenn gleichzeitig Standardtemperatur und -druck gelten) über die Festlegung von Standardbedingungen von Druck und Temperatur, wie bei Mischungen üblich, deutlich hinaus geht. Für jeden Reaktanten muss ein Bezugszustand (z.B. für reine Stoffe) angegeben werden (bzw. wird vorausgesetzt). Dies wurde im früheren Kapitel über Standardenthalpien und -entropien noch nicht so exakt formuliert.

 Beispiel 4.3

Für die Ammoniakbildung ergibt sich beispielsweise folgende Änderung der Freien Reaktionsenthalpie:

$$3H_2 + N_2 \rightleftharpoons 2NH_3$$
$$\Delta_r G = \Delta_r G^{\ominus} + RT(2 \cdot \ln a_{NH_3} - 3 \cdot \ln a_{H_2} - \ln a_{N_2})$$
$$\Delta_r G^{\ominus} = 2\mu_{NH_3}^{\ominus} - 3\mu_{H_2}^{\ominus} - \mu_{N_2}^{\ominus}$$

Für jede Zusammensetzung der Gasphase ergibt sich damit ein bestimmter Wert für die Freie Reaktionsenthalpie. ∎

Bedeutung von Gleichgewichtskonstanten im Massenwirkungsgesetz

Der zusammensetzungsabhängige Teil in der Beziehung für die Freie Reaktionsenthalpie (obige Gl. 4.92) kann mit Hilfe der Logarithmenregeln (siehe Gl. A.4) umgeformt werden.

$$RT \sum_i \nu_i \cdot \ln a_i = RT \sum_i \ln(a_i)^{\nu_i} = RT \cdot \ln \prod_i a_i^{\nu_i}$$

Dabei steht $\prod_i$ für das mathematische Produkt einer Serie von Angaben (analog zum mathematischen Summenzeichen $\sum_i$). Somit kann die Beziehung für die Freie Reaktionsenthalpie in allgemeiner Form auch folgendermaßen geschrieben werden:

$$\Delta_r G = \Delta_r G^\ominus + RT \cdot \ln \prod_i a_i^{\nu_i} \tag{4.93}$$

Im Falle des erreichten Gleichgewichtes ist $\Delta_r G$ gleich null und das Produkt der gewichteten Aktivitäten aller an der Reaktion beteiligten Komponenten muss ebenfalls einen konstanten Wert annehmen. Die Aktivitäten sind genau die, die im Gleichgewicht vorliegen, was durch eckige Klammern symbolisiert wird. Es kann zu einer Gleichgewichtskonstanten K zusammengefasst werden, die ebenfalls von Temperatur und Druck abhängig ist.

$$\Delta_r G = \Delta_r G^\ominus + RT \cdot \ln \Pi[a_i]^{\nu_i} = 0 \tag{4.94}$$

$$-\frac{\Delta_r G^\ominus}{RT} = \ln \Pi[a_i]^{\nu_i} = \ln K \tag{4.95}$$

$$\boxed{K = \Pi[a_i]^{\nu_i} = \exp\left(\frac{-\Delta_r G^\ominus}{RT}\right)} \quad \textbf{Massenwirkungsgesetz} \tag{4.96}$$

Dies ist die allgemeine Formulierung des sogenannten Massenwirkungsgesetzes, weil sich ein festes Verhältnis der Aktivitäten (historisch: Massen) einstellt. Die Konstante K wird allgemein als Gleichgewichtskonstante bezeichnet, da sie ein Maß für die Gleichgewichtslage ist. Sie ist dimensionslos (also ohne Einheit), wenn sie durch Aktivitäten ausgedrückt wird. Chemische Reaktionen verlaufen in der Regel also nicht quantitativ, sondern es stellt sich ein Gleichgewicht ein. Nur wenn $\Delta_r G^\ominus \ll 0$, ergibt sich ein sehr großer Wert für K und damit eine fast vollständige Reaktion.

Anwendungsübung 4.9

Ammoniakbildung $N_2 + 3\,H_2 \rightleftharpoons 2\,NH_3$
Schreiben Sie die Gleichgewichtskonstante aus Sicht der Hinreaktion, der Rückreaktion und eines halben Formelumsatzes. Dadurch ergeben sich unterschiedliche Gleichgewichtskonstanten. Stellen Sie auch deren Beziehungen untereinander fest.

Obacht 4.2

Die Angabe einer Gleichgewichtskonstanten ist nur im Zusammenhang mit einer konkreten Reaktionsgleichung sinnvoll.

Berechnung von Gleichgewichtskonstanten

Nach der oben hergeleiteten Gleichung 4.96 ist es möglich, eine Gleichgewichtskonstante aus thermodynamischen Daten zu bestimmen. Dazu wird die Freie Standardreaktionsenthalpie benötigt, welche sich, wie bereits in Abschnitt 3.4 gezeigt, aus zwei Anteilen zusammensetzt, nämlich Enthalpieänderung (Bindungen) sowie Entropieänderung (Anordnungen).

$$K = \exp\left(-\frac{\Delta_r H^\ominus - T \cdot \Delta_r S^\ominus}{RT}\right) = \exp\left(\frac{\Delta_r S^\ominus}{R} - \frac{\Delta_r H^\ominus}{RT}\right) \qquad (4.97)$$

Satz 4.2

Die Kenntnis von Standardreaktionsenthalpie und Standardreaktionsentropie ergibt damit die Möglichkeit, eine Gleichgewichtskonstante unter Standardbedingungen direkt ohne jede Messung zu berechnen.

Jetzt kann noch auf die Formalismen mit tabellierten Werten von Bildungsenthalpien und molaren Entropien zurückgegriffen werden. Die Reaktionsenthalpie bei Standardbedingungen war nach Abschnitt 3.3.3 bekanntlich die gewichtete Summe der Standardbildungsenthalpien $\Delta_f H^\ominus$ aller Reaktanten. Die Standardreaktionsentropie $\Delta_r S^\ominus$ konnte in Abschnitt 3.4.2 als gewichtete Summe der Standardentropien $s^\ominus$ aller Reaktanten ausgedrückt werden.

$$\Delta_r H^\ominus = \sum \nu_i \Delta_f H_i^\ominus \text{ (nach Gl. 3.100)} \quad \text{und} \quad \Delta_r S^\ominus = \sum \nu_i s_i^\ominus \text{ (nach Gl. 3.150)}$$

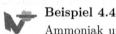

Beispiel 4.4

Ammoniak und Salzsäuregas neigen im Labor dazu direkt Salmiaknebel zu erzeugen (das spart Halspastillen): $NH_3 + HCl \rightleftharpoons NH_4Cl$. Die Freiwilligkeit dieser Reaktion soll belegt werden.

Stoff	Formel	Zust.	$\Delta_f H^\ominus$	$s_i^\ominus$
			kJ/mol	J/(mol K)
Ammoniak	NH_3	(g)	−45,9	35,1
Hydrogenchlorid	HCl	(g)	−92,3	186,9
Ammoniumchlorid	NH_4Cl	(s)	−314,4	84,1

Die Standardreaktionsenthalpie beträgt dann $\Delta_r H^\ominus = -176{,}1 \, \text{kJ/mol}$ (Bindungsgewinn) und die -entropie $\Delta_r S^\ominus = -285{,}1 \, \text{J/(mol K)}$ (Verlust von Anordnungsmöglichkeiten). Damit ist $\Delta_r G^\ominus = -91 \, \text{kJ/mol}$ (also deutlich negativ). So ergibt sich eine extrem hohe Gleichgewichtskonstante mit $K = 9 \cdot 10^{15}$ (Lage praktisch ausschließlich beim Produkt).

■

Tab. 4.10 Qualitative Gleichgewichtslage zwischen Produkten und Edukten mit Bezug zur Lage der zugehörigen Gleichgewichtskonstanten sowie Freien Standardbildungsenthalpien.

Gleichgewichtslage	K	$\Delta_r G^\ominus$	aufgeschlüsselt
ausgeglichen	$= 1$	$= 0$	$\Delta_r H^\ominus = T \cdot \Delta_r S^\ominus$
auf Produktseite	> 1	< 0	$\Delta_r H^\ominus < 0$ und/oder $T \cdot \Delta_r S^\ominus > 0$
auf Eduktseite	< 1	> 0	$\Delta_r H^\ominus > 0$ und/oder $T \cdot \Delta_r S^\ominus < 0$

 Anwendungsübung 4.10

Bestimmen Sie die Freie Standardreaktionsenthalpie der Knallgasreaktion über die Standardreaktionsenthalpie sowie die Standardreaktionsentropie. Recherchieren Sie die nötigen tabellierten Werte in diesem Buch und versuchen Sie es alternativ im Internet.

$2\ H_2(g) + O_2(g) \rightarrow 2\ H_2O(l)$

Die Änderungen von Enthalpie und Entropie zusammengenommen beschreiben dann die Freiwilligkeit der Reaktion – passt Ihr Ergebnis?

Gelegentlich sind Enthalpie und Entropie bereits als Freie Standardbildungsenthalpien $\Delta_f G^\ominus$ tabelliert. Diese wären dann analog aufzusummieren.

$$\Delta_r G^\ominus = \sum \nu_i \Delta_f G_i^\ominus = \sum \nu_i (\Delta_f H_i^\ominus - 298{,}15\ \mathrm{K} \cdot s_i^\ominus) \qquad (4.98)$$

Mit den berechneten Werten für die molare Standardbildungsenthalpie und molare Standardreaktionsentropie kann direkt die Gleichgewichtskonstante unter Standardbedingungen ermittelt werden.

$$K = \exp\left(-\frac{\Delta_r G^\ominus}{RT}\right) = \exp\left(\frac{\sum \nu_i s_i^\ominus}{R} - \frac{\sum \nu_i \Delta_f H_i^\ominus}{RT}\right) = \Pi[a_i]^{\nu_i} \qquad (4.99)$$

Mit Gleichung 4.99 liegt die thermodynamische Bestimmungsmöglichkeit aller chemischen Gleichgewichtskonstanten vor. Die Bestimmung ist rein rechnerisch möglich, wenn für alle Teilnehmer der Reaktionsgleichung die molaren Standardbildungsenthalpien ($\Delta_f H_i$) und die molaren Standardentropien ($s_i^\ominus$) bekannt sind. Auf diesem Weg bestimmte Gleichgewichtskonstanten sind einheitenlos. Diese Tatsache führt immer wieder zu Verwirrung, wenn mit verschiedenen Literaturangaben verglichen werden soll, dazu folgen im nächsten Abschnitt gleich noch nähere Ausführungen. Entscheidend für die Lage des Gleichgewichtes ist das Vorzeichen der Freien Standardbildungsenthalpie wie in Tab. 4.10 gezeigt. K ist demnach größer als eins und liegt dann auf der Produktseite, wenn $\Delta_r G^\ominus$ negativ ist und umgekehrt.

Aus Tab. 4.10 lässt sich indirekt noch eine weitere Information entnehmen. Nur im Sonderfall von $\Delta_r G^\ominus = 0$ gilt, kann die Standardreaktionsentropie aus der Standardreaktionsenthalpie bestimmt werden. Dies bestätigt eine frühere Aussage, dass chemische Reaktionen im Gegensatz zu Phasenumwandlungen in der Regel nicht reversibel sind.

Tab. 4.11 Standardbezugszustände und zugehörige Konzentrationsangaben für Stoffe in realen Mischungen verschiedener Aggregatzustände. Übliche Standardbezugszustände sind mit den jeweiligen Annahmen der idealisierten Referenzzustände angegeben.

Größe	Symbol	Mischphase	Annahme	Bezugszustand
Aktivität	a_i	allgemein	keine	variabel
Partialdruck	p_i	Gasphase	ideale Gasmisch.	reiner Stoff bei Standarddruck $p^\ominus$
Fugazität	$\tilde{p}_i$	Gasphase	reale Gasmisch.	Standarddruck $p^\ominus$
Molenbruch	x_i	flüssig oder fest (auch für Gase)	ideale Mischung (keine Ww.)	reiner Stoff bei gleichem p und T
Konzentration	c_i	verdünnte Lösung	ideale Lösung	$c^\ominus = 1$ mol/L

Somit ist die Standardreaktionsenthalpie keine reversibel ausgetauschte Wärme und die folgende Beziehung eine Ungleichung.

$$\frac{Q_p(\text{rev})}{T} \neq \frac{\Delta_r H^\ominus}{T} \neq \Delta_r S^\ominus \tag{4.100}$$

Umgekehrt kann dadurch für konkrete Beispiele oder Übungsaufgaben belegt werden, dass eine chemische Reaktion irreversibel sein muss.

4.5.2 Einheiten und Bezugszustände von Gleichgewichtskonstanten

Im letzten Abschnitt wurde beschrieben, dass ein Standardbezugszustand gewählt werden muss, um die chemischen Potentiale beziehungsweise die Freie Standard-Reaktionsenthalpie zu beschreiben. Die allgemeine Größe, um den Einfluss einer Komponente i zu beschreiben, ist ihre Aktivität a_i. In der Praxis wird, wenn möglich, nicht mit Aktivitäten gearbeitet. Für Lösungen werden üblicherweise Konzentrationen angegeben und für Gase Partialdrücke oder Molenbrüche. Die Aktivitäten werden dann in den Formeln entsprechend ersetzt. Wichtig ist dabei zu beachten, welcher jeweilige Bezugszustand gewählt wird. Eine Übersicht findet sich in Tabelle 4.11.

Bei homogenen Gleichgewichten, das heißt, die Reaktion spielt sich in einer einzigen Phase ab, ist diese Ersetzung für jeden Reaktionspartner gleich. Gasreaktionen werden auf ideale Gasmischungen bezogen und daher mit Partialdrücken beschrieben, Reaktionen in kondensierter Phase auf ideale Mischungen und in Lösung auf ideale (unendlich verdünnte) Lösungen bezogen.

Die allgemeine Größe, um den Einfluss von Komponenten zu beschreiben, bleibt deren Aktivität. Sie wird häufig als korrigierter Molenbruch beschrieben ($a_i = f_i \cdot x_i$). Der Korrekturfaktor f_i wird Aktivitätskoeffizient genannt und gibt an, wie groß die Abweichung vom als ideal angenommenen Bezugszustand ist. Der Aktivitätskoeffizient ist stoffspezifisch und für dessen idealen Bezugszustand gleich eins. Er ist ansonsten keine Konstante, sondern abhängig von der Zusammensetzung und den Zustandsvariablen.

Daher müssen Aktivitätskoeffizienten üblicherweise gemessen werden und können nur in seltenen Grenzfällen noch theoretisch abgeschätzt werden. Zusätzlich wird der in Labor und Technik unübliche Molenbruch durch unterschiedliche andere Größen indirekt dargestellt. Für Gase ist der Partialdruck üblich ($p_i = x_i^{(g)} \cdot p_{\text{ges}}$). Bei wässrigen Lösungen arbeitet man üblicherweise mit Konzentrationen (für verdünnte Lösungen: $c_i \approx x_i \cdot 55$ mol/L).

Tabellierte Gleichgewichtskonstanten basieren meistens auf Aktivitäten, da sie den Realfall möglichst gut wiedergeben sollen. Dies hat zwei Konsequenzen. Zum einen sind sie deswegen ohne Einheit, da die Aktivität keine Einheit besitzt. Zum anderen kann nicht direkt auf im Labor übliche Angaben in Konzentrationen geschlossen werden, da korrekterweise noch die Aktivitätskoeffizienten mit hereinspielen. Dies ist bei vielen oft gebrauchten Gleichgewichtskonstanten wie zum Beispiel K_S-Werten für Säuren zu berücksichtigen.

Beispiel 4.5

Die Gleichgewichtskonstante für die Autoprotolysereaktion von Wasser $H_2O(l) \rightleftharpoons H^+(aq) + OH^-(aq)$ kann aus thermodynamischen Grunddaten berechnet werden. Alle Angaben finden sich im CODATA-Datensatz (Cox et al., 1989) und sind hier schon an anderer Stelle konkret benannt worden. Demnach ist die Reaktionsenthalpie $\Delta_r H^{\ominus} = \sum \nu_i \Delta_f H_i^{\ominus} = (0 - 230 + 286)\frac{\text{kJ}}{\text{mol}} = 56\frac{\text{kJ}}{\text{mol}}$; die Reaktionsentropie $\Delta_r S^{\ominus} = (0 - 10{,}8 - 69{,}9)\frac{\text{J}}{\text{mol K}} = -80{,}7\frac{\text{J}}{\text{mol K}}$

$K_W = \exp\left(-\frac{\Delta_r G^{\ominus}}{RT}\right) = \exp\left(-\frac{80\,\text{kJ/mol}}{R \cdot 298\,\text{K}}\right) = \exp(-32{,}3) = 0{,}93 \cdot 10^{-14}$

$K_W \approx 10^{-14}$ oder $pK_W \approx 14$ (beide ohne Einheit!)

Diese gut bekannten Werte gelten demnach nur für Standardbedingungen, also verdünnte wässrige Lösungen bei 25 °C und 1 bar.   ■

In der Praxis benutzt man oft auch Gleichgewichtskonstanten, die sich unter Benutzung der leichter messbaren Größen (nicht Aktivität) ergeben. Diese Gleichgewichtskonstanten sind nicht identisch zu den über Aktivitäten ermittelten, können aber mit den oben genannten Beziehungen ohne Weiteres umgerechnet werden.

Gasmischungen sind immer homogen. Dort werden oft Partialdrücke der Komponenten angegeben.

$$K_{(p)} = \Pi[p_i]^{\nu_i} \tag{4.101}$$

Die resultierende Gleichgewichtskonstante $K_{(p)}$ ist nicht mehr dimensionslos. Da der Partialdruck im idealen Standardfall als Quotient aus Partialdruck und Standarddruck angegeben werden kann ($p_i = x_i \cdot p^{\ominus}$), ergibt sich eine einfache Beziehung zur einheitenlosen Konstante $K_{(x)}^{\ominus}$, basierend auf den Molenbrüchen.

$$K_{(x)}^{\ominus} = (p^{\ominus})^{-\sum \nu_i} \cdot K_{(p)} \tag{4.102}$$

Dies kann man sich am Beispiel des Ammoniakgleichgewichtes veranschaulichen. Ist die Anzahl der gasförmigen Edukte nicht gleich der von den Produkten, so ergibt sich ein entsprechender Vorfaktor. Der Vorfaktor sorgt dafür, dass die über die Partialdrücke ermittelte Gleichgewichtskonstante dimensionslos (ohne Einheit) wird. Bei niedrigen Drücken und moderaten Temperaturen sind die Wechselwirkungen in Gasen gering und damit die Aktivitätskoeffizienten nahezu gleich eins, dann ist $K_{(x)} \approx K$.

Beispiel 4.6
Ammoniakbildung nach der Reaktion $N_2 + 3\,H_2 \rightleftharpoons 2\,NH_3$.

$$K_{(p)} = \frac{[p_{NH_3}]^2}{[p_{N_2}] \cdot [p_{H_2}]^3}$$
$$K_{(x)} = (p^\ominus)^2 \cdot K_{(p)}$$

■

Ähnliches gilt auch für Lösungen. Hier wird vorwiegend die Gleichgewichtskonstante aus den Konzentrationen $K_{(c)}$ angegeben. Sie ist ähnlich mit der dimensionslosen Konstante $K_{(x)}$ verknüpft. Die Standardkonzentration ist hier 1 mol/L (unter idealen Bedingungen) und dient damit praktischerweise dazu, die Einheiten ohne Änderung der Werte anzupassen.

$$K_{(x)} = (c^\ominus)^{-\sum \nu_i} \cdot K_{(c)} \tag{4.103}$$

Beispiel 4.7
Zur Veranschaulichung kann man die Gleichgewichtskonstante der Reaktion von Adenosindiphosphat-Ionen (ADP) mit einem Phosphat-Ion zu ATP in Lösung betrachten.

$$ADP^{2-} + H_2PO_4^- \rightleftharpoons ATP^{3-} + H_2O$$
$$K_{(c)} = (1\text{mol/L})^0 \, \frac{c(ATP^{3-}) \cdot c(H_2O)}{c(ADP^{2-}) \cdot c(H_2PO_4^-)} = K_{(x)}$$

In diesem Fall ist die Konstante dimensionslos, aber nur weil gleich viele Edukte wie Produkte vorliegen. Die Summe der stöchiometrischen Faktoren $\sum \nu_i$ ist hier gleich null.

■

Für reale Mischungen müssen zusätzlich noch Aktivitätskoeffizienten berücksichtigt werden. Dies soll am Beispiel der Gleichgewichtskonstante aus den Konzentrationen $K_{(c)}$ gezeigt werden. Jede Konzentration erhält als Vorfaktor einen Aktivitätskoeffizienten $(a_i = f_i \cdot c_i)$.

$$K_{(a)} = \Pi[a_i]^{\nu_i} = K_{(x)} \cdot \Pi[f_i]^{\nu_i} = (c^\ominus)^{-\sum \nu_i} \cdot K_{(c)} \cdot \Pi[f_i]^{\nu_i} \quad \text{reale Lösungen} \tag{4.104}$$

Die Werte der Aktivitätskoeffizienten können sich etwa zwischen 0,1 und 3 bewegen. Sie sind nahezu ausschließlich über Messungen zugänglich, da sie von Temperatur, Druck und auch der Zusammensetzung der Mischungen abhängen.

Reaktionen in mehreren Phasen

Oft laufen Reaktionen nicht nur in einer Phase (Gas, Lösung) ab, sondern es sind mehrere Phasen beteiligt. Diese Gleichungen vereinfachen sich deutlich, wenn einzelne Stoffe eine eigene (nahezu) reine Phase ausbilden, da deren Aktivität dann dem üblichen Standardzustand entspricht.

Satz 4.3

Liegen einzelne Reaktanten als reine Stoffe unter Standardbedingungen vor, so ist deren Aktivität gleich eins ($a^{\ominus} = 1$) und sie entfallen bei der Aufstellung der Gleichgewichtskonstante (näherungsweise auch bei nahezu reinen Phasen möglich).

Beispiel 4.8

Die Reaktion von Kohlenstoff mit CO_2 zu CO („Boudouard-Gleichgewicht") erfolgt zwischen fester und gasförmiger Phase.

$$C(s) + CO_2(g) \rightleftharpoons 2\,CO(g)$$

$$K_{(a)} = \frac{[a(CO)]^2}{[a(C)] \cdot [a(CO_2)]} = \frac{[a(CO)]^2}{[a(CO_2)]} \approx K_{(x)}$$

Für dieses Gleichgewicht ist die Aktivität vom Kohlenstoff gleich eins. In der idealen Mischung können die beiden Gase über ihre Partialdrücke angegeben werden.

$$K_{(x)} = (p^{\ominus})^{-\sum \nu_i} \cdot K_{(p)} = 1/p^{\ominus} \cdot \frac{[p(CO)]^2}{p(CO_2)}$$

■

Wie ist es, wenn noch mehr als zwei Phasen am Reaktionsgeschehen beteiligt sind? Man kann dazu eine Erweiterung der bereits genannten Gibbs'schen Phasenregel (Gl. 4.1) unter Beteiligung von Gleichgewichtsreaktionen betrachten. Dabei müssen zusätzlich zur Anzahl der Phasen P eine bestimmte Anzahl Stoffe N und unabhängige chemische Gleichgewichte R angegeben werden, um die Zahl der Freiheitsgrade F zu berechnen. Die Zahl der unabhängigen Komponenten ist dann $K = N - R$.

$$F = K - P + 2 = (N - R) - P + 2 \tag{4.105}$$

Nimmt die Anzahl der reinen Phasen zu (zum Beispiel mehrere feste Reinstoffe), so kann die Anzahl der Freiheitsgrade bis auf null sinken. Damit gibt es nur eine Temperatur und einen Druck, bei denen eine solche Zusammensetzung im Gleichgewicht ist. Bei allen anderen Bedingungen wird zumindest eine Reaktion so weit ablaufen, dass einzelne Reaktionsteilnehmer völlig verbraucht werden.

4.5.3 Verschiebung von chemischen Gleichgewichten

Qualitativ kann man die Änderung von chemischen Gleichgewichten über das Prinzip von Le Chatelier und Braun beschreiben. Es besagt, dass eine Gleichgewichtsreaktion immer einem äußeren Zwang ausweicht. Mit der Thermodynamik kann man zusätzlich nun auch quantitative Aussagen treffen, also um wie viel sich Gleichgewichte verschieben.

Verschiebung durch Stoffzugabe oder -entfernung

Die Gleichgewichtskonstante ist wie der Name schon sagt eine Konstante, und zwar für bestimmte Werte von Temperatur und Druck. Das heißt, dass die Reaktion durch Zugabe oder Entfernen eines Reaktanten beeinflusst werden kann. Es wird sich wieder das Gleichgewicht einstellen. Durch die Definition der Gleichgewichtskonstanten führt eine Zugabe von Edukten zu mehr Produkt. Andererseits kann man durch Abzug eines Produktes dafür sorgen, dass mehr Edukte umgesetzt werden. Diese Ausbeutesteigerung nutzt man oft in der Technik. Zum Beispiel kann man durch Auswaschen einer wasserlöslichen Komponente die Ausbeute erhöhen, wenn die Edukte nicht wasserlöslich sind (wäre theoretisch beim Ammoniakgleichgewicht möglich).

Verschiebung mit der Temperatur

Welchen Einfluss hat die Temperatur auf das chemische Gleichgewicht? Qualitativ ist bekannt, dass die Reaktionsenthalpie (exo- oder endotherm) das Verhalten bestimmt. Wie sieht es quantitativ aus? Hierzu muss man nur die bereits erhaltene Beziehung zwischen Gleichgewichtskonstante und Temperatur aus Gl. 4.95 betrachten.

$$\ln K = -\frac{\Delta_r G^\ominus}{RT}$$

Bildet man dazu die partielle Ableitung nach der Temperatur, so ergibt sich die Reaktionsenthalpie als entscheidende Größe. Dabei werden die Komponenten Reaktionsenthalpie und -entropie in erster Näherung beide als temperaturunabhängig angenommen.

$$\left(\frac{\partial \ln K}{\partial T}\right)_p = \frac{\partial\left(-\frac{\Delta_r G^\ominus}{RT}\right)}{\partial T} \tag{4.106}$$

$$= \frac{1}{R}\frac{\partial(-\frac{\Delta_r H^\ominus + T \cdot \Delta_r S^\ominus}{T})}{\partial T} \approx \frac{\Delta_r H^\ominus}{RT^2} \tag{4.107}$$

Diese wichtige Beziehung wird als van't Hoff'sche Reaktionsisobare bezeichnet. Sie fand auch verallgemeinert als das Prinzip von Le Chatelier Einzug in Lehrbücher, wenn wohl auch erst später veröffentlicht (Laidler, 1993). Je nach Vorzeichen der Standardreaktionsenthalpie (endo- oder exotherm) wird die Gleichgewichtskonstante größer oder kleiner mit der Temperaturänderung und das Gleichgewicht entsprechend verschoben. Bei exothermen Reaktionen wird $\ln K$ und damit K mit steigender Temperatur kleiner. Das

Gleichgewicht verschiebt sich dann zu den Edukten, die Ausbeute sinkt (siehe dazu auch Tab. 4.12).

Um die Temperaturabhängigkeit genauer zu erkennen, wird die obige Form integriert. In unbestimmten Grenzen ergibt sich als wesentliche Einflussgröße die Reaktionsenthalpie im Bezug zur Temperatur. Im Vergleich mit Gl. 4.96 ergibt sich die Reaktionsentropie als Integrationskonstante.

$$\int \mathrm{d}\ln K = \int \frac{\Delta_\mathrm{r} H^\ominus}{RT^2}\, \mathrm{d}T \tag{4.108}$$

$$\ln K = -\frac{\Delta_\mathrm{r} H^\ominus}{RT} + \mathrm{const} = -\frac{\Delta_\mathrm{r} H^\ominus}{RT} + \frac{\Delta_\mathrm{r} S^\ominus}{R}$$

$$K = \exp\left(-\frac{\Delta_\mathrm{r} H^\ominus}{RT} + \frac{\Delta_\mathrm{r} S^\ominus}{R}\right) \tag{4.109}$$

Das Ergebnis ist identisch mit Gl. 4.97.

Satz 4.4

Gleichgewichtskonstanten hängen grundsätzlich exponentiell von der Temperatur ab. Der Effekt ist umso stärker, je größer der Betrag der molaren Standardreaktionsenthalpie ist.

Trägt man $\ln K$ gegen T^{-1} auf, so ergibt sich eine Gerade mit der Steigung $\Delta_\mathrm{r} H^\ominus/R$. Für zwei vorgegebene Temperaturen kann eine bestimmte Integration erfolgen. Das Ergebnis ist mathematisch gesehen analog zum temperaturabhängigen Dampfdruck in Gl. 4.12 und 4.15, bei dem auch eine Enthalpieschwelle überwunden werden muss.

$$\ln K(T_2) - \ln K(T_1) = \frac{-\Delta_\mathrm{r} H^\ominus}{R}\left(\frac{1}{T_2} - \frac{1}{T_1}\right) \tag{4.110}$$

$$K(T_2) = K(T_1)\cdot \exp\left[\frac{\Delta_\mathrm{r} H^\ominus}{R}\left(\frac{1}{T_1} - \frac{1}{T_2}\right)\right] \tag{4.111}$$

Damit lassen sich konkrete Änderungen der Gleichgewichtskonstanten als Faktoren für vorgegebene Standardreaktionsenthalpien bestimmen. Exemplarische Zahlenbeispiele sind in Tabelle 4.12 aufgelistet.

Anwendungsübung 4.11

Das Gleichgewicht $2\,H_2O(l) \rightleftharpoons H_3O^+(aq) + OH^-(aq)$ ist wie alle chemischen Gleichgewichte temperaturabhängig. $pK_W = 14$ gilt nur für $25\,°C$. Bestimmen Sie den pH-Wert einer neutralen wässrigen Lösung bei den Temperaturen 0, 100 und $37\,°C$. Die Neutralisationsenthalpie von Wasser beträgt etwa $-55\,kJ/mol$.

Die logarithmischen Beziehungen können auch dazu benutzt werden, Standardreaktionsenthalpien zu bestimmen. Dazu werden Gleichgewichtskonstanten bei unterschiedlichen Temperaturen ermittelt und gegen die inverse Temperatur aufgetragen. Wird das Temperaturintervall zu groß, so ergibt sich allerdings eine Abweichung, weil $\Delta_\mathrm{r} H^\ominus$ nicht

Tab. 4.12 Verschiebungen von Gleichgewichtslagen durch Temperaturänderung, ausgehend von der Standardtemperatur ($T^{\ominus} = 25\ ^{\circ}$C) bei unterschiedlichen Standardreaktionsenthalpien. Angegeben sind zum einen Faktoren, mit denen sich die zugehörigen Gleichgewichtskonstanten ändern, bzw. die Temperatur, bei der ein bestimmter Faktor erreicht wird. Die Änderungen sind für exotherme und endotherme Reaktionen mit gleicher ausgetauschter Wärmemenge symmetrisch; ebenso für Wert und Kehrwert eines Faktors (hier: 2 oder $\frac{1}{2}$).

$\Delta_r H^{\ominus}$ kJ/mol	$\hat{K}/K^{\ominus}$			$\hat{\theta}/^{\circ}$C	
	($\hat{\theta} = 37\ ^{\circ}$C)	($\hat{\theta} = 60\ ^{\circ}$C)	($\hat{\theta} = 4\ ^{\circ}$C)	($\hat{K}/K^{\ominus} = 2$)	($\hat{K}/K^{\ominus} = \frac{1}{2}$)
-100	0,21	0,01	21,3	20	30
-60	0,39	0,08	6,3	17	34
-20	0,73	0,43	1,8	1	53
-10	0,86	0,65	1,4	-19	87
0	1	1	1	unmögl.	unmögl.
$+10$	1,17	1,5	0,74	87	-19
$+20$	1,37	2,3	0,54	53	1
$+60$	2,55	12,7	0,16	34	17
$+100$	4,76	69,3	0,05	30	20

mehr als konstant angenommen werden kann. Vor der Integration muss dann die Temperaturabhängigkeit nach dem Kirchhoff'schen Satz Berücksichtigung finden.

$$\frac{\partial \ln K}{\partial T} = \frac{\Delta_r H(T)}{RT^2} = \frac{\Delta H(T^{\ominus}) + \int_{T^{\ominus}}^{T_x} \Delta C_p \mathrm{d}T}{RT^2} \tag{4.112}$$

Hierzu muss ΔC_p (die gewichtete Summe der molaren Wärmekapazitäten aller Reaktanten der Reaktion) bekannt sein. Dafür sind üblicherweise zunächst die jeweiligen Wärmekapazitäten aller Reaktionsteilnehmer zu recherchieren, welche nur noch bedingt in öffentlich zugänglichen Datenbanken zu finden sind. Für kleine Temperaturintervalle können sie vereinfachend als Konstanten angenommen werden. Bei großen Bereichen müssen diese selbst auch als Funktion der Temperatur bekannt sein, welche üblicherweise als Polynome angegeben werden (als Beispiel siehe Übung zur Ammoniaksynthese in Abschnitt 4.7.2).

Ergänzende Anmerkung: Für die Temperaturabhängigkeit der molaren Standard-Reaktionsenergie ($\Delta_r U^{\ominus}$) muss analog für konstantes Volumen vorgegangen werden. Damit wird in dem obigen Formalismus durchgängig die Reaktionsenthalpie gegen die Reaktionsenergie und c_p gegen c_V ausgetauscht, so ergeben sich die entsprechende van't Hoff'sche Reaktionsisochore und abgeleitete Beziehungen in analoger Form.

Verschiebung bei Druckänderungen

Um den Einfluss des Druckes auf ein chemisches Gleichgewicht zu bestimmen, kann man ähnlich wie bei der Temperaturabhängigkeit verfahren. Jetzt interessiert allerdings die Änderung der Freien Enthalpie mit dem Druck.

$$\ln K = -\frac{\Delta_r G^{\ominus}}{RT}$$

$$\left(\frac{\partial \ln K}{\partial p}\right)_T = -\frac{1}{RT}\left(\frac{\partial \Delta_r G^{\ominus}}{\partial p}\right)_T \tag{4.113}$$

Die Änderung der Freien Reaktionsenthalpie nach dem Druck ist gerade die Änderung der molaren Volumina für die Reaktion $\Delta_r V^{\ominus}$ (Merkschema „Varus", Tab. 3.11).

$$\left(\frac{\partial \ln K}{\partial p}\right)_T = -\frac{\Delta_r V^{\ominus}}{RT} \tag{4.114}$$

Damit ergibt sich, dass Gleichgewichtsreaktionen, an denen nur kondensierte (feste oder flüssige) Phasen beteiligt sind, kaum durch den Druck verschoben werden. Druckänderungen von 10^5 Pa (1 bar) bewirken eine Änderung von K unter einem Promille. Sind dagegen Gase beteiligt, so sind größere Effekte möglich. Bei zunehmendem Druck wird die Reaktion auf die Seite mit kleinerem Volumen verschoben.

Als erste Näherung kann man also die Volumina aller kondensierten Phasen vernachlässigen. Nimmt man zudem für alle an der Reaktion beteiligten Gase ideales Verhalten an, so kann man die Druckabhängigkeit der Gleichgewichtskonstanten direkt berechnen.

$$\Delta_r V^{\ominus} = \frac{RT \cdot \sum \nu(\text{Gase})}{p} \tag{4.115}$$

$$\left(\frac{\partial \ln K}{\partial p}\right)_T = -\frac{\sum \nu(\text{Gase})}{p}$$

$$\int d\ln K = -\int d\ln p^{\Sigma \nu(\text{Gase})} \tag{4.116}$$

Nach Integration zwischen zwei Zuständen 1 und 2 mit unterschiedlichen Drücken, bei konstanter Temperatur erhält man

$$\ln K(p_2) - \ln K(p_1) = -\ln p_2^{\Sigma \nu(\text{Gase})} + \ln p_1^{\Sigma \nu(\text{Gase})} \tag{4.117}$$

$$\ln \frac{K(p_2)}{K(p_1)} = \ln \left(\frac{p_1}{p_2}\right)^{\Sigma \nu(\text{Gase})}$$

$$\frac{K(p_2)}{K(p_1)} = \left(\frac{p_1}{p_2}\right)^{\Sigma \nu(\text{Gase})} \tag{4.118}$$

Damit ergibt sich zum Beispiel bei Zunahme der gasförmigen Reaktanten ($\sum \nu(\text{Gase})$ ist positiv) eine Verkleinerung der Gleichgewichtskonstanten ($K_1 > K_2$) bei steigendem Druck ($p_2 > p_1$). Dies ist die quantitative Ausformulierung des Prinzips vom kleinsten Zwang nach Le Chatelier bezüglich des Druckes.

Anwendungsübung 4.12

Bestimmen Sie für die Ammoniakproduktion nach $3\,H_2 + N_2 \rightleftharpoons 2\,NH_3$ die Veränderung der Gleichgewichtskonstanten $K_{(p)}$ bei einer Verdreifachung des Druckes.

4.5.4 Weitere Anwendungen zu Gleichgewichtsreaktionen

Es wurde festgestellt, dass im Grunde jede Reaktion berechenbar ist, solange für jeden Reaktionsteilnehmer eine molare Standardentropie und zugehörige –bildungsenthalpie bekannt sind. In den Beispielen in diesem Abschnitt sind schon einige relevante Anwendungen exemplarisch aufgezeigt worden. Bei solchen Rechnungen aus thermodynamischen Daten zeigt sich, dass die Tabellenwerte hohe Präzision aufweisen müssen. Sehr oft werden aus sehr großen Beträgen deutlich kleinere abgeleitet. Geringe Präzision in den Tabellenwerten kann daher zu großen Unsicherheiten im Ergebnis führen. Aus diesem Grund gibt es laufend Bestrebungen, die thermodynamischen Tabellenwerke oder (meist käufliche) Datenbanken zu verbessern. Dies geschieht alles im Hintergrund, ohne dass die Nutzer viel mitbekommen. Es ist aber eine sehr wichtige und aufwändige Grundlagenarbeit. Aus diesem Grund sind längst nicht alle diese Informationen frei verfügbar.

Biologische Energiespeicher

Die meisten biochemischen Prozesse verlaufen über Gleichgewichtsreaktionen. Viele von ihnen sind zudem endergonisch, das heißt ihr $\Delta_r G^\ominus > 0$. Wie gelingt es Lebewesen dennoch, solche Reaktionen ablaufen zu lassen wie zum Beispiel die Proteinbiosynthese ($\Delta_r G = +17$ kJ/mol je Peptidbindung)? Endergonische Reaktionen werden dazu mit exergonischen Reaktionen gekoppelt. Hierzu haben sich wenige Reaktionen für die Energiespeicherung in der Evolution entwickelt.

Das wohl wichtigste Konzept zur biologischen Energiespeicherung erfolgt über Adenosintriphosphat-Ionen (ATP) und die entsprechenden Formen mit zwei oder einer Phosphat-Gruppe (ADP bzw. AMP). Die in Anwendungsbeispiel 4.7 bereits benannte Bildung von ATP aus ADP ist endergonisch.

$$ADP^{2-} + HPO_4^{2-} + H_3O^+ \rightleftharpoons ATP^{3-} + H_2O$$
$$\Delta_r G^\ominus = -10\,\text{kJ/mol}$$

Die Freie Standardreaktionsenthalpie $\Delta_r G^\ominus$ erscheint exergonisch, muss aber noch für physiologische Bedingungen korrigiert werden. Die Reaktion ist stark vom pH-Wert abhängig, da ein Reaktionsedukt Hydronium-Ionen H_3O^+ sind. Für einen physiologischen pH-Wert von sieben ergibt sich damit, bezogen auf eine einmolare Lösung der anderen

Reaktionspartner, ein deutlich anderer Wert, weswegen dieser als biologischer Standardzustand bezeichnet wird, mit $\Delta_r G^{\ominus\prime}$.

$$\Delta_r G(\text{pH } 7, 298 \text{ K}) = \Delta_r G^{\ominus} - RT \cdot \ln[c(H_3O^+)] = \Delta_r G^{\ominus\prime}$$
$$= \Delta_r G^{\ominus} + RT \cdot \ln 10 \cdot \text{pH} = (-10 + 40) \text{ kJ/mol} = +30 \text{ kJ/mol}$$

Die ergänzende Korrektur der nunmehr deutlich endergonischen Reaktion für physiologische Temperaturen mit Wissen der Reaktionsentropie ($\Delta_r S^{\ominus} = -34$ J/(mol K)) fällt dagegen sehr klein aus (keine Gasentwicklung, etwas Stoffverbrauch).

$$\frac{\partial \Delta_r G}{\partial T} = -\Delta_r S$$
$$\Delta_r G(\text{pH } 7, 310 \text{ K}) = \Delta_r G(\text{pH } 7, 298 \text{ K}) - \Delta_r S^{\ominus} \cdot (310 - 298) \text{ K} = +30{,}4 \text{ kJ/mol}$$

In ATP-Molekülen ist also bei pH 7 eine biologische Freie Standardreaktionsenthalpie von knapp 30 kJ/mol für die Hydrolyse gespeichert. Unter physiologischen Bedingungen ist $\Delta_r G$ sogar noch größer, aufgrund der tatsächlichen Aktivitäten in einer Zelle (Voet et al., 2010, Exkurs 14.4). Dieser Energievorrat kann benutzt werden, um andere endergonische Reaktionen ablaufen zu lassen. Je ATP-Hydrolyse könnten demnach etwa zum Beispiel mehr als zwei Peptidbindungen gebildet werden. Viele weitere Beispiele zu biologisch relevanten Gleichgewichtsreaktionen finden sich in Voet et al. (2010) sowie Haynie (2008); Atkins und de Paula (2011).

4.6 Redoxgleichgewichte

Der Formalismus für Gleichgewichtsreaktionen ist völlig analog auch auf Redoxgleichgewichte anwendbar. Ein Beispiel ist die Reduktion von Metalloxiden mit Kohlenstoff unter der Bildung von CO oder CO_2. Man kann hierzu temperaturabhängig Freie Reaktionsenthalpien auftragen und erkennt, bei welchen Bedingungen die Reaktionen freiwillig ablaufen ($\Delta_r G < 0$). Ist die Freie Enthalpie für die Oxidation von Kohlenstoff höher als für die Oxidation des Metalls, so kann eine Reduktion durch Kohlenstoff erfolgen. Für Eisenoxid FeO ist dies ab etwa 800 °C gegeben, für Bleioxid PbO schon ab etwa 400 °C. Für SiO_2 oder Al_2O_3 ergibt sich, dass Reduktionen erst bei sehr hohen Temperaturen möglich werden. Wird die Freie Enthalpie für die Oxidationsreaktion positiv, so zerfällt das Oxid in die Elemente wie es beim Silberoxid schon ab wenigen hundert Grad Celsius geschieht. Noch interessanter wird es aber, wenn der Elektronenübergang als Spannung gemessen werden kann.

4.6.1 Elektrochemische Potentiale

Neben den bekannten Verknüpfungen von thermodynamischen Grundgrößen mit Gleichgewichtskonstanten, kann der Formalismus auch zur Ermittlung von elektrochemischen Potentialdifferenzen, also Spannungen, eingesetzt werden. Dieses Teilgebiet der sogenannten Elektrochemie handelt von der Messung von Eigenschaften geladener chemischer Teilchen und deren Transport sowie insbesondere Redoxreaktionen, vor allem in Lösungen. Es ist Grundlage für Batterietechnik, Elektrolysen und viele chemische Sensoren wie zum Beispiel pH-Elektroden.

Elektrochemisch aufgebaute Spannungen (in älterer Literatur auch Elektromotorische Kräfte genannt) wie sie zum Beispiel für galvanische Zellen oder Batterien angegeben werden, können ebenfalls thermodynamisch beschrieben werden. Batterien oder allgemein elektrochemische Zellen können zur Energieerzeugung benutzt werden, sie sind chemische Energiespeicher, die über einen Elektronen-Strom entleert werden. Diese Reaktionen leisten also ähnlich der Freien Reaktionsenthalpie eine Nutzarbeit. Die Verknüpfung zwischen elektrochemischer Potentialdifferenz $\Delta_r E$ und Freier Enthalpie einer Reaktion ist direkt proportional.

$$\Delta_r G = -zF \cdot \Delta_r E = -z\,e\,N_A \cdot \Delta_r E \qquad (4.119)$$

Verknüpfung Thermodynamik mit Elektrochemie

Dabei ist z die Anzahl der in der Zellreaktion übertragenen Elektronen und F die Faraday-Konstante (96 485 C/mol), die das Produkt aus Elementarladung und Avogadro-Konstante darstellt. Das Minuszeichen ergibt sich, weil eine positive elektrochemischer Potentialdifferenz für eine freiwillig ablaufende Reaktion (mit negativem $\Delta_r G$) definiert wurde.

Auch die Freie Enthalpie einer Redoxreaktion kann allgemein wie bekannt formuliert werden (Gleichung 4.93).

$$\Delta_r G = \Delta_r G^{\ominus} + RT \sum \nu_i \ln a_i = \Delta_r G^{\ominus} + RT \ln \Pi\, a_i^{\nu_i}$$

Dieser Ausdruck kann durch das oben beschriebene Umformen in ein elektrochemisches Potential umgewandelt werden, indem diese Beziehung durch den Faktor $-zF$ geteilt wird. Dabei kann die Freie Standardreaktionsenthalpie in eine Differenz elektrochemischer Standardpotentiale $\Delta_r E^{\ominus}$ umgeformt werden.

$$-\frac{\Delta_r G^{\ominus}}{zF} = \Delta_r E^{\ominus} \qquad (4.120)$$

$$\Delta_r E = \Delta_r E^{\ominus} - \frac{RT}{zF} \ln \Pi\, a_i^{\nu_i} \qquad (4.121)$$

Standardisierung von elektrochemischen Potentialen

Wie in der Thermodynamik üblich, können immer nur Potentialdifferenzen beschrieben werden. Erneut wird eine Referenz benötigt. Um Werte für elektrochemische Potentiale angeben zu können, muss immer eine Bezugselektrode vorhanden sein, weil nur Potentialdifferenzen bestimmt werden können (wie Spannungsmessungen immer zwei Pole benötigen). Dies entspricht der Tatsache, dass bei der Freien Enthalpie nur Differenzen (der chemischen Potentiale) ermittelt werden können. In der Elektrochemie werden alle Angaben auf die Wasserstoffhalbzelle (Säure und Wasserstoff im Gleichgewicht) bezogen. Die so konzipierte **Standardwasserstoffelektrode** dient als Bezugselektrode. Sie besteht aus einer Salzsäure-Lösung mit pH null, in die eine mit ein bar Druck umspülte Platinelektrode eintaucht (Näheres in Abschnitt 4.6.2). Als Referenz ist ihr Potential $E(\text{H}^+(\text{aq})|\text{H}_2(\text{g}))$ definitionsgemäß null (vergleichbar den Elementen für Bildungsenthalpien). Somit sind elektrochemische Standardpotentiale $E^{\ominus}(\text{ox.}|\text{red.})$ für alle Redoxpaare prinzipiell als Potentialdifferenzen gegenüber der Standardwasserstoffelektrode $\Delta_{\text{H}_2}E$ messbar.

$$\Delta_{\text{H}_2}E = E(\text{ox.}|\text{red.}) - E^{\ominus}(\text{H}^+(\text{aq})|\text{H}_2(\text{g})) = E(\text{ox.}|\text{red.}) - 0\,\text{V} \qquad (4.122)$$

$$E(\text{ox.}|\text{red.}) = \Delta_{\text{H}_2}E + 0\,\text{V} = E^{\ominus}(\text{ox.}|\text{red.}) - \frac{RT}{zF}\ln\Pi\,a_i^{\nu_i} \qquad (4.123)$$

Damit ist bereits die **Nernst'sche Gleichung** formuliert worden, die Auskunft darüber gibt, um wie viel das elektrochemische Potential dieser Halbzelle vom Standardpotential $E^{\ominus}(\text{ox.}|\text{red.})$ abweicht, wenn nicht die Aktivitäten der Standardbezugszustände (vgl. Tab. 4.11) vorliegen. Gedanklich ist dabei weiterhin die Standardwasserstoffelektrode die zweite Halbzelle.

$$\boxed{E(\text{ox.}|\text{red.}) = E^{\ominus}(\text{ox.}|\text{red.}) - \frac{RT}{zF}\ln\Pi\,a_i^{\nu_i}} \qquad \textbf{Nernst'sche Gleichung} \qquad (4.124)$$

Die Teilreaktionen werden per Definition mit der oxidierten Form auf der Eduktseite und der reduzierten auf der Produktseite beschrieben (Tab. 4.13). Demnach haben Ionen von unedlen Metallen wie Lithium oder Aluminium oder andere leicht reduzierbare Stoffe negative Standardpotentiale. Umgekehrt weisen Silber-Ionen, Sauerstoff in saurer Lösung oder insbesondere Fluor positive Potentiale auf, wie alle anderen Oxidationsmittel. Aufgrund der Berechnung ergeben sich entsprechend den praktischen Gegebenheiten nur relativ gering anmutende Spannungen (vgl. Tab. 4.13). Ein Volt in dieser Skala entspricht knapp 100 kJ/mol in Freier Enthalpie, so dass einige Volt bereits einer sehr starken chemischen Triebkraft entsprechen.

Oxidationsmittel in wässriger Lösung haben eine bleichende beziehungsweise auch biozide Wirkung. Daher werden Stoffe wie Chlor und Wasserstoffperoxid zum Entfärben benutzt. Außerdem werden Chlor und Ozon als schon in kleinen Konzentrationen wirksame Gifte für Mikroorganismen in der Wasseraufbereitung eingesetzt. Zudem werden neuerdings zunehmend Silber-Ionen in Kleidungsstücken fixiert, um auf der feuchten Haut relativ schonend Bakterien oxidativ abzutöten.

Elektrochemische Standardpotentiale von Redoxreaktionen

Für die Reaktion von zwei beliebigen Redoxpaaren kann nun einerseits die Differenz der Freien Enthalpie, aber mit der Nernst'schen Gleichung auch alternativ eine Potentialdifferenz $\Delta_r E$ angegeben werden. Da diese im Idealfall einer direkt messbaren Spannung entspricht, können thermodynamische Grundwerte auch über Spannungsmessungen bestimmt werden. Umgekehrt können nun auch ideale Batterie- oder Elektrolysespannungen aus thermodynamischen Grundwerten berechnet werden. Weil die Standardwasser-

Tab. 4.13 Elektrochemische Standardpotentiale für verschiedene Redoxpaare bei 25 °C und 10^5 Pa (Quelle: Atkins und de Paula (2014)). Die zugehörigen Standardaggregatzustände sind jeweils in Klammern mit angegeben. Dabei dient die Standardwasserstoffelektrode als Bezugselektrode mit dem Potential null. Wenig oxidierende Stoffe mit negativen Standardpotentialen stehen oben links, stärker oxidierende unten links. Weitere Werte finden sich in Tabelle A.6 im Anhang.

oxidiert	Elektronenzahl	reduziert	$E^{\ominus}$ / V
Li^+ (aq)	$+ e^-$	Li (s)	$-3,05$
Mg^{2+} (aq)	$+ 2\,e^-$	Mg (s)	$-2,36$
Al^{3+} (aq)	$+ 3\,e^-$	Al (s)	$-1,66$
Zn^{2+} (aq)	$+ 2\,e^-$	Zn (s)	$-0,76$
$\frac{1}{8}S_8$ (s)	$+ 2\,e^-$	S^{2-} (aq)	$-0,48$
Fe^{2+} (aq)	$+ 2\,e^-$	Fe (s)	$-0,44$
$2\,H^+$ (aq)	$+ 2\,e^-$	H_2 (g)	0
Cu^{2+} (aq)	$+ 2\,e^-$	Cu (s)	$+0,34$
O_2 (g) $+ 2\,H_2O$ (l)	$+ 4\,e^-$	$4\,OH^-$ (aq)	$+0,40$
Ag^+ (aq)	$+ e^-$	Ag (s)	$+0,80$
O_2 (g) $+ 4\,H^+$ (aq)	$+ 4\,e^-$	$2\,H_2O$ (l)	$+1,23$
Cl_2 (g)	$+ 2\,e^-$	$2\,Cl^-$ (aq)	$+1,36$
H_2O_2 (aq) $+2\,H^+$ (aq)	$+ 2\,e^-$	$2\,H_2O$ (l)	$+1,78$
O_3 (g) $+ 2\,H^+$ (aq)	$+ 2\,e^-$	O_2 (g) $+ H_2O$ (l)	$+2,07$
F_2 (g)	$+ 2\,e^-$	$2\,F^-$ (aq)	$+2,87$

stoffelektrode auf ein Potential von null gesetzt wurde, können einfach Differenzen der Halbzellen-Potentiale beider Redoxpaare gebildet werden.

$$\Delta_r E = E_1(\text{ox.}|\text{red.}) - E_2(\text{ox.}|\text{red.}) \tag{4.125}$$

$$\text{mit } \Delta_r E^{\ominus} = E_1^{\ominus}(\text{ox.}|\text{red.}) - E_2^{\ominus}(\text{ox.}|\text{red.}) \quad \text{für } \text{Ox}_1 + \text{Red}_2 \rightleftharpoons \text{Ox}_2 + \text{Red}_1$$

$$= E_1^{\ominus}(\text{ox.}|\text{red.}) - E_2^{\ominus}(\text{ox.}|\text{red.}) - \frac{RT}{zF} \ln\left[\Pi\, a_{1,i}^{\nu_{1,i}} \cdot \Pi\, a_{2,i}^{\nu_{2,i}}\right] \tag{4.126}$$

$$= \Delta_r E^{\ominus} - \frac{RT}{zF} \ln K_{(a)} \tag{4.127}$$

Sind alle Aktivitäten der Reaktionsteilnehmer bekannt, lassen sich die Potentialdifferenzen berechnen. In verdünnten Lösungen kann auf die Konzentrationen (geteilt durch die Standardbezugskonzentration von 1 mol/L) gewechselt werden. Zu üblichen Abweichungen in der Praxis kann in Wedler und Freund (2012) oder detailliert in Hamann und Vielstich (2005) nachgelesen werden.

Ein Vergleich von Gl. 4.124 mit Gl. 4.99 oder eine Kombination mit Gl. 4.120 zeigt, dass jedes Halbzellenpotential $E^{\ominus}(\text{ox.}|\text{red.})$ über die Freie Standardreaktionsenthalpie gegen die H_2-Halbzelle ausgedrückt werden kann. Somit können auch Gleichgewichtskonstanten von beliebigen Redoxreaktionen unter Standardbedingungen, aus den Standardpotentialen berechnet werden. Weiterhin wird in Labor und Technik bevorzugt mit dem dekadischen statt dem natürlichen Logarithmus gearbeitet (Umrechnung: s. Gl. A.11).

$$\text{Im GG gilt: } \Delta_r E = 0\,\text{V} = \Delta_r E^\ominus - \frac{RT \cdot \ln 10}{zF}\,\lg K^\ominus \tag{4.128}$$

$$\frac{8{,}31 \cdot 298\,\text{J/mol} \cdot 2{,}30}{z \cdot 96485\,\text{C mol}}\,\lg K^\ominus = E_1^\ominus(\text{ox.}|\text{red.}) - E_2^\ominus(\text{ox.}|\text{red.}) \tag{4.129}$$

$$\lg K^\ominus = z \cdot \frac{E_1^\ominus(\text{ox.}|\text{red.}) - E_2^\ominus(\text{ox.}|\text{red.})}{0{,}059\,\text{V}} \tag{4.130}$$

Der Vorfaktor 0,059 V taucht bereits in Schulbüchern der Chemie auf. Beachten Sie die Umformung der Einheiten; aus J/C wird V (Spannung entspricht Arbeit pro Ladung).

 Beispiel 4.9

Die Gleichgewichtslage folgender Reaktion soll unter Standardbedingungen bestimmt werden: $Cu^{2+} + 2\,Ag \rightleftharpoons Cu + 2\,Ag^+$

Bei der Reaktion werden zwei Elektronen ausgetauscht ($z = 2$). In Tab. 4.13 finden sich die Standardpotentiale $E^\ominus(Cu^{2+}|Cu) = +0{,}34\,\text{V}$ und $E^\ominus(Ag^+|Ag) = +0{,}80\,\text{V}$. Die oxidierte Form von Kupfer steht in der Reaktionsgleichung auf der richtigen Seite als Edukt, daher bleibt dafür das Vorzeichen positiv. Bei Silber ist es umgekehrt.

$$\Delta_r E^\ominus = 0{,}34\,\text{V} - 0{,}80\,\text{V} = -0{,}46\,\text{V}$$

$$\lg K^\ominus = 2 \cdot \frac{-0{,}46\,\text{V}}{0{,}059\,\text{V}} = -7{,}8 \quad \text{also } K^\ominus \approx 10^{-8}$$

Dieses Gleichgewicht liegt auf der Eduktseite, was an der sehr kleinen Gleichgewichtskonstanten erkennbar ist ($K \ll 1$). Das Ergebnis belegt, dass Silber das edlere Metall ist. ∎

Außerdem steht die Standardpotentialdifferenz über die Gleichgewichtskonstante im bekannten Bezug zu den thermodynamischen Zustandsfunktionen.

$$\Delta_r E^\ominus = \frac{RT}{zF} \cdot \ln K^\ominus = -\frac{\Delta_r G^\ominus}{zF} = -\frac{\Delta_r H^\ominus - T \cdot \Delta_r S^\ominus}{zF} \tag{4.131}$$

Verknüpfung von Standardpotentialdifferenzen zur Thermodynamik

Damit können auch elektrochemische Standardpotentiale aus thermodynamischen Standardwerten bestimmt werden, wenn die thermodynamischen Grundinformationen (Standardbildungsenthalpien und Standardentropien) für alle Reaktionsteilnehmer der zugehörigen Teilreaktion bekannt sind. Umgekehrt können die thermodynamischen Größen und Gleichgewichtskonstanten auch aus Messungen von Zellspannungen bestimmt werden. Aus der Festlegung zur Standardwasserstoffelektrode folgt damit notwendigerweise, dass die molare Standardbildungsenthalpie und Standardentropie vom in Wasser gelösten Proton $H^+(aq)$ beide gleich null sein müssen. Dies ist die thermodynamische Referenz für alle Ionen in wässriger Lösung (vgl. Tab. 4.5 und A.4).

Abhängigkeit der EMK von Temperatur und Druck

Es ist erkennbar, dass Redoxgleichgewichte ebenfalls exponentiell von der Temperatur abhängig sind. Die Temperatur- und Druckabhängigkeit der EMK ergibt sich mit dem Beschriebenen sehr schnell.

$$\frac{\partial \Delta_r E}{\partial T} = \frac{-1}{zF} \left(\frac{\partial \Delta_r G}{\partial T} \right) = \frac{\Delta_r S}{zF} \tag{4.132}$$

$$\frac{\partial \Delta_r E}{\partial p} = \frac{-1}{zF} \left(\frac{\partial \Delta_r G}{\partial p} \right) = \frac{-\Delta_r V}{zF} \tag{4.133}$$

Hier gilt das schon bei der Gleichgewichtskonstante beziehungsweise Freien Enthalpie Gesagte. Die Druckabhängigkeit spielt nur bei Beteiligung von Gasen eine Rolle. Andererseits ist die Temperaturabhängigkeit gering, da in wässriger Lösung nur ein eingeschränkter Temperaturbereich möglich ist.

Ausblick auf Anwendungen

Mit dem bisher Gesagten ergeben sich vielfältige Möglichkeiten, thermodynamische Größen und Gleichgewichtskonstanten durch die Messung von Zellspannungen zu bestimmen und umgekehrt. Dies ist eine wichtige Basis für die exakte Bestimmung von thermodynamischen Größen mit vergleichsweise einfachen Spannungsmessungen. Allerdings betrifft diese Nutzung nur einen kleinen Kreis von spezialisierten Physikochemikern, die diese Daten in Publikationen oder über Datenbanken zur Verfügung stellen.

Außerdem ergeben sich prinzipiell vielfältige Möglichkeiten zur Konzentrationsbestimmung von gelösten Stoffen, indem zugehörige Potentiale gemessen werden. Mit sogenannten elektrochemischen Sensoren können Konzentrationsbestimmungen erfolgen, insbesondere von Ionen in Lösungen. Solche Sensoren sind zwar nicht leicht zu entwickeln, jedoch nach ausgiebigen Anpassungen meist sehr leicht zu bedienen und erfordern dann wenig bis nahezu keine Fachexpertise. Einfache Berechnungen der Potentiale sind nur dann möglich, wenn zusätzliche Grenzflächenpotentiale an den Elektrodenoberflächen und Leitungsverbindungen keine merkliche Rolle spielen und der Einfluss von Aktivitätskoeffizienten (Gl. 4.104) bekannt oder kompensiert ist. Das ist auch der Grund, warum berechnete Spannungen aus der Nernst'schen Gleichung selten genau gleich den gemessenen sind (Wedler und Freund, 2012; Hamann und Vielstich, 2005). Der Aufwand wurde bislang nur für einige wichtige Analyte betrieben, die aber weitreichende Bedeutung erlangt haben. Prominentestes Beispiel ist die pH-Elektrode.

4.6.2 Referenzelektroden

Um elektrochemische Potentialdifferenzen als Spannungen messen zu können, werden zunächst Vergleichselektroden benötigt. An diese Referenzelektroden werden hohe Anforderungen bezüglich der Richtigkeit und Reproduzierbarkeit gestellt, weswegen nur wenige Elektroden in der Praxis Bestand haben.

Standardwasserstoffelektrode (Beispiel für Gaselektrode)

Die Wasserstoffelektrode ist ein Beispiel für eine Gaselektrode, bei der zumindest ein beteiligter Stoff gasförmig vorliegt. Der Wasserstoff wird dabei unter einem platinierten Platinblech (als Elektrodenkontakt und Katalysator mit großer Oberfläche, in der Wasserstoff gelöst ist) in Lösung durch eine Fritte in kleine Blasen verperlt. Die oxidierte Form liegt als gelöste H^+-Ionen, also saure Lösung, vor. Für diese Elektrode ergibt sich allgemein das Elektrodenpotential aus den Aktivitäten der Reaktionsteilnehmer der Redoxreaktion. Für Wasserstoffgas wird die Aktivität über den Partialdruck $p(H_2)$ ausgedrückt und für die Aktivität von in Wasser gelösten überschüssigen Protonen wird der pH-Wert benutzt.

- Halbzelle: $H_3O^+(aq) \mid Pt, H_2(g)$
- Redoxreaktion: $H^+(aq) + e^- \rightleftharpoons 0{,}5\ H_2(g)$
- Halbzellenpotential:

$$E(H^+(aq) \mid H_2(g)) = 0\text{ V} + \frac{RT}{F} \cdot \ln \frac{a(H^+(aq))}{\sqrt{a(H_2(g))}}$$

$$E(H^+(aq) \mid H_2(g); 25\,^{\circ}C) = 0\text{ V} - 0{,}059\text{ V} \cdot \left(pH - \tfrac{1}{2}\lg \frac{p^{\ominus}}{p(H_2(g))}\right)$$

in Abhängigkeit von Wasserstoffpartialdruck und pH-Wert der Lösung.

- Standardpotential: Die Standardbedingungen wurden so gewählt, dass die Begleitfaktoren ohne Einfluss bleiben $E\left[25\,^{\circ}C, p(H_2(g)) = p^{\ominus} \text{ und } pH = 0\right] = E^{\ominus} = 0\text{ V}$

Gaselektroden sind experimentell schwierig einzustellen. Sowohl der Partialdruck des Gases als auch die Aktivität der Ionen müssen exakt stimmen. Aus diesem Grund werden Gaselektroden wie die Normalwasserstoffelektrode selten praktisch eingesetzt.

Metallionenelektroden

Dies ist ein häufig genutzter Elektrodentyp, der sich vergleichsweise einfach beschreiben lässt. Ein Metall taucht in eine wässrige Lösung, die Ionen dieses Metalls enthält. Es liegt eine reine feste Phase vor (Metall), deren Aktivität konstant gleich eins ist, weswegen sie keinen Einfluss auf das Halbzellenpotential hat. Nur die Aktivität bzw. Konzentration des Metallions spielt eine Rolle. Dies soll am Beispiel von Kupfer erläutert werden.

- Halbzelle: $Cu^{2+}(aq) \mid Cu(s)$
- Redoxreaktion: $Cu^{2+}(aq) + 2\ e^- \rightleftharpoons Cu(s)$
- Halbzellenpotential:

$$E = 0{,}34\text{ V} - \frac{RT \cdot \ln 10}{2F} \cdot \lg a^{-1}(Cu^{2+})$$

$$E(25\,^{\circ}C) \approx 0{,}34\text{ V} + 0{,}0296\text{ V} \cdot \lg \frac{c(Cu^{2+})}{1\,\text{mol/L}}$$

In Gl. 4.104 wurde gezeigt, dass die Konzentrationen eigentlich über Aktivitätskoeffizienten korrigiert werden müssen, die sich für verdünnte Metallsalze etwa zwischen 1 und 0,1 bewegen.

Misst man demnach die Spannung in einer Kombination von Normalwasserstoffelektrode und der Kupferhalbzelle (Pt, $H_2(g)$| $H_3O^+(aq)$||$Cu^{2+}(aq)$| $Cu(s)$), so kann daraus die Konzentration bzw. die Aktivität der Kupfer-Ionen bestimmt werden.

Korrekturen aufgrund von Aktivitätskoeffizienten (Gl. 4.104) sollen bei Referenzelektroden möglichst vermieden werden. Dies wird am ehesten bei großen Verdünnungen erreicht. Damit werden Wechselwirkungen im Prinzip wie beim idealen Gas ausgeschlossen, weswegen von ideal verdünnten Lösungen gesprochen wird. Da so geringe Konzentrationen aber nur wenig präzise durch direkte Einwaage eingestellt werden können und dann aufgrund von Oberflächenadsorptionen oder geringen Verunreinigungen noch leicht ungenau werden, wird ein chemischer Trick eingesetzt. Schwerlösliche Salze mit sehr geringem Löslichkeitsprodukt liefern geringe und bei Temperaturkonstanz exakte Konzentrationen. Außerdem werden kleine Verluste in gesättigter Lösung dadurch kompensiert, dass aus dem Feststoff immer wieder nachgelöst wird oder sich überschüssige Ionen auf der Festkörperoberfläche abscheiden. Das schwerlösliche Salz wirkt damit als Puffer für die Metallionenkonzentration.

Als Referenzelektroden in der Praxis haben sich nur wenige solche Metallelektroden bewährt, deren Elektrodenpotential durch die geringe Konzentration eines schwerlöslichen Salzes bestimmt wird, das ansonsten chemisch möglichst stabil ist. In der Lösung kann die Aktivität der Metallionen zusätzlich durch eine vorgegebene Konzentration der korrespondierenden Anionen für eine bestimmte Temperatur konstant festgelegt werden. Da das Elektrodenpotential nur von den Metallionen abhängt, ist es somit leichter konstant zu halten und kann gut als Vergleichselektrode für Konzentrations- bzw. Aktivitätsmessungen herangezogen werden.

Silber-Silberchlorid-Elektrode

Diese Elektrode besteht aus einer Silberelektrode, die von einer Aufschlämmung von schwerlöslichem Silberchlorid umgeben ist. Die Konzentration der Silber-Ionen hängt über das Löslichkeitsprodukt von der Chlorid-Ionenkonzentration in der Lösung ab.

$$AgCl(s) \rightleftharpoons Ag^+(aq) + Cl^-(aq)$$

$$K_L(25\,^\circ C) = c(Ag^+) \cdot c(Cl^-) = 1{,}8 \cdot 10^{-10}\ mol^2/L^2 \quad \text{also}\ c(Ag^+) = \frac{K_L}{c(Cl^-)}$$

Die Chlorid-Ionenkonzentration wird durch KCl in der wässrigen Lösung festgelegt und über das Löslichkeitsprodukt damit auch die Silber-Ionenkonzentration. Die Kalium-Ionen haben keinen direkten Einfluss auf das Elektrodenpotential.

- Halbzelle: $Ag^+(aq)$, $Cl^-(aq)$, $K^+(aq)$ | $AgCl(s)$ | $Ag(s)$
- Redoxreaktion: $Ag^+(aq) + e^- \rightleftharpoons Ag(s)$
- Halbzellenpotential:

$$E(Ag^+ \mid Ag; 25\,^\circ C) = E^\ominus + 0{,}059\ V \cdot \lg \frac{c(Ag^+)}{1\ mol/L} = 0{,}80\ V + 0{,}059\ V \cdot \lg \frac{K_L}{c(Cl^-) \cdot 1\ mol/L}$$

$$= 0{,}80\ V + 0{,}059\ V \cdot \lg \frac{K_L}{1\ mol^2/L^2} - 0{,}059 V \cdot \lg \frac{c(Cl^-)}{1\ mol/L}$$

- Damit ergeben sich eindeutig definierte Referenzpotentiale, je nach vorliegender Chlorid-Ionenkonzentration:

$$E(25\,^\circ C;\ 1\,M\ KCl(aq)) = 0{,}22\ V - 0{,}059\ V \cdot \lg 1 = 0{,}22\ V \tag{4.134}$$

$$E(25\,^\circ C;\ ges.\ KCl(aq)) = 0{,}22\ V - 0{,}059\ V \cdot \lg 3{,}5 = 0{,}19\ V \tag{4.135}$$

Quecksilber-Kalomel-Elektrode

Kalomel ist der Trivialname von festem Hg_2Cl_2. Diese Elektrode ist ebenfalls eine häufig eingesetzte Referenzelektrode, bei der über das Löslichkeitsgleichgewicht von Hg_2Cl_2 sehr niedrige und dabei exakte Konzentrationen von Hg_2^{2+}-Ionen eingestellt werden können.

- Halbzelle: $Pt|Hg(l)|Hg_2Cl_2(s)|\ Hg_2^{2+}(aq),\ Cl^-(aq),\ K^+(aq)$
- Redoxreaktion: $Hg_2^{2+}(aq) + 2\ e^- \rightleftharpoons 2\ Hg(l)$
- Löslichkeitsgleichgewicht: $Hg_2Cl_2(s) \rightleftharpoons Hg_2^{2+}(aq) + 2\ Cl^-(aq)$
- Halbzellenpotential:

$$E(Hg_2^{2+}(aq)\,|\,Hg(l)) = E^\ominus - \frac{RT \cdot \ln 10}{2F} \cdot \lg a^{-1}(Hg_2^{2+})$$

$$E(25\,^\circ C) = 0{,}79\ V + 0{,}0296\ V \cdot \lg \frac{K_L}{c^2(Cl^-) \cdot 1\,mol/L}$$

$$= 0{,}28\ V - 0{,}059\ V \cdot \lg \frac{c\,(Cl^-)}{1\,mol/L}$$

- Definierte Referenzpotentiale (je nach Chlorid-Ionenkonzentration):

$$E(25\,^\circ C; 1\,M\ KCl(aq)) = 0{,}28\ V \tag{4.136}$$

$$E(25\,^\circ C; ges.\ KCl(aq)) = 0{,}24\ V \tag{4.137}$$

Messung von Potentialen

Die Messung von Potentialdifferenzen, also Spannungen erfolgt grundsätzlich stromlos. Dazu müssen hohe Widerstände benutzt werden, die den Stromfluss auf ein vertretbares Minimum reduzieren (Ohm'sches Gesetz: $U = R \cdot I$). Falls die Ströme zu groß werden, treten zusätzliche Effekte auf und die gemessene Spannung weicht von der Potentialdifferenz im thermodynamischen Gleichgewicht ab. Da diese durch Transport ausgelösten, zusätzlichen Phänomene zeitabhängig sind, ist eine nachträgliche Korrektur kaum möglich.

Die experimentelle Bestimmung von Standardpotentialen einer Halbzelle erfolgt durch Extrapolation von konzentrationsabhängigen Messungen gegen eine feste Referenzelektrode. Das Standardpotential einer Halbzelle, an dem gelöste Ionen beteiligt sind, ist für ein ideales Verhalten bei einer Konzentration von 1 mol/L definiert. Da bei einer solch hohen Konzentration bereits deutliche Abweichungen der Aktivität von der Konzentration auftreten, werden die bei niedrigen Konzentrationen gemessenen Werte auf 1 mol/L extrapoliert. Nach der Nernst'schen Gleichung (Gl. 4.124) erwartet man ein lineares Verhalten, wenn man das Halbzellenpotential gegen den logarithmischen Konzentrationsterm aufträgt.

$$E(\text{ox.}|\text{red.}) = E^{\ominus}(\text{ox.}|\text{red.}) - \frac{RT}{zF} \ln \frac{a_{\text{red.}}^{|\nu_i|}}{a_{\text{ox.}}^{|\nu_i|}} \qquad (4.138)$$

Eine Abweichung vom linearen Verhalten ist durch reales Verhalten zu erklären. Dann sind die Aktivitätskoeffizienten ungleich 1 und es gilt $a_i \neq \frac{c_i}{1\,\text{mol/L}}$.

Bei der Messung von Potentialdifferenzen muss zusätzlich berücksichtigt werden, dass Diffusionspotentiale auftreten können. Diese entstehen, wenn unterschiedliche Elektrolyte zum Beispiel durch eine poröse Trennwand oder Membran verbunden werden und die Kationen andere Leitfähigkeiten aufweisen als die Anionen. Darauf soll in diesem Buch aber nicht weiter eingegangen werden. Hier wird auf die weiterführende Literatur verwiesen (z. B. Hamann und Vielstich, 2005; SI Analytics GmbH, 2014).

4.6.3 pH-Messung

Im Grunde könnte die Wasserstoffelektrode zur pH-Messung herangezogen werden. Ihr Elektrodenpotential ist bei konstantem Wasserstoffdruck von 0,1 MPa nur vom pH-Wert abhängig.

$$E(\text{H}^+(\text{aq})\,|\,\text{H}_2(\text{g}); 25\,°\text{C}; 0{,}1\,\text{MPa}) = 0\,\text{V} - 0{,}059\,\text{V} \cdot \text{pH} \qquad (4.139)$$

Die schon benannten Probleme im praktischen Laboralltag lassen diese Elektrode allerdings für den Laboreinsatz ausscheiden. Stattdessen wird auf die sehr bewährten alternativen Referenzelektroden zurückgegriffen, die allerdings durch eine pH-abhängige Komponente ergänzt werden müssen.

Glaselektroden

Dieser Elektrodentyp hat sich für die Bestimmung von pH-Werten durchgesetzt. Hierfür wird nicht der Einfluss des pH-Wertes auf ein Halbzellenpotential herangezogen, sondern eine Potentialdifferenz, die durch Ionenaustausch an Glasmembranen entsteht. Eine Glaselektrode besteht aus einem dünnwandigen Glas (bis hinab zu $1\,\mu\text{m}$). In der Elektrode befindet sich eine gepufferte Lösung mit exakt festgelegtem pH-Wert und die Außenseite wird in Kontakt mit der zu messenden Lösung gebracht. Aufgrund des Austausches von im Glas enthaltenen Kationen gegen H_3O^+-Ionen aus den Lösungen, baut sich zwischen beiden Oberflächen eine Potentialdifferenz auf. Diese kann mit zwei Ableitungselektroden gemessen werden. Dies sind z.B. Silber-Silberchlorid-Elektroden in einem Aufbau Ag-AgCl-Elektrode|pH(Puffer)|Glasmembran|pH(unbekannt)|Ag-AgCl-Elektrode. Der gesamte Aufbau wird als Einstabmesskette bezeichnet (Näheres in Hamann und Vielstich, 2005; SI Analytics GmbH, 2014). Die gemessene Potentialdifferenz $E_2 - E_1$ ist proportional zur Differenz zwischen dem pH-Wert innerhalb und außerhalb der Glaselektrode.

$$\text{pH}_2(\text{unbekannt}) = \text{pH}_1(\text{Puffer}) - 0{,}059\,\text{V} \cdot (E_2 - E_1) \qquad (4.140)$$

Tab. 4.14 Die Temperaturabhängigkeit von pH-Werten ist im Alkalischen ausgeprägter (Quelle: SI Analytics GmbH, 2014).

Temperatur	in Wasser	in 0,001 M HCl	in 0,001 M NaOH
0 °C	7,47	3,00	11,94
25 °C	7,00	3,00	11,00
50 °C	6,63	3,00	10,26

Die pH-Elektrode wird aufgrund zusätzlicher, schwer berechenbarer Diffusions- und Asymmetriepotentiale vor jeder Benutzung mit Lösungen bekannter pH-Werte kalibriert.

Kalibration von pH-Elektroden, Temperaturabhängigkeit

Mit pH-Elektroden kann eine Ablesegenauigkeit (Präzision) auf $\pm 0,001$ pH-Einheiten erreicht werden. Allerdings hängt die dabei erzielte Richtigkeit entscheidend von der Kalibration der pH-Elektrode ab. Die Nernst'sche Gleichung beinhaltet die Temperatur und wenn die gemessenen Potentialdifferenzen sehr klein sein müssen, spielt dieser geringe Effekt eine Rolle.

Außerdem verschiebt sich das Gleichgewicht der Autoprotolyse von Wasser. Dieser Effekt macht sich vor allem bei niedrigen H_3O^+-Ionenkonzentrationen bemerkbar, also besonders in alkalischen Lösungen (SI Analytics GmbH, 2014). In Tabelle 4.14 finden sich dazu einige Beispielwerte. Zusätzlich zum pH-Wert sollte daher immer die Messtemperatur mit angegeben werden, insbesondere wenn sie deutlich von 25 °C abweicht.

Je nach erwarteter Genauigkeit muss daher auf eine gleiche Temperatur bei Kalibrierung und Messung geachtet werden. Im chemischen oder biologischen Bereich sind Genauigkeiten im pH von $\pm 0,01$ nicht ungewöhnlich, im klinischen Bereich wird auch noch eine Zehnerpotenz genauer gemessen. Lassen sich im industriellen Einsatz Temperaturunterschiede nicht vermeiden, so müssen sie soweit wie möglich kompensiert werden. Die Verfahrensweise ist in der DIN 19265 festgeschrieben. Die meisten pH-Meter im Labor erlauben eine Anpassung der Temperatur für die Messung, aber keine Kompensation für Temperaturunterschiede zwischen Kalibrierung und Messung. Selbst wenn eine Kompensation möglich ist, werden Genauigkeiten unter $\pm 0,1$ im pH nicht mehr erreicht.

Alternative pH-Elektroden

Kleine Probengefäße, wie sie zum Beispiel bei 96-Well-Platten im Labor auftauchen, bedingen eine Miniaturisierung der pH-Elektroden. Dieser Schritt wurde über Halbleiterbauelemente erreicht, die mit ionenselektiven ElektrodenElektrode!ionenselektive gekoppelt wurden. Ein pH-sensitiver Isolator liegt dabei zwischen der Messlösung und dem Bauteil, er besteht zum Beispiel aus Si_3N_4, Ta_2O_5 oder Al_2O_3. Ionenselektive Feldeffekttransistoren (ISFET) können sehr viel kleiner gearbeitet werden. Problematisch ist die weiterhin benötigte Referenzelektrode, für die noch keine entsprechend miniaturisierte Form entwickelt wurde, weswegen der Größenvorteil klein gegenüber dem herkömmlichen Aufbau ist. Es gibt aber weitere Gründe wie mechanische und chemische Stabilität, die diese Anwendung bevorteilen.

Eine weitere Lösung über eine Kombination aus Lichtleitern mit pH-Indikatoren (sogenannte pH-Optoden) stellt einen interessanten Ansatz dar. Bislang sind sie allerdings nicht für genaue Messungen anwendbar, da ihre messtechnisch mögliche Auflösung noch bei 0,01 pH-Einheiten begrenzt ist und die Genauigkeit noch schlechter ausfällt.

4.6.4 Biochemische Redoxpotentiale

Biochemische Redoxpaare

Redoxpotentiale spielen auch in vielen Abläufen der Biologie eine Rolle. Insbesondere in der Atmungskette wird Sauerstoff als Oxidationsmittel aufgenommen, um aus biologischen „Brennstoffen" Energie zu gewinnen. Es gilt auch hier, dass die positiveren Potentiale auf eine stärkere oxidative Wirkung hinweisen. Elektromotorische Kräfte für Redoxreaktionen in wässriger Lösung können gemäß Gl. 4.131 thermodynamisch beschrieben werden.

Damit können dann wie üblich, nach Gl. 4.99, Gleichgewichtskonstanten bestimmt werden. Es ist also in der Praxis möglich, aus elektrochemischen Messungen thermodynamische Größen zu bestimmen oder umgekehrt. Damit eine Redoxreaktion zwischen zwei Halbzellen ablaufen kann, muss die oxidierende Komponente das höhere Potential aufweisen. Somit ergibt sich eine positive Potentialdifferenz und damit eine negative Freie Reaktionsenthalpie, die einer Gleichgewichtskonstante größer eins entspricht. Dass biochemische Redoxreaktionen mit denselben Formalismen behandelt werden können, wurde schon im vorherigen Abschnitt 4.5.4 gezeigt. Dabei wurde bereits darauf hingewiesen, dass unter physiologischen Bedingungen eine hohe Abweichung bei der Aktivität der Wasserstoff-Ionen in Lösung vorliegt.

Gemäß der üblichen Standarddefinition für gelöste Stoffe wird generell eine einmolare, ideal verdünnte Lösung als Referenz gewählt. Dies würde einem pH von null entsprechen, der höchstens im Magen nahezu erreicht wird. Sonst sind mehrere Zehnerpotenzen Unterschied in dieser Aktivität zu erwarten. Bei biologischen Reaktionen spielt der pH-Wert oft aber eine wesentliche Rolle. Um die möglichen großen Abweichungen zu umgehen, wurde der biologische Standardzustand eingeführt, der wie sonst üblich, jedoch für pH 7 ($c(H_3O^+) = 10^{-7}$ mol/L) definiert ist. Hier soll als Symbol $E^{\ominus\prime}$ verwendet werden. Die Temperatur von 25 °C wurde dabei beibehalten. Viele Organismen sind keine Warmblüter und die kleine Temperaturdifferenz zu 37 °C, mit nur etwa 4 % auf der Kelvin-Skala, macht so nicht allzu viel bei den elektrochemischen Potentialen aus. Die Änderung des pH Werts von 0 auf 7, entspricht sieben Zehnerpotenzen in der Konzentration und führt zu merklichen Änderungen der Potentiale. In Tabelle 4.15 werden die beiden Standards exemplarisch miteinander verglichen.

Tab. 4.15 Standardpotentiale $E^{\ominus}$ (für durchgehend einmolare Lösungen) und biologische Standardpotentiale $E^{\ominus\prime}$ (bei pH 7) für einige ausgewählte Redoxpaare im Vergleich (beide bei 25 °C und 10^5 Pa) (Quelle: Atkins und de Paula (2011)).

Redox-Halbzellenreaktion	$E^{\ominus}$	$E^{\ominus\prime}$
$O_2(g) + 2\ H_2O(l) + 4\ e^- \rightleftharpoons 4\ OH^-(aq)$	+0,40	+0,81 V
$NO_3^-(aq) + 2\ H^+(aq) + 2\ e^- \rightleftharpoons NO_2^-(aq) + H_2O(l)$	+0,10	+0,42 V
$Acetat^-(aq) + 3\ H^+(aq) + 2\ e^- \rightleftharpoons Acetaldehyd(aq) + H_2O(l)$		−0,58 V

Weitere Beispiel für biologische Standardpotentiale finden sich in Tabelle 4.16. Es wurden physiologisch wichtige Redoxreagenzien ausgewählt. Gegenüber Tabelle 4.13 fällt auf, dass die Bandbreite der Potentialdifferenzen geringer ist. Dies beruht auf der Tatsache, dass im Körper keine sehr starken Reduktions- oder Oxidationsmittel vorhanden sein dürfen (höchstens kurzfristig), um keine Schäden zu verursachen. So besitzt Sauerstoff auch bei pH 7 noch das stärkste oxidierende Potential, ansonsten liegen die Beträge der Spannungen unter 0,45 V. Damit ergeben sich für die meisten Differenzen weniger als 0,9 V, was in Freier Enthalpie nur etwa 85 kJ/mol entspricht.

Die zugehörigen Redoxvorgänge sind sehr wichtig. Zum Beispiel sind Ascorbinsäure (Vitamin C) und dessen oxidierte Form (Dehydroascorbinsäure) wichtige Cofaktoren für viele biochemische Redoxreaktionen, beispielsweise bei der Synthese von Collagen im

Tab. 4.16 Biologische Standardpotentiale (bei 25 °C und 10^5 Pa sowie pH 7) für ausgewählte Redoxpaare mit physiologischer Relevanz (Quelle: Atkins und de Paula (2011)). Wenig oxidierende Stoffe mit negativen Standardpotentialen stehen oben links, stärker oxidierende unten links.

oxidiert	Elektronenzahl	reduziert	$E^{\ominus\prime}$ / V
$Acetat^- + 3\ H^+$	$+ 2\ e^-$	$Acetaldehyd + H_2O$	−0,58
$Ferredoxin(ox)$	$+ e^-$	$Ferredoxin(red)$	−0,43
$2\ H_2O$	$+ 2\ e^-$	$H_2 + 2\ OH^-$	−0,42
$Cystin + 2\ H^+$	$+ 2\ e^-$	$2\ Cystein$	−0,34
$NAD^+ + H^+$	$+ 2\ e^-$	$NADH$	−0,32
$Glutathion(ox) + 2\ H^+$	$+ 2\ e^-$	$Glutathion(red)$	−0,23
$Riboflavin(ox) + 2\ H^+$	$+ 2\ e^-$	$Riboflavin(red)$	−0,21
$Ethanal + 2\ H^+$	$+ 2\ e^-$	$Ethanol$	−0,20
$Pyruvat^- + 2\ H^+$	$+ 2\ e^-$	$Lactat^-$	−0,18
$Fumarat^{2-} + 2\ H^+$	$+ 2\ e^-$	$Succinat^{2-}$	+0,03
$Dehydroascorbinsäure + 2\ H^+$	$+ 2\ e^-$	$Vitamin\ C$	+0,08
$Fe^{3+}\ (Cytochrom\text{-}C)$	$+ e^-$	$Fe^{2+}\ (Cytochrom\text{-}C)$	+0,25
$O_2 + 2\ H^+$	$+ 2\ e^-$	H_2O_2	+0,30
$NO_3^- + 2\ H^+$	$+ 2\ e^-$	$NO_2^- + H_2O$	+0,42
$O_2 + 4\ H^+$	$+ 4\ e^-$	$2\ H_2O$	+0,81

menschlichen Stoffwechsel. Zur Darstellung dieses Strukturproteins muss die Aminosäure L-Prolin zu Hydroxyprolin oxidiert werden. Vitamin C dient zur Regenerierung des in dieser Reaktion genutzten Reduktionsmittels Fe(II). Ein Mangel kann zu Skorbut führen, mit den typischen Symptomen wie Zahnfleischbluten und Hautschäden.

Biologische Redoxreaktionen finden außerdem in Mitochondrien statt. Die Energieversorgung des menschlichen Körpers beruht auf komplexen Redoxprozessen in diesen „Zellkraftwerken", um letztlich biochemische Substanzen mit Sauerstoff zu oxidieren. Oft sind Metallkomplexe in unterschiedlichen Oxidationsstufen beteiligt, wobei das Standardpotential auch von dem komplexierenden Protein abhängt (Beispiele sind verschiedene Cytochrome). Ein wichtiges Coenzym in diesen Vorgängen ist das Redoxpaar $NAD^+/NADH$ mit relativ niedrigem Standardpotential.

Ein anderes Beispiel ist die Bildung von Disulfidbrücken, die für die Stabilität und damit Wirksamkeit oder Lebensdauer von vielen Peptiden und Proteinen eine zentrale Rolle spielen. Hormone wie Insulin, das zentrale Transportprotein Albumin im Blut und viele Eiweißstoffe in der Immunabwehr werden ohne diese in ihrer Funktion eingeschränkt. Allein diese Beispiele zusammengenommen sind Grund genug, die zugehörigen Redoxvorgänge und damit auch –potentiale nicht nur qualitativ, sondern zunehmend quantitativ beschreiben zu wollen. Weitere biologisch relevante Redoxreaktionen finden sich in Voet et al. (2010, Teil IV) sowie Haynie (2008); Atkins und de Paula (2011).

Elektrochemische Sensoren für Glucose

Um zu illustrieren, dass biochemische Analyte ebenso über elektrochemische Sensoren gemessen werden können wie pH-Werte, soll als Beispiel die Glucose aufgeführt werden. Sie ist einer der wichtigsten biochemischen Analyte. Zum einen ist die regelmäßige Glucosemessung für Diabetiker notwendig, um die Lebensqualität auf ein akzeptables Maß zu heben. Zum anderen ist Glucose in vielen Bioreaktoren die maßgebliche Kohlenstoff- und oder Energiequelle, die gemessen und geregelt werden muss.

Die erste Generation von Biosensoren überhaupt basiert auf der Clark-Zelle, die zur elektrochemischen Sauerstoffmessung benutzt wird. Hierbei wird vorab die Glucose durch Sauerstoff unter Katalyse durch das Enzym Glucoseoxidase oxidiert.

$$\text{D-Glucose} + O_2 \rightarrow \text{D-Gluconolacton} + H_2O_2$$

Der entsprechende Biosensor misst den Abfall des Sauerstoffpartialdruckes und weist dazu eine zusätzliche Membran auf, in der das Enzym vorhanden ist und die Reaktion abläuft (Lottspeich und Engels, 2012, Kap. 18). Diese erste Generation von Biosensoren war recht erfolgreich, hatte aber einige praktische Probleme. Unter anderem die Kontrolle eines konstanten äußeren Partialdruckes an Sauerstoff und zum anderen die recht hohen Potentialdifferenzen.

In der Weiterentwicklung wurde eine zweite Generationen geschaffen, die auf Übergangsmetallkomplexen basiert. Diese Mediatoren sind in ihrer Konzentration besser kontrollierbar, ihr Redoxverhalten ist reversibel und die Potentiale wurden ebenfalls optimiert. Sie ersetzen den Sauerstoff bei der Oxidation, oft ist komplexiertes Fe^{3+} das

Oxidationsmittel für die Glucose. Die dritte Generation nutzt direkt gekoppelte Enzymelektroden. Hierbei wird das Enzym direkt auf der Elektrode immobilisiert und dort findet die Redoxreaktion durch Elektronenaustausch statt.

Die Messung von Glucosekonzentrationen mit tragbaren Geräten, insbesondere für Diabetiker, ist die wichtigste klinische Anwendung für Biosensoren. Sie erfolgt mit den beiden zuletzt genannten Sensorgenerationen und die Reaktion wird wiederum über Glucoseoxidase katalysiert. Die Konstruktion lässt sich sehr gut verkleinern und kann in Großserien sehr günstig hergestellt werden. Ein Blutstropfen verbindet die Messelektrode mit der Referenzelektrode und nach etwa 30 Sekunden Erfassung des Oxidationsstroms kann der Blutglucosewert am Messgerät abgelesen werden.

Die Vielzahl an unterschiedlichen Kombinationen von Redoxpaaren erlaubt im Prinzip viele unterschiedliche Messmethoden für Biosensoren. Von denen können sich allerdings nur die robustesten in der industriellen oder sonstigen analytischen Routine durchsetzen.

4.7   Lernkontrolle zu Anwendungen der chemischen Thermodynamik

Selbsteinschätzung

Lesen Sie laut oder leise die Fragen und beantworten Sie diese spontan in Hinblick auf Ihre Prüfung anhand von Kreuzen in der Tabelle. Tun Sie dies vorab sowie nach der Bearbeitung der Verständnisfragen (VF) und noch einmal nach den Übungsaufgaben (Ü).

1. Kann ich Phasendiagramme und Dampfdruck von Reinstoffen sicher beschreiben?
2. Kann ich das Verhalten von Mischungen mehrerer Stoffe und Entropieeffekte wie den osmotischen Druck quantitativ ermitteln sowie Löslichkeiten von Stoffen und Beeinflussung durch dritte Komponenten interpretieren?
3. Habe ich das Prinzip der Trennverfahren Extraktion und Destillation verstanden und kann für ideale Systeme die Aufreinigung berechnen?
4. Kann ich die Lage von Gleichgewichtsreaktionen über thermodynamische Daten bestimmen sowie deren Temperaturabhängigkeit abschätzen?

Lernziel erreicht?[1]	1			2			3			4		
	vor	VF	Ü	vor	VF	Ü	vor	VF	Ü	vor	VF	Ü
sehr sicher												
recht sicher												
leicht unsicher												
noch unsicher												

[1] „vor" sowie nach Bearbeitung der Verständnisfragen („VF") bzw. Übungsaufgaben („Ü")

4.7.1   Alles klar? – Verständnisfragen

Erläutern oder erörtern Sie die folgenden zentrale Fragen zu Begriffen, Definitionen und Grundlagen. (Diese Lernkontrolle kann auch gut in einer Gruppe erfolgen.)

Phasengleichgewichte und Phasendiagramme von reinen Stoffen

- Was besagt die Gibbs'sche Phasenregel?
- Beschreiben Sie das $p(T)$-Phasendiagramm für einen Reinstoff.
- Wieso hat ein Stoff unterhalb des Siedepunktes einen Dampfdruck?
- Wie verändert sich der Dampfdruck mit der Temperatur?

Mischphasenthermodynamik

- Wie sind Partialdrücke und Molenbrüche definiert?
- Was sind partielle molare Größen, vor allem das chemische Potential?
- Wieso ergeben sich Mischungsentropien, welche Auswirkungen haben diese?
- Was sind partielle molare Größen wie das chemische Potential?

Eigenschaften und Trennverfahren bei Lösungen

- Welche Gemeinsamkeiten verbinden die kolligativen Eigenschaften – welche gibt es?
- Welchen osmotischen Druck und Gefrierpunkt hat eine 0,1 M NaCl-Lösung etwa?
- Worüber lassen sich Trends für Extraktionen von Stoffen abschätzen?
- Mit welchen Parametern ist ein ideales Siedediagramm für ein Zweistoffgemisch vollständig beschrieben? Wie sieht es aus und wie ändert es sich für reale Mischungen?

Chemische Gleichgewichte

- Wie ist eine im Labor bestimmte Gleichgewichtskonstante mit thermodynamischen Größen verknüpft und wie lauten die Beziehungen?
- Welche Größe ist entscheidend für die Verschiebung eines chemischen Gleichgewichtes mit der Temperatur? Wie kann sie sich auswirken?
- Wie sind Gleichgewichtskonstanten von Redoxreaktionen mit elektrochemischen Potentialen verknüpft?

4.7.2   Gekonnt? – Übungsaufgaben

Dampfdruck und Destillation

1. Berechnen Sie die Entropieänderungen für 100 g Wassereis beim Erhitzen von 0 °C auf 60, 120 und 180 °C unter einem Druck von 1000 hPa. Die mittlere spezifische

Wärmekapazität von Wasser beträgt $4{,}19\,\mathrm{JK^{-1}g^{-1}}$ für die Flüssigkeit und $(30{,}20 + 0{,}00992\,\mathrm{K^{-1}} \cdot T)\,\mathrm{JK^{-1}mol^{-1}}$ für das Gas. Die Umwandlungsenthalpien des Wassers betragen $40{,}7\,\mathrm{kJ/mol}$ für die Verdampfung sowie $6{,}01\,\mathrm{kJ/mol}$ beim Schmelzen.

2. Folgende Dampfdrücke von reinem Wasser wurden bei zwei Temperaturen gemessen:

T	°C	20,0	54,0
p_{H_2O}	hPa	23,37	150,0

a) Bestimmen Sie die Verdampfungsenthalpie des Wassers unter der Annahme, dass sie in diesem Temperaturintervall konstant ist. Wie groß wäre demnach der Dampfdruck bei $37\,°\mathrm{C}$ und welchen Volumenanteil bzw. welche Stoffmengenkonzentration hat Wasser über einem Bioreaktor bei 1 bar Druck und $100\,\%$ Luftfeuchtigkeit?

b) Bei welcher Temperatur würde das Wasser bei einem Druck von $1000\,\mathrm{hPa}$ nach diesen Angaben sieden? Begründen Sie, ob dieser Wert richtig sein kann.

3. In einem Labor ist über das Wochenende die Lüftung ausgefallen. In ihm stehen noch geöffnete Gefäße mit Wasser, Benzen und Quecksilber bei $17\,°\mathrm{C}$, $60\,\%$ Luftfeuchtigkeit und einem Außendruck von $1000\,\mathrm{hPa}$. Die entsprechenden Dampfdrücke für diese Temperatur lauten $1{,}92\,\mathrm{kPa}$, $8{,}61\,\mathrm{kPa}$ und $0{,}13\,\mathrm{Pa}$. Das Labor hat Abmessungen von $6{,}2\,\mathrm{m} \times 5{,}0\,\mathrm{m} \times 3{,}2\,\mathrm{m}$. Es soll davon ausgegangen werden, dass sich ein Gleichgewicht einer idealen Gasmischung bis zum Montag einstellen kann. Welche Konzentrationen liegen von den drei Stoffen dann in der Laborluft vor? Welche Masse müsste von jeder Substanz verdampfen, um dieses Gleichgewicht einzustellen? Recherchieren Sie die ungefähren Dichten und geben auch die entsprechenden Volumina an.

4. Gegeben sind die Verdampfungsenthalpien und die Siedepunkte bei einem Druck von $0{,}1\,\mathrm{MPa}$ für Cyclohexanol ($\Delta_{\mathrm{vap}}H = 49\,\mathrm{kJ/mol}$ und $T_{\mathrm{vap}} = 160\,°\mathrm{C}$) sowie Cyclohexanon ($\Delta_{\mathrm{vap}}H = 41\,\mathrm{kJ/mol}$ und $T_{\mathrm{vap}} = 155\,°\mathrm{C}$)(Linstrom und Mallard, 2016).

a) Ermitteln Sie die Siedepunkte der beiden Reinstoffe in einem Wasserstrahlvakuum von $15\,\mathrm{hPa}$. Skizzieren Sie die Aufgabenstellung bzw. das Ergebnis in einem geeigneten Diagramm. Schätzen Sie so ab, ob eine Destillation bei Normaldruck oder im Vakuum eine bessere Trennung der Stoffe erlaubt (ideale Mischung angenommen).

b) Berechnen Sie die Verdampfungsentropien $\Delta_{\mathrm{vap}}S$ für beide Stoffe am Siedepunkt. Vergleichen Sie die Ergebnisse mit der Trouton'schen Regel. Wie kann man diesen Unterschied erklären und wodurch unterscheiden sich die beiden Stoffe?

Mischungen und Gleichgewicht

1. Welche Konzentration (in g/L) müsste eine Glucose-Lösung haben, die den gleichen osmotischen Druck hätte wie eine physiologische Kochsalz-Lösung ($0{,}9\,\mathrm{Gew.\text{-}\%}$)?

2. a) Bei welcher Temperatur beginnt das Wasser der Ostsee zu gefrieren? Vergleichen Sie hierzu die Werte für die Insel Rügen (Salzgehalt 8 Gewichtspromille) und das Kattegat (die Meerenge zwischen Dänemark und Norwegen, Salzgehalt 3 Gew.-%). Nehmen Sie dazu an, dass es sich beim Meerwasser ausschließlich um eine Kochsalz-Lösung handelt. Die Schmelzenthalpie von Wasser beträgt $6{,}01\,\mathrm{kJ/mol}$.

b) Zusatzfrage: Bei welcher Temperatur würde einem das Blut(-plasma) gefrieren?

3. Eine gesättigte Lösung von Calciumsulfat soll sich im Gleichgewicht befinden mit seinem Dampf und ungelöstem Feststoff. Alles befindet sich in einem geschlossenen Gefäß. Wie viele Phasen und Freiheitsgrade hat dieses System? Wie viele liegen jeweils vor, wenn die Lösung nicht gesättigt ist?

4. Die relative Masse eines Enzyms wurde bestimmt, indem es in Wasser gelöst und der osmotische Druck gemessen wurde. Folgende Messwerte wurden bei 20 °C bestimmt:

Massenkonzentration	γ	mg/cm^3	2,556	3,361
Höhe der Wassersäule	h	cm	4,560	5,995

Wie groß ist die Molekülmasse des Enzyms (sind beide Messungen konsistent)?

Gleichgewichtsreaktionen

1. Gelöstes Myoglobin bindet ein Sauerstoffmolekül reversibel. Bei einem Sauerstoffpartialdruck von 37 hPa hat die Hälfte des Myoglobins Sauerstoff aufgenommen (50 % Sättigung). Welche Sättigung liegt bei einem Partialdruck von 150 hPa vor?

2. a) Bei −1 °C ist die Änderung der Freien Enthalpie für das Gefrieren von Wasser $\Delta G^\ominus = -21{,}9$ J/mol; bei +1 °C beträgt ihr Wert $+22{,}1$ J/mol. Berechnen Sie daraus die Schmelzentropie von Wasser bei 0 °C.

   b) Bei 0 °C ist die Dichte des Wassers gleich 0,99984 g/cm^3, die von Eis beträgt 0,9168 g/cm^3. Schätzen Sie den Schmelzpunkt von Eis bei einem Druck von 10 und 100 bar ab. Die Schmelzentropie kann dabei als Näherung unabhängig vom Druck angenommen werden.

3. In einer wässrigen Lösung mit pH = 8,00 bei 25 °C liegen Ammoniak und Ammonium-Ionen nebeneinander vor. Die Gesamtkonzentration soll 0,1 mol/L betragen. Der pK_B-Wert von Ammoniak beträgt 4,75.

   a) Berechnen Sie die Konzentration an freiem Ammoniak ohne Berücksichtigung von Aktivitätskoeffizienten.

   b) Für Ammoniak beträgt die Henry-Konstante $K = 1130$ hPa, wenn man $p(\mathrm{NH_3}) = K \cdot x(\mathrm{NH_3})$ annimmt. Berechnen Sie den Gleichgewichtsdampfdruck von Ammoniak über der Lösung. Die Dichte der Lösung sei 1 g/cm^3.

4. Wenn die Doppelbindung in Fumarsäure (Fu) HOOC-CH=CH-COOH mit Wasserstoff hydriert wird, bildet sich Bernsteinsäure (Be). Folgende Standardwerte sind gegeben:

   – Verbrennungsenthalpien: $\Delta_c H^\ominus (\mathrm{Fu}) = -1334{,}8 \, \frac{\mathrm{kJ}}{\mathrm{mol}}$; $\Delta_c H^\ominus (\mathrm{Be}) = -1487{,}3 \, \frac{\mathrm{kJ}}{\mathrm{mol}}$
   – Bildungsenthalpien: $\Delta_f H^\ominus (\mathrm{H_2O}) = -285{,}83 \, \frac{\mathrm{kJ}}{\mathrm{mol}}$; $\Delta_f H^\ominus (\mathrm{CO_2}) = -393{,}51 \, \frac{\mathrm{kJ}}{\mathrm{mol}}$
   – Entropien: $s^\ominus (\mathrm{Fu}) = 166 \, \frac{\mathrm{J}}{\mathrm{K \cdot mol}}$; $s^\ominus (\mathrm{Be}) = 176 \, \frac{\mathrm{J}}{\mathrm{K \cdot mol}}$ und $s^\ominus (\mathrm{H_2}) = 130{,}7 \, \frac{\mathrm{J}}{\mathrm{K \cdot mol}}$

   Berechnen Sie die Standardreaktionsenthalpie $\Delta_r H^\ominus$ sowie die Freie Standardreaktionsenthalpie $\Delta_r G^\ominus$ für die Hydrierungsreaktion.

5. Ammoniakherstellung: $\mathrm{N_2(g) + 3\,H_2(g) \rightleftharpoons 2\,NH_3(g)}$

   a) Berechnen Sie die Reaktionsenthalpie und –entropie bei 500 °C und vergleichen Sie die Werte mit denen bei 25 °C. Die Standardbildungsenthalpie von Ammoniak beträgt $\Delta_f H^\ominus (\mathrm{NH_3}) = -46{,}05$ kJ/mol, die –entropie $\Delta_r S^\ominus = -198{,}01 \, \mathrm{JK^{-1}mol^{-1}}$

(beide für 25 °C).

Die Wärmekapazitäten der Reaktionsteilnehmer können folgendermaßen beschrieben werden (Atkins und de Paula, 2014, *Resource section*):

$$c_p(NH_3) = 29{,}8\ \text{JK}^{-1}\text{mol}^{-1} + T \cdot 2{,}5 \cdot 10^{-2}\text{JK}^{-2}\text{mol}^{-1}$$

$$c_p(N_2) = 28{,}6\ \text{JK}^{-1}\text{mol}^{-1} + T \cdot 3{,}8 \cdot 10^{-3}\text{JK}^{-2}\text{mol}^{-1}$$

$$c_p(H_2) = 27{,}3\ \text{JK}^{-1}\text{mol}^{-1} + T \cdot 3{,}3 \cdot 10^{-3}\text{JK}^{-2}\text{mol}^{-1}$$

b) In welche Richtung läuft die Reaktion aus thermodynamischer Sicht ab, wenn eine stöchiometrische Mischung bei den jeweiligen Temperaturen vorliegt? Berechnen Sie die Gleichgewichtskonstante bei 25 °C und diejenige für 500 °C.

4.8 Literatur zum Kapitel

(Erstautoren in alphabetischer Reihenfolge)

AIR LIQUIDE Deutschland GmbH. 1x1 der Gase, Firmenschrift, 2007.

P. W. Atkins und J. de Paula. *Physical chemistry for the life sciences*. Oxford Univ. Press, 2011.

P. W. Atkins und J. de Paula. *Physical chemistry*. Oxford Univ. Press, 2014.

M. Baerns. *Technische Chemie*. Wiley-VCH, Weinheim, 2013.

H. Chmiel. *Bioprozesstechnik*. Spektrum, Heidelberg, 2011.

E. R. Cohen und I. Mills. *Quantities, units and symbols in physical chemistry*. RSC Publ., Cambridge, 2007.

J. D. Cox, D. D. Wagman, und V. A. Medvedev. *CODATA key values for thermodynamics*. Hemisphere, New York, 1989.

J. W. Gibbs. *Thermodynamics*. Longmans, Green, New York, 1928.

C. H. Hamann und W. Vielstich. *Elektrochemie*. Wiley-VCH, Weinheim, 2005.

D. T. Haynie. *Biological thermodynamics*. Cambridge Univ. Press, Cambridge, 2008.

K. J. Laidler. *The world of physical chemistry*. Oxford Univ. Press, Oxford und New York, 1993.

G. J. Lauth und J. Kowalczyk. *Einführung in die Physik und Chemie der Grenzflächen und Kolloide*. Springer Spektrum, Berlin und Heidelberg, 2016.

H.-G. Lee. *Materials thermodynamics*. World Scientific, Singapore, 2012.

D. R. Lide. *CRC handbook of chemistry and physics*. CRC, Boca Raton, 2006.

P. J. Linstrom und W. G. Mallard. NIST Chemistry WebBook, 2016. URL webbook.nist.gov.

F. Lottspeich und J. W. Engels. *Bioanalytik*. Spektrum, Heidelberg, 2012.

K. Sattler. *Thermische Trennverfahren*. VCH, Weinheim, 1995.

H. Schmalzried und A. Navrotsky. *Festkörperthermodynamik*. Verlag Chemie, Weinheim, 1975.

SI Analytics GmbH. pH-Fibel, Firmenschrift, 2014.

D. Voet, J. G. Voet, und C. W. Pratt. *Lehrbuch der Biochemie*. Wiley-VCH, Weinheim, 2010.

G. Wedler und H.-J. Freund. *Lehrbuch der Physikalischen Chemie*. Wiley-VCH, Weinheim, 2012.

5 Chemische Reaktionskinetik

Übersicht

„Πάντα ῥεῖ"
(Alles fließt.)
Heraklit, 540–480 v. Chr.

5.1 Zielsetzung

Dieses und das folgende Kapitel 6 bilden eine weitere zentrale Einheit und sind weitgehend unabhängig vom restlichen Stoff erlernbar. In diesen werden zeitliche Prozesse behandelt, die in der Chemie eine Rolle spielen. Dabei werden einige neue Begriffe und Konzepte benötigt, da die Zeit als Variable neue Aspekte aufwirft. Andererseits kann teilweise auf Gelerntes aus der Thermodynamik (Kapitel 3 und 4) zurückgegriffen werden.

Aufgrund der großen Bedeutung hat sich für den zeitlichen Ablauf von chemischen Reaktionen ein eigenes Fachgebiet entwickelt, die Reaktionskinetik. Sie beschreibt den zeitlichen Ablauf, mit dem eine Reaktion zu den Produkten beziehungsweise dem Gleichgewicht abläuft und damit dem Minimum der Freien Enthalpie entgegenstrebt. Zum einen geschieht dies aus der makroskopischen Sicht heraus (Makrokinetik) und benötigt dazu keine Informationen der mikroskopischen Abläufe, ähnlich wie die Thermodynamik. Zum anderen ist es aber oft auch hilfreich den mikroskopischen Verlauf, also die Wechselwirkung zwischen Molekülen, Atomen und Ionen beschreiben zu können (Mikrokinetik).

Lernziele dieses Kapitels

■ Den prinzipiellen zeitlichen Ablauf von Reaktionen sowie Begriffe und Einflussgrößen dazu kennen

■ Den Einfluss der Temperatur molekular verstehen und beschreiben zu können

■ Komplexe Mechanismen durch Zerlegung inklusive Grenzfälle beschreiben

Diese Ziele erfordern neue oder neu angewandte Kompetenzen, um sich in der Kinetik sicher zu bewegen. Sie sind im folgenden aufgeführt.

Detaillierte Kompetenzziele dieses Kapitels

■ Kenntnis der wichtigsten Grundbegriffe und Definitionen

■ Sichere Beherrschung einfacher Reaktionskinetiken

■ Lösung von einfachen Differentialgleichungen

■ Zuordnung und Zerlegung von Reaktionsmechanismen

■ Prinzipielle Herleitung von Geschwindigkeitsgesetzen

■ Simulation von Daten mittels Tabellenkalkulationssoftware

■ Verwendung der Formelsprache und grafische Darstellung

■ Lösung von Rechenaufgaben zu Beispielen

Einstieg in die Kinetik

Würde die Thermodynamik alleine unsere Welt bestimmen, so wäre Leben wie wir es kennen nicht vorhanden. Nicht nur die Lage der stabilsten und wahrscheinlichsten Zustände bestimmt die Natur, sondern auch die Wege, wie man dorthin kommt und vor allem auch die Zeit, zur Erreichung dieser Zustände. Die Zeit kommt in der Thermodynamik nicht als Variable vor. Es wird sozusagen immer eine beliebig lange Wartezeit angenommen, in der sich ein Gleichgewicht eingestellt hat. Im Umkehrschluss ergibt sich daraus, dass die Betrachtungen in diesem Kapitel Zustände im Nichtgleichgewicht betreffen. Es sollen gerade diese zeitlichen Änderungen betrachtet werden.

Handelt es sich bei den Prozessen um rein physikalische Vorgänge, so spricht man von Transportvorgängen. Kommt es zusätzlich durch Annäherung von Atomen, Molekülen oder Ionen zu Bindungsänderungen, so spricht man von der chemischen Reaktionskinetik. Im Falle von Zellen oder Lebewesen ergeben sich biologische Kinetiken, auf die anteilig im nächsten Kapitel eingegangen werden soll. Die prinzipiellen Ansätze zur Lösung dieser Sachverhalte sind ähnlich. Zuerst wird versucht, die zeitlichen Änderungen in Form von Differentialgleichungen aufzustellen. Im nächsten Schritt werden diese dann mathematisch gelöst, um den zeitlichen Verlauf der Veränderung als Funktion der Zeit zu beschreiben.

Chemische Reaktionen sind wie Transportphänomene eine Folge von Gleichgewichtseinstellungen. Die treibende Kraft für Reaktionen sind die chemischen Potentiale der beteiligten Substanzen (vgl. Abschnitt 3.4.5). Anders als bei Transportprozessen erfolgt allerdings nicht nur eine räumliche Änderung der Transportgröße, sondern neue Substanzen werden durch Umorganisation von Elektronenhüllen gebildet. Wenn man so will, werden dabei im Wesentlichen auch nur Atome räumlich anders angeordnet. Bei Reaktionen zwischen Substanzen ist die Summe der chemischen Potentiale zu bilden und die Freie Enthalpie $\Delta_r G$ gemäß Gleichung 3.181 zu betrachten. Ist diese negativ, so laufen Reaktionen freiwillig ab. Wenn Gase oder Flüssigkeiten beteiligt sind, ist die Durchmischung vergleichsweise schnell. Anders ist es bei reinen Festkörperreaktionen, weswegen dazu nur auf die Spezialliteratur verwiesen wird (Schmalzried, 1995, 1981).

5.2 Einfache Geschwindigkeitsgesetze

5.2.1 Grundbegriffe und Definitionen

Ob eine Reaktion schnell oder langsam abläuft, kann die Thermodynamik nicht beantworten. Als Erstes stellt sich damit die Frage, wie man die Geschwindigkeit einer chemischen Reaktion messen und definieren kann. Um den zeitlichen Verlauf einer Reaktion zu beschreiben, wurde der Begriff der **Reaktionsgeschwindigkeit** eingeführt. Diese beschreibt die zeitliche Abnahme der Stoffmengen der Edukte beziehungsweise Zunahme für Produkte. Das hieße jedoch, dass schon für eine Reaktion mehrere Geschwindigkeiten anzugeben wären.

Ähnlich wie bei einem Auto soll aber ein eindeutiger „Tacho" existieren, also eine Angabe für die Geschwindigkeit der Reaktion. Eine unabhängige Formulierung ergibt sich, wenn man hierzu auch wieder die **Reaktionslaufzahl** ξ für den Reaktionsfortschritt einführt. Sie beschreibt die Änderung der Stoffmenge eines Reaktionsteilnehmers, geteilt durch seinen **stöchiometrischen Faktor** ν_i (siehe dazu Abschnitt 3.3.2). Bislang haben wir sie nur für einen einmolaren Umsatz einer Reaktionsgleichung benutzt, die Übertragung auf beliebige Umsätze ist aber ohne Weiteres möglich.

$$\textbf{Reaktionsgeschwindigkeit:} \qquad \boxed{RG_n = \frac{d\xi}{dt} = \frac{1}{\nu_i} \cdot \frac{dn_i}{dt}} \qquad (5.1)$$

Die Einheit der stoffmengenbezogenen Reaktionsgeschwindigkeit ist damit festgelegt.

$$[RG_n] = \frac{\text{mol}}{\text{s}} \qquad (5.2)$$

Betrachten wir allgemein eine Reaktion Edukte $\rightarrow$ Produkte, dann kann die Reaktionsgeschwindigkeit sowohl über die Stoffmengen der Edukte (n_{Ed}) als auch der Produkte (n_{Pr}) dargestellt werden.

$$RG_n = \frac{d\xi}{dt} = \frac{1}{\nu_{\text{Ed}}} \cdot \frac{dn_{\text{Ed}}}{dt} = \frac{1}{\nu_{\text{Pr}}} \cdot \frac{dn_{\text{Pr}}}{dt} \qquad (5.3)$$

Da Edukte abnehmen und deswegen per Definition negative stöchiometrische Faktoren haben und die Produkte dagegen positive ν_i besitzen, ergibt sich dasselbe Ergebnis.

Beispiel 5.1

Die Bildung von Wasser erfolgt mit der bekannten Reaktionsgleichung:

$$H_2 + 0{,}5\,O_2 \rightarrow H_2O$$

Demnach wird für die Bildung von 1 mol Wasser ($\nu(H_2O) = +1$) entsprechend ein Mol Wasserstoff verbraucht ($\nu_{H_2} = -1$) beziehungsweise ein halbes Mol Sauerstoff ($\nu(O_2) = -0{,}5$). Dies wird formal hier so formuliert:

$$RG_n = \frac{d\xi}{dt} = \frac{1}{+1} \cdot \frac{dn(H_2O)}{dt} = \frac{1}{-1} \cdot \frac{dn\,(H_2)}{dt} = \frac{1}{-0{,}5} \cdot \frac{dn\,(O_2)}{dt}$$

∎

Satz 5.1

Durch die Bestimmung über die Reaktionslaufzahl oder -variable ist die Reaktionsgeschwindigkeit unabhängig von der Wahl des jeweiligen Reaktionsteilnehmers, aber stets mit einer Reaktionsgleichung zu verknüpfen.

In der Praxis wird oftmals in einem konstanten Reaktionsvolumen gearbeitet und eine Reaktionsgeschwindigkeit RG_c angegeben, die die zeitliche Änderung der Konzentrationen darstellt. Dazu wird noch eine **Reaktionsvariable** x eingeführt, die analog zu ξ für Konzentrationen zu benutzen ist. Die zeitliche Änderung der Reaktionsvariable ist gleich einer für die Konzentrationen der Reaktanten normierte Reaktionsgeschwindigkeit.

$$RG_c = \frac{1}{V}\frac{d\xi}{dt} = \frac{dx}{dt} = \frac{1}{\nu_i}\frac{dc_i}{dt} \tag{5.4}$$

$$dx = \frac{d\xi}{V} = \frac{dc_i}{\nu_i} \tag{5.5}$$

$$[RG_c] = \frac{mol}{L \cdot s} \tag{5.6}$$

Die Reaktionsgeschwindigkeit sollte im Allgemeinen von der Stoffmenge beziehungsweise Konzentration der Edukte abhängen (je mehr reagieren kann, desto schneller erfolgt die Reaktion). Diese müssen zusammenkommen, damit die Reaktion stattfinden kann, die Wahrscheinlichkeit dafür steigt mit zunehmenden Konzentrationen. Man kann davon ausgehen, dass sich eine proportionale Abhängigkeit mit einer **Geschwindigkeitskonstanten** k ergibt.

$$RG_c = \frac{dx}{dt} = k \cdot (c_{Ed1})^a \cdot (c_{Ed2})^b \cdot \ldots \tag{5.7}$$

Die Summe aller Exponenten wird **Reaktionsordnung** n genannt ($n = a + b + \ldots$). Sie strukturiert aus makroskopischer Sicht die mathematische Beschreibung der Geschwindigkeitsgesetze und gibt Hinweise darüber, wie komplex der Ablauf bestimmt ist. Man spricht zusätzlich auch von Reaktionsordnung bezüglich eines Eduktes, dabei wird dann nur der Exponent für dieses Edukt angegeben.

Davon zu unterscheiden ist die Molekularität einer Reaktion. Sie gibt die mikroskopische Sichtweise wieder und steht für die Anzahl der Moleküle/Atome, die in einem elementaren Schritt zusammenkommen müssen, um zu reagieren. Aufgrund von stark abnehmenden Wahrscheinlichkeiten, dass sich mehrere Teilchen gleichzeitig treffen, gibt es maximal trimolekulare und ansonsten bimolekulare Reaktionen oder auch monomolekulare (z. B. Zerfalls-) Reaktionen. Die Molekularität einer Elementarreaktion entspricht immer deren Reaktionsordnung. Eine Umkehrung ist dagegen nicht generell möglich. In der Regel ergeben sich aus der Folge mehrerer Elementarreaktionen in einem Reaktionsmechanismus unterschiedlichste Verknüpfungen zur Reaktionsordnung. Die makroskopische und mikroskopische Betrachtung bedürfen daher unterschiedlicher Herangehensweisen.

 Obacht 5.1

Reaktionsordnung und Molekularität sind nicht das Gleiche. Aus der Überlegung, wie viele Teilchen miteinander reagieren, ergibt sich nicht die Reaktionsordnung. Es ist daher unmöglich, aus der Reaktionsgleichung die Reaktionsordnung sicher abzuleiten.

Zusammengefasst sind als Grundlage die im Folgenden aufgeführten Begriffe eingeführt worden. Sie sollten Ihnen vertraut werden, da diese im weiteren Verlauf regelmäßig Gebrauch finden.

- Reaktionsgeschwindigkeit und Geschwindigkeitskonstante
- stöchiometrische Faktoren, Reaktionsvariable und -laufzahl
- Reaktionsordnung und Molekularität

Mit dieser Basis können wir nun die Verläufe von Reaktionsgeschwindigkeiten kennenlernen und später deren Temperaturabhängigkeit. Um zunächst den Formalismus kennenzulernen, werden erst einmal einfache und klare Grenzfälle betrachtet, deren Verständnis hilft, auch kompliziertere Fälle zu beschreiben. Dazu soll Folgendes angenommen werden:

- keine Rückreaktion (also keine Gleichgewichtseinstellung)
- Reaktion in homogener Phase (alles in Lösung, Messung von Konzentrationen)
- ganzzahlige Reaktionsordnungen

5.2.2 Reaktionen erster Ordnung

Reaktionen, die durch ein Geschwindigkeitsgesetz erster Ordnung beschrieben werden können, können beispielsweise irreversible Zerfallsreaktionen oder Umwandlungen sein. Dies könnte zum Beispiel die Denaturierung eines Proteins sein (natives Protein → denaturiertes Protein). Dieser Prozess der irreversiblen Veränderung der Proteinstruktur wird durch erhöhte Temperatur ausgelöst und erfolgt statistisch. Es werden also umso mehr Proteinmoleküle umgewandelt, je höher die Proteinstoffmenge beziehungsweise -konzentration ist.

$$RG_c = \frac{dx}{dt} = -\frac{dc\,(Protein)}{dt} = k \cdot c\,(Protein) \tag{5.8}$$

Zeitabhängige Eduktkonzentration für eine Reaktion erster Ordnung

Obige Gleichung ist mathematisch gesehen eine Differentialgleichung. Als Beispiele kämen auch der Abbau eines Arzneimittels in der Blutbahn oder der Zerfall einer radioaktiven Substanz in Betracht. Daher soll allgemein die Konzentration c_{Ed} benutzt werden. Man löst die Differentialgleichung erster Ordnung durch Trennen der Variablen (Sortieren) und nachfolgende Integration.

$$\frac{dc_{Ed}}{c_{Ed}} = -k \cdot dt \tag{5.9}$$

$$\int \frac{dc_{Ed}}{c_{Ed}} = \int -k \cdot dt$$

$$\ln c_{Ed} = -k \cdot t + \text{const}$$

Offen bleibt die Größe der Integrationskonstante. Werden allerdings zur Reaktion stimmige Anfangsbedingungen festgelegt (Zeitpunkt $t = 0$, kein Umsatz, also $x(t = 0) = 0$), so kann bestimmt integriert und die Integrationskonstante somit bestimmt werden. Zu Anfang der Reaktion lag dann eine Konzentration $c(0)$ vor, so ergibt sich

$$\int_{c_{Ed}(0)}^{c_{Ed}(t)} \frac{dc_{Ed}}{c_{Ed}} = \int_0^t -k \cdot dt$$

$$\ln c_{Ed}(t) - \ln c_{Ed}(0) = -k \cdot (t - 0) \tag{5.10}$$

$$\ln \frac{c_{Ed}(t)}{c_{Ed}(0)} = -k \cdot t \tag{5.11}$$

Damit ergibt sich für die Abnahme der Konzentration in einer Reaktion erster Ordnung mit diesen Anfangsbedingungen allgemein:

$$c_{Ed}(t) = c_{Ed}(0) \cdot e^{-k \cdot t} \tag{5.12}$$

Diese Zeitabhängigkeit ergibt einen exponentiellen Abfall der Konzentration des Eduktes. Eine größere Geschwindigkeitskonstante führt zu einem schnelleren Rückgang der Konzentration wie im Bild 5.1 dargestellt. Zeitgesetze erster Ordnung sind zum Beispiel für den Abbau von pharmazeutischen Wirkstoffen im Körper relevant (Pharmakokinetik). Damit wird die notwendige Einmaldosis eines Wirkstoffs bestimmt, der dann eine ausreichende Zeit in wirksamer Konzentration im Körper vorhanden sein sollte. Sie können auch bei Reaktionen auftreten, an denen mehr als ein Edukt beteiligt ist. So ist zum Beispiel die Inversion von Rohrzucker zu Fructose und Glucose eine Reaktion erster Ordnung (Saccharose + H_2O → Glucose + Fructose). In einer wässrigen Lösung ist Wasser im großen Überschuss vorhanden, so dass sich seine Konzentration kaum ändert und

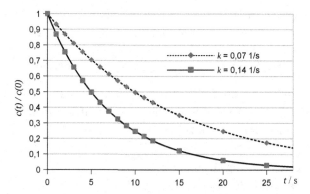

Abb. 5.1 Zeitgesetz für eine Reaktion erster Ordnung, dargestellt ist der exponentielle Abfall der Konzentration eines Eduktes für zwei Geschwindigkeitskonstanten. Je größer diese ist, desto schneller fällt die Konzentration ab.

nahezu konstant ist. Damit hängt diese Reaktion nur noch von der Konzentration der Saccharose ab. Man bezeichnet solche Reaktionen dann als pseudo-erster Ordnung.

Ein Spezialfall von Reaktionen erster Ordnung sind radioaktive Zerfälle. Hier wird oftmals die Teilchenzahl N und nicht die Konzentration angegeben.

$$RG_{N,\text{radioaktiv}} = \frac{dN}{dt} = k \cdot N(t) \tag{5.13}$$

$$N(t) = N(0) \cdot e^{-k \cdot t} \tag{5.14}$$

Bei diesem physikalischem Reaktionstyp wird die Halbwertszeit $t_{1/2}$ als charakteristische Größe angegeben. Sie gibt die Zeit an, nach der nur noch die Hälfte der Kerne übrig bleiben. Deren Beziehung zur Geschwindigkeitskonstanten k ergibt sich aus dem Einsetzen von $t_{1/2}$ und Umformen dahin.

$$N(t_{1/2}) = \tfrac{1}{2} N(0) = N(0) \cdot e^{-k \cdot t_{1/2}}$$

$$\ln 0{,}5 = -k \cdot t_{1/2}$$

$$\frac{-\ln 2}{-k} = t_{1/2}$$

Die Halbwertszeit ist invers proportional mit der Geschwindigkeitskonstante verknüpft (je größer die Halbwertszeit, desto langsamer die Reaktion).

Halbwertszeit bei 1. Ordnung: $\quad \boxed{t_{1/2} = \dfrac{\ln 2}{k} \quad \text{oder} \quad k = \dfrac{\ln 2}{t_{1/2}}} \tag{5.15}$

Sie kann in gleicher Form auch zur Charakterisierung von chemischen Reaktionen oder für die Pharmakokinetik herangezogen werden. Dabei gibt sie die Zeit an, bis die Ausgangskonzentration halbiert ist. Für alle Reaktionen erster Ordnung ist dies besonders praktisch, da diese Halbwertszeiten unabhängig von der Konzentration sind. Damit erfolgt jede weitere Halbierung wiederum nach Ablauf einer Halbwertszeit.

$$\frac{t_{(1/2)^n}}{n} = \frac{n \cdot t_{1/2}}{n} = t_{1/2} = \frac{\ln 2}{k} \tag{5.16}$$

Das heißt, nach zweimal der Halbwertszeit liegt nur noch ein Viertel der Anfangskonzentration vor, nach der dreifachen Halbwertszeit ein Achtel und so weiter (Faktor $1/2^n$).

$$c_{Ed}\,(\text{bei } n \cdot t_{1/2}) = \frac{1}{2^n} \cdot c_{Ed}(0) = 2^{-n} \cdot c_{Ed}(0) \tag{5.17}$$

Damit ist auch abschätzbar, wann das Edukt nahezu vollständig verbraucht ist. Weniger als ein Prozent der Anfangskonzentration liegt nach fünf Halbwertszeiten vor (1/128) und nur noch ein Tausendstel (1/1024) bei $n = 10$.

Anwendungsübung 5.1

Markieren Sie die Halbwertszeiten und deren Vielfache in Abbildung 5.1.

Bei vielen Reaktionen interessiert allerdings viel mehr die Produktseite, also die Produktkonzentrationen c_{Pr}. Über die stöchiometrische Beziehung aus der Reaktionsgleichung und der üblichen Anfangsbedingung, dass zu Anfang kein Produkt vorhanden ist ($c_{Pr}(0) = 0$) kann man entsprechend umformen.

$$Edukt \rightarrow Produkt$$
$$\frac{dc_{Pr}}{dt} = -\frac{dc_{Ed}}{dt} = k \cdot c_{Ed}(t)$$
$$\text{mit } c_{Pr}(t) = c_{Ed}(0) - c_{Ed}(t)$$
$$c_{Pr}(t) = c_{Ed}(0)\,[1 - e^{-k \cdot t}] \tag{5.18}$$

Hier musste jetzt keine Differentialgleichung mehr gelöst werden, da die Lösung für die Eduktseite über die Stöchiometrie bereits die Lösung liefert. Es gilt generell, dass nur einmal der Reaktionsumsatz beschrieben werden muss und damit die anderen Reaktionsteilnehmer mit beschrieben sind. Deshalb kann auch immer über die Reaktionsvariable (oder Reaktionslaufzahl bei Stoffmengen) die Zeitabhängigkeit festgestellt werden.

Anwendungsübung 5.2

Überprüfen Sie die Herleitung für die Zeitabhängigkeit der Produktkonzentration, eventuell auch noch auf alternativem Weg. Bilden Sie als Kontrolle auch den Weg rückwärts ab, indem Sie die Ableitungen für Produkt- und Eduktseite bilden und vergleichen.

Die zeitliche Änderung von Edukt- und Produktkonzentration ist in Abbildung 5.2 dargestellt. Beide Verläufe beinhalten die Reaktionsgeschwindigkeit in Form des Betrages ihrer Steigungen zum jeweiligen Zeitpunkt.

Anwendungsübung 5.3

Erstellen Sie die Herleitung für die Zeitabhängigkeit der Produktkonzentration, wenn die Reaktion als Ed → 2 Pr nach erster Ordnung abläuft. Stellen Sie diese Situation ebenfalls in einem Konzentrations-Zeit-Diagramm dar.

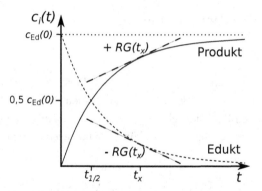

Abb. 5.2 Anstieg der Produktkonzentration in einem Zeitgesetz für eine Reaktion Ed → Pr gemäß erster Ordnung (Gl. 5.18). Der Verlauf ist dann symmetrisch zum Abfall der Konzentration des Eduktes und beide Kurven schneiden sich zur Halbwertszeit. Die Tangenten (gestrichelte Linien) unterscheiden sich nur im Vorzeichen und deren Betrag entspricht der Reaktionsgeschwindigkeit, was für eine ausgewählte Zeit t_x gezeigt ist.

Zum Abschluss der exemplarischen Diagramme soll noch die prinzipielle Bestimmung der Reaktionsgeschwindigkeitskonstante k aus experimentell ermittelten Werten gezeigt werden. Die dafür notwendige Mathematik wurde schon mit Gleichung 5.11 entwickelt. Demnach sollte eine logarithmische Auftragung der Konzentration von einem Edukt, geteilt durch dessen Anfangskonzentration, gegen die Zeit eine Gerade mit der Steigung $-k$ ergeben. In Abbildung 5.3 sind zwei simulierte Beispiele dazu gezeigt.

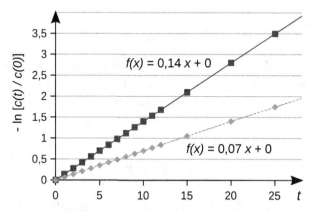

Abb. 5.3 Logarithmierte Grafik der Konzentration eines Eduktes, geteilt durch dessen Anfangskonzentration, gegen die Zeit in einer Reaktion erster Ordnung (gemäß Gl. 5.11). Dargestellt ist der Verlauf der entstehenden Geraden für zwei Geschwindigkeitskonstanten (Steigung der Geraden) mit exakt den simulierten Werten aus Abbildung 5.1.

5.2.3 Weitere Reaktionsordnungen

Reaktionen zweiter Ordnung

Bimolekulare Elementarreaktionen, bei denen zwei Partner zusammenkommen müssen, sind sehr häufige Teilschritte in Reaktionsmechanismen und daher wichtig zu beschreiben. Oft resultieren auch Reaktionsgleichungen mit zwei Edukten in Zeitgesetzen zweiter Ordnung, wenn auch nicht zwingend. Dies können zum Beispiel Reaktionen sein vom Typ:

$$A + B \rightarrow \text{Produkt(e)}$$

$$2A \rightarrow \text{Produkt(e)}$$

Für den allgemeineren Fall von zwei unterschiedlichen Komponenten A und B ergibt sich ein komplexeres Zeitgesetz, da dann beide Edukt-Konzentrationen in die Reaktionsgeschwindigkeit eingehen müssen. Unter der Annahme, dass wie in einer bimolekularen Elementarreaktion, die Wahrscheinlichkeit des Zusammenkommens entscheidend ist, ergibt sich ein Zeitgesetz, das für beide Edukte in erster Ordnung und damit in Summe zweiter Ordnung ist.

$$RG_c = k \cdot c_A \cdot c_B = \frac{dx}{dt} \tag{5.19}$$

Die Umsätze lassen sich über die stöchiometrische Kopplung am besten mit der Reaktionsvariablen x darstellen.

$$RG_c = \frac{dx}{dt} = k(c_A(0) - x)(c_B(0) - x) \tag{5.20}$$

Durch Trennung der Variablen ergibt sich

$$\frac{dx}{(c_A(0) - x)(c_B(0) - x)} = k \, dt \tag{5.21}$$

Als Variablen verbleiben die Zeit t und der zeitabhängige Umsatz, für Konzentrationen die Reaktionsvariable x. Die restlichen Größen sind Konstanten, somit ist die Differentialgleichung lösbar. Die Integration ist mathematisch aufwändiger und erfolgt in diesem Fall durch Partialbruchzerlegung. Der abschließende Ausdruck ist schon etwas komplexer als bei der ersten Ordnung.

$$\frac{1}{c_B(0) - c_A(0)} \ln \frac{c_A(0) \cdot (c_B(0) - x)}{c_B(0) \cdot (c_A(0) - x)} = k \cdot t \tag{5.22}$$

Dieser Ausdruck sieht auch deutlich anders aus als bei einer Reaktion erster Ordnung. Prinzipiell erwarten wir aber ähnliche Verläufe, mit Konzentrationen (oder Stoffmengen), die für Edukte im zeitlichen Verlauf abnehmen. Dabei sollte die Steigung immer flacher werden und einem Grenzwert zustreben. Bevor dies grafisch abgebildet wird, soll die Gleichung noch ein wenig umgeformt werden, damit Ähnlichkeiten auch hier schon gesehen werden können.

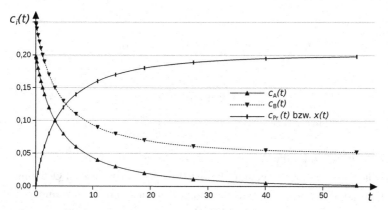

Abb. 5.4 Verlauf der zeitabhängigen Konzentrationen beziehungsweise der Reaktionsvariable für eine Reaktion zweiter Ordnung, wobei zwei Edukte jeweils mit erster Ordnung beitragen sollen (A + B → Produkt(e)). Die Eduktkonzentrationen sind unterschiedlich und verlaufen daher parallel (was aufgrund optischer Täuschung eher anders wahrgenommen wird).

$$\frac{c_B(0) \cdot (c_A(0) - x)}{c_A(0) \cdot (c_B(0) - x)} = \exp\left[-k \cdot t \cdot \frac{1}{c_B(0) - c_A(0)}\right] \tag{5.23}$$

$$\frac{c_B(0)}{c_A(0) \cdot c_B(t)} \cdot c_A(t) = \exp\left[-k \cdot t \cdot \frac{1}{c_B(0) - c_A(0)}\right] \tag{5.24}$$

Die letzte Umformung ähnelt schon wieder mehr der Gleichung 5.12. Wenn dieser zeitliche Verlauf grafisch abgebildet wird, ist bei den Anfangsbedingungen zunächst festzulegen, welches Edukt im Unterschuss vorliegt. Gleiche Anfangskonzentrationen sind aufgrund des in Gleichung 5.22 gleich null werdenden Nenners ausgeschlossen. Des Weiteren ist es für die Darstellung einfacher die Reaktionsvariable x (oder -laufzahl) vorzugeben und damit die zugehörige Zeit nach Gleichung 5.22 zu berechnen. Ein exemplarisches Beispiel ist in Abbildung 5.4 gezeigt. Die Konzentrationsverläufe der beiden Edukte sind parallel. Der Verlauf für die Reaktionsvariable kann durch Spiegelung des Verlaufes für die Unterschusskomponente erzeugt werden.

 Anwendungsübung 5.4

Stellen Sie Gleichung 5.22 in einer Tabellenkalkulationssoftware grafisch dar (Tipp: Hier ist es viel einfacher x vorzugeben und die zugehörige Zeit zu berechnen). Reproduzieren Sie dabei den Verlauf beider Eduktkonzentrationen sowie den Verlauf der Reaktionsvariablen wie in Abb. 5.4. Modifizieren Sie dann die Parameter und lesen jeweils die erste und zweite Halbwertszeit ab.

Wird die Halbwertszeit mit der Zeit zur Viertelung verglichen, so fällt auf, dass diese entgegen der Erfahrung für die Reaktion erster Ordnung nicht identisch sind. Dies lässt sich auch aus Gleichung 5.22 weiterentwickeln. Dabei soll A die Unterschusskomponente sein.

$$\frac{1}{c_B(0) - c_A(0)} \ln \frac{c_A(0) \cdot (c_B(0) - 0,5c_A(0))}{c_B(0) \cdot 0,5c_A(0)} = k \cdot t_{1/2}$$

$$\text{durch Umformen:} \quad \frac{\ln[2 - 0,5c_A(0)/c_B(0)]}{k \cdot (c_B(0) - c_A(0))} = t_{1/2} \neq \frac{\ln 2}{k} \tag{5.25}$$

$$\text{Näherung für sehr große } c_B(0): \quad \frac{\ln 2}{k \cdot c_B(0)} = t_{1/2}$$

In Gl. 5.25 fällt auf, dass die Anfangskonzentrationen mit in die Berechnung der Halbwertszeit eingehen und diese viel komplexer ist als im Fall der ersten Ordnung (Gl. 5.16). Eine fortgesetzte Anwendung der Halbierung ist nicht möglich oder anders gesprochen, die Halbwertszeit gilt nur für diesen einen Punkt und nicht mehr für den ganzen Reaktionsverlauf wie im Fall der ersten Ordnung. Bei weiterer Betrachtung wird hier ebenfalls klar, dass die Reaktionsgeschwindigkeitskonstante für Reaktionen zweiter Ordnung eine andere Einheit hat als bei erster Ordnung. Es ist nunmehr nicht nur eine Rate, sondern beinhaltet auch eine Konzentration.

Um einiges komplizierter werden die genannten Gesetze, wenn die Edukte nicht mit stöchiometrischen Faktoren vom Betrag 1 auftreten, hier sei auf die Lehrbuchliteratur hingewiesen, z. B. Wedler und Freund (2012).

Reaktionen nullter Ordnung

Ein Sonderfall sind Reaktionen, bei denen das Zeitgesetz unabhängig von der Konzentration der Edukte ist. Dies kann der Fall sein, wenn andere Rahmenbedingungen als Konzentration oder Stoffmenge eine Reaktion maßgeblich steuern oder die reagierende Komponente ständig nachgebildet wird (z.B. durch Kopplung mehrerer Schritte). Dadurch hat das Edukt eine konstante Konzentration am Reaktionsort und seine Konzentration geht nicht in das Zeitgesetz ein. Die Reaktionsgeschwindigkeit ist eine Konstante. Für die Konzentrationsänderung einer Reaktion Ed $\rightarrow$ Pr ergeben sich so einfache Beziehungen.

$$\frac{dx}{dt} = \frac{1}{\nu_{Ed}} \frac{dc_{Ed}}{dt} = -\frac{dc_{Ed}}{dt} = k \tag{5.26}$$

Durch Integration ergibt sich:

$$x = c_{Ed}(0) - c_{Ed}(t) = k \cdot t \tag{5.27}$$

Das Zeitgesetz ist also eine Geradengleichung. Daraus lässt sich auch die Halbwertszeit für eine Reaktion nullter Ordnung unter der Vorgabe $x = 0,5 \cdot c_{Ed}(0)$ für $t_{1/2}$ leicht entwickeln.

$$x = 0,5 \cdot c_{Ed}(0) = k \cdot t_{1/2}$$

$$t_{1/2} = \frac{0,5 \cdot c_{Ed}(0)}{k} \neq \frac{\ln 2}{k} \quad \text{für 0. Ordnung} \tag{5.28}$$

Demnach findet die zweite Halbierung in der Hälfte der ersten Halbwertszeit statt und so weiter. Daraus und dem folgenden Anwendungsbeispiel 5.2 sollte erkennbar sein, dass eine Reaktion nullter Ordnung keine konstante Halbwertszeit besitzt. Tatsächlich müsste nach erneutem Ablauf dieser Zeit alles weitere Edukt verbraucht sein.

Beispiel 5.2
Die Elimination von Alkohol im Körper erfolgt durch enzymatische Oxidation. Allgemein ist bekannt, dass dabei etwa 0,1 Promille der Ethanolkonzentration pro Stunde abgebaut wird. Dies ist eine konstante Rate, die sich zeitlich nicht ändert (zumindest so lange, wie noch relativ viel Ethanol vorhanden ist). Dies liegt daran, dass das katalysierende Enzym Alkoholdehydrogenase limitiert ist, und alle seine Bindungsplätze belegt sind. Diese Rate ist für jeden Menschen leicht verschieden und hängt von der individuellen Enzymausstattung ab.
Hat jemand 1,0 Promille, braucht es also ungefähr fünf Stunden, um unter die in vielen Ländern vorgeschriebene 0,5 Promille zu kommen. Allerdings ist nach weiteren 5 Stunden noch nicht der gesamte Alkohol abgebaut, da der Mechanismus bei geringen Mengen nach höherer Ordnung abläuft (und dadurch langsamer wird). ∎

Eine ähnliche Situation wie in Beispiel 5.2 kann vorliegen, wenn die Reaktion an einer begrenzten Oberfläche stattfindet.

5.2.4   Einfluss der Reaktionsordnung

Außer bei der Reaktion nullter Ordnung ähneln sich die zeitlichen Verläufe zur Abnahme der Konzentration (Stoffmenge) der Edukte. Obwohl die mathematische Beschreibung recht unterschiedlich aussieht. Nur der Grenzfall einer Reaktion nullter Ordnung ist leicht zu unterscheiden. Um nur den Einfluss der Reaktionsordnung zu erkennen, werden die Zeitgesetze für Reaktionen von der nullten bis zur dritten Ordnung hier normiert und zusammengefasst dargestellt. Für die Vergleichbarkeit soll der Fall angenommen werden, dass alle Edukte denselben stöchiometrischen Faktor von -1 aufweisen. Diese Vereinfachung hilft, die mathematischen Gesetzmäßigkeiten direkt zu vergleichen, weil jeweils ein Edukt unter vergleichbaren Bedingungen betrachtet wird.

Vergleich (normierter) ganzzahliger Reaktionsordnungen

Um einen Vergleich vorzunehmen, können nur bedingt die bisherigen Lösungen benutzt werden. Für die nullte und erste Ordnung handelte es sich jeweils um ein Edukt, das mit der Zeit abreagiert ist. Bei der zweiten Ordnung ergibt sich schon ein Unterschied, wenn bei zwei Edukten eines im Überschuss vorhanden ist oder einen anderen stöchiometrischen Faktor aufweist. Daher werden die Reaktionen höherer Ordnung für diesen

Tab. 5.1 Vergleich normierter ganzzahliger Reaktionsordnungen; für die Normierung sollen alle Edukte den stöchiometrischen Faktor -1 haben und deren Konzentrationen werden als gleich angenommen (Achtung!: damit gelten die Angaben insbesondere für die Ordnungen zwei und drei nicht allgemein). Vergleichen Sie zum zeitlichen Verlauf der Konzentrationen die Abb. 5.5.

Ordn.	RG_c	$[k_c]$	$k_c \cdot t$	$c(t)$	$t_{1/2}$
0	k_c	$\frac{\text{mol} \cdot \text{L}^{-1}}{\text{s}}$	$c(0) - c(t)$	$c(0) - k_c \cdot t$	$k_c^{-1} \cdot \frac{1}{2}c(0)$
1	$k \cdot c$	$\frac{1}{\text{s}}$	$\ln \frac{c(0)}{c(t)}$	$c(0) \cdot e^{-k \cdot t}$	$k^{-1} \cdot \ln 2$
2	$k_c \cdot c^2$	$\frac{\text{mol}^{-1} \cdot \text{L}}{\text{s}}$	$c^{-1}(t) - c^{-1}(0)$	$\left[c^{-1}(0) + k_c \cdot t \right]^{-1}$	$k_c^{-1} \cdot c^{-1}(0)$
3	$k_c \cdot c^3$	$\frac{\text{mol}^{-2} \cdot \text{L}^2}{\text{s}}$	$\frac{1}{2}\left[c^{-2}(0) - c^{-2}(t) \right]$	$\left[c^{-2}(0) + 2\,k_c \cdot t \right]^{\frac{1}{2}}$	$k_c^{-1} \cdot \frac{3}{2}c^{-2}(0)$

Fall normiert. Wir werden sehen, dass sich daraus ein Zusatznutzen für die Beziehungen ergeben wird.

Die normierte Reaktion zweiter Ordnung (Stöchiometrie 1 : 1 und gleiche Anfangskonzentrationen) verhält sich wie folgt:

$$RG_c = \frac{\mathrm{d}x}{\mathrm{d}t} = -\frac{\mathrm{d}c_\mathrm{A}}{\mathrm{d}t} = -\frac{\mathrm{d}c_\mathrm{B}}{\mathrm{d}t} = k \cdot c_\mathrm{A} \cdot c_\mathrm{B} = k \cdot c_\mathrm{A}^2 = k \cdot (c_\mathrm{A}(0) - x)^2 \qquad (5.29)$$

Nach Trennung der Variablen und Integration ab dem Zeitpunkt $t = 0$ ergibt sich eine deutlich einfachere Beziehung als bei der Lösung nach Gleichung 5.22.

$$\frac{1}{c_\mathrm{A}} - \frac{1}{c_\mathrm{A}(0)} = k \cdot t \qquad (5.30)$$

Im Anschluss lässt sich eine Reaktion dritter Ordnung mit drei Edukten, die jeweils mit erster Ordnung eingehen (Typ A + B + C $\to$ Produkte) und alle drei die gleiche Anfangskonzentrationen aufweisen, zügig analog lösen. Unter diesen vereinfachten Anfangsbedingungen ergibt sich folgendes Beziehung:

$$\frac{1}{c_\mathrm{A}^2} - \frac{1}{c_\mathrm{A}^2(0)} = 2\,k \cdot t \qquad (5.31)$$

Analog könnte jetzt auch weiter für vierte oder fünfte Ordnung entwickelt werden. Diese Lösungen reichen uns aber bereits, um die Prinzipien zu veranschaulichen. Tabelle 5.1 stellt die Ergebnisse einander gegenüber.

Bei näherer Betrachtung sind einige Unterschiede und Trends in Tabelle 5.1 erkennbar. Interessant sind zum Beispiel, dass die unterschiedlichen Einheiten der jeweiligen Geschwindigkeitskonstanten eindeutig einer Reaktionsordnung zugeordnet werden können. So ist die Einheit der Reaktionsgeschwindigkeitskonstante erster Ordnung unabhängig von der Konzentration (wie auch Stoffmenge, deswegen dort ganz ohne Index). Allgemein erniedrigt sich die Potenz der Konzentration innerhalb dieser Einheit ab nullter Ordnung jeweils um eins.

Analog, aber invertiert, verhält es sich mit der Halbwertszeit, da diese den Kehrwert der Reaktionsgeschwindigkeitskonstanten beinhaltet. Nur bei der Reaktion erster Ordnung ist die Halbwertszeit alleine von der Reaktionsgeschwindigkeitskonstanten abhängig. Bei allen anderen Reaktionsordnungen spielt die Edukt-Anfangskonzentration

Tab. 5.2 Halbwertszeiten für verschiedene Reaktionen erster Ordnung (Quellen, u. a.: Ackermann (1992); Aktories und Forth (2005)). Beachten Sie die sehr unterschiedlichen Größenordnungen.

Reaktion	$t_{1/2}$	Anwendung
Zerfall von ^{235}U unter α-Strahlung	$7 \cdot 10^8$ a	Kernkraftwerke
Zerfall von ^{14}C unter β-Strahlung	5730 a	Altersbestimmung
Abbau von humanem Albumin	19 d	Wichtigstes Blutprotein
Zerfall von ^{32}P unter β-Strahlung	14,3 d	DNA-Markierung
Zerfall von ^{131}I unter β/γ-Strahlung	8 d	Schilddrüsendiagnostik
Loratadin-Abbau (Antihistaminikum)	12 h	Allergie-Therapie
Zerfall von ^{99m}Tc unter γ-Strahlung	6 h	Nuklearmedizin
Metabolisierung von Coffein bei Erwachsenen	5 h	Genussmittel
Elimination von Salicylsäure aus dem Körper	3 bis 6 h	Schmerzmittel
Heparin-Abbau (Gerinnungshemmer)	1 bis 5 h	Thrombosetherapie
Kokain-Abbau	45 min	Suchtmittel
Hydrolyse von Acetylsalicylsäure zu Salicylsäure	15 min	Wirkstoff-Aktivierung
Abbau von humanem Insulin (Peptidhormon)	10 min	Glucose-Regul., Diabetes

neben dieser ebenfalls eine Rolle. Wie man sieht, ändert sich der Einfluss der Edukt-Anfangskonzentration mit der Reaktionsordnung, und zwar in der Potenz (eins, null, minus eins, minus zwei oder allgemein mit $-(n-1)$).

Dementsprechend ist nur bei der Reaktion erster Ordnung die Halbwertszeit allgemein für den gesamten Verlauf gültig und gibt gemäß Gleichung 5.16 auch Zeiten für Viertelung, Achtelung und so weiter an. Bei Reaktionen nullter Ordnung sinkt dagegen die Halbwertszeit im Reaktionsverlauf und bei Reaktionen höherer Ordnung steigt sie an.

 Obacht 5.2

Radioaktiver Zerfall erfolgt praktisch immer nach erster Ordnung. Häufig werden Halbwertszeiten aber auch bei Reaktionsordnungen ungleich eins oder komplexeren Reaktionsmechanismen angegeben (insbesondere in der Pharmakokinetik von Wirkstoffen, Näheres in Aktories und Forth (2005, S. 69)), obwohl die Aussage von Reaktionsgeschwindigkeitskonstanten und der Reaktionsordnung weitreichender wäre. Dort ist Vorsicht geboten, vor vorschneller Umrechnung der Halbwertszeit in eine Reaktionsgeschwindigkeitskonstante.

Die Unterschiede in den Konzentrationsverläufen ganzzahliger Reaktionsordnungen können besser in einer Grafik veranschaulicht werden (siehe dazu Abb. 5.5). Um den Vergleich zu ermöglichen, müssen die Startbedingungen vereinfacht werden. So kann durch die Gleichsetzung der Anfangskonzentrationen aller Edukte auf 1 mol/L eine deutliche Vereinfachung erreicht werden, da die zeitlichen Konzentrationsverläufe für alle Eduk-

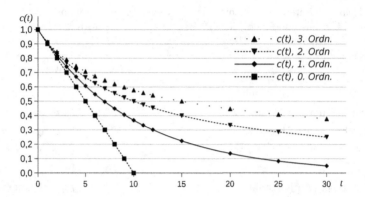

Abb. 5.5 Vergleich von normierten Zeitgesetzen bezüglich der anteiligen ganzzahligen Reaktionsordnung für ein Edukt gemäß Tabelle 5.1. Dargestellt ist die zeitabhängige Konzentration dieses Eduktes für eine Reaktion nullter, erster, zweiter und dritter Ordnung, wobei alle dieselbe Anfangskonzentration haben. Alle Verläufe starten somit auch mit der gleichen Anfangsgeschwindigkeit. Je höher die Ordnung, desto langsamer der Abfall der Konzentration.

te gleich werden. Zusätzlich werden alle Anfangsgeschwindigkeiten gleich groß, indem die Anfangskonzentration mit 1 mol/L vorgegeben wird und die Beträge der Reaktionsgeschwindigkeitskonstanten jeweils gleich angenommen werden (wobei die Einheiten entsprechend der Reaktionsordnung ausfallen).

Für alle Reaktionsordnungen in Abb. 5.5 ist durch die Normierung dieselbe Reaktionsgeschwindigkeit zu Anfang gegeben. Je höher die Ordnung ist, desto stärker wird diese im weiteren Verlauf abgebremst. Dies liegt daran, dass sich der Bremseffekt von sinkenden Eduktkonzentrationen immer stärker auswirkt, wenn hier die Ordnung ansteigt. Bis auf die Reaktion nullter Ordnung sind aber alle Funktionen sehr ähnlich, trotz der nicht gerade auf den ersten Blick ähnlich anmutenden mathematischen Beschreibung (5.1). Alle haben eine kontinuierlich abnehmende Steigung (Reaktionsgeschwindigkeit) und sind dadurch gleichartig gekrümmt. Nur die Stärke der Krümmung ist das Unterscheidungsmerkmal, wodurch verständlich wird, dass die experimentelle Bestimmung von Reaktionsordnungen nicht einfach ist.

5.2.5 Experimentelle Bestimmung von Reaktionsordnungen

Um das Geschwindigkeitsgesetz experimentell zu bestimmen, müssen Messwerte der Konzentrationen zu unterschiedlichen Zeitpunkten bestimmt werden. Dann kann geprüft werden, welcher Gesetzmäßigkeit gemäß dem vorhergehenden Abschnitt die Messwerte entsprechen. Nach den im vorigen Abschnitt gezeigten theoretischen Verläufen (Abb. 5.5) bedarf es dazu relativ vieler Punkte, die hinreichend präzise sein sollten.

- Lineare Regression (am genauesten, bei vielen Messwerten, siehe Abschnitt 7.4)
  Alle Zeitgesetze können nach $k \cdot t$ aufgelöst werden und unterscheiden sich in der Art der Abhängigkeit der Reaktionsgeschwindigkeit von der Zeit. Für die passende

Reaktionsordnung sollte eine entsprechende grafische Auftragung eine Gerade ergeben, deren Steigung der Geschwindigkeitskonstanten entspricht. Für eine Reaktion erster Ordnung wäre dies zum Beispiel ln c(Edukt) gegen die Zeit.

- Berechnung der Geschwindigkeitskonstanten (bei wenigen Messwerten)
  Analog zu der grafischen Auftragung kann die Gleichung auch umgestellt werden nach der Geschwindigkeitskonstanten. Für unterschiedliche Wertepaare (c und t), sollte sich dann tatsächlich eine Konstante ergeben, unabhängig von der Zeit und der sich zeitlich ändernden Konzentrationen. Zum Beispiel für eine Reaktion zweiter Ordnung:

$$k(\mathrm{n} = 2) = t^{-1}(c_{\mathrm{Ed}}^{-1}(t) - c_{\mathrm{Ed}}^{-1}(0)) \tag{5.32}$$

- Bestimmung der Halbwertszeiten (manchmal gut zur Abschätzung)
  Die Ermittlung der Zeit, nach der die Ausgangskonzentration (oder –stoffmenge) eines Eduktes auf die Hälfte reduziert wurde, entspricht der experimentell bestimmten Halbwertszeit. Diese ist je nach Reaktionsordnung unterschiedlich, wie im vorherigen Abschnitt exemplarisch für vereinfachte Bedingungen berechnet wurde (s. Tab. 5.1).

Nehmen viele Edukte an der Reaktion teil, so kann es sinnvoll sein, die anteilige Reaktionsordnung je Edukt zu bestimmen. Dazu gibt man alle anderen Edukte in so großem Überschuss zu, dass dann praktisch nur noch die Konzentration des ausgewählten Eduktes die Änderung der Reaktionsgeschwindigkeit ausmacht.

$$RG_c = k \cdot c_{\mathrm{EdA}}^a \cdot c_{\mathrm{EdB}}^b \cdot \ldots \approx k' \cdot c_{\mathrm{EdA}}^a \tag{5.33}$$

Dieses Verfahren kann dann für alle weiteren Edukte entsprechend durchgeführt werden. Trotz allem ist es nicht immer einfach, die Reaktionsordnung zu bestimmen. Insbesondere die Möglichkeit von Rückreaktionen kann die experimentellen Werte deutlich beeinflussen. In diesen Fällen ist es sinnvoll, nur noch die Anfangsgeschwindigkeiten zu bestimmen. Da in dieser Phase noch wenig Produkt gebildet ist, gibt es auch noch keine nennenswerte Möglichkeit zur Rückreaktion. Die Anfangsgeschwindigkeit ist abhängig von den Ausgangskonzentrationen der Edukte.

$$RG_c(0) = k \cdot c_{\mathrm{EdA}}^a \cdot c_{\mathrm{EdB}}^b \cdots \tag{5.34}$$

Durch Logarithmieren erhält man eine Summe.

$$\log[RG_c(0)] = \log k + a \cdot \log c_{\mathrm{EdA}}(0) + b \cdot \log c_{\mathrm{EdB}}(0) + \ldots \tag{5.35}$$

Nun kann man jeweils eine der Anfangskonzentrationen verändern und den Einfluss auf die Reaktionsgeschwindigkeit erfassen. Es ergibt sich eine Geradengleichung mit der Reaktionsordnung bezüglich dieses Edukts als Steigung.

Oftmals ergibt sich aus der experimentellen Bestimmung eine andere Reaktionsordnung als es die Reaktionsgleichung vermuten lässt. Dies liegt daran, dass die meisten Reaktionen in mehreren Stufen ablaufen und die langsamste Teilreaktion geschwindigkeitsbestimmend ist (*„bottleneck"* oder „Flaschenhals"). Dies kann auch zu nicht ganzzahligen Ordnungen führen, was insbesondere bei beteiligten Gasen keine Seltenheit ist.

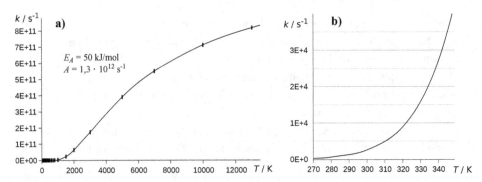

Abb. 5.6 Beispielhafter Verlauf der Arrhenius-Gleichung, mit **(a)** bis zu sehr großen Temperaturen und **(b)** Ausschnitt um Raumtemperatur. Die Aktivierungsenergie E_A und der Stoßfaktor A nach Arrhenius sind für beide Teile gleich groß (in etwa entsprechend zu Satz 5.3).

5.3 Temperatureinfluss auf Reaktionsgeschwindigkeiten

5.3.1 Arrhenius-Verhalten

Die Konzentrationen werden durch die Temperatur praktisch nicht geändert, die Temperatur übt ihren Einfluss über die Geschwindigkeitskonstanten k auf die Reaktionsgeschwindigkeit aus. Diese sind entgegen ihrem Namen bei veränderlicher Temperatur keine Konstanten mehr. Van't Hoff postulierte bereits 1884 einen exponentiellen Einfluss der Temperatur (Laidler, 1993). Arrhenius hat diese Idee kurz darauf in 1889 wesentlich erweitert, indem er eine sogenannte Aktivierungsenergie E_A einführte, die den exponentiellen Verlauf bestimmt. Die Geschwindigkeitskonstante k ist nach der **Arrhenius-Gleichung** exponentiell abhängig von der Temperatur und dabei ein Bruchteil von dem Maximalwert, dem sogenannten Stoßfaktor A.

$$k = A \cdot \exp\left(\frac{-E_\mathrm{A}}{RT}\right) \qquad \textbf{Arrhenius-Gleichung} \qquad (5.36)$$

A wird auch **präexponentieller** oder **Frequenz-Faktor** genannt und kann in erster Näherung als temperaturunabhängig angenommen werden. Dieser gibt eine hypothetische maximale Geschwindigkeitskonstante an, wenn beliebig viel thermische Energie zur Verfügung stünde. Der zugehörige grafische Verlauf ist abhängig von der Aktivierungsenergie und der Temperatur. Ein Beispiel ist in Abbildung 5.6 gezeigt.

Die Arrhenius-Gleichung besagt, dass unterhalb von sehr großen Temperaturen nur ein Bruchteil der Moleküle eine ausreichende thermische Energie (s. Tab. 5.3) besitzt um zu reagieren. Dieser Bruchteil ergibt sich auch aus der Boltzmann-Verteilung (siehe dazu den Folgeabschnitt 5.3.2). Bei Raumtemperatur verfügt nur ein kleiner Bruchteil der Teilchen über eine deutlich höhere Energie als die mittlere thermische Energie E_avg. Der Bruchteil der reaktiven Teilchen ergibt sich aus dem Verhältnis der Aktivierungsenergie

Tab. 5.3 Mittlere molare thermische Energie ($E_{\mathrm{avg}} = R \cdot T$) für ausgewählte Temperaturen und vergleichbare chemische Wechselwirkungsenergien (WwEn.), vgl. dazu auch Tab. 5.4.

Bezugspunkt	Temperatur	$R \cdot T$	Bindungstyp
	K	kJ / mol	
T_{vap} (N$_2$)	77	0,64	nahezu keine WwEn.
$T^{\ominus}$ (thermodyn. Std.)	298	2,5	schwache vdW-WwEn.
Backofen	500	4,2	mittlere vdW-WwEn.
beginnende Rotglut	800	7	starke vdW-WwEn.
Bunsenbrenner	1400	12	schwache H-Brücken-WwEn.
Sonnenoberfläche	5800	48	typische org.-chem. E_A

zu deren mittlerer Energie und ist gleich dem exponentiellen Faktor in der Arrhenius-Gleichung (5.36). Tabelle 5.3 gibt Größenordnungen für die mittlere molare thermische Energie an. Sie ist bei den meisten Reaktionen zu klein, um Bindungen zu lockern, da selbst ein Bunsenbrenner im Mittel nur Wasserstoffbrückenbindungen öffnen kann.

Für den Reaktionsverlauf bedeutet dies, dass, selbst bei einem Energiegewinn aus der Reaktion, die reagierenden Teilchen zunächst eine Aktivierungsenergie E_A überschreiten müssen, damit die Reaktion erfolgreich ablaufen kann (Abb. 5.7). Woher diese relativ großen Energien entnommen werden können, wird im Folgeabschnitt 5.3.2 erläutert. Nach dem klassischen Bild der Physik sollte eine Reaktion mit Umbau von kovalenten Bindungen gar nicht möglich sein.

Was ist nun eine hohe Aktivierungsenergie? Zur Zeit von Arrhenius gab es noch kein stabiles Gedankengebäude zur Thermodynamik. Mittlerweile ist bekannt, dass Bindungsstärken thermodynamisch als Bindungsenthalpien oder -energien angegeben werden. In Tabelle 5.4 finden sich dafür einige typische Beispiele. Dabei haben kovalente Bindungen die höchsten Bindungsenergien zwischen zwei Atomen und deren Öffnung erzwingt langsame Reaktionen.

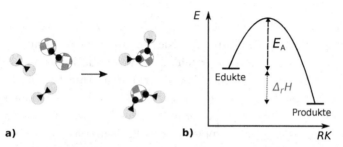

Abb. 5.7 Beispielhafter Reaktionsverlauf, mit **(a)** Änderung von Bindungen und **(b)** energetischem Verlauf (RK: Reaktionskoordinate, in Richtung derer die Reaktion zeitlich abläuft). Die Edukte liegen beispielhaft bei höherer Enthalpie vor als die Produkte. Zur Reaktion muss die Hürde der Aktivierungsenergie E_A nach Arrhenius (entspricht näherungsweise einer Aktivierungsenthalpie unter Lockerung von Bindungen) überschritten werden.

Satz 5.2

Die Aktivierungsenergie ist unabhängig von der thermodynamischen Potentialdifferenz für die Reaktion. Die Aussage, ob eine Reaktion aus thermodynamischer Sicht abläuft, sagt also noch wenig über die Reaktionsgeschwindigkeiten aus. Die Thermodynamik vergleicht nur Anfangs- und Endzustand. Die Reaktionskinetik hängt dagegen von dem Weg ab, auf dem die Edukte in Produkte umgewandelt werden. Dabei kann es zum Beispiel nötig sein, starke Bindungen zu brechen, bevor neue geknüpft werden. Solche Vorgänge führen dann zu einer hohen Aktivierungsenergie und zu geringen Reaktionsgeschwindigkeiten.

Typische Aktivierungsenergien für kleinere Moleküle liegen bei 30 bis 250 kJ/mol, das heißt, einzelne kovalente Bindungen werden zur Reaktion nur merklich gelockert, aber nicht vollständig geöffnet (vgl. Tab. 5.4). Müssen sich viele kovalente Bindungen gleichzeitig umorientieren, läuft die Reaktion unter Umständen bei Raumtemperatur gar nicht mehr ab. Ein Beispiel ist Fensterglas, das thermodynamisch eigentlich polykristallin und demnach trübe sein müsste, aber bei Raumtemperatur metastabil ist. Die zur Kristallisation notwendige gleichzeitige Lockerung vieler Si-O-Bindungen ist erst bei sehr hohen Temperaturen möglich.

Der präexponentielle Vorfaktor A aus Gleichung 5.36 ist mikroskopisch gesehen ein Maß für die Frequenz des richtigen Zusammentreffens der Edukte. Anders betrachtet stellt er den theoretischen Grenzwert für die Geschwindigkeitskonstante bei unendlicher Temperatur dar. Der exponentielle Faktor gibt dagegen die Wahrscheinlichkeit an, dass es bei diesem Zusammentreffen auch zu einer Reaktion kommen kann. Genau genommen kann aus thermodynamischer Sicht eine Aktivierung zur Reaktion als Anhebung der Freien Enthalpie aus dem Gleichgewichtszustand angesehen werden (übliches Symbol: $\Delta_r^{\ddagger} G$). Diese besteht wiederum aus einem Bindungsanteil (Enthalpieänderung $\Delta_r^{\ddagger} H$) und einem Anteil zur räumlichen Orientierung (Entropieänderung $\Delta_r^{\ddagger} S$). Hierzu gibt es die Theorie des aktivierten Komplexes, mit der die von Arrhenius empirisch gefundene Beziehung auch hergeleitet werden kann (Näheres in Wedler und Freund (2012) oder Atkins und de Paula (2013)).

Der Bruchteil der Teilchen in der Energieverteilung nach Maxwell-Boltzmann wird zu hohen Energien sehr klein (Tab. 5.5). Nichtsdestotrotz entspricht dieser noch einer nennenswerten Teilchenzahl, wenn er mit der Avogadro-Konstante multipliziert wird. Diese kleine Anzahl reagiert zu einem Zeitpunkt, um im Anschluss für den Rest wieder die Verteilung für diese Temperatur einzustellen, so erhält die Geschwindigkeitskonstante eine messbare Größe und bleibt bei einer bestimmten Temperatur konstant.

Die Aktivierungsenergie und der präexponentielle Faktor lassen sich experimentell bestimmen, indem zumindest zwei Geschwindigkeitskonstanten logarithmisch gegen die inverse Temperatur aufgetragen werden.

$$\ln \frac{k_i}{\text{Einheit}} = \ln \frac{A}{\text{Einheit}} - \frac{E_A}{RT_i} \qquad (5.37)$$

Tab. 5.4 Typische Bindungsenergien $\Delta_{bond}U$, abgeschätzt für verschiedene chemische Bindungen bei T = 298 K (Quellen: Lide (2006); Wedler und Freund (2012); Binnewies et al. (2011); Klotz und Rosenberg (2008) sowie aus eigenen Berechnungen von Bindungsenergien; die Differenz von $R \cdot T$ zu Bindungsenthalpien spielt aber meist nur eine geringe Rolle). Typische Aktivierungsenergien liegen zwischen den Energien von starken und schwachen Bindungen.

Bindungsarten	Bindung	$\Delta_{bond}U$ kJ / mol
kovalent (dreifach)	N≡N	940
kovalent (doppelt), C-Kette	C=C	610
kovalent (doppelt), Sauerstoff	O=O	490
kovalent, unpolar (kleine Atome)	C-C	345
kovalent, unpolar (mittlere Atome)	S-S	225
kovalent, wenig polar	C-H	410
kovalent, stark polar	O-H	460
kovalent, polar bis ionisch	Si-O	465
ionisch	$Na^+\ ^-Cl$	440
metallisch und kovalent	Fe-Fe	410
überwiegend metallisch	Li-Li	160
- - - - typische Aktivierungsenergien - - - -		E_A =30–250
Aromaten-Dispersion	$C_6H_6 \cdots C_6H_6$	38
Wasserstoffbrücke	$H_2O \cdots H$	24
schwacher Dipol + Dispersion	$H_2S \cdots H_2S$	9
Dispersion (kleines Molekül)	$CH_4 \cdots CH_4$	7
Dispersion (mittelgroßes Edelgas)	Ar $\cdots$ Ar	5

Diese Formulierung ähnelt der Beziehung in Gl. 4.12 für den logarithmisch aufgetragenen Dampfdruck einer reinen Substanz. Dabei muss ebenfalls eine energetische Hürde überwunden werden, in dem Fall, um den Flüssigkeitsverband zu verlassen. Die Bezugsenergie $R \cdot T$ ist in beiden Fällen gleich und entspricht der mittleren molaren thermischen Energie der Teilchen.

Die Steigung der sich ergebenden Gerade hängt also von der Aktivierungsenergie und der Achsenabschnitt vom präexponentiellen Faktor ab. Mathematisch kann die Aktivierungsenergie demnach auch noch anders ausgedrückt werden.

$$E_A = -R \cdot \frac{d \ln k}{d(1/T)} \tag{5.38}$$

Diese Formulierung ist mathematisch ganz analog zu Gl. 4.14 beim Dampfdruck. Wie dort gezeigt, ergibt sich durch Integration zwischen zwei Zuständen 1 und 2 entsprechend:

$$\ln \frac{k_2}{k_1} = \frac{-E_A}{R} \left(\frac{1}{T_2} - \frac{1}{T_1} \right) \tag{5.39}$$

Tab. 5.5 Bruchteil der Teilchen in der Energieverteilung nach Maxwell-Boltzmann bei bestimmten Teilchen-Energien und Temperaturen. Zusätzlich ist der Faktor angegeben, mit dem dieser und damit auch die Reaktionsgeschwindigkeit pro 10 K etwa zunimmt, so kann mit der *RG-T-Regel* in Satz 5.3 verglichen werden.

E_{kin}	E'_{kin}	T_1	T_2	T_3	Faktor
kJ / mol	eV	290 K	300 K	310 K	(je 10 K)
10	0,1	$1{,}5 \cdot 10^{-2}$	$1{,}6 \cdot 10^{-2}$	$1{,}5 \cdot 10^{-2}$	1,1
30	0,3	$6{,}5 \cdot 10^{-6}$	$9{,}4 \cdot 10^{-6}$	$13 \cdot 10^{-6}$	1,4
50	0,5	$2{,}1 \cdot 10^{-9}$	$4{,}0 \cdot 10^{-9}$	$7{,}3 \cdot 10^{-9}$	1,9
70	0,7	$0{,}62 \cdot 10^{-12}$	$1{,}6 \cdot 10^{-12}$	$3{,}7 \cdot 10^{-12}$	2,5
100	1,0	$0{,}29 \cdot 10^{-17}$	$1{,}1 \cdot 10^{-17}$	$3{,}9 \cdot 10^{-17}$	3,8

Anders ausgedrückt, nach Umformung:

$$k_2 = k_1 \cdot \exp\left[\frac{E_A}{R}\left(\frac{1}{T_1} - \frac{1}{T_2}\right)\right] \tag{5.40}$$

Temperaturabhängigkeit von Geschwindigkeitskonstanten

So können Änderungen von Geschwindigkeitskonstanten mit der Temperatur, bei bekannten Arrhenius-Parametern, bestimmt werden (oder Faktoren, wie in Tab. 5.5).

Satz 5.3

RG-T-Regel (nach van't Hoff): Die Geschwindigkeit einer chemischen Reaktion steigt etwa um den Faktor zwei bis drei, wenn die Temperatur, ausgehend von Raumtemperatur, um 10 K erhöht wird (vgl. Tab. 5.5). Diese Schätzung ist in organisch-chemischen Laboren bis heute bewährt.

Anwendungsübung 5.5

Berechnen Sie die Aktivierungsenergie für die in der Organischen Chemie übliche RG-T-Regel in Satz 5.3 und vergleichen Sie dies mit den Werten in Tabelle 5.5. Was können Sie aus dem Vorhandensein der Regel bezüglich der initial zu öffnenden Bindungsstärken schließen? C-H-, C-C-, C-O- und C-N-Bindungen haben Bindungsenergien von 300–400 kJ/mol (siehe auch Tabelle 5.4 und 5.5).

Anwendungsübung 5.6

Ergänzen Sie die Änderungen von Reaktionsgeschwindigkeiten für die in Tabelle 5.5 genannten (Aktivierungs-)Energien, wenn das aktuelle Ziel aus der Klimadiskussion angesetzt wird (2-Grad-Ziel, s. Zellner (2011)). Um welchen Faktor würden sich die Reaktionsgeschwindigkeiten verändern?

Tab. 5.6 Beispielhafte Arrhenius-Parameter für Reaktionen zweiter Ordnung in der Gasphase oder wässriger Lösung (Quelle: Moore und Hummel (1983, S. 456 und 485)).

Reaktion	Phase	A $\mathrm{L\,mol^{-1}\,s^{-1}}$	E_A $\mathrm{kJ/mol}$
$OH^{\cdot} + H_2 \rightarrow H_2O + H^{\cdot}$	(g)	$8 \cdot 10^{10}$	42
$2\,NO_2^{\cdot} \rightarrow 2\,NO^{\cdot} + O_2$	(g)	$2{,}0 \cdot 10^9$	111
$H_2 + H_2C{=}CH_2 \rightarrow H_3C{-}CH_3$	(g)	$1{,}2 \cdot 10^6$	180
$CO_2 + OH^- \rightarrow HCO_3^-$	(aq)	$1{,}5 \cdot 10^{10}$	38
Saccharose $+ H_2O \rightarrow$ Glucose $+$ Fructose	(aq)	$1{,}5 \cdot 10^{15}$	108
$C_2H_5Br + OH^- \rightarrow C_2H_5OH + Br^-$	(aq)	$4{,}3 \cdot 10^{11}$	90

5.3.2 Energieverteilungen nach Maxwell und Boltzmann

Gemäß der Quantenmechanik haben einzelne Teilchen definierte Energiezustände, in denen sie sich befinden können. Eine der ersten Anwendungen für die von Boltzmann angenommene Energieverteilung in einem Vielteilchensystem war die Geschwindigkeitsverteilung nach Maxwell im idealen Gas. Nach Abschnitt 2.3.3 sind die Teilchen im idealen Gas punktförmig angenommen und haben damit nur die drei Freiheitsgrade der Bewegung in den drei Raumrichtungen. Die mittlere molare Energie beträgt daher laut Gleichung 2.29 gerade $1{,}5 \cdot RT$.

Mathematische Beschreibung der Maxwell-Boltzmann-Verteilung

Durch Teilchenstöße untereinander und mit der Wand ist diese Energie aber nicht für alle Teilchen gleich. Es ergibt sich eine Geschwindigkeitsverteilungsfunktion $G(v)$, die nach Maxwell folgendermaßen beschrieben werden kann (siehe Lehrbücher der Physik, z.B. Tipler und Mosca (2009, S. 685ff).

$$\frac{\mathrm{d}N_v}{N_{\mathrm{ges}}} = G(v)\mathrm{d}v = \left(\frac{m}{2\pi kT}\right)^{3/2} \cdot 4\pi v^2 \cdot \exp\left(\frac{-mv^2}{2kT}\right)\mathrm{d}v \qquad (5.41)$$

Diese Verteilung ist teilchenspezifisch, da die Masse des Teilchens neben der Temperatur die Verteilung beeinflusst.

Gemäß den Überlegungen von Boltzmann gilt für den molaren Anteil (Nutzung von R statt k für Einzelteilchen) von Teilchen in einem bestimmten Energiezustand $\mathrm{d}n_E/n_{ges}$ ein exponentieller Zusammenhang mit der Gesamtzahl an Energiezuständen.

$$\frac{\mathrm{d}n(E_i)}{n_{\mathrm{ges}}} = \frac{\exp(-E_i/RT)}{\sum \exp(-E_i/RT)\mathrm{d}E_i} \qquad (5.42)$$

Durch Einsetzen und Ersetzung $E_{\mathrm{kin}} = 1/2mv^2$ ergibt sich die Energie-Verteilung nach Maxwell-Boltzmann, die nur noch die Temperatur als Parameter beinhaltet. Sie

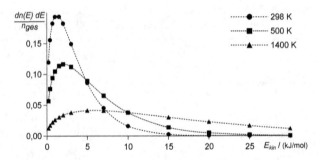

Abb. 5.8 Energieverteilung in Gasen nach Maxwell-Boltzmann. Mit zunehmender Temperatur wird die Verteilung bei gleicher Fläche breiter, vergleiche dazu auch Tab. 5.3.

beschreibt, welcher molare Bruchteil der Teilchen eine bestimmte molare kinetische Energie E_{kin} in sich trägt.

$$\frac{\mathrm{d}n(E_{kin})}{n_{ges}} = 2(RT)^{-3/2} \cdot \left(\frac{E_{kin}}{\pi}\right)^{1/2} \cdot \exp\left(\frac{-E_{kin}}{RT}\right) \mathrm{d}E_{kin} \qquad (5.43)$$

Die Funktion ist in Abbildung 5.8 veranschaulicht. Sie verläuft exponentiell für Energien, die deutlich oberhalb der mittleren thermischen Energie ($\bar{E} = 3/2RT$) liegen. Dabei hängt die mittlere Energie eines Teilchens (oder eines Mol Teilchens) von der Anzahl der Freiheitsgrade im System und der Temperatur ab.

Der Bruchteil der Teilchen die ausreichend Energie haben, ergibt sich aus dem Integral unter dieser Verteilungsfunktion, ab der Aktivierungsenergie bis zu unendlich großen Energien. Aufgrund der sehr kleinen und schnell fallenden Werte in diesem Bereich, kann gezeigt werden, dass dieses Integral wiederum näherungsweise dem Verhältnis der Teilchen mit der Aktivierungsenergie zu denen mit der mittleren Energie $N(E_A)/N(E_{avg})$ entspricht. Dieses Verhältnis ist gleich dem exponentiellen Faktor in der Arrhenius-Gleichung (5.36).

$$E_{avg}(\text{einTeilchen}) = k \cdot T \qquad (5.44)$$

$$E_{avg}(\text{molar}) = R \cdot T \qquad (5.45)$$

$$\frac{N(E)}{N(E_{avg})} = \exp\left(-\frac{E}{E_{avg}}\right) = \exp\left(-\frac{E}{RT}\right) \qquad (5.46)$$

Für Raumtemperatur liegt die mittlere thermische Energie im idealen Gas bei etwa 3,7 kJ/mol (1,5 RT, Gl. 2.29). Es konnte im Weiteren gezeigt werden, dass der Faktor $R \cdot T$ generell (auch bei anderen Aggregatzuständen) einer Abschätzung der mittleren thermischen Energie entspricht. Dann können auch Schwingungen und Rotationen statt Bewegungen im Gas für die Energieverteilung verantwortlich sein. Beispielangaben für mittlere molare thermische Energien wurden bereits in Tabelle 5.3 gezeigt.

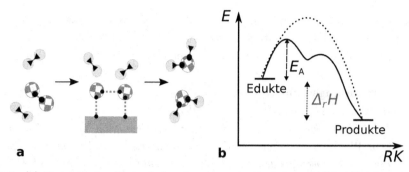

Abb. 5.9 **(a)** Energetischer Verlauf einer katalysierten Reaktion. **(b)** Die Aktivierungsenergie wird durch die Bildung eines Übergangszustandes zwischen Katalysator und Edukt abgesenkt. Die Reaktionsgeschwindigkeit wird damit wesentlich erhöht.

5.3.3 Katalyse

Katalysatoren beschleunigen chemische Reaktionen, ohne selbst in der Reaktion verbraucht zu werden. Diesen Effekt erzielen sie dadurch, dass sie die Aktivierungsenergie einer Reaktion absenken. Wie wird dies erreicht? Katalysatoren bilden mit den Edukten reaktive Übergangszustände. Die Bildung dieser Übergangszustände erfordert eine niedrigere Aktivierungsenergie als die der ursprünglichen Reaktion und diese Übergangszustände können leicht zu den Produkten reagieren.

Die Effektivität von Katalysatoren kann mitunter sehr groß werden. Chemische Katalyse kann ohne Weiteres eine Beschleunigung der Reaktionsgeschwindigkeit um mehrere Zehnerpotenzen erzielen.

$$\frac{k(\text{kat})}{k(\text{ohne})} = \frac{A \cdot e^{\frac{-E_A(\text{kat})}{RT}}}{A \cdot e^{\frac{-E_A(\text{ohne})}{RT}}} = e^{\frac{-E_A(\text{kat})+E_A(\text{ohne})}{RT}} \tag{5.47}$$

$$E_A(\text{kat}) = E_A(\text{ohne}) - RT \ln \frac{k(\text{kat})}{k(\text{ohne})} \tag{5.48}$$

Beispiel 5.3

Die Katalyse des Abbaus von Wasserstoffperoxid läuft in wässriger Lösung ($H_2O_2(aq) \rightarrow H_2O(l) + 0,5\ O_2(g)$) trotz der günstigen Freien Umwandlungsenthalpie ($\Delta_r G^{\ominus} = -35\,\text{kJ/mol}$) relativ langsam ab. Weil mehrere Bindungen zunächst gelöst werden müssen, ergibt sich eine Aktivierungsenergie von 76 kJ/mol, bevor sich die Produkte bilden können. Durch die Benutzung von Platin als Katalysator wird die Reaktion bei 25 °C um den Faktor 20 000 beschleunigt. Die mittlere thermische Energie bei 25°C beträgt $R \cdot T$, also etwa 2,5 kJ/mol. Das heißt, es wird eine Absenkung der Aktivierungsenergie um 26 kJ/mol auf 50 kJ/mol mit Platin als Katalysator erreicht.

∎

Enzyme sind in der Lage, noch deutlich größere Beschleunigungen zu erzielen. Viele biologische Reaktionen haben ohne sie praktisch keine nennenswerte Geschwindigkeit.

Ihre Anwesenheit bewirkt Beschleunigungen in vielen Größenordnungen, so dass Reaktionen, die nahezu keinen Umsatz aufweisen, durch die Anwesenheit des Enzyms sehr schnell ablaufen. Daher haben Enzyme eine so große Bedeutung in Biologie und Technik.

Anwendungsübung 5.7

Betrachten Sie die Katalyse zum Abbau von H_2O_2 aus Beispiel 5.3. Iodid-Ionen führen dabei nur zu einer Beschleunigung um den Faktor 800. Wie groß ist dann die Aktivierungsenergie? Das Enzym Katalase erreicht eine weitaus deutlichere Absenkung auf nur noch 9 kJ/mol. Um etwa welchen Faktor steigert Katalase die Reaktionsgeschwindigkeit?

5.4 Grundtypen von Reaktionsmechanismen

Bislang wurden nur einfache Reaktionen behandelt, die in einem Schritt ohne Rückreaktion erfolgten. Diese erforderten genau einen Reaktionspfeil. Sowohl in der Chemie als auch der Biochemie treten aber in der Regel mehrstufige Reaktionsmechanismen auf, die in der Regel anteilig auch rückwärts ablaufen. Alle diese Mechanismen können auf drei Grundformen zurückgeführt werden:

- Parallelreaktionen: Aus einem Edukt entstehen zeitgleich mehrere Produkte.
- Gleichgewichtsreaktionen: Aus den Produkten bilden sich wieder die Edukte.
- Folgereaktionen: Aus den Produkten bilden sich weitere Folgeprodukte

Diese werden im Folgenden einzeln nacheinander behandelt.

5.4.1 Parallelreaktionen

Der mathematisch am einfachsten nachvollziehbare zusammengesetzte Reaktionsmechanismus ist der parallele Verlauf zweier Reaktionen eines einzigen Eduktes. Es wird so in zwei unabhängigen Reaktionen umgesetzt.

$$\text{Edukt} \xrightarrow{k_1} \text{Produkt 1} \quad \text{sowie}$$

$$\text{Edukt} \xrightarrow{k_2} \text{Produkt 2}$$

Die Reaktionen sollen beide nach erster Ordnung, mit den Geschwindigkeitskonstanten k_1 und k_2, ablaufen. Damit müssen zwei Geschwindigkeitsgesetze kombiniert werden, um den Verbrauch vom Edukt zu beschreiben.

$$\frac{dc_{Pr1}}{dt} = k_1 \cdot c_{Ed}(t) \quad \text{und} \quad \frac{dc_{Pr2}}{dt} = k_2 \cdot c_{Ed}(t)$$

$$-\frac{dc_{Ed}}{dt} = \left(\frac{dc_{Pr1}}{dt} + \frac{dc_{Pr2}}{dt} \right) = (k_1 + k_2) \cdot c_{Ed}(t) = k^{eff} \cdot c_{Ed}(t) \tag{5.49}$$

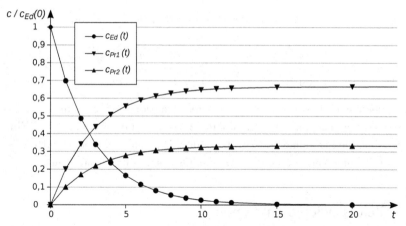

Abb. 5.10 Zeitlicher Verlauf einer Parallelreaktion zu zwei Produkten. Die Produkte bilden sich im Verhältnis zwei zu eins, weil beispielhaft $k_1 = 2 \cdot k_2$ gewählt wurde. Nach Ablauf der Reaktion $(t > 15)$ sind so zwei Drittel vom Edukt in Pr1 und ein Drittel in Pr2 umgewandelt.

Der Gesamtverbrauch des Eduktes hängt damit von der Summe der Geschwindigkeitskonstanten k^{eff} ab. So lässt sich auch eine effektive Halbwertszeit $t_{1/2}^{\mathrm{eff}}$ angeben. Diese gilt auch für mehr als zwei parallele Reaktionen.

$$t_{1/2}^{\mathrm{eff}} == \frac{\ln 2}{k^{\mathrm{eff}}} = \frac{\ln 2}{\sum k_i} \tag{5.50}$$

Die Konzentrationsverläufe ergeben sich erneut durch Integration dieser Gesetzmäßigkeiten zwischen null und t. Dabei soll vereinfachend nur Edukt bei $t = 0$ vorliegen und keine Produkte. Der zeitliche Verlauf der Eduktkonzentration ähnelt sehr dem Ergebnis für eine einfache Reaktion gemäß Gl. 5.12.

$$c_{\mathrm{Ed}}(t) = c_{\mathrm{Ed}}(0) \cdot \exp\left[-(k_1 + k_2) \cdot t\right] = c_{\mathrm{Ed}}(0) \cdot \exp(-k^{\mathrm{eff}} \cdot t) \tag{5.51}$$

Die Lösung für beide Produktkonzentrationen ergibt sich nach Einsetzen des Ergebnisses in deren jeweilige Differentialgleichung und nachfolgender Integration.

$$c_{\mathrm{Pr1}}(t) = \frac{k_1}{k_1 + k_2} \cdot c_{\mathrm{Ed}}(0) \cdot \left(1 - \exp\left[-(k_1 + k_2) \cdot t\right]\right) \tag{5.52}$$

$$c_{\mathrm{Pr2}}(t) = \frac{k_2}{k_1 + k_2} \cdot c_{\mathrm{Ed}}(0) \cdot \left(1 - \exp\left[-(k_1 + k_2) \cdot t\right]\right) \tag{5.53}$$

 Anwendungsübung 5.8

Sollten Ihnen die Herleitungen der obigen Gleichungen nicht ganz klar sein, überprüfen Sie deren Integrationswege.

Der Verlauf sieht für beide Produktkonzentrationen aus wie bereits für die Reaktion erster Ordnung beschrieben. Nur wird nicht 1 : 1 in ein Produkt überführt (Abb. 5.10).

Betrachtet man das Endergebnis der Reaktion (bei $t \to \infty$), vereinfacht sich das Bild:

$$\lim_{t \to \infty} c_{\mathrm{Pr1}} = \frac{k_1}{k_1 + k_2} \cdot c_{Ed}(0) = \frac{k_1}{k^{\mathrm{eff}}} \cdot c_{Ed}(0) \tag{5.54}$$

$$\lim_{t \to \infty} c_{\mathrm{Pr2}} = \frac{k_2}{k_1 + k_2} \cdot c_{Ed}(0) = \frac{k_2}{k^{\mathrm{eff}}} \cdot c_{Ed}(0) \tag{5.55}$$

Man kann jetzt noch besser erkennen, dass die Reaktion bevorzugt in die Richtung der höheren Geschwindigkeitskonstanten abläuft. Dies kann mit zwei parallelen Rohren verglichen werden, die Strömung verläuft dann anteilig gemäß der Querschnitte. Ein solcher Fall entspricht einer Verzweigung innerhalb eines Reaktionsmechanismus.

5.4.2 Gleichgewichtsreaktionen

Die meisten chemischen Reaktionen können auch wieder rückwärts verlaufen, das heißt, es stellt sich ein Gleichgewicht ein, wie in Abschnitt 2.2.2 eingeführt. Eine Gleichgewichtsreaktion kann formal in eine Hin- und eine Rückreaktion zerlegt werden. Für beide Teilreaktionen kann ein Geschwindigkeitsgesetz formuliert werden, aus dem man erkennen kann, wie sich die Konzentrationen zeitabhängig einstellen. Bei einer einfachen Umwandlungsreaktion sollen Hin- und Rückreaktion nach erster Ordnung ablaufen. Zum Zeitpunkt $t = 0$ soll nur Edukt A mit $c_A(0)$ vorliegen, kein Produkt. Die zeitlichen Konzentrationsänderungen können dann durch die Aufstellung der Geschwindigkeitsgesetze und Integration ermittelt werden.

$$A \underset{k_{\leftarrow}}{\overset{k_{\rightarrow}}{\rightleftharpoons}} X$$

$$-dc_A/dt = dc_X/dt = k_{\rightarrow} \cdot c_A(t) - k_{\leftarrow} \cdot c_X(t)$$

$$\text{mit } c_X(0) = 0: \; -dc_A/dt = k_{\rightarrow} \cdot c_A(t) - k_{\leftarrow} \cdot (c_A(0) - c_A(t))$$

$$= (k_{\rightarrow} + k_{\leftarrow}) \cdot c_A(t) - k_{\leftarrow} \cdot c_A(0)$$

durch Integration: Zeitabhängigkeiten

$$c_A(t) = \frac{k_{\leftarrow} + k_{\rightarrow} \cdot e^{-(k_{\rightarrow} + k_{\leftarrow}) \cdot t}}{k_{\rightarrow} + k_{\leftarrow}} \cdot c_A(0)$$

$$c_X(t) = \frac{k_{\rightarrow}(1 - e^{-(k_{\rightarrow} + k_{\leftarrow}) \cdot t})}{k_{\rightarrow} + k_{\leftarrow}} \cdot c_A(0)$$

Der sich daraus ergebende Verlauf der Konzentrationen ist in Abb. 5.11 exemplarisch dargestellt. Daraus ergibt sich, dass sich ein Gleichgewicht (GG) einstellt, wenn lange genug gewartet wird.

Im Gleichgewichtsfall ($t \to \infty$) vereinfachen sich die obigen Gleichungen, und man kann in einem weiteren Schritt die Gleichgewichtskonstante ersetzen.

$$c_A(\mathrm{GG}) = c_A(t \to \infty) = \frac{k_{\leftarrow}}{k_{\rightarrow} + k_{\leftarrow}} \cdot c_A(0)$$

$$c_X(\mathrm{GG}) = c_X(t \to \infty) = \frac{k_{\rightarrow}}{k_{\rightarrow} + k_{\leftarrow}} \cdot c_A(0)$$

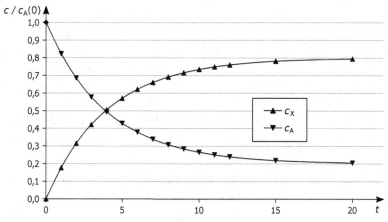

Abb. 5.11 Zeitlicher Verlauf der beiden Konzentrationen einer Gleichgewichtsreaktion $A \rightleftharpoons X$. Die Gleichgewichtskonstante und damit das Verhältnis der Geschwindigkeitskonstanten ist gleich vier. Die Endkonzentration von A ist damit ein Fünftel und für X vier Fünftel von $c_A(0)$

Das Verhältnis der Konzentrationen von Produkt X zu Edukt A ist jetzt bestimmbar. Zur Vereinfachung wird noch eine kombinierte Konstante $K = k_{\rightharpoondown}/k_{\leftharpoondown}$ eingeführt.

$$\frac{c_X(\text{GG})}{c_A(\text{GG})} = \frac{k_{\rightharpoondown}}{k_{\rightharpoondown} + k_{\leftharpoondown}} \cdot \frac{k_{\rightharpoondown} + k_{\leftharpoondown}}{k_{\leftharpoondown}} = \frac{k_{\rightharpoondown}}{k_{\leftharpoondown}} = K \tag{5.56}$$

Aus diesem Beispiel ergibt sich eine generelle kinetische Deutung für Gleichgewichtskonstanten und damit die Verknüpfung von der Reaktionskinetik mit der Gleichgewichtsthermodynamik.

 Satz 5.4

Die Gleichgewichtskonstante einer Elementarreaktion ist gleich dem Verhältnis der Geschwindigkeitskonstante der Hin- zur Rückreaktion. Elementarreaktion bedeutet, dass keine Zwischenstufen im Reaktionsverlauf auftreten (für diese Teilschritte entspricht die Molekularität der Reaktionsordnung).

Kinetische Definition einer Gleichgewichtskonstanten $\boxed{K = \dfrac{k_{\rightharpoondown}}{k_{\leftharpoondown}}}$ (5.57)

Dementsprechend herrscht ein dynamisches oder stationäres Gleichgewicht. Hin- und Rückreaktion laufen weiter ab, heben sich aber im Umsatz auf. Hierzu passt sehr schön ein Zitat von Schiller: *„Strebe nach Ruhe, aber durch das Gleichgewicht, nicht durch den Stillstand deiner Thätigkeit."* An diesem Punkt erhalten Erkenntnisse zu Reaktionsgleichgewichten aus der Thermodynamik (gemäß Abschnitt 4.5) eine weitere Betrachtungsweise mit dem zusätzlichen Blickwinkel aus der Kinetik.

Damit sind thermodynamische Berechnungen auch in der Kinetik hilfreich. Es muss nur eine der beiden Geschwindigkeitskonstanten gemessen werden, die andere ergibt sich aus der Berechnung der Gleichgewichtskonstanten (oder aus der Freien Reaktionsenthalpie). Insgesamt können Gleichgewichtskonstanten auf drei Wegen bestimmt werden.

experimentell: $K = \prod a_i^{\nu_i}$ (nach Gl. 4.96)

thermodynamisch: $K = \exp\left(-\Delta_r G^\ominus / RT\right)$ (nach Gl. 4.96)

kinetisch: $K = \dfrac{k_{\rightarrow}}{k_{\leftarrow}}$ (nach Gl. 5.57)

Durch Einsetzen von K in die zeitabhängigen Lösungen ergeben sich vereinfachte Ausdrücke.

$$c_A(GG) = \frac{1}{K+1} \cdot c_A(0)$$

$$c_X(GG) = \frac{K}{K+1} \cdot c_A(0)$$

Kontrolle: $\quad \dfrac{c_X(GG)}{c_A(GG)} = \dfrac{K \cdot (K+1)}{K+1} \cdot \dfrac{c_A(0)}{c_A(0)} = K$

Das gefundene soll noch einmal kurz zusammenfassend für eine etwas komplexere Beispielreaktion formuliert werden (analog zur Ammoniakreaktion). Die Reaktionsgeschwindigkeiten für Hin- und Rückreaktion werden aufgestellt und gleichgesetzt.

$$3A + B \rightleftharpoons 2X$$

$$3A + B \rightarrow 2X; \text{ mit } \frac{1}{3}dc_A/dt = -k_{\rightarrow} \cdot c_A^3(t) \cdot c_B(t)$$

$$2X \rightarrow 3A + B; \text{ mit } \frac{1}{2}dc_X/dt = -k_{\leftarrow} \cdot c_X^2(t)$$

im Gleichgewicht: $\dfrac{1}{3}dc_A/dt = -\dfrac{1}{2}dc_X/dt$

$$k_{\rightarrow} \cdot c_A^3(GG) \cdot c_B(GG) = k_{\leftarrow} \cdot c_X^2(GG)$$

$$\frac{k_{\rightarrow}}{k_{\leftarrow}} = \frac{c_X^2(GG)}{c_A^3(GG) \cdot c_B(GG)} = K_{(c)}$$

Betrachten wir noch den Reaktionsfortschritt im Energiediagramm (Abb. 5.12), so erkennt man, dass die Aktivierungsenergie der Rückreaktion über die Reaktionsenthalpie und die Aktivierungsenergie der Hinreaktion bestimmt ist ($E_A^{\rightarrow} - E_A^{\leftarrow} = \Delta_r H$)). Über diese Betrachtungsweise kann man dann auch die entsprechenden Zusammenhänge bei den Temperaturabhängigkeiten erklären. Es ergibt sich das aus der Thermodynamik bekannte Prinzip für die Temperaturabhängigkeit der Gleichgewichtskonstanten (Kirchhoff'scher Satz).

$$K(T) = \frac{k_{\rightarrow}(T)}{k_{\leftarrow}(T)} = \frac{A_{\rightarrow} \cdot \exp\frac{-E_A^{\rightarrow}}{RT}}{A_{\leftarrow} \cdot \exp\frac{-E_A^{\leftarrow}}{RT}} = \frac{A_{\rightarrow} \cdot \exp\frac{-E_A^{\rightarrow}}{RT}}{A_{\leftarrow} \cdot \exp\frac{-(E_A^{\rightarrow}-\Delta_r H)}{RT}}$$

$$= \exp\left[\frac{-\Delta_r H}{RT} + \ln\frac{A_{\rightarrow}}{A_{\leftarrow}}\right] = \exp\left[\frac{-\Delta_r H}{RT} + \text{const}\right]$$

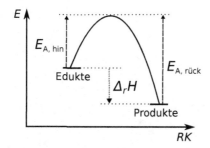

Abb. 5.12 Energetischer Verlauf einer Gleichgewichtsreaktion. Die Edukte liegen bei höherer Enthalpie vor als die Produkte, die Reaktion ist also exotherm. Die Rückreaktion benötigt damit eine entsprechend höhere Aktivierungsenergie $E_{A,hin} - E_{A,rück} = E_A^{\rightarrow} - E_A^{\leftarrow} = \Delta_r H$.

Dieser Zusammenhang ist in Abbildung 5.12 dargestellt. Es zeigt sich hier noch einmal, dass der Katalysator nichts an der thermodynamischen Gleichgewichtssituation verändert, aber die Einstellung des Gleichgewichts teilweise erheblich beschleunigt wird. Man kann dadurch Prozesse bei niedrigeren Temperaturen durchführen, die eine günstigere Gleichgewichtslage ergeben. Trotzdem bleibt die Reaktionsgeschwindigkeit noch akzeptabel. Eine Vorgehensweise, die in der chemischen Verfahrenstechnik durch oftmals feste Katalysatoren in heterogener Katalyse seit langer Zeit von extrem hohem Nutzen ist und kontinuierlich weiter optimiert wird.

5.4.3 Folgereaktionen

Viele Reaktionen laufen nicht in einem Schritt ab, sondern in mehreren aufeinander folgenden Teilreaktionen. Dadurch entstehen teilweise sehr komplizierte Zeitgesetze.

Als einfacher Modellfall soll eine Kopplung von zwei irreversiblen Reaktionen erster Ordnung betrachtet werden.

$$A \rightarrow B \rightarrow C \tag{5.58}$$

Zum Zeitpunkt null soll nur A vorliegen, dann ergeben sich folgende Zeitabhängigkeiten der Konzentrationen:

$$\frac{dc_A}{dt} = -k_1 \cdot c_A$$

$$\frac{dc_B}{dt} = k_1 \cdot c_A - k_2 \cdot c_B$$

$$\frac{dc_C}{dt} = k_2 \cdot c_B$$

Es ergibt sich für c_A einen Verlauf wie bei der bekannten Reaktion erster Ordnung. Die Lösungen für c_B und c_C sind auf Seiten der Integration nicht offensichtlich, lassen sich aber noch analytisch lösen. Man kann c_C aus c_A und c_B wie unten dargestellt auch ohne

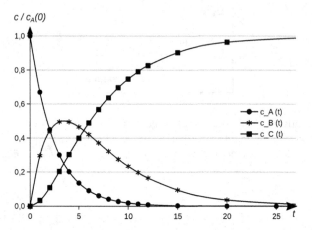

Abb. 5.13 Zeitlicher Verlauf der Konzentrationen bei zwei aufeinanderfolgenden Reaktionen $A \rightarrow B \rightarrow C$ (exemplarische Folgereaktion). Beide Reaktionen sollen nach erster Ordnung verlaufen und beispielhaft gilt $k_1 = 2 \cdot k_2$.

weitere Differentialgleichung entwickeln, da die Summe aller drei Konzentrationen der Anfangskonzentration entsprechen muss.

$$c_A(t) = c_A(0) \cdot e^{-k_1 \cdot t}$$

$$c_B(t) = c_A(0) \frac{k_1}{k_2 - k_1} \cdot (e^{-k_1 \cdot t} - e^{-k_2 \cdot t})$$

$$c_C(t) = c_A(0) - c_A - c_B = c_A(0) \left(1 - \frac{k_2 e^{-k_1 \cdot t} - k_1 e^{-k_2 \cdot t}}{k_2 - k_1} \right)$$

Für die Grenzfälle zum Zeitpunkt null und für unendlich langen Verlauf ergeben sich die zu erwartenden Werte für c_B und c_C. Beide sind gleich null für $t = 0$. Für t gegen unendlich wird das Zwischenprodukt und damit c_B gleich null und das Endprodukt läuft mit $c_A(0)$ gegen den vollständigen Umsatz.

Betrachtet man den zeitlichen Verlauf der Konzentrationen (Abb. 5.13), so steigt die Konzentration von B an und damit auch die von C. Die Konzentration von B durchläuft allerdings ein Maximum, da dieses Zwischenprodukt im weiteren Verlauf zum Endprodukt C umgesetzt wird. An derselben Stelle durchläuft die Konzentration von C einen Wendepunkt. Die Relationen der Konzentrationen werden durch das Verhältnis der Geschwindigkeitskonstanten der beiden Teilreaktionen bestimmt.

Ist die zweite Reaktion sehr viel schneller als die erste, dann reagiert das System so, als ob C direkt aus A mit der Geschwindigkeitskonstanten k_1 gebildet würde und die Konzentration des Zwischenproduktes B bleibt durchgehend sehr gering. Ist umgekehrt die zweite Reaktion sehr viel langsamer als die erste, so laufen beide Reaktionen in anderen Zeitfenstern hintereinander ab. Daraus leitet sich eine allgemeine Regel für Folgereaktionen ab (Satz 5.5).

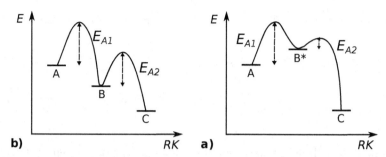

Abb. 5.14 Energetischer Verlauf in einer **(a)** freiwillig verlaufenden Folgereaktion A → B → C und **(b)** Folgereaktion mit verändertem Zwischenprodukt als reaktivem Übergangszustand B*.

 Satz 5.5

Das Reaktionsgeschehen bei Folgereaktionen bestimmt die langsamste Teilreaktion. Sie ist der „Flaschenhals" (engl.: bottleneck) für den Verlauf der Reaktionsfolge und ist damit geschwindigkeitsbestimmend.

Dieses Verhalten ist typisch für eine Abfolge von Schritten, die unterschiedliche Widerstände durchlaufen. Zum Vergleich sei die Reihenschaltung von elektrischen Widerständen sowie die Strömung durch ein Rohr mit unterschiedlichen Durchmessern erwähnt.

5.4.4 Quasistationäre Übergangszustände

Tritt in einer Reaktionsfolge ein sehr reaktives Zwischenprodukt B^* auf, so ist seine weitere Reaktionsgeschwindigkeit weitaus höher als der Schritt zu seiner Bildung. Dies ist ein Spezialfall bei Folgereaktionen, der erste Schritt ist dann geschwindigkeitsbestimmend. Die Situation wird in Abbildung 5.14 b veranschaulicht.

Entlang der Reaktionskoordinate nimmt die Freie Enthalpie zu den Produkten hin ab. Es wird eine erste Aktivierungsschwelle zum Übergangszustand benötigt, der ein sehr kleines Minimum darstellt, weswegen die zweite Aktivierungsschwelle sehr klein ausfällt und erst im Anschluss der wesentliche Teil der Minimierung der Freien Enthalpie erreicht wird. Als Folge ergibt sich eine sehr kleine Konzentration vom Zwischenzustand, da er sobald gebildet praktisch sofort weiter reagiert. Solange die Reaktion läuft, stellt sich demnach ein dynamisches Gleichgewicht von langsamer Bildung des Zwischenproduktes und schneller Folgereaktion ein. Als Konsequenz dieser Gleichgewichtseinstellung ergibt sich ein nahezu quasistationärer Zustand wie er von Bodenstein erstmals beschrieben wurde.

$$A \rightarrow B^* \rightarrow C$$

$$\text{quasistationärer Zustand:} \quad \frac{\mathrm{d}c_{B^*}}{\mathrm{d}t} \approx 0 \qquad (5.59)$$

Mit dieser Näherung lassen sich viele Reaktionsmechanismen deutlich vereinfachen. Die Reaktionsgeschwindigkeitskonstante k_1 ist vernachlässigbar klein gegen k_2^*. Setzen wir diese Vereinfachung in die Gleichungen des vorherigen Abschnittes ein, so ergibt sich:

$$\frac{dc_{B^*}}{dt} = k_1 \cdot c_A - k_2^* \cdot c_{B^*} \approx 0$$

$$c(B^*) = c_A(0)\frac{k_1}{k_2^* - k_1} \cdot (e^{-k_1 \cdot t} - e^{-k_2^* \cdot t}) \approx c_A(0)\frac{k_1}{k_2^*} \cdot e^{-k_1 \cdot t} = c_A\frac{k_1}{k_2^*}$$

Damit vereinfacht sich die Formulierung für die Bildung von C zu einem Gesetz quasi-erster Ordnung. Die Reaktionsgeschwindigkeit für den gesamten Reaktionsweg verhält sich unter diesen Bedingungen so, als ob sie erster Ordnung wäre. Die Bildung des Zwischenproduktes taucht in den Beziehungen nicht mehr auf.

$$\frac{dc_C}{dt} = k_1 \cdot c_A = k_1 \cdot c_A(0) \cdot e^{-k_1 \cdot t}$$

$$c_C = c_A(0) \cdot (1 - e^{-k_1 \cdot t})$$

Die Reaktion hängt also in der quantitativen Beschreibung nur von der deutlich kleineren Geschwindigkeitskonstanten ab.

5.4.5 Kettenreaktionen

Kettenreaktionen sind ein weiterer Spezialfall von Folgereaktionen mit reaktiven Zwischenstufen. Dabei werden anfangs reaktive Zwischenprodukte gebildet, die in der Reaktionsfolge regeneriert werden und damit rückkoppeln können (Wedler und Freund, 2012, Abschnitt 6.3). Dies hat zur Folge, dass die Reaktionsmischung nach dem Kettenstart durchreagiert. Die Folge für die Differenzialgleichungssysteme ist, dass diese sehr viel komplexer werden und nur noch numerisch gelöst werden können.

Ein Beispiel für Kettenreaktionen sind die Polymerisierungsreaktionen zu Kunststoffen (Atkins und de Paula, 2013). Zu Anfang wird ein Molekül aktiviert (zum Beispiel zu einem Radikal oder ionischen Zwischenzustand), welches mit einem zweiten reagiert, und bei der Reaktion entsteht wiederum ein aktiviertes Molekül, das fortlaufend in gleicher Weise reagiert. Ein weiteres Beispiel, bei dem zusätzlich noch Verzweigungen in mehrere reaktive Zwischenprodukte und Folgereaktionen erfolgen können, ist die *Verbrennung* (in analoger Form ebenfalls: Kernspaltungen). Als einfaches Beispiel sei die Reaktion von Wasserstoff mit Sauerstoff angegeben, die durch OH-Radikale startet und im Folgenden zunehmend Radikale produziert.

$$\text{Startreaktion: } H_2 + OH^{\cdot} \rightarrow H_2O + H^{\cdot}$$

$$\text{Folgereaktionen: } H^{\cdot} + O_2 \rightarrow OH^{\cdot} + O^{\cdot} \quad \text{und} \quad O^{\cdot} + H_2 \rightarrow OH^{\cdot} + H^{\cdot}$$

Dieser Reaktionstyp kann zu Explosionen führen, wenn Verzweigungen mit Rückkopplung vorhanden sind und damit die Bildungsgeschwindigkeit von reaktiven Stufen höher ist als deren Verbrauch (analog: Kernexplosion oder „Atombombe").

Andererseits nutzt man das Wissen um diese Mechanismen auch praktisch. Durch die Messung von diesen Reaktionsgeschwindigkeiten bei unterschiedlichen Bedingungen kann man Explosionsgrenzen angeben, außerhalb derer keine Explosionen zu befürchten sind (Wedler und Freund, 2012). Die Wahrscheinlichkeit für das erneute Zusammentreffen von einem reaktiven Teilchen mit Edukt ist dann geringer als das Entfernen aus dem System durch Stöße mit nicht reaktivem Material.

Weiterhin kann man mit diesem Wissen Brände löschen (Halon-Feuerlöscher). Durch die Zugabe von Stoffen, die in der Lage sind, mit Radikalen zu reagieren, ohne dabei neue reaktive Species zu bilden, werden Reaktionsketten im Brand abgebrochen. Ähnliches erfolgt beim Abbau der Ozonschicht durch Halogenradikale aus Fluorchlorkohlenwasserstoffen (FCKW, Zellner (2011)). Auch bei der Kontrolle von Kernreaktoren werden Zwischenprodukte anteilig abgefangen, nämlich reaktive Neutronen. Diese beschleunigen die Kettenreaktionen, indem sie weitere Kernspaltungen auslösen. Unterbleibt dies, aus welchen Gründen auch immer, so geschehen Katastrophen wie in Fukushima im Jahr 2011.

5.5 Lernkontrolle zur Chemischen Reaktionskinetik

Selbsteinschätzung

Lesen Sie laut oder leise die Fragen und beantworten Sie diese spontan in Hinblick auf Ihre Prüfung anhand von Kreuzen in der Tabelle. Tun Sie dies vorab sowie nach der Bearbeitung der Verständnisfragen (VF) und noch einmal nach den Übungsaufgaben (Ü).

1. Kenne ich den prinzipiellen zeitlichen Ablauf von Reaktionen sowie Begriffe, Einflussgrößen und exemplarische Anwendungen dazu?
2. Verstehe ich den Einfluss der Temperatur und kann ihn beschreiben sowie erklären?
3. Bin ich in der Lage, die grundlegenden Reaktionsmechanismen zu beschreiben und deren Herleitung zu erläutern? Kenne ich jeweils deren Besonderheiten und mögliche Anwendungen dazu?

Lernziel erreicht?[1]		1			2			3	
	vor	VF	Ü	vor	VF	Ü	vor	VF	Ü
sehr sicher									
recht sicher									
leicht unsicher									
noch unsicher									

[1] „vor" sowie nach Bearbeitung der Verständnisfragen („VF") bzw. Übungsaufgaben („Ü")

5.5.1   Alles klar? - Verständnisfragen

Grundbegriffe und Definitionen

Erläutern Sie folgende Begriffe:
(Diese Lernkontrolle kann auch gut in einer Gruppe erfolgen.)

- Reaktionsgeschwindigkeit und Geschwindigkeitskonstante
- Reaktionslaufzahl bzw. -variable (eventuell Verbindung zur Thermodynamik)
- Stöchiometrische Faktoren (mit Beispiel)
- Reaktionsordnung und Molekularität

Einfache Geschwindigkeitsgesetze

- **Reaktionsordnungen**

  a) Visualisieren Sie den zeitlichen Ablauf der Edukt- und Produktkonzentration für eine Reaktion erster Ordnung.

  b) Wie kann man die Ordnung einer Reaktion prinzipiell bestimmen? Was sagt die Reaktionsgleichung über die Reaktionsordnung aus?

  c) Nennen Sie mindestens eine Messmethode zur Bestimmung von Reaktionsgeschwindigkeiten.

- **Halbwertszeit**

  a) Was ist darunter zu verstehen?

  b) Bei welcher Reaktionsordnung spielt sie eine hervorgehobene Rolle und warum? Wie kann man die Zeit bis zum Abbau auf ein Promille der Ausgangskonzentration eines Eduktes darüber abschätzen?

  c) Nennen Sie einen Bereich, in dem üblicherweise die Halbwertszeit zur Angabe von Reaktionsgeschwindigkeiten genutzt wird.

Komplexe Geschwindigkeitsgesetze

- **Parallelreaktionen**

  a) Was sind Parallelreaktionen?

  b) Wie verteilt sich der Umsatz bei Parallelreaktionen?

- **Gleichgewicht**

  a) Was sind Gleichgewichtsreaktionen?

  b) Wie ergibt sich die Gleichgewichtskonstante einer Reaktion aus Parametern der Reaktionsgeschwindigkeit?

  c) Wie sieht der zeitliche Ablauf von Edukt- und Produktkonzentration für eine Gleichgewichtsreaktion aus?

- **Folgereaktionen**

  a) Was sind Folgereaktionen?

  b) Welche Grenzfälle ergeben sich bei sehr unterschiedlichen Reaktionsgeschwindigkeitskonstanten?

c) Was ist unter einem quasistationären Zustand zu verstehen und wo treten diese auf?

d) Was sind Kettenreaktionen und was für Besonderheiten treten dabei auf?

Einfluss der Temperatur

- **Temperatureinfluss**
  a) Welchen Einfluss hat eine Temperaturerhöhung auf Reaktionsgeschwindigkeiten?
  b) Wie lässt sich der Einfluss der Temperatur auf Reaktionsgeschwindigkeiten molekular begründen, wie ist dies auch mathematisch zu beschreiben?
  c) Wie geht die Temperatur in die Reaktionsgeschwindigkeit ein, über welchen formelmäßigen Einfluss?
- **Aktivierungsenergie**
  a) Erläutern Sie mittels einer Skizze den Begriff Aktivierungsenergie.
  b) Welchen Einfluss hat die Aktivierungsenergie auf Reaktionsgeschwindigkeiten?
  c) Wodurch ist die Aktivierungsenergie auf molekularer Ebene begründet?
  d) Wie kann man die Aktivierungsenergie einer zugehörigen Rückreaktion grafisch veranschaulichen?
- **Reaktionsgeschwindigkeit-Temperatur-Regel**
  a) Was besagt die Regel für organisch-chemische bzw. biochem. Reaktionen?
  b) Welche Aktivierungsenergie ist daraus etwa abzuleiten?
  c) Bei etwa welchen Aktivierungsenergien ausgehend von 25 °C würde sich der Effekt verdoppeln bzw. halbieren?
- **Katalysatoren**
  a) Was ist ein Katalysator?
  b) Welchen Einfluss hat er auf Reaktionsgeschwindigkeiten?
  c) Wodurch ist die Wirkung auf molekularer Ebene begründet?
  d) Warum hat er keinen Einfluss auf die Lage des Reaktionsgleichgewichtes?

5.5.2 Gekonnt? - Übungsaufgaben

Reaktionen erster Ordnung

1. Stellen Sie den Ablauf einer Reaktion erster Ordnung grafisch dar. Normieren Sie dabei die Anfangskonzentration auf 1 oder 100. Die Geschwindigkeitskonstante und die Zeitwerte müssen dann sinnvoll aufeinander abgestimmt werden.

2. Carboanhydrase ist ein zinkhaltiges Enzym, das die schnelle Umwandlung von gelöstem Hydrogencarbonat in Kohlendioxid) in der Lunge katalysiert. In einem Experiment sank die Konzentration von gelöstem CO_2 von 110 auf 28 mmol/L in 0,12 ms bei physiologischem pH. Wie lautet die Geschwindigkeitskonstante für diese Reaktion nach erster Ordnung?

3. Die Halbwertszeit für den radioaktiven Zerfall von ^{14}C (β-Strahler) beträgt 5730 Jahre. Bei einer Probe aus der in den Ötztaler Alpen gefundenen Männerleiche, die im Gletschereis konserviert worden ist, wurde eine Strahlungsmessung vorgenommen. Die Strahlungsintensität betrug noch $57 \pm 0{,}5\%$ von dem Wert, den man bei Lebewesen erwarten würde. Welches Alter hat die Probe (mit Unsicherheit)?

4. Das Malachitgrün-Kation (Mal^+) ist ein farbiges organisches Carbokation, das in alkalischen Lösungen leicht ein Hydroxid-Ion aufnimmt. Dadurch wird das Elektronensystem verändert und die blaugrüne Färbung verschwindet bei der Carbinolbase. Die Reaktionsgleichung lautet: $1\,Mal^+ + 1\,OH^- \to 1\,$ Carbinolbase.

   Durch Benutzung eines pH-Puffersystems kann die Reaktion nach pseudo-erster Ordnung ablaufen. In der Datei `Malachitgruen_pH.xls` (Verlagsseite) ist die zeitabhängige Lichtabsorption aus einem Praktikumsversuch bei zwei pH-Werten angegeben. Diese ist proportional zur Konzentration vom Malachitgrün-Kation.

   Tragen Sie die Lichtabsorption gegen die Zeit für beide pH-Werte auf. Belegen Sie durch eine geeignete Transformation der Daten für beide pH-Werte, dass es sich um eine Reaktion erster Ordnung handelt. Bestimmen Sie dann für beide pH-Werte die Geschwindigkeitskonstanten. Wann ist sie größer und warum?

Weitere einfache Geschwindigkeitsgesetze

1. Visualisieren Sie den zeitlichen Ablauf der Eduktkonzentration für Reaktionen mit unterschiedlichen Reaktionsordnungen in einer Tabellenkalkulationssoftware. Dazu sollten die gleiche Anfangskonzentration gewählt und die verschiedenen Zeitgesetze angewandt werden. Vergleichen Sie die Verläufe in einem Diagramm untereinander und mit der zugehörigen Abbildung in diesem Kapitel.

2. Die Oxidation von Ethanol mittels NAD^+ in der Leber zum Aldehyd Ethanal durch das Enzym Alkoholdehydrogenase ist der erste Abbauschritt zur Entfernung von Alkohol im menschlichen Körper: $C_2H_5OH + NAD^+ + H_2O \to C_2H_4O + NADH + H_3O^+$. Es ist eine Reaktion nullter Ordnung, weil der Alkohol im Überschuss vorhanden ist, und die Konzentration von NAD^+ konstant nachreguliert wird.

   Es dauert bei normaler Körpertemperatur etwa 7,5 h, bis eine Konzentration von 1,6 g/L im Blut (deutliche Koordinationsschwierigkeiten) auf die Hälfte abgebaut wird. Wie viel Gewichtspromille sind im Blut ($\rho(\text{Blut}) \approx 1{,}06$ g/mL)? Berechnen Sie zudem die Geschwindigkeitskonstante für die Reaktion und die Dauer, bis demnach 90 % abgebaut wären. Warum ist diese Zeitspanne relativ unsicher?

3. Die alkalische Hydrolyse von α-Brompropansäure (BPS) in Natronlauge ist eine Substitutionsreaktion und soll irreversibel nach einem Geschwindigkeitsgesetz zweiter Ordnung verlaufen: $H_3C\text{-}CHBr\text{-}COO^- + OH^- \to H_3C\text{-}CHOH\text{-}COO^- + Br^-$

   Die Anfangskonzentrationen sollen für BPS 0,2 mol/L und 1,07 mol/L für die Hydroxid-Ionen lauten. Bei 337 K wurde die Reaktion durch Titration der Bromid-Ionen untersucht. Nach 10,4 min wurde deren Konzentration mit 0,062 mol/L bestimmt. Wie groß ist die Halbwertszeit für die Reaktion? Nach welcher Zeit sind 90 %

der Säure umgesetzt? Wie lang wäre die Zeit, wenn bei sonst analogen Bedingungen die Anfangskonzentration der Natronlauge 2,0 mol/L beträge?

4. Die alkalische Hydrolyse eines Esters (Ester + OH^- → $Acetat^-$ + Ethanol) läuft in Natronlauge irreversibel nach einem Geschwindigkeitsgesetz zweiter Ordnung ab. In einem Versuch wurde die Reaktionsvariable x in Abhängigkeit von der Zeit t über Leitfähigkeitsmessungen ermittelt. Die Anfangskonzentrationen waren 0,048 mol/L für die Natronlauge und 0,019 mol/L für den Ester (**Esterverseifung.xls**; auf Verlagsseite).

a) Bestimmen Sie daraus den Konzentrationsverlauf aller Reaktionsteilnehmer und die Geschwindigkeitskonstante der Reaktion. Belegen Sie zudem, dass es sich um eine Reaktion 2. Ordnung handelt.

b) Führen Sie die Bestimmung der Geschwindigkeitskonstante auch für die zweite Temperatur durch und überprüfen Sie die *RG-T*-Regel der Organischen Chemie. Ermitteln Sie außerdem die Aktivierungsenergie und den Stoßfaktor für diese Reaktion.

Temperatureinfluss sowie Gleichgewicht

1. Die Aktivierungsenergie für die Denaturierung des Enzyms Hämocyanin beträgt etwa 400 kJ/mol. Bei welcher Temperatur ist die Denaturierungsgeschwindigkeit um 20 % erhöht, verglichen zur Temperatur von 25 °C? Bei welcher ist sie verdoppelt?

2. Eine Reaktion erster Ordnung hat eine Aktivierungsenergie von 95,3 kJ/mol und einen Frequenzfaktor von $5,0 \cdot 10^{13}$ s^{-1}. Bei welcher Temperatur beträgt die Halbwertszeit 1,0 min, bei welcher 4,0 min? Vergleichen Sie das Ergebnis mit der *RG-T*-Regel.

3. Proflavin wirkt antibakteriell durch Inhibition der DNA-Biosynthese. Die Geschwindigkeitskonstanten für die Dimerisierung (2 Proflavin ⇌ Dimer) bei 25 °C lauten für die Hinreaktion $8,2 \cdot 10^8$ L mol^{-1} s^{-1} und $2,0 \cdot 10^6$ s^{-1} für die Rückreaktion. Welchen Wert hat dann die Gleichgewichtskonstante und die Freie Reaktionsenthalpie? Wie groß muss die Dimerkonzentration demnach sein, wenn Proflavin mit 0,1 mol/L vorliegt?

4. Contergan war ein problematisches Arzneimittel, weil sich zwei spiegelbildlich verwandte Molekülformen ineinander umwandeln. Dabei wirkt die R-Form als Schlafmittel, die S-Form schädigt dagegen Embryos bei Schwangeren. Auch wenn nur die R-Form verabreicht wird, stellt sich mit der Zeit ein Gleichgewicht ein. Diese Umwandlungen verlaufen jeweils nach erster Ordnung. Deren Halbwertszeit beträgt bei der R-Form 3,75 h; für die Rückreaktion der S-Form sind es 2,5 h.

a) Wie groß sind die Geschwindigkeitskonstanten der beiden Reaktionen? Liegt mehr R- oder mehr S-Form im Gleichgewicht vor und in welchem Verhältnis?

b) Eine Tablette mit reiner R-Form wird so aufgelöst, dass die Konzentration etwa 0,001 mol/L beträgt. Zeichnen Sie die Einstellung des Gleichgewichtes in ein $c(t)$-Diagramm beider Stoffe ein. Bestimmen Sie dazu die Werte für drei sinnvoll gewählte Zeitpunkte neben Ausgangs- und Endzustand, um den Verlauf zu simulieren.

5.6   Literatur zum Kapitel

(Erstautoren in alphabetischer Reihenfolge)

T. Ackermann. *Physikalische Biochemie.* Springer, Berlin und New York, 1992.

K. Aktories und W. Forth. *Allgemeine und spezielle Pharmakologie und Toxikologie.* Elsevier, Urban & Fischer, München, 2005.

P. W. Atkins und J. de Paula. *Physikalische Chemie.* Wiley-VCH, Weinheim, 2013.

M. Binnewies, M. Jäckel, H. Willner, und G. Rayner-Canham. *Allgemeine und Anorganische Chemie.* Spektrum, Heidelberg, 2011.

I. M. Klotz und R. M. Rosenberg. *Chemical thermodynamics.* Wiley, Hoboken, 2008.

K. J. Laidler. *The world of physical chemistry.* Oxford Univ. Press, Oxford und New York, 1993.

D. R. Lide. *CRC handbook of chemistry and physics.* CRC, Boca Raton, 2006.

W. J. Moore und D. O. Hummel. *Physikalische Chemie.* de Gruyter, Berlin, 1983.

H. Schmalzried. *Solid State Reactions.* Verlag Chemie, Weinheim, 1981.

H. Schmalzried. *Chemical Kinetics of Solids.* VCH, Weinheim, 1995.

P. A. Tipler und G. Mosca. *Physik.* Spektrum, Heidelberg, 2009.

G. Wedler und H.-J. Freund. *Lehrbuch der Physikalischen Chemie.* Wiley-VCH, Weinheim, 2012.

R. Zellner. *Chemie über den Wolken.* Wiley-VCH, Weinheim, 2011.

6 Biochemische Kinetiken

> *„Ich habe sagen hören, was man Natur nennt,*
> *ist wie ein Töpfer, der Gefäße aus Ton macht,*
> *und wer ein schönes Gefäß macht,*
> *kann auch zwei und auch drei und auch hundert machen."*
> Miguel de Cervantes in *Don Quijote de la Mancha* (Teil II, 1615)

6.1 Zielsetzung

Dieses und das vorangehende Kapitel sind zusammengenommen weitgehend unabhängig vom restlichen Stoff erlernbar. Das vorherige Kapitel sorgte für eine durchgehende Erläuterung der Definitionen und Herleitungen. Hier folgen angewandte Themen, die vor allem in der Biochemie und Bioverfahrenstechnik wichtige Rollen einnehmen.

Enzyme sind grundlegende Moleküle für biologische Vorgänge. Ihre Erforschung hat eine lange Historie und war eine wesentliche Grundlage der modernen Bio- und Proteinchemie. In der Pharmakologie finden sich viele dieser Erkenntnisse in zahlreichen Wirkstoffen wieder. Außerdem werden die natürlichen Einsatzgebiete zunehmend durch Labormethoden und technische Verfahren erweitert. Mit der Weißen Biotechnologie ist sogar ein neuer Industriezweig in Entwicklung, der chemische Verfahren über Enzyme bei niedrigen Temperaturen ermöglichen soll. Dies sollten Gründe genug sein, sich dieses Gebiet systematisch zu erschließen.

Ergänzend werden auch Wachstumskinetiken behandelt, was im Rahmen der Physikalischen Chemie sonst unüblich ist. Dabei ist diese Erweiterung bei wenig zusätzlichem Aufwand mit den Grundkenntnissen der Reaktionskinetik leicht möglich. Zudem erweitert es die Anwendungsmöglichkeiten um einige interessante Aspekte und hat direkte Anwendungsbezüge zur Mikrobiologie und Bioverfahrenstechnik.

Lernziele dieses Kapitels

- Kenntnis der wichtigsten Grundbegriffe und Definitionen zur Enzymkinetik
- Verständnis des Mechanismus und Herleitung nach Michaelis und Menten
- Sichere Beherrschung der Auswertung nach Lineweaver/Burk und Verständnis von Inhibitionsmechanismen
- Übertragung der Prinzipien der Reaktionskinetik auf Wachstumskinetiken

6.2   Enzymreaktionen

Nahezu alle biologischen Reaktionen werden durch EnzymeEnzyme katalysiert. Dabei laufen die Reaktionen ohne Enzym bei den in der Biologie typischen Temperaturen praktisch nicht ab, da die Reaktionen langsamer ablaufen als die Zeitspannen biologischer Vorgänge ausmachen. Eine Erhöhung der Reaktionstemperatur, wie in der chemischen Technik, ist nur in sehr wenigen Ausnahmen vorgesehen und meist auch gar nicht ohne Schäden möglich.

   Satz 6.1

Mit Enzymen als Katalysatoren werden in der Biologie drastische Beschleunigungen von Reaktionsgeschwindigkeiten erzielt, um lebensnotwendige Stoffumwandlungen erst zu ermöglichen. Sie haben allerdings keinen Einfluss auf die Gleichgewichtslage, da sie Hin- wie Rückreaktion durch Absenken der Aktivierungsenergien gleich beschleunigen, wie alle anderen Katalysatoren auch.

Dadurch ergibt sich eine hervorragende Möglichkeit biologische Reaktionen durch die Verfügbarkeit von Enzymen zu steuern. Das Enzym bildet mit Edukt(en) (in der Biochemie dann Substrat genannt) in seinem aktiven Zentrum einen Komplex. Dabei werden Bindungen gelockert und/oder eine Orientierung des Substrat-Moleküls erreicht, was eine weitere Reaktion deutlich erleichtert.

6.2.1   Enzymkinetik nach Michaelis und Menten

Ein erster Weg, die Geschwindigkeit von Enzymreaktionen quantitativ zu beschreiben, gelang Michaelis und Menten im Jahr 1913. Ihr Ansatz geht von einer relativ einfachen Reaktionsfolge zweier Reaktionen aus. Ein Substrat S (Edukt) steht mit einem Enzym im Gleichgewicht, und der Enzym-Substrat-Komplex ES reagiert im zweiten Schritt ohne

Rückreaktion mit k_2 zum Produkt und wieder frei gesetztem Enzym. Die vollständige Reaktionskette wäre deutlich komplexer.

$$S + E \rightleftharpoons ES \xrightarrow{k_2} P + E \tag{6.1}$$

$$(\text{aus: } S + E \rightleftharpoons ES \rightleftharpoons EP \rightleftharpoons P + E)$$

Reaktionsgeschwindigkeiten nach Michaelis und Menten

Die Reaktionsgeschwindigkeit der Produktbildung hängt nach Gl. 6.2 von dem Vorhandensein des Enzym-Substrat-Komplexes ab. Dessen Konzentrationsänderung wird durch die Gleichgewichtsreaktion und die Reaktion zum Produkt bestimmt.

$$S + E \overset{k_{1\rightarrow}}{\underset{k_{1\leftarrow}}{\rightleftharpoons}} ES \xrightarrow{k_2} P + E \tag{6.2}$$

$$\frac{dc_P}{dt} = k_2 \cdot c_{ES} \quad \text{und} \quad \frac{dc_{ES}}{dt} = k_{1\rightarrow} \cdot c_E \cdot c_S - k_{1\leftarrow} \cdot c_{ES} - k_2 \cdot c_{ES} \tag{6.3}$$

Der Enzym-Substrat-Komplex wird als reaktive Zwischenstufe angenommen, er soll mit weitaus höherer Geschwindigkeit weiterreagieren als die Geschwindigkeiten, die bei der Gleichgewichtseinstellung in Schritt 1 vorliegen. Damit kann für den Enzym-Substrat-Komplex das Prinzip der **Quasistationarität** nach Bodenstein angewandt werden (aus Abschnitt 5.4.4), seine Konzentration wird klein und nach kurzer Zeit konstant sein. Außerdem kann die zeitabhängige freie Enzymkonzentration ebenfalls als stationär angenommen und als Differenz zwischen Anfangskonzentration und Konzentration des Enzym-Substrat-Komplexes ausgedrückt werden.

$$\frac{dc_{ES}}{dt} \approx 0 \quad \text{Quasistationarität, wie auch} \quad \frac{dc_E}{dt} \approx 0$$

$$0 = k_{1\rightarrow} \cdot c_E(\text{stat}) \cdot c_S - c_{ES}(\text{stat}) \cdot (k_{1\leftarrow} + k_2) \tag{6.4}$$

$$\text{mit} \quad c_E(\text{stat}) = c_E(0) - c_{ES}(\text{stat})$$

$$0 = k_{1\rightarrow} \cdot c_E(0) \cdot c_S - k_{1\rightarrow} \cdot c_{ES}(\text{stat}) \cdot c_S - c_{ES}(\text{stat}) \cdot (k_{1\leftarrow} + k_2)$$

$$c_{ES}(\text{stat}) = \frac{k_{1\rightarrow} \cdot c_E(0) \cdot c_S}{k_{1\rightarrow} \cdot c_S + k_{1\leftarrow} + k_2} = \frac{c_E(0) \cdot c_S}{c_S + \frac{k_{1\leftarrow} + k_2}{k_{1\rightarrow}}} \tag{6.5}$$

An dieser Stelle wurde die **Michaelis-Menten-Konstante** K_M als neue, enzymspezifische Konstante eingeführt, die sich aus einer Beziehung der drei beteiligten Geschwindigkeitskonstanten ergibt.

$$\text{Definition: } K_M = \frac{k_{1\leftarrow} + k_2}{k_{1\rightarrow}} = \frac{k_{1\leftarrow}}{k_{1\rightarrow}} + \frac{k_2}{k_{1\rightarrow}} = K_1^{-1} + \frac{k_2}{k_{1\rightarrow}} \tag{6.6}$$

$$c_{ES}(\text{stat}) = \frac{c_E(0) \cdot c_S}{c_S + K_M} = \frac{c_E(0)}{1 + K_M/c_S} \tag{6.7}$$

Nach Gl. 6.6 entspricht K_M dem Verhältnis von der Summe der Geschwindigkeitskonstanten, mit der der Enzym-Substrat-Komplex zerfällt, zu der Geschwindigkeitskonstanten $k_{1\rightarrow}$ von dessen Bildungsreaktion. Dort alternativ ausgedrückt, ist sie ebenso die Summe der inversen Stabilitätskonstante K_1^{-1} von ES und dem Verhältnis der Geschwindigkeitskonstanten der beiden Zerfallsreaktionen.

Damit kann die Produktbildungsgeschwindigkeit (Gl. 6.3) im quasistationären Zustand des Komplexes ES, gemäß obiger Beziehung 6.5, berechnet werden.

$$RG(\text{stat}) = \frac{\mathrm{d}c_P}{\mathrm{d}t} = k_2 \cdot c_E(0) \cdot \frac{c_S}{K_M + c_S} \tag{6.8}$$

Betrachtet man den Nenner genauer, sind die begrenzenden Reaktionsordnungen bezüglich des Substrates erkennbar. Im Fall von $c_S \gg K_M$, ist diese Reaktionsordnung praktisch null (wie zum Beispiel beim Alkoholabbau, die Oxidation von Ethanol durch Alkoholdehydrogenase in der Leber; s. Übungsaufgaben in Abschnitt 5.5.2). Wenn dagegen $c_S \ll K_M$ ist, handelt es sich um eine Reaktion erster Ordnung bezüglich des Substrates. So wechseln Enzymreaktionen nach Michaelis/Menten mit abnehmender Substratkonzentration die Reaktionsordnung. In der Regel richtet sich das Interesse allerdings seltener noch detailliert auf den zeitlichen Verlauf der Produktbildung (der im Prinzip aus der chemischen Kinetik einfacher Reaktionen nach Abschnitt 5.2 bekannt ist).

Auf den Bezug zum anfänglich eingestellten stationären Zustand wird meist nicht mehr explizit hingewiesen (z.B. in Biochemie-Lehrbüchern) und nur allgemein von der Reaktionsgeschwindigkeit gesprochen. Die vorwiegende Frage lautet: Wann wird bei diesen Bedingungen ein maximaler Durchsatz bei gegebener Enzymmenge erreicht? Üblicherweise wird dies über eine maximale Reaktionsgeschwindigkeit RG_{max} ausgedrückt, die bei einer gegebenen Enzymkonzentration bei hohen Substratkonzentrationen erreicht werden kann. Praktisch alles Enzym liegt dann gesättigt als Enzym-Substrat-Komplex vor. Die Enzymkonzentration braucht für einen Katalysator (der rückgebildet wird) nicht unnötig maximiert werden und ist aufgrund des hohen Aufwands für Synthesen in der Regel limitiert.

$$RG_{max} = (\tfrac{\mathrm{d}c_P}{\mathrm{d}t})_{max} = k_2 \cdot c_E(0) \tag{6.9}$$

$$\boxed{RG(\text{stat}) \approx \frac{RG_{max} \cdot c_S}{K_M + c_S}} \qquad \textbf{Michaelis-Menten-Gleichung} \tag{6.10}$$

Zur Veranschaulichung wird obige Gleichung 6.10 in Abbildung 6.1 als Funktion grafisch dargestellt. Ist die Substratkonzentration deutlich größer als die Michaelis-Menten-Konstante, dann erreicht die Reaktionsgeschwindigkeit einen Maximalwert, weil alle Enzymmoleküle mit Substrat gesättigt sind. Die Reaktion läuft dann bezüglich des Substrates nach quasi-nullter Ordnung ab. Die experimentelle Bedeutung der Michaelis-Menten-Konstante entspricht der Substratkonzentration bei halber Maximalgeschwin-

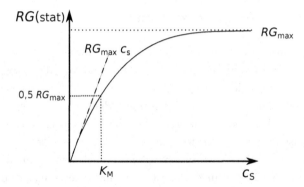

Abb. 6.1 Reaktionsgeschwindigkeit einer enzymatischen Umsetzung $S + E \rightleftharpoons ES \rightarrow P + E$ in Abhängigkeit zur Substratkonzentration und Zuordnung der Michaelis-Menten-Konstante. Die Reaktionsgeschwindigkeit startet annähernd linear, um schließlich mit kontinuierlich abnehmender Steigung in einem maximalen Sättigungswert zu enden.

digkeit (siehe Abbildung 6.1). Somit kann die Abbildung auch normiert, mit Vielfachen der Michaelis-Menten-Konstante skaliert werden.

Zur genaueren Bestimmung der Michaelis-Menten-Konstante und der maximalen Reaktionsgeschwindigkeit aus experimentellen Daten wird der Kehrwert der Reaktionsgeschwindigkeit gegen den Kehrwert der Substratkonzentration aufgetragen (linearisierte Darstellung nach Lineweaver und Burk).

$$RG^{-1} = \frac{K_{\mathrm{M}}}{RG_{\max}} \cdot c_{\mathrm{S}}(0)^{-1} + RG_{\max}^{-1} \; \text{Lineweaver-Burk-Linearisierung} \qquad (6.11)$$

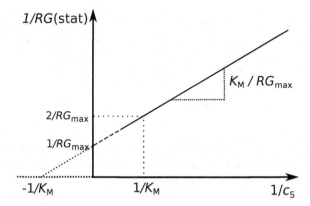

Abb. 6.2 Lineweaver-Burk-Linearisierung zur Bestimmung der Michaelis-Menten-Konstante und der maximalen Reaktionsgeschwindigkeit aus experimentellen Daten einer Enzymreaktion. In einer doppelt reziproken Auftragung der Reaktionsgeschwindigkeit gegen die Substratkonzentration ergeben sich der negative Kehrwert der Michaelis-Menten-Konstante aus dem Schnittpunkt mit der Abszisse und der Kehrwert der maximalen Reaktionsgeschwindigkeit aus dem Schnittpunkt mit der Ordinate. Zudem enthält die Steigung das Verhältnis beider Parameter und $+1/K_{\mathrm{M}}$ ist zusätzlich noch über $2/RG_{\max}$ auffindbar.

6.2.2 Komplexere Enzymreaktionen

Der Michaelis-Menten-Mechanismus ist der einfachste Modellmechanismus für eine Enzymreaktion. Es liegen nur ein Substrat und ein Produkt vor, die in zwei Schritten reagieren. Häufig sind noch mehr Moleküle beteiligt und bei vielen Enzymen treten zudem weitere Übergangszustände auf. Anhand von einem Beispiel soll gezeigt werden, dass die Beziehungen sich deutlich verkomplizieren, aber die Lineweaver-Burk-Darstellung auch dabei anwendbar ist. Alternative Auftragungen finden sich in Cornish-Bowden (2012).

Häufig reagieren zwei unterschiedlichen Substratmoleküle nacheinander zu zwei verschiedenen Produkten. Dies kann durch Übertragung einer funktionellen Gruppe von einem Substratmolekül auf das andere über das Enzym erfolgen. Wenn dabei jedes Substrat separat enzymatisch regiert (wie zum Beispiel bei einigen Transaminasen), nennt man diesen Mechanismus dann Ping-Pong-Reaktion.

$$S\alpha + S\beta + E \rightleftharpoons ES\alpha + S\beta \rightleftharpoons E^* + P\alpha + S\beta \rightleftharpoons P\alpha + E^*S\beta \rightarrow P\alpha + P\beta + E \quad (6.12)$$

Bei Berücksichtigung jeder Hin- und Rückreaktion handelt es sich demnach um 7 Einzelschritte mit unterschiedlichen Gechwindigkeitskonstanten, anstelle von drei Schritten im einfacheren Michaelis-Menten-Modell. Die Reaktion erfolgt in vier Teilschritten nacheinander, wobei zwei Gleichgewichtseinstellungen maßgeblich sind.

$$S\alpha + E \rightleftharpoons ES\alpha \qquad\qquad K_{1\alpha} = \frac{c_E \cdot c_{S\alpha}}{c_{ES\alpha}}$$

$$ES\alpha \rightleftharpoons E^* + P\alpha$$

$$S\beta + E^* \rightleftharpoons E^*S\beta \qquad\qquad K_{1\beta} = \frac{c_{E^*} \cdot c_{S\beta}}{c_{E^*S\beta}}$$

$$E^*S\beta \rightarrow P\beta + E$$

Die Gesamtreaktionsgeschwindigkeit über alle Teilschritte hängt auch hier von den jeweiligen Gleichgewichtskonstanten der Teilreaktionen ab, deren Abfolge festgelegt ist.

$$RG = \frac{RG_{max}}{\frac{K_{1\alpha}}{c_{S\alpha}} + \frac{K_{1\beta}}{c_{S\beta}} + 1} \qquad\qquad (6.13)$$

$$RG^{-1} = \frac{1 + K_{1\beta}/c_{S\beta}}{RG_{max}} + \frac{K_{1\alpha}}{RG_{max}} \cdot c_{S\alpha}^{-1} \qquad\qquad (6.14)$$

Auch solch komplexe Reaktionsmechanismen sind demnach in einem Lineweaver-Burk-Diagramm auswertbar. Wenn hier gegen die inverse Konzentration von Sα aufgetragen wird, ergibt sich eine parallele Geradenschar für unterschiedliche Konzentrationen von Sβ.

Beispieldaten

In Tabelle 6.1 sind Werte für die Michaelis-Menten-Konstanten einiger Enzyme angegeben. Ein kleiner Wert für K_M bedeutet, dass das Enzym bereits bei niedrigen Substratkonzentrationen aktiv ist. Zusätzlich ist noch die sogenannte katalytische Konstante oder

Tab. 6.1 Humane, physiologisch wichtige Enzyme, deren Substrate sowie zugehörige kinetische Parameter (nach Heinrich und Löffler (2014, Tab. 7.5) und Schomburg (2015, BRENDA-Datenbank)).

Enzym	Substrat	K_M	k_{cat}	k_{cat}/K_M
		mol/L	1/s	L mol^{-1} s^{-1}
Acetylcholinesterase	Acetylcholin	$9{,}0 \cdot 10^{-5}$	$1{,}4 \cdot 10^{4}$	$2 \cdot 10^{8}$
Alkoholdehydrogenase	Ethanol	$4{,}5 \cdot 10^{-4}$	$2{,}5$	$6 \cdot 10^{3}$
Angiotensin Conv. Enzyme	Angiotensin I	$6{,}7 \cdot 10^{-5}$	$8{,}7$	$1 \cdot 10^{5}$
Carboanhydrase	CO_2(aq)	$1{,}2 \cdot 10^{-2}$	$1{,}0 \cdot 10^{6}$	$1 \cdot 10^{8}$
Katalase	H_2O_2	$8{,}0 \cdot 10^{-2}$	$1{,}6 \cdot 10^{6}$	$2 \cdot 10^{7}$
Superoxiddismutase	$O_2^{\cdot -}$	$3{,}5 \cdot 10^{-4}$	$2{,}4 \cdot 10^{6}$	$7 \cdot 10^{9}$

Wechselzahl k_{cat} benannt. Sie gibt an, wie viele Reaktionszyklen zur Produktbildung jedes aktive Zentrum pro Sekunde ausführen kann.

$$\text{katalytische Konstante oder Wechselzahl: } k_{cat} = \frac{RG_{max}}{c_E} \qquad (6.15)$$

Für den reinen Michaelis-Menten-Mechanismus entspricht sie der Geschwindigkeitskonstante der Produktbildung k_2, setzt sich bei komplizierteren Mechanismen aber aus mehreren Prozessen zusammen. In Tabelle 6.1 sind einige Beispielwerte aufgelistet.

Das Verhältnis aus k_{cat} und K_M ist ein Maß für die katalytische Effizienz eines Enzyms. Es ist besonders groß, wenn die Produktbildung sehr viel schneller erfolgt, als der Zerfall des Enzym-Substrat-Komplexes. Es sind optimale Werte im Bereich von 10^{8} bis 10^{9} L mol^{-1} s^{-1} möglich, die von vielen Enzymen erreicht werden (Beispiele in Tab. 6.1), welche bereits evolutionär perfektioniert sind. Dies heißt, dass praktisch jedes Zusammentreffen eines Substratmoleküls mit Enzym zu einer Reaktion führt. Die Reaktion ist dann praktisch nur noch limitiert durch den Transport von Substratmolekülen zum Enzym über Diffusion.

Zahlreiche weitere Daten zu Enzymen lassen sich in Cornish-Bowden (2012) oder über die Enzymdatenbank BRENDA (Schomburg, 2015) finden. In ihr sind Tausende von Enzymen, Substraten und zugehörigen Inhibitoren gespeichert. Zudem finden sich über 100 000 K_M-Werte und mehr als 50 000 Werte für k_{cat}.

6.2.3 Einfluss von Temperatur und chemischen Bedingungen

Enzyme sind hochgradig spezialisierte Biomoleküle, die evolutionär über viele Millionen Jahre optimiert worden sind. Fast immer sind es Proteine, und sie haben damit die für Proteine typischen Eigenschaften. Ihre Molekülmasse liegt in einem mittleren Bereich von typischerweise etwa 15 bis 80 kDa.

Die räumliche Anordnung der Aminosäuren durch Wechselwirkung der funktionellen Gruppen untereinander und mit Lösungsbestandteilen muss für die Substratbindung (*As-*

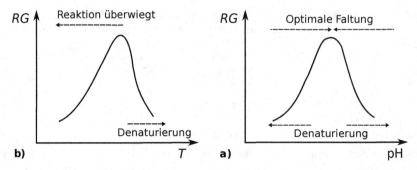

Abb. 6.3 Typischer Einfluss **(a)** der Temperatur und **(b)** des pH-Wertes auf die Geschwindigkeit einer Enzymreaktion. In beiden Fällen existiert ein schmales Fenster, in dem ein Optimum zu erkennen ist. Durch Temperaturerhöhung wird die Reaktion zwar beschleunigt, knapp über der optimierten Temperatur denaturiert das Enzym allerdings. Beim pH müssen die Seitengruppen richtig geladen sein. Bei niedrigerem und höheren pH verliert das Enzym die korrekte Raumstruktur.

soziation) und Produktablösung (*Dissoziation*) sehr genau eingehalten werden. Dies führt zu einer Abhängigkeit von allen Parametern, die diese räumliche Struktur beeinflussen, was in der Regel eine Verlangsamung der enzymatisch katalysierten Reaktion zur Folge hat.

Einfluss der Temperatur

Eine Erhöhung der Temperatur führt wie auch sonst in der Reaktionskinetik zu erhöhten Geschwindigkeitskonstanten nach Arrhenius (Abschnitt 5.3.1). Aufgrund der ähnlichen Aktivierungsenergien gilt auch hier die Faustregel, dass eine Temperaturerhöhung um 10 K etwa die Reaktionsgeschwindigkeit verdoppelt. Bei Enzymen erreicht man allerdings ab Temperaturen von 40 bis 60 °C einen Maximalwert und damit das Geschwindigkeitsoptimum. Danach fällt die Reaktionsgeschwindigkeit wieder deutlich ab wie in Abb. 6.3a gezeigt. Woran liegt das?

Enzyme sind für physiologische Bedingungen optimiert und ihre Molekülstrukturen denaturieren bereits bei wenig darüberliegenden Temperaturen. Eine Denaturierung behindert die Ausbildung des Enzym-Substrat-Komplexes. Da dieser Vorgang irreversibel ist, kann man durch Kochen die meisten Enzyme inaktivieren. Damit lässt sich oft überprüfen, ob eine Reaktion enzymkatalysiert ist. Nur wenige Enzyme sind thermostabil und halten Temperaturen um 100 °C aus, ohne ihre Aktivität zu verlieren (z.B. Ribonuclease oder Enzyme von extremophilen Organismen, von denen die DNA-Polymerasen in der PCR eingesetzt werden).

Beiträge von Elektrolyten

Neben der richtigen Temperatur benötigen Enzyme oft auch einen definierten Salzgehalt oder bestimmte Elektrolyte, um ihre Struktur zu stabilisieren bzw. in die aktive Form zu überführen. Oft sind es Kationen mit mittlerer Ladungsdichte und damit vor allem Ca^{2+} und Mg^{2+}. Erst wenn deren Konzentrationen richtig eingestellt sind, kann die tatsächliche Maximalgeschwindigkeit des Enzyms erreicht werden.

Dies erklärt eine weitere Möglichkeit Enzyme zu inhibieren, indem diese Elektrolyte aus der Lösung entfernt werden. Hierzu bietet man stärkere chemische Komplexbildner an. Um beispielsweise die Blutgerinnung von Plasmaproben zu inhibieren, wird dort deshalb mit Citrat- oder EDTA-Ionen gearbeitet. Diese Anionen binden sehr gut Ca^{2+} und stoppen damit die zugehörigen Enzyme der Blutgerinnung im Serum.

Auf der anderen Seite kann man so die toxische Wirkung vieler zweiwertiger Schwermetall-Ionen (wie Pb^{2+} oder Ba^{2+}) verstehen. Sie verhalten sich gemäß ihrer Größe oder Ladungsdichte ähnlich wie physiologisch notwendige Kationen und binden an deren vorgesehene Position. Sie üben dabei aber stärkere Bindungskräfte aus und verändern so die Enzymstruktur oder blockieren das aktive Zentrum. Damit inhibieren sie meist irreversibel als „Enzymgifte". Auf reversibel inhibierende Einflüsse anderer Stoffe wird noch im folgenden Unterabschnitt 6.2.4 näher eingegangen.

pH-Abhängigkeit

Die meisten Enzyme haben auch ein evolutionär ausgebildetes pH-Optimum. Bei pH-Werten zwischen 4 und 9 ist ihre Struktur in der Regel optimal und führt zu maximalen Reaktionsgeschwindigkeiten (Abb. 6.3b). Dies ist leicht zu verstehen, da Enzyme wie alle Proteine aus Aminosäuren aufgebaut sind und daher zahlreiche freie Amino- und Carboxygruppen aufweisen. Deren pK_S-Werte liegen bei etwa 9 bzw. 4, das heißt, dass oberhalb von pH 9 die NH_3^+-Gruppen merklich deprotoniert werden und unterhalb von pH 4 die COO^--Gruppen protoniert werden. Die dadurch bedingte Änderung der Molekülstruktur führt zu einer Verschlechterung der Substratbindung.

Nur wenige Enzyme sind bei extremen pH-Werten noch aktiv. ein Beispiel ist Pepsin, das Proteine im Magen nahezu unspezifisch spaltet, es muss dies beim pH im Magen leisten, der bei etwa 1 liegt. Bei niedrigeren pH-Werten wird die Struktur zwar dann nahezu nicht mehr modifiziert, aber Peptidbindungen werden zunehmend hydrolysiert und somit auch das Enzym selbst aufgespalten.

Sonstige Einflüsse

Einige weitere Parameter, die Einfluss auf die Enzymkinetik haben können, sollen hier noch kurz erwähnt werden:

- Ionen hoher Ladungsdichte: Diese wirken ähnlich wie die zweiwertigen Elektrolyte und binden an negativ geladene Gruppen und vernetzen diese. Ist die Bindung stark und damit kaum reversibel, können Enzyme gehemmt werden (ein Beispiel sind Aluminium- und Zirkon-Ionen in Deodorantien, die dadurch antibakteriell wirken).

- Kovalent bindende Schwermetall-Ionen: Sie können auch an ungeladene Gruppen mit hoher, oft auch irreversibler Affinität binden. Beispiele sind die Bindung von Blei und

Cadmium an Sulfhydryl-Gruppen (-SH) und Nickel an die Aminosäure Histidin, die in geringer Häufigkeit natürlich vorkommt.

- Cofaktoren: Viele Enzyme benötigen zur Reaktion zunächst weitere gebundene Moleküle oder Ionen, um voll aktiv zu sein. Auf diese spezifisch aktivierenden Cofaktoren wird hier nicht weiter eingegangen und auf die biochemische Literatur verwiesen (z. B. Heinrich und Löffler, 2014; Voet et al., 2010; Ackermann, 1992).

- Redox-Status: Viele intrazelluläre Enzyme enthalten unverbrückte Cysteine im aktiven Zentrum. Oxidationsmittel können daher diese für die Enzymaktivität wichtigen Sulfhydryl-Gruppen (-SH) zu Disulfidbrücken (-S-S-) oxidieren und damit die Aktivität einschränken. Diese oxidative Inaktivierung ist innerhalb der Zelle in vielen Fällen reversibel. Extrazellulär werden dagegen viele Enzyme durch Disulfidbrücken strukturell stabilisiert.

- Suizidinhibitoren oder -substrate: Dies sind solche Stoffe, die kovalent an das aktive Zentrum von Enzymen binden und dieses damit blockieren. Viele Enzyme beinhalten beispielsweise einen Serin-Rest im aktiven Zentrum, dessen OH-Gruppe kovalent modifiziert werden kann. Hierauf beruht die Wirkung von Acetylsalicylsäure, das als Medikament (z. B. in Aspirin®) Schmerzwirkungen durch Blockade der Cyclooxigenase über eine Acetylierung aufhebt. Weiterhin können phosphorhaltige Insektizide oder Kampfstoffe einige Enzyme durch Veresterungen von Serin-Resten blockieren. So wirken einige Nervengifte über die Inaktivierung der Acetylcholinesterase, wodurch die Abschaltung des Schmerzempfindens aufgehoben wird.

Damit hätten wir schon Einiges zum Thema Enzyminhibition kennengelernt, ein weiteres sehr wichtiges Kapitel der biologisch orientierten Physikalischen Chemie. In der Anwendung ist die bereits genannte irreversible Enzyminhibition durch Blockaden weniger interessant als die reversible Enzyminhibition, deren großer Vorteil ist, dass sie sich zudem auch regulieren lässt.

6.2.4 Reversible Enzyminhibition

Ein wichtiger Weg, die Wirksamkeit von Enzymen biologisch zu steuern, ist die temporäre Blockade eines Enzyms durch einen Inhibitor. Die biologischen Prozesse werden dabei reversibel gehemmt, was ebenfalls das Wirkprinzip vieler Arzneimittel ist. Die reversible Enzyminhibition ist ein wichtiger und relativ einfacher Weg, pharmakologisch in physiologische Vorgänge temporär einzugreifen. Viele Medikamente basieren darauf, z.B. bei der Blutdruckregulation durch Hemmung des *Angiotensin Converting Enzyme* („ACE-Hemmer").

Man unterscheidet generell die kompetitive Inhibition, bei der der Inhibitor parallel zum Substrat im Wettbewerb mit dem Substrat steht, und der nichtkompetitiven Hemmung wie sie in der reinen Form bei „Enzymgiften" eintritt, die das Enzym durch Bindung an anderer Stelle inaktivieren. Zudem gibt es mit der unkompetitiven Inhibition noch einen Spezialfall.

Kompetitive Inhibition

Im Fall der kompetitiven Enzyminhibition stellt sich parallel zum Reaktionsschema nach Michaelis und Menten ein Gleichgewicht mit dem Inhibitor I ein. Der Enzym-Inhibitor-Komplex reagiert hierbei nicht weiter zum Produkt. Das Ausmaß der Inhibition wird durch eine Gleichgewichtskonstante zur Dissoziation des Enzym-Inhibitor-Komplexes K_I quantitativ beschrieben.

$$EI \rightleftharpoons E + I$$
$$K_I = \frac{[c_I] \cdot [c_E]}{[c_{EI}]} \tag{6.16}$$

Je mehr vom Enzym als Enzym-Inhibitor-Komplex vorliegt, desto langsamer wird die Reaktion. Ein guter kompetitiver Inhibitor sollte also gut an das aktive Zentrum des Enzyms binden, weswegen der Inhibitor eine chemisch ähnliche Bindungsstelle aufweist wie das Substrat. Die Bildung von Produkt aus der enzymatisch katalysierten Reaktion hängt dann davon ab, ob die Affinität des Enzyms zum Inhibitor größer ist als die zum Substrat. Dazu müssen die Werte von K_I und K_M miteinander verglichen werden. Es ergibt sich demnach die Möglichkeit, die Verteilung von Enzym-Inhibitor-Komplex zu Enzym-Substrat-Komplex durch das Konzentrationsverhältnis von Substrat zu Inhibitor zu regulieren.

In der Auftragung nach Lineweaver und Burk ergibt sich wiederum eine Gerade. Der Schnittpunkt mit der Ordinate bleibt gleich, da bei sehr hoher Substratkonzentration und einer kleineren, konstanten Inhibitorkonzentration praktisch nur Enzym-Substrat-Komplex vorliegt und die maximale Reaktionsgeschwindigkeit wie ohne Inhibitor erreicht wird (siehe Abb. 6.4 a). Die Steigung der Geraden ist allerdings verändert. Daraus ergibt sich eine vermeintlich schlechtere, also vergrößerte Michaelis-Menten-Konstante.

$$K'_M = \left(1 + \frac{c_I}{K_I}\right) \cdot K_M$$
$$RG = \frac{RG_{max} \cdot c_S}{K'_M + c_S} \qquad \boxed{\text{kompetitive Inhibition}} \tag{6.17}$$
$$RG^{-1} = \frac{K'_M}{RG_{max}} \cdot c_S^{-1} + RG_{max}^{-1}$$

Anwendungsübung 6.1
Zur Verdeutlichung der Auswirkung der kompetitiven Inhibition soll ebenfalls ein Diagramm der Reaktionsgeschwindigkeit in Abhängigkeit von der Inhibitorkonzentration bei konstanter Substratkonzentration aufgetragen werden.

Ein Beispiel für eine kompetitive Hemmung ist die Inhibition von Succinat-Dehydrogenase durch Malonat-Ionen. Das Malonat-Ion besitzt wie das Succinat-Ion zwei Carboxy-Funktionen, aber keine CH-CH-Bindung, die dehydriert werden kann. Malonat-Ionen binden daher ähnlich gut wie Succinat-Ionen, können aber nicht weiterreagieren.

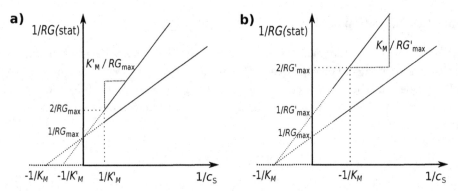

Abb. 6.4 Enzyminhibition in der Lineweaver-Burk-Darstellung. Bei **(a)** der kompetitiven Hemmung bleibt der Achsenabschnitt (der Ordinate, RG_{max}^{-1}) unverändert, aber die Steigung nimmt mit höherer Inhibitorkonzentration bzw. stärkerer Inhibitorbindung (kleine K_I) zu. Bei **(b)** der nichtkompetitiven Hemmung bleibt der Schnittpunkt mit der Abzisse unverändert $(-K_M^{-1})$, aber die Steigung nimmt mit höherer Inhibitorkonzentration bzw. stärkerer Inhibitorbindung zu.

Damit kann durch Malonat-Ionen die Umwandlung von Succinat-Ionen in Fumarat-Ionen im Citronensäure-Cyclus gehemmt werden.

$$^-OOC\text{-}CH_2\text{-}CH_2\text{-}COO^- + E \;\rightarrow\; {}^-OOC\text{-}CH\!=\!CH\text{-}COO^- + E + 2\,H(\text{gebunden})$$

$$^-OOC\text{-}CH_2\text{-}COO^- + E \;\rightarrow\; \text{keine Reaktion}$$

Nichtkompetitive Inhibition

Aus der Bezeichnung ergibt sich bereits, dass der Inhibitor nicht im Wettstreit mit dem Substrat agiert. Der Inhibitor bindet an das Enzym, wodurch dieses kein Substrat mehr binden kann und damit auch keinen Einfluss mehr auf die Reaktion ausübt. Es zeichnet vor allem Enzymgifte aus. Sie binden sehr stark an das Enzym und blockieren dieses (ähnlich auch Schwermetallgifte). Dies ist physiologisch auch an einigen Stellen gewollt, z.B. der Schutz der Bauchspeicheldrüse vor Selbstverdauung. Neben solchen lokalen Blockaden bedienen sich auch einige Parasiten solcher Inhibitoren, um sich vor der Abwehr des Wirtsorganismus zu schützen. Als reversible Hemmung tritt dieser Mechanismus nicht so ausgeprägt auf, deswegen ist er pharmakologisch kaum nutzbar.

$$E + I \rightleftharpoons EI$$

$$EI + S \rightarrow \text{stark verlangsamte oder keine Reaktion} \tag{6.18}$$

$$K_I < K_{EIS} \tag{6.19}$$

In der grafischen Auftragung nach Lineweaver-Burk kann die verringerte Maximalgeschwindigkeit bestimmt werden, da ein Teil der Enzymmoleküle keinen Einfluss mehr auf die Reaktion hat (Abb. 6.4 b). Andererseits bleibt K_M konstant, da die intakten Enzymmoleküle in unveränderter Weise mit dem Substrat reagieren können.

Tab. 6.2 Überblick zu den prototypischen Arten der reversiblen Enzyminhibition, mit unterschiedlichen Auswirkungen auf die Michaelis-Menten-Parameter (nach Heinrich und Löffler, 2014, Tab. 8.1).

Inhibitionsart	Bindungsstelle	konstant	veränderte Parameter
kompetitiv	aktives Zentrum	RG_{max}	$K'_M = K_M \cdot \left(1 + \frac{c_I}{K_I}\right)$
nichtkompetitiv	außerhalb Zentrum	K_M	$RG'_{max} = RG_{max} \cdot \left(1 + \frac{c_I}{K_I}\right)^{-1}$
unkompetitiv	an ES-Komplex	$\frac{K_M}{RG_{max}}$	$K'_M = K_M \cdot \left(1 + \frac{c_I}{K_I}\right)$
			$RG'_{max} = RG_{max} \cdot \left(1 + \frac{c_I}{K_I}\right)^{-1}$

Unkompetitive Inhibition

Ein weiterer Spezialfall, bei dem der Inhibitor nicht an das freie Enzym, aber an den Enzym-Substrat-Komplex bindet, und damit die Umsetzung behindert, ist die unkompetitive Inhibition.

$$E + S \rightleftharpoons ES$$

$$ES + I \rightleftharpoons ESI \quad \text{und} \quad ESI \rightarrow \text{ keine Reaktion} \tag{6.20}$$

$$K'_I = \frac{[c_I] \cdot [c_{ES}]}{[c_{ESI}]} \tag{6.21}$$

In diesem Fall ändern sich gekoppelt die Maximalgeschwindigkeit und die Michaelis-Menten-Konstante (Tab. 6.2). Im Lineweaver-Burk-Diagramm ergibt sich dadurch eine Parallelverschiebung. Die Geraden verlaufen oberhalb der nicht inhibierten Daten und der Abstand nimmt mit zunehmender Inhibitorkonzentration zu. Dieser Inhibitionstyp tritt weniger bei Ein-Substrat- sondern eher bei Zwei-Substrat-Reaktionen auf.

Zusammenfassender Überblick

Der Mechanismus einer Enzyminhibition kann somit ebenfalls sehr gut in der Auftragung nach Lineweaver und Burk (oder ähnlichen grafischen Ansätzen) ermittelt werden. Die Wirksamkeit eines Inhibitors beruht auf der Kombination seiner Affinität zum Enzym und der eingesetzten Konzentration. Zu den vorgestellten prototypischen Arten der reversiblen Enzyminhibition werden diese Beziehungen in Tabelle 6.2 zusammengefasst.

Anwendung findet die reversible Enzyminhibition und dabei vor allem die kompetitive in der Physiologie und Pharmakologie. Daneben spielt dort oft auch die Wirkung über Suizidsubstrate eine große Rolle. Eine Vielzahl physiologisch und klinisch relevanter Beispiele zu diesen und weiteren Inhibitionsarten finden sich in Heinrich und Löffler (2014, Kap. 8 und 9), Voet et al. (2010, Kap. 12) sowie verteilt in Aktories und Forth (2005). Einige pharmazeutische Wirkprinzipien zur Therapie von wichtigen Erkrankungen, die über Enzyminhibition erfolgen, sind in Tabelle 6.3 beispielhaft herausgegriffen.

Tab. 6.3 Beispielhafte Anwendungen der reversiblen Enzyminhibition in der Pharmakologie zur Therapie von Erkrankungen Heinrich und Löffler (nach 2014, Tab. 9.1), ergänzt mit Aktories und Forth (2005).

Inhibitionsart	Wirkstoff	Enzym	Erkrankungen
kompetitiv	ACE-Hemmer	Angiotensin Conv. Enzyme	Bluthochdruck
kompetitiv	PDE-Hemmer	Phosphodiesterase	erektile Dysfunktion
kompetitiv	Ibuprofen	Cyclooxigenase	(Kopf-)Schmerz
Suizidsubstrat	Acetylsalicylsäure	Cyclooxigenase	(Kopf-)Schmerz
Suizidsubstrat	Fluorouracil	Thymidylatsynthase	Tumore
Suizidsubstrat	Antithrombin	Thrombin	Thrombose, Embolie
unkompetitiv	Lithium-Ionen	Inositolmonophosphatase	Depression

Ähnliche Wirkprinzipien ergeben sich bei Bindungen von Liganden an Rezeptoren, die Signale von außerhalb von Zellen an intrazelluläre Signalkaskaden weitergeben (Voet et al., 2010, Kap. 13). Auch sie spielen eine herausragende physiologische Rolle. Es sind ebenfalls reversible Bindungen (wie Coffein an Adenosinrezeptoren) und nahezu irreversible möglich (wie der monoklonale Antikörper Trastuzumab, Herceptin®, an das HER2-Onkoprotein).

6.3   Diffusionskontrollierte Reaktionen

Reaktionen erfordern das Zusammentreffen aller Reaktionspartner am gleichen Ort. Für biochemische Prozesse, die zum Beispiel in Zellen, Körperflüssigkeiten oder Fermenterbrühen ablaufen, erfordert dies erst einmal den Transport der Substanzen an einen gemeinsamen Ort. In vielen Fällen kann sich dieser Transport limitierend auf die Reaktionsgeschwindigkeit auswirken. Bei Festkörperreaktionen überwiegt dieser Anteil sogar (Schmalzried, 1981, 1995). Die gleichmäßige Verteilung von Stoffen in Mischungen erhöht die Entropie. Sie ist damit die Triebkraft, die dafür sorgt, dass die Teilchenbewegung eine Durchmischung über sogenannte Diffusion bewirkt.

Reaktionsgeschwindigkeit bei Diffusionskontrolle

Das Zusammentreffen von zum Beispiel zwei Molekülen in Lösung durch Diffusion kann auch durch eine Reaktionsgleichung und ein entsprechendes Geschwindigkeitsgesetz, ähnlich einer Komplexbildung, ausgedrückt werden.

$$A + B \xrightarrow{k_d} [AB]$$

$$\frac{dc_{AB}}{dt} = k_d \cdot c_A \cdot c_B \tag{6.22}$$

Die Konstante k_d beschreibt die **Diffusionsgeschwindigkeit**. Das Molekülpaar bleibt einige Zeit in der Lösung beieinander und trennt sich nach einer gewissen Zeit, wofür wiederum eine Reaktionsgleichung aufgestellt werden kann.

$$[AB] \xrightarrow{k_d'} A + B$$

$$\frac{dc_{[AB]}}{dt} = -k_d' \cdot c_{[AB]} \qquad (6.23)$$

Dieser Schritt steht im Wettbewerb mit der Bildung von Produkt P.

$$[AB] \xrightarrow{k_r} P$$

$$\frac{dc_{[AB]}}{dt} = -k_r \cdot c_{[AB]} \qquad (6.24)$$

Für die Gesamtreaktion ergibt sich dann eine Geschwindigkeitskonstante k_{ges}, in der die genannten Vorgänge zusammengefasst werden. Formal ähnelt dies stark der Enzymkinetik aus Abschnitt 6.2.1. Wird dabei für das Paar [AB] angenommen, dass es nur einen kurzfristigen Zwischenzustand darstellt, kann man analog von einem quasistationärem Zustand dafür ausgehen.

$$A + B \rightleftharpoons [AB] \xrightarrow{k_r} P$$

$$\frac{dc_{[AB]}}{dt} = 0$$

$$RG = k_r \cdot c_{[AB]} = \frac{k_r \cdot k_d}{k_r + k_d'} \cdot c_A \cdot c_B = k_{ges} \cdot c_A \cdot c_B \qquad (6.25)$$

Die Größe von k_{ges} wird durch den Vergleich der beiden Schritte bestimmt, die parallel der Bildung von [AB] folgen. Ist die Reaktion deutlich schneller als die Trennung durch Diffusion mit k_d', so ergibt sich

$$RG \approx k_d \cdot c_A \cdot c_B \qquad (6.26)$$

Die Reaktionsgeschwindigkeit wird dann überwiegend durch die Diffusionsgeschwindigkeit bestimmt, die zum Zusammentreffen von A und B führt.

Die Geschwindigkeitskonstante für die Diffusion wiederum hängt im Wesentlichen von der Temperatur und der Viskosität η des Mediums ab. Je höher die Temperatur ist, desto schneller erfolgt der Teilchentransport durch Diffusion. Dagegen sinkt die Diffusionsgeschwindigkeit bei Zunahme der Viskosität des Mediums.

$$k_d = \frac{8R}{3} \cdot \frac{T}{\eta} \qquad (6.27)$$

Für eine wässrige Lösung bei 25 °C ist $\eta = 8{,}9 \cdot 10^{-4}$ kg m^{-1} s^{-1}, damit ergibt sich $k_d = 7{,}4 \cdot 10^9$ L mol^{-1} s^{-1}. Dieser Wert entspricht der im vorigen Abschnitt benannten Obergrenze für die Effizienz eines Enzyms, ausgedrückt durch das Verhältnis aus k_{cat} und K_M (vgl. Tab. 6.1).

6.3.1 Transport durch Diffusion

Es ist eine allgemeine Erfahrung, dass sich Teilchen in einer Umgebung gleichmäßig verteilen. Gibt man zum Beispiel einen Tropfen stark gefärbte Lösung (z.B. Tinte) in ein Glas Wasser, so wird sich der Inhalt dieses Tropfens nach und nach gleichmäßig verteilen. Dieser Vorgang ergibt sich aus der zufälligen Eigenbewegung der Teilchen, die als Selbstdiffusion bezeichnet wird. Diese führt bei Konzentrationsunterschieden zum Transport von Teilchen in den Bereich geringerer Konzentrationen. Solche Unterschiede werden so mit der Zeit durch Diffusion ausgeglichen. Triebkraft dieses Prozesses ist die genannte Gleichverteilung der Teilchen, welche thermodynamisch als Maximierung der Zustandsgröße Entropie beschrieben werden kann (vgl. Gl. 3.122).

Transport ist die zeitliche Änderung der Lage von Teilchen oder Energie. Es gibt unterschiedliche Arten von Transportphänomenen. Sie unterscheiden sich je nach der Art der Transportgröße. Es können Materie transportiert werden (Diffusion, Konvektion), Ladungen (Leitfähigkeit) oder auch Energie (Wärmeleitung). Für alle Transportvorgänge ist jedoch ein einheitliches Prinzip zu erkennen.

Eine einfache Transportgröße kann die Teilchenzahl N selbst sein. Dieser Transportprozess wird Diffusion genannt (s. Lauth und Kowalczyk, 2016, Kap. 6). Im eindimensionalen Fall wird sie beschrieben über den Teilchentransport durch eine Querschnittsfläche A hindurch:

$$\vec{J}_{N_i} = \frac{1}{A}\frac{\mathrm{d}N_i}{\mathrm{d}t} \tag{6.28}$$

In ähnlicher Weise können auch andere Transportprozesse, wie zum Beispiel Wärmeleitung, beschrieben werden. Allen Prozessen gemeinsam ist die zeitliche Änderung einer Transportgröße (Fluss), die abhängig ist von der Höhe der jeweiligen Potenzialdifferenz. Die Größe des Flusses hängt außerdem von der Art des Stoffes und den Zustandsvariablen ab. Aus diesen Differenzialgleichungen können exakte Beschreibungen entwickelt werden, auf die noch modellhaft eingegangen werden soll.

Damit Transport stattfindet, benötigt er eine treibende Kraft. Thermodynamisch gesehen ist es die Maximierung der Entropie bzw. das Erreichen des wahrscheinlichsten Zustandes, welches den Transport antreibt. Dies wird dadurch bestimmt, dass die Transportgröße nicht gleichmäßig verteilt ist oder sich in einen energetisch günstigeren Bereich verschieben kann. Es sind also räumlich ungleich verteilte Potenziale vorhanden. Zum Potenzialausgleich ergeben sich räumliche Gradienten der zugeordneten treibenden Kräfte. Dadurch resultiert ein entsprechend gerichteter Fluss $\vec{J}$, der dem Abfall der treibenden Kraft Γ entgegengesetzt ist. Man spricht mathematisch vom Gradienten von Γ. Der Gradient ist ein Vektor, der in die Richtung der größten Änderung zeigt. Mathematisch gesehen ist es die Ableitung in alle Raumrichtungen und wird mit dem Symbol ∇ gekennzeichnet.

$$\vec{J}_\Gamma = -\mathrm{const} \cdot \nabla\,\Gamma \tag{6.29}$$

Die Auswirkung des Flusses führt dazu, dass der Gradient zunehmend aufgehoben wird. Im Gleichgewicht wäre er gleich null. Als Beispiel sei die Diffusion von Tinte in Wasser angegeben. Beim Eintropfen der Tinte bildet sich ein Konzentrationsgradient aus. Die Tinte diffundiert daraufhin bevorzugt in die entgegengesetzte Richtung zum Gradienten, und die Konzentration der Tinte ist im Gleichgewicht in der gesamten Lösung gleich groß. Es existieren keine Gradienten und damit keine gerichteten Flüsse mehr. Tatsächlich kann man diese Situation mit dem chemischen Potential μ darstellen. Es wurde für eine Mischphase bereits im Abschnitt 3.4.5 beschrieben.

$$\mu_i = \mu_i^* + RT \ln a_i \tag{6.30}$$

In dem Beispiel strebt die Tinte an, sich auf ein möglichst niedriges chemisches Potential zu bewegen. Dies führt zur maximal möglichen Vermischung (getrieben durch Maximierung der Entropie). In analoger Form herrschen für alle anderen Transportprozesse ebenfalls Potenzialdifferenzen vor. Transport führt dazu, möglichst ein Potentialminimum zu erreichen, indem räumliche Verschiebungen von Transportgrößen vorgenommen werden.

Auch chemischer Transport erfordert wie im alltäglichen Leben einen „Transporter". Bei chemischen Prozessen gibt es Teilchen, die diese Funktion übernehmen. Bei der Diffusion transportieren die Teilchen sich selbst, bei der Wärmeleitung wird Energie transportiert, beim elektrischen Strom Ladung. Immer resultiert ein gerichteter Transport entgegen des Gradienten (räumliche Änderung) der Transportgröße. Dieser Transport kann beschrieben werden als zeitliche Änderung der Transportgröße Γ, die durch eine Querschnittsfläche A stattfindet.

$$\vec{J}_\Gamma = \frac{1}{A} \frac{d\Gamma}{dt} \tag{6.31}$$

6.3.2 Modell der eindimensionalen Diffusion

Im einfachsten Fall gibt es Konzentrationsunterschiede nur in einer Raumrichtung (x). Dies könnte ein Gefäß mit einer Trennwand sein, auf der einen Seite Wasser, auf der anderen eine Farbstofflösung. Wird die Trennwand entfernt, so durchmischen sich die Flüssigkeiten, der Farbstoff wandert in das reine Wasser ein. Der erkennbare Teilchentransport hängt von dem Konzentrationsunterschied ab, der senkrecht zur Trennfläche besteht. Dieser sogenannte Konzentrationsgradient verringert sich im Laufe der Zeit. Solcher Teilchentransport, die Diffusion, wird durch das **erste Fick'sche Gesetz** ausgedrückt.

$$\vec{J}_{N_i} = \frac{1}{A} \frac{dN_i}{dt} = -D \frac{dN_i}{dx} \tag{6.32}$$

Die Änderung äußert sich in einem gerichteten Transport in Richtung x, gewichtet mit einem **Diffusionskoeffizienten** D (Dimension: Fläche pro Zeit). Haben die Teilchen zusätzlich eine Ladung, so kann man den in Richtung eines äußeren elektrischen Feldes stattfindenden Transport als elektrische Leitfähigkeit messen. Diese Transporteigenschaft gehört zum Gebiet Elektrolytchemie in wässrigen Lösungen, wird hier aber nicht näher behandelt (gute Einführung in Wedler und Freund, 2012, Kap. 1.6).

Die Diffusion ist in Gasen schneller als in Flüssigkeiten und dort wiederum wesentlich schneller als in Festkörpern. Dabei diffundieren kleine Teilchen schneller als große. In

Tab. 6.4 Diffusionskoeffizienten in verschiedenen Medien, mit unterschiedlichen Aggregatzuständen (Quelle: Wedler und Freund (2012, Kap. 5.3)).

Teilchen	Medium	θ	D
		°C	$m^2 \cdot s^{-1}$
H_2	Luft	28	$7 \cdot 10^{-6}$
Na^+	Wasser	25	$1{,}3 \cdot 10^{-9}$
Saccharose	Wasser	25	$0{,}5 \cdot 10^{-9}$
Cu-Atom	Messing	1150	$1 \cdot 10^{-12}$

Festkörpern verläuft der Transport über unbesetzte Gitterplätze, sogenannte Fehlstellen im Kristall (ausführlich in Schmalzried, 1981, Kap. 3). In Fluiden geht vor allem die Viskosität (s. Tipler und Mosca, 2009, Kap. 13) des umgebenden Mediums ein, die wiederum von den darin vorhandenen Bindungen und der Temperatur abhängt. Tabelle 6.4 gibt Größenordnungen für Diffusionskoeffizienten in verschiedenen Medien an. Demnach ist die Diffusion in wässriger Lösung etwa um den Faktor tausend langsamer als in Gasen, aber etwa ebenso viel schneller als in festen Stoffen. Zur Messung von Diffusionskoeffizienten Lauth und Kowalczyk (siehe 2016, Kap. 7)

Jetzt soll noch ermittelt werden, wie weit sich der Teilchenstrom ausbreitet. Dabei ist zu berücksichtigen, dass durch die Diffusion der Konzentrationsunterschied zunehmend verringert und dadurch der Effekt abgebaut wird. Diese Information wird durch das zweite Fick'sche Gesetz berücksichtigt.

$$\frac{dc_i}{dt} = D \frac{d^2 c_i}{dx^2} \tag{6.33}$$

Die Lösung dieser Differentialgleichung erfordert bestimmte Randbedingungen(s. Schmalzried, 1981, Kap. 5.5). Wird vereinfachend angenommen, dass zum Zeitpunkt $t = 0$ alle N Teilchen auf einer Fläche gleicher Konzentration starten (mit $x = 0$), dann ergibt sich folgende zeitabhängige Lösung der eindimensionalen Ausbreitung:

$$c_i(x, t) = \frac{N(0)}{A \cdot (\pi D t)^{0{,}5}} \exp\left(\frac{-x^2}{4 D t}\right) ; \text{eindimensional, normiert} \tag{6.34}$$

Dies entspricht einer um $x = 0$ symmetrischen Gauß-Funktion (Varianz: $2Dt$), die mit zunehmender Zeit immer stärker abflacht. Die mittlere (erfolgreiche) Wanderungsdistanz ist damit $(2 D t)^{0{,}5}$. Sie steigt mit der Zeit wurzelförmig an, ebenso mit dem Diffusionskoeffizienten. Betrachtet man den Fall für eine Punktquelle, die sich dreidimensional ausbreitet, ergibt sich $(6 D t)^{0{,}5}$ (s. Atkins und de Paula, 2013).

Beispiel 6.1

Ein Natrium -Ion hat gemäß Tabelle 6.4 einen Diffusionskoeffizienten von $1{,}3 \cdot 10^{-9}\,\mathrm{m}^2 \cdot \mathrm{s}^{-1}$. Eine eindimensionale Wanderungsdistanz von $(2\,Dt)^{0,5}$ heißt, dass eine Strecke von $1\,\mu\mathrm{m}$ (Abstände in Zellen) innerhalb von etwa 0,2 ms im Mittel zurückgelegt wird. Dagegen braucht es ungefähr 200 s für einen Millimeter und etwa 6 Jahre für einen Meter.

∎

6.3.3 Transport in biologischen Systemen

Die räumliche Trennung ist ein wesentliches Prinzip, um Reaktionen in biologischen Systemen zu vermeiden beziehungsweise gezielt über Transport stattfinden zu lassen. Gleichgewichte werden laufend durch Transport aufs Neue verschoben (zum Beispiel Atmung oder Ionenkanäle in Zellen).

Die Organisation in Organellen oder Organen ist hierdurch mit angetrieben. Es können somit sehr viele unterschiedliche chemische Umgebungen nebeneinander aufrecht erhalten werden und damit sehr unterschiedliche Gleichgewichtsbedingungen. Denken Sie zum Beispiel an den Magen mit einem pH-Wert von etwa 1 direkt benachbart zu Blutgefäßen mit einem pH-Wert von 7,4. Eine wichtige Rolle in diesem Zusammenhang spielen Membranen, die für klare Trennungen sorgen. Sie beinhalten oftmals Transportwege (z. B. Ionenkanäle), durch welche hindurch wiederum gezielt Transport stattfinden kann.

Steuerungen über Hormone sind ein anderes Beispiel für transportrelevante Prozesse. Hormone werden von speziellen Zelltypen oder Drüsen produziert, die sehr weit weg vom Ort der Wirkung der Substanzen liegen können. Vielfältige aktive Transportsysteme sind daher vorhanden wie zum Beispiel der Blutkreislauf oder das Lymphsystem. Die elektrische Leitfähigkeit spielt andererseits eine große Rolle für die Nervenleitung.

6.4 Wachstumsprozesse von Einzellern

In vielen biotechnologischen Prozessen oder zum Beispiel bei Infektionen ist die Wachstumsgeschwindigkeit von einem einzigen Zelltyp einer der entscheidenden Parameter. Das Wachstum von Zellen ist eine komplexe Abfolge von chemischen Reaktionen, bei der aus vorhandenen Zellen neue entstehen. Im einfachsten Fall erfolgt diese Vermehrung durch binäre Zellteilung. Dabei entstehen aus einer Vorläuferzelle zwei identische Tochterzellen. Alle Zellen entstammen dem gleichen Ursprung und werden als Stamm oder Klon bezeichnet.

Ebenso verhält es sich bei den meisten Bakterien, die dabei sehr schnelles Wachstum zeigen und deswegen beliebte einfache Systeme für die biotechnologische Produktion sind (insbesondere *E. coli*). Diese Prokaryonten vermehren sich durchgehend über binäre Zellteilung. Andererseits ist Bakterienwachstum in der Medizin ein höchst unerwünschter Prozess, der oft schneller voranschreitet, als das Immunsystem reagieren kann. In Fällen von sogenannter Blutvergiftung (Sepsis) kann er binnen Stunden oftmals sogar tödlich verlaufen.

In der Biotechnologie werden als Produktionssysteme zudem bestimmte Hefen (z.B. *S. cerevisiae, P. pastoris*), Insektenzellen oder mittlerweile auch vermehrt Zellen tierischen Ursprungs eingesetzt. Auch hier muss das Wachstum modelliert werden. Mit dem Verständnis und mathematischen Hintergrund der chemischen Reaktionskinetik lassen sich formal sehr schnell auch ähnliche Zeitgesetze für Zellwachstum entwickeln. Die Kriterien und Parameter gleichen dabei dem bisher Behandelten und vertiefen es darüber hinaus. Für einfache Fälle soll hier daher das Gerüst zum Verständnis der Herleitung von Wachstumsgesetzen erfolgen. Deren weitere Vertiefung anhand von praktischen Anwendungen soll der Fachliteratur zu Mikrobiologie und Biopozesstechnik vorbehalten bleiben (Slonczewski und Foster, 2012; Chmiel, 2011).

6.4.1   Einfache Wachstumsgesetze

Zellwachstum ist ein äußerst komplexer Prozess. Im Prinzip kann die binäre Zellteilung aber auch in Form einer Reaktionsgleichung vereinfacht folgendermaßen dargestellt werden:

$$\text{Nährstoffe} + \text{Z} \rightarrow 2\,\text{Z} \tag{6.35}$$

Die Nährstoffe sind notwendig, um stöchiometrisch auszugleichen. Sind allerdings ausreichend Nährstoffe vorhanden, können diese ähnlich einer Reaktion zweiter Ordnung, bei der eine Konzentration sehr groß ist, zu einer pseudo-ersten Ordnung vernachlässigt werden. Die Konzentration findet sich dann in der zugehörigen Geschwindigkeitskonstante wieder. Die Reaktion ist damit nicht abgeschlossen, da die neu gebildeten Zellen sich ähnlich einer Kettenreaktion weiter teilen können.

$$\text{Z} \rightarrow 2\,\text{Z} \rightarrow 4\,\text{Z} \rightarrow 8\,\text{Z} \rightarrow \dots \tag{6.36}$$

Um den Formalismus zu beschreiben, reicht allerdings die prinzipielle Einzelreaktion aus. Wir versuchen zunächst wieder, die Fragestellung für einfache und klare Grenzfälle zu betrachten. Deren Verständnis soll helfen, auch kompliziertere Fälle zu beschreiben. Eine Rückreaktion wie in der Chemie kann beim Wachstum ausgeschlossen werden (in der Regel fusionieren die geteilten Zellen nicht wieder). Dann lässt sich analog zur Reaktion erster Ordnung eine Wachstumsgeschwindigkeit WG angeben. Wenn das Wachstum in homogener Phase, also in Lösung stattfindet, können auch Zellkonzentrationen c_Z oder Zellzahlen N_Z angegeben werden.

$$\text{Z} \xrightarrow{k_\text{W}} 2\,\text{Z} \tag{6.37}$$

$$WG = \frac{\mathrm{d}c_\text{Z}}{\mathrm{d}t} = k_\text{W} \cdot c_\text{Z} \tag{6.38}$$

Dieser Ansatz ähnelt stark dem zur Kinetik von Reaktionen erster Ordnung (Gl. 5.9). Beim Vergleich fällt nur ein Vorzeichenwechsel auf. Da sich hier im Vergleich zum Formalismus bei Reaktionen die Zellzahl vermehrt und nicht ein Edukt verbraucht, ist dessen

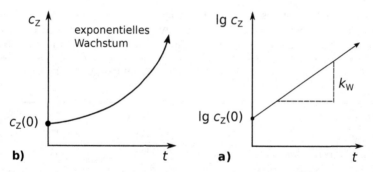

Abb. 6.5 Wachstumsverlauf von Zell- oder Bakterienkulturen. **(a)** Exponentieller Verlauf, **(b)** halblogarithmische Darstellung zur Bestimmung der Wachstumsgeschwindigkeitskonstante.

Änderung hier positiv. Diese Voraussetzungen führen in der weiteren Herleitung zu einfach exponentiellen Wachstumsprozessen. Dazu müssen wie üblich die Variablen getrennt, Integrationsgrenzen gesetzt und integriert werden. Im Ergebnis ist im exponentiellen Term ein positives Vorzeichen, wo bei der Kinetik von Reaktionen erster Ordnung ein negatives steht (Gl. 5.12).

$$\int_{c_Z(0)}^{c_Z(t)} \frac{\mathrm{d}c_Z}{c_Z} = \int_0^t k_W \cdot \mathrm{d}t$$

$$\ln \frac{c_Z(t)}{c_Z(0)} = k_W \cdot t \tag{6.39}$$

$$c_Z(t) = c_Z(0) \cdot e^{k_W \cdot t} \tag{6.40}$$

Trägt man diese Funktion auf, so ergibt sich eine e-Funktion mit der Anfangskonzentration als Ordinatenabschnitt (Abb. 6.5). Eine größere Wachstumsgeschwindigkeitskonstante führt zu einem stärkeren Anstieg der Zellkonzentration. Betrachtet man diese Funktion näher, so stellt sich heraus, dass bei gleichbleibenden Abständen immer der gleiche Zunahmefaktor erkennbar ist. Diese Feststellung ist schon lange bekannt, weswegen in der Mikrobiologie die **Verdoppelungszeit** t_d oder auch Generationenzeit genannte Größe benutzt wird. In Analogie zur Halbwertszeit (Gl. 5.15) ergibt sich für $c_Z = 2c_Z(0)$ die Beziehung 6.41.

$$k_W = \frac{\ln 2}{t_d} \tag{6.41}$$

Die experimentelle Bestimmung von Wachstumsgeschwindigkeitskonstanten und damit indirekt der Verdoppelungszeit erfolgt über eine logarithmische Auftragung der Zellzahl oder -konzentration gegen die Zeit. Gleichung 6.39 wird dazu etwas umgeformt, so dass die Wachstumsrate der Steigung in einer Geradengleichung entspricht. Dabei wird meist der natürliche durch den dekadischen Logarithmus getauscht, da dies nur einer Parallelverschiebung (um etwa den Faktor 2,3) entspricht. So lässt sich die Zellzahl oder -konzentration aus einem Diagramm wie in Abb. 6.5 gut abschätzen:

$$\lg c_Z = \lg c_Z(0) + k_W \cdot t \tag{6.42}$$

Tab. 6.5 Maximale Wachstumsparameter für einige typische Produktionszellen bei optimalen Bedingungen, insbesondere passender Temperatur. Angegeben sind Verdoppelungszeiten t_d und die damit verknüpften Wachstumsraten k_W (s. Gl. 6.41; erweitert nach Chmiel (2011)).

Zelltyp	Organismus	Temp.	t_d	k_W
		°C	h	h^{-1}
Escherichia coli	Bakterie	40	0,33	2,1
Bacillus subtilis	Bazillus	40	0,43	1,6
Saccharomyces cerevisiae	Hefe	30	1,5	0,46
Chinese Hamster Ovary (CHO)	Tier	37	16	0,043
humane Melanom-Zelllinie	Mensch	37	22	0,032

Wachstumsraten k_W gemäß Tab. 6.5 für einfaches Zellwachstum sind für verschiedenste Anwendungen relevant. Diese liegen beispielsweise in der Biotechnologie, der Medizin oder im Bereich von Lebensmitteln.

- Für biotechnologische Prozesse werden hohe Raten (also kurze Verdoppelungszeiten) gewünscht, da dann relativ schnell zur Produktion übergegangen werden kann (siehe auch Abschnitt 6.4.4, weiter unten). Andererseits benötigen tierische Zellen lange Wachstumszeiten und können leicht von Mikroorganismen überwachsen werden.
- In der Medizin sind insbesondere solche Mikroorganismen gefährlich, die hohe Wachstumsraten haben, da besonders schnell reagiert werden muss (zum Beispiel bei einer Sepsis, einer bakteriellen Blutvergiftung).
- Bei Lebensmitteln führen viele weitverbreitete Mikroorganismen mit hohen Wachstumsraten zum Verderb. Die mikrobielle Besiedelung soll deshalb bestimmte Grenzen nicht überschreiten. Hier wird ein gängiges Mittel angewandt, um die Wachstumsraten zu erniedrigen, die Absenkung der Temperatur. So kann zum Beispiel das bakterielle Wachstum in Hackfleisch durch Absenken der Temperatur von 6 auf 0 °C eine Erniedrigung der Rate um den Faktor drei bewirken (Slonczewski und Foster, 2012, Kap. 16). Diese vergleichsweise einfache Maßnahme verdreifacht demnach die Haltbarkeit.

6.4.2 Wachstumsgesetze mit Absterberate

In der Realität ist Leben neben Wachstum auch immer mit Absterben von Zellen verbunden. Auch dieses erfolgt in der Regel statistisch mit einer mittleren Absterberate. Die beiden Prozesse Wachstum und Absterben sind unabhängig voneinander und laufen demnach parallel ab. Beide Prozesse sind irreversibel (keine Gleichgewichte).

$$Z \xrightarrow{k_W} 2\,Z$$

$$Z \xrightarrow{k_A} Z\dagger \tag{6.43}$$

Dadurch ergeben sich zur mathematischen Beschreibung zwei Differentialgleichungen (für jeden Reaktionspfeil eine), entsprechend den zuvor beschriebenen Parallelreaktio-

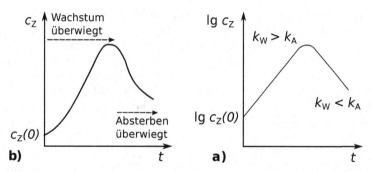

Abb. 6.6 Wachstumsphase einer Zell- oder Bakterienkultur, gefolgt von einer Absterbepahse. **(a)** Exponentielle Verläufe, **(b)** halblogarithmische Darstellung zur Bestimmung der Geschwindigkeitskonstanten.

nen in Abschnitt 5.4.1. Wird in diesem Fall zur Abwechslung einmal die Zellzahl N_Z beschrieben, ergibt sich analog der Verlauf gemäß einer effektiven Geschwindigkeitskonstante $k^{\text{eff}} = k_W - k_A$.

$$\frac{\mathrm{d}N_Z}{\mathrm{d}t} = k_W \cdot N_Z - k_A \cdot N_Z = (k_W - k_A) \cdot N_Z = k^{\text{eff}} \cdot N_Z \qquad (6.44)$$

$$\int_{N_Z(0)}^{N_Z(t)} \frac{\mathrm{d}N_Z}{N_Z} = \int_0^t k^{\text{eff}} \cdot \mathrm{d}t$$

$$N_Z(t) = N_Z(0) \cdot e^{(k^{\text{eff}} \cdot t)} \qquad (6.45)$$

Die effektive Geschwindigkeitskonstante k^{eff} kann in diesem Fall, im Gegensatz zur Parallelreaktion in Abschnitt 5.4.1, sowohl positive als auch negative Werte annehmen, da hier die Differenz statt der Summe gebildet wird. Damit ergibt sich im Fall $k_A > k_W$ eine Absterbereaktion quasi-erster Ordnung entsprechend Abschnitt 5.2.2, bei der die Zellen absterben (Abb. 6.6). Die Gründe hierfür können fehlende Nährstoffe, Zellgifte oder zu hohe Temperatur sein.

Für das temperaturabhängige Absterben wird in der Lebensmitteltechnologie oder in Lehrbüchern der Mikrobiologie der D_θ-Wert bzw. die **dezimale Reduktionszeit** als ein Maß für die Hitzebeständigkeit von Mikroorganismen angegeben. Dieser Wert entspricht der Zeit in Minuten, die bei einer vorgegebenen Temperatur θ (in °C) notwendig ist, um die Ausgangskeimzahl auf ein Zehntel zu reduzieren. Der Wert der dezimalen Reduktionszeit hängt stark vom jeweiligen Mikroorganismus ab (siehe Tab. 6.6) und wird u. a. zur Entwicklung von Erhitzungsprogrammen bei der **Sterilisation** von Lebensmitteln benutzt. Dabei wird üblicherweise der zwölffache D-Wert angesetzt. Der D_θ-Wert kann aus seiner Definition bestimmt und auch in die in der Kinetik üblichen Größen umgerechnet werden.

$$0{,}1 \cdot N_Z(0) = N_Z(0) \cdot \exp(k^{\text{eff}} \cdot D_\theta\text{-Wert})$$

$$D_\theta\text{-Wert} = \frac{\ln 10}{k^{\text{eff}}} \qquad (6.46)$$

$$t_{1/2}^{\text{eff}} = \frac{\ln 2}{\ln 10} \cdot D_\theta\text{-Wert} = 0{,}30 \cdot D_\theta\text{-Wert} \qquad (6.47)$$

Tab. 6.6 Ungefähre dezimale Reduktionszeiten (D_θ-Wert) bei ausgewählten Temperaturen zur Sterilisation für verschiedene Mikroorganismen; erweitert nach Slonczewski und Foster (2012). Neben dem D_θ-Wert werden die entsprechende effektive Absterberate k^{eff} (s. Gl. 6.46) und zugehörige Halbwertszeit $t_{1/2}^{\text{eff}}$ angegeben.

Mikroorganismus	Temp.	D_θ-Wert	k^{eff}	$t_{1/2}^{\text{eff}}$
	°C	min	min^{-1}	min
Salmonella typhimurium	55	0,5	5	0,15
Hefesporen	55	1	2,3	0,3
Escherichia coli	72	0,02	140	0,005
Staphylococcus aureus	72	0,06	30	0,02
Clostridium botulinum	121	0,2	12	0,06
Bacillus subtilis	121	0,5	5	0,15
Bacillus stearothermophilus	121	5	0,5	1,5

Die meisten vegetativen Bakterien werden bereits durch Temperaturen von 55 bis 65 °C abgetötet. Die D_{65}-Werte liegen in der Regel in einem Bereich von 0,2 bis 2 min. Hefen, Schimmelpilze und deren Sporen sind ähnlich hitzeempfindlich. Ab etwa 55 °C werden bereits einige lebenswichtige Enzyme denaturiert. Für viele Mikroorganismen genügt daher eine Pasteurisierung, bei der kurzzeitig auf 60–90 °C erhitzt wird. Beispiele sind Milch, Obstsäfte und Wein. Wesentlich resistenter sind Endosporen von Bacillus und Clostridium, die selbst 100 °C noch mehrere Stunden überdauern können. Für solche sehr resistenten Organismen wird die Autoklavierung bei 121 °C durch siedendes Wasser bei einem Druck von 2 bar eingesetzt (vgl. dazu auch Abschnitt 4.2.3).

Um die Absterberaten von Mikroorganismen auf anderem Wege zu erhöhen, gibt es unterschiedliche Verfahren, die in der Lebensmitteltechnologie teilweise schon seit Jahrhunderten bis Jahrtausenden empirische Anwendung finden. So führt zum Beispiel das Absenken des pH-Wertes zu deutlich höheren Absterberaten von Bakterien. Andererseits existiert in der Natur eine Vielzahl von antimikrobiellen Substanzen. Einige einfache Anionen wie Nitrit (NO_2^-) und Sulfit (SO_3^{2-}) haben hohes Potential, da sie die Atmungskette von Bakterien hemmen.

Andererseits sind Mikroorganismen Weltmeister in Bezug auf Anpassung. Dadurch kann sich die Absterberate mit der Zeit verkleinern. In medizinischen oder lebensmitteltechnologischen Anwendungen wird daher angestrebt, sehr kurze Sterilisationszeiten zu erreichen, damit nicht parallel noch wachsende Zellen durch Mutationen neue Überlebensmechanismen entwickeln können.

6.4.3 Substratabhängigkeit des Wachstums

Mikrobielles Wachstum limitiert sich sehr schnell selbst. Die Wachstums- und Absterberaten sind in der Regel keine Konstanten, sondern verändern sich im Wachstum. Durch den exponentiellen Anstieg der Zellzahl kommt es schnell dazu, dass die Nährstoffe limi-

Tab. 6.7 Typische Parameter für eine Monod-Wachstumskinetik für verschiedene Modellorganismen unter optimalen Bedingungen; Datenquelle: Liu (2013, S. 588). WG_{max} ist die maximale Wachstumsgeschwindigkeit und K_S bzw. K'_S die Substratkonzentration, bei der die halbmaximale Wachstumsgeschwindigkeit erreicht wird (s. Gl. 6.50).

Mikroorganismus	limit. Substrat	θ	WG_{max}	K_S	K'_S
		°C	h^{-1}	μmol/L	mg/L
Escherichia coli	Glucose	37	0,8 - 1,4	1 - 2	2 - 4
Escherichia coli	Glycerol	37	0,87	22	2
Escherichia coli	Lactose	37	0,8	58	20
Saccharomyces cerevisiae	Glucose	30	0,6	140	25
Candida sp.	Sauerstoff	-	0,5	1,4 - 14	0,045 - 0,45
Klebsiella aerogenes	Glucose	30	0,85	50	9

tierend wirken. Da die Konsequenzen mathematisch sehr hohe Ähnlichkeit zur Enzymkinetik aufweisen, wird in diesem Zusammenhang ebenfalls von Substrat gesprochen, zumal die molekularen Prozesse natürlich über Enzyme ablaufen. Das einfachste Modell ist die Monod-Kinetik. Sie ist vor allem dann hilfreich, wenn ein Substrat limitierend ist für das Wachstum.

$$\text{Nährstoffe} + \text{S} + \text{Z} \xrightarrow{k_\text{W}} 2\,\text{Z} \tag{6.48}$$

$$WG = \frac{\text{d}c_\text{Z}}{\text{d}t} = k_\text{W} \cdot c_\text{Z} \cdot c_\text{S} \tag{6.49}$$

Dann wird eine maximale Wachstumsgeschwindigkeit WG_{max} definiert, die vorliegt, wenn die Konzentration des limitierenden Substrats sehr groß und damit praktisch konstant ist. Bei kleineren konstant geregelten Substratkonzentrationen ergibt sich eine anteilige quasi-stationäre Wachstumsgeschwindigkeit WG_{stat}. Diese ähnelt in hohem Maße den Beziehungen der Kinetik nach Michaelis und Menten (Gl. 6.10).

$$WG(\text{stat}) = WG_{max} \cdot \frac{c_\text{Z}}{K_S + c_\text{Z}} \tag{6.50}$$

Dabei entspricht die Konstante K_S der Substratkonzentration, bei der die halbmaximale Wachstumsgeschwindigkeit erreicht wird. Es ist das einfachste Modell, das Zellwachstum und den Einfluss der Substratkonzentration kombiniert. Dennoch eignet es sich bereits für die Beschreibung von Batch-Reaktoren unter optimalen Bedingungen. In Tabelle 6.7 sind einige typische Parameter für Modellorganismen aufgelistet. Dabei kann es für einen Mikroorganismus mehrere Werte bezogen auf unterschiedliche Substrate geben.

Die maximalen Wachstumsgeschwindigkeiten von diesen Mikroorganismen sind recht ähnlich. Die Substratkonzentration, bei der die halbmaximale Wachstumsgeschwindigkeit erreicht wird, kann sich allerdings um Größenordnungen unterscheiden.

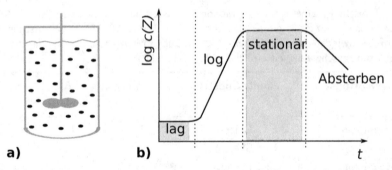

Abb. 6.7 **(a)** Batch-Reaktor, der mit Bakterien besetzt ist. **(b)** Der zeitliche Verlauf des Wachstums darin erfolgt prinzipiell in vier Phasen. Ohne Änderung der Zellkonzentration (bzw. Zellzahl) in der lag- und stationären Phase. Die Änderungen in der log- und Absterbephase sind exponentiell, weswegen üblicherweise eine logarithmische Skalierung gewählt wird.

6.4.4   Wachstum in der Bioprozesstechnik

Bei vielen biotechnologischen und Labor-Prozessen findet das Wachstum in einem vorher angesetzten Medium statt. In der chemischen Technik wird von *Batch*-Prozess oder -Kultur gesprochen. Dabei erfolgt die Nährstoffzugabe allein durch das anfängliche Medium und ausgeschiedene Metabolite werden akkumuliert. Demnach sind die Wachstumsbedingungen für die Zellen nicht konstant. Zu Anfang wird eine definierte Zellzahl ins Medium gegeben und der typische Verlauf bei Fermentationen dieser Art wird in Wachstumsphasen unterteilt.

Vier Haupttypen werden dabei unterschieden, sie sind in Abb. 6.7 zu sehen. Typischerweise wird dafür die Zellzahl, Zelldichte oder Biomasse halblogarithmisch gegen die Zeit aufgetragen. Damit wird die exponentielle Wachstumsphase zu einer Geraden mit positiver Steigung, welche als log-Phase bezeichnet wird. In der davor auftretenden, anfänglichen lag-Phase findet nahezu kein Wachstum statt, weswegen hier praktisch keine Steigung zu beobachten ist. Mehrere Gründe können hierfür verantwortlich sein. Die Zellen brauchen in jedem Fall Zeit, um sich an die geänderten Umweltbedingungen anzupassen, bevor sie voll wachstumsfähig sind. Die folgende log-Phase wird durch die zunehmende Zelldichte beziehungsweise limitierte Nährstoffverfügbarkeit oder steigende Konzentration von inhibierenden Abfallprodukten zu einem Ende kommen. Die Steigung flacht ab und die jetzt folgende stationäre Phase zeichnet sich wieder durch eine fehlende Steigung aus. Die Zellen passen sich in ihrem Metabolismus an diese Limitierungen an, wodurch ihre Wachstumsrate stark abfällt. In der nächsten Phase ist eine ausreichende Anpassung nicht mehr möglich, die Substrate fehlen oder toxische Stoffe überwiegen, so dass die Sterberate der Zellen überwiegt und sich eine Gerade mit negativer Steigung ergibt (vgl. Abschnitt 6.4.2).

Bei Prozessen für die biotechnologische Produktion ist eine hohe Produktausbeute gewünscht. Gleichzeitig sollen ein kleines Reaktorvolumen und ein geringer Zeitaufwand reichen (zusammengefasst als sogenannte Raum-Zeit-Ausbeute). Damit ergeben sich folgende Optimierungskriterien:

- Der Produktionsorganismus sollte eine möglichst kurze lag-Phase durchlaufen und in eine steile log-Phase übergehen.
- Die log-Phase muss prozesstechnisch sicher in eine stationäre Phase überführt werden können, in der der Produktionsstamm statt Biomasse das gewünschte Produkt exprimiert.
- Die Absterbephase soll spät eintreten, wobei üblicherweise daraufhin die Ernte des Produktes erfolgt, bevor Zellbestandteile die Aufreinigung erschweren.

Die Verlängerung der stationären Phase gelingt im *Batch*-Prozess nur bedingt. Für eine sogenannte kontinuierliche Kultur muss ein Stoffaustausch ermöglicht werden. So kann zum Beispiel durch die Limitierung eines Nährsubstrates im Fermenter, das permanent nachgeführt wird, ein pseudo-stationärer Zustand eingestellt werden. Eine Apparatur für eine solche gängige Lösung nennt sich Chemostat. Diese und weitere Ansätze finden sich in Lehrbüchern der Mikrobiologie oder Bioprozesstechnik (z. B. Slonczewski und Foster (2012); Chmiel (2011)).

6.5 Lernkontrolle

Selbsteinschätzung

Lesen Sie laut oder leise die Fragen und beantworten Sie diese spontan in Hinblick auf Ihre Prüfung anhand von Kreuzen in der Tabelle. Tun Sie dies vorab sowie nach der Bearbeitung der Verständnisfragen (VF) und noch einmal nach den Übungsaufgaben (Ü).

1. Kann ich die wichtigsten Grundbegriffe und Definitionen zur Enzymkinetik ohne weitere Hilfe mit Erläuterungen zu Papier bringen?
2. Kann ich den Mechanismus und die Herleitung nach Michaelis und Menten sicher beschreiben und dessen zentrales Ergebnis anhand einer Abbildung beschreiben?
3. Beherrsche ich Auswertungen nach Lineweaver/Burk grafisch und rechnerisch sicher und kann mir damit außerdem Inhibitionsmechanismen verständlich machen?
4. Habe ich die Prinzipien der chemischen Kinetik soweit verstanden, um sie auf Wachstumskinetiken zu übertragen und diese damit zu beschreiben?

Lernziel erreicht?[1]		1			2			3			4	
	vor	VF	Ü	vor	VF	Ü	vor	VF	Ü	vor	VF	Ü
sehr sicher												
recht sicher												
leicht unsicher												
noch unsicher												

[1] „vor" sowie nach Bearbeitung der Verständnisfragen („VF") bzw. Übungsaufgaben („Ü")

6.5.1   Alles klar? – Verständnisfragen

Erläutern oder erörtern Sie die folgenden zentralen Fragen zu Begriffen, Definitionen und Grundlagen. (Diese Lernkontrolle kann auch gut in einer Gruppe erfolgen.)

Enzymreaktionen

■ **Michaelis-Menten-Kinetik**
  a) Welche Reaktionsgleichung liegt zugrunde? Welche Annahmen werden getroffen?
  b) Wie ist die Michaelis-Menten-Konstante definiert?
  c) Erläutern Sie den Verlauf der Substratabhängigkeit der Reaktionsgeschwindigkeit in der Michaelis-Menten-Kinetik anhand einer Skizze. Dabei sollten Sättigung und der Wert der Michaelis-Menten-Konstante erkennbar sein.
  d) Erklären Sie, wann und warum diese Reaktionen nach nullter Ordnung bezüglich des Substrats ablaufen können. Welche andere typische Variante ist möglich?

■ **Auftragung nach Lineweaver/Burk**
  a) Was wird aufgetragen und wie kann man damit grafisch die Michaelis-Menten-Konstante und die maximale Reaktionsgeschwindigkeit bestimmen?
  b) Wie kann man in dieser Grafik unterschiedliche Inhibitionsmechanismen unterscheiden?

■ **Einflüsse auf Enzymkinetik**
  Erläutern Sie, warum und wie sich der Einfluss der folgenden Parameter auf Enzymkinetiken auswirkt; a) Temperatur, b) pH-Wert, c) Elektrolytkonzentrationen.

■ **Komplexere Enzymkinetiken**
  a) Warum reicht die Beschreibung nach Michaelis-Menten für viele biochemische Reaktionen nicht aus?
  b) Was besagt die katalytische Konstante oder Wechselzahl, allgemein und bei Michaelis-Menten?
  c) Was besagt das Verhältnis der katalytischen Konstante zur Michaelis-Menten-Konstante, was ist für viele Enzyme hierbei der Fall?

■ **Enzyminhibition**
  a) Was ist darunter zu verstehen?
  b) Erläutern Sie eine Möglichkeit ein Enzym zu inhibieren.
  c) Warum hat sie eine hohe Bedeutung in der Biologie und auch in der Pharmakologie? Nennen Sie ein Beispiel.

Wachstumskinetik

■ **Einfache Wachstumskinetik**
  a) Skizzieren Sie einen typischen Verlauf.
  b) Wo ist dort die Verdoppelungszeit zu erkennen?
  c) Wie lautet die allgemeine mathematische Beschreibung?

- **Wachstumsgesetze mit Absterberate**

  a) Was ändert sich gegenüber der einfachen Kinetik?

  b) Was ist unter Substratlimitierung zu verstehen?

- **Wachstum in der Bioprozesstechnik**

  a) Welche Phasen sind typisch, wie unterscheiden sie sich von der Kinetik? b) Welche Optimierungskriterien sind relevant für die Raum-Zeit-Ausbeute?

6.5.2 Gekonnt? – Übungsaufgaben

Enzymreaktionen

1. Simulation zur Michaelis-Menten-Kinetik:

   a) Erstellen Sie eine Wertetabelle für ein Beispielenzym und erstellen Sie daraus eine Grafik.

   b) Im Anschluss wählen Sie für den Bereich, in dem Michaelis-Menten sicher gilt und der experimentell realistisch ist, einige Punkte aus. Erzeugen Sie mit diesen eine Auftragung nach Lineweaver/Burk. Bestimmen Sie hier grafisch die Michaelis-Menten-Konstante und die maximale Reaktionsgeschwindigkeit. Dies sollte zeichnerisch erfolgen (wie in der Prüfung auch möglich) und präziser mit einer Regression.

   c) Wie ändern sich die Grafiken, wenn K_M verändert wird?

2. Für die enzymatisch katalysierte Umwandlung von Glutamat in α-Ketoglutarat

   $$\text{Glutamat} + \text{NAD}^+ + 2\,\text{H}_2\text{O} \rightleftharpoons \alpha\text{-Ketoglutarat} + \text{NH}_3 + \text{NADH} + \text{H}_3\text{O}^+$$

   wurden folgende Anfangsgeschwindigkeiten gemessen:

Glutamatkonzentration	mmol/L	2,0	8,0
α-Ketoglutaratbildung	mg/min	0,25	0,44

   Wie kann man aus diesen Werten die Michaelis-Menten-Konstante bestimmen? Erläutern Sie anhand eines geeignetes Diagramms. Welchen Wert hat die Michaelis-Menten-Konstante und wie groß ist die maximale Reaktionsgeschwindigkeit, wenn nur die Substratkonzentration verändert wird?

3. Benutzen Sie das obige Lineweaver-Burk-Diagramm. Skizzieren Sie darin die drei typischen Inhibitionsmuster, ungehemmte, kompetitive und nichtkompetitive Inhibition. Aus den jeweiligen Punkten in diesen Grafiken, lässt sich die Grafik RG vs. c_S entwickeln. Stellen Sie diese dar und manipulieren Sie die Inhibitor-Parameter.

4. Carboxypeptidasen sind eine wichtige Enzymklasse, die den hydrolytischen Abbau von Peptiden bewirken. Für eine Zinkcarboxypeptidase wurde die Zugabe von Glycyl-L-tyrosin untersucht. Folgende Anfangsreaktionsgeschwindigkeiten RG_0 wurden beim Abbau eines Standardpeptides mit einer Konzentration von 10^{-5} mol/L Enzym erzielt.

Peptidkonzentration	mmol/L	0,2	0,5	1,0
RG(stat, ohne Zugabe)	10^{-5} mol L^{-1} s^{-1}	4,0	7,7	11,1
RG(stat, mit Zugabe)	10^{-5} mol L^{-1} s^{-1}	1,6	3,6	6,1

Welcher Reaktionsmechanismus liegt vor: ungehemmt, kompetitive oder nichtkompetitive Inhibition?

Diffusion

1. Ein Bakterium hat einen Durchmesser von etwa $2\,\mu$m. Wie lange dauert es jeweils bei 25 °C, bis ein Na^+-Ion oder ein Saccharose-Molekül diese Strecke durch Diffusion zurückgelegt haben?

   – Wie ist Ihre Erwartung, um welchen Faktor sich die Diffusion für beide Teilchen unterscheidet?
   – Berechnen Sie die Werte und vergleichen Sie mit einer Strecke von 2 mm.
   – Versuchen Sie das Ergebnis anhand von Teilchenbewegung zu erläutern.

Wachstumskinetik

1. Simulieren Sie in einer Tabellenkalkulation unlimitiertes Wachstum für eine Anfangszahl von 500 Zellen.
   a) Bei welcher Wachstumsrate erreicht die Population die Anzahl von einer Million Zellen in etwa 24 Stunden?
   b) Ergänzen Sie mit einer Rate für das Absterben so, dass die Zellzahl nach 24 h nur noch 32 000 beträgt.
   c) Wie verändern sich die Differenzialgleichungen unter a), wenn zusätzlich ein Substrat (zum Beispiel Sauerstoff) als limitierender Faktor nach einer Anfangsphase eine Rolle spielt? Wie spiegelt sich dies im Zellzahl-Zeit-Diagramm wider?

2. Auf einem Nährboden befindet sich ein Anfangsbestand von 1 000 Bakterien. Anschließend kommt dieser für 5 h in den Brutschrank. Nach 1 h ist eine Bakterienanzahl von 16 000 erreicht.
   a) Berechnen Sie aus den gegebenen Werten die Wachstumsrate und die Verdopplungszeit (in min). Zeichnen Sie hierfür einen linearisierten Graphen und wählen Sie drei sinnvolle Zeiten. Gehen Sie von optimalen Bedingungen aus.
   b) Nach Wechsel des Mediums wurde das Experiment um eine weitere Stunde verlängert. Dadurch sind die Bakterienanzahl weniger geworden. Nennen Sie mögliche Gründe, weshalb die Population auf ungefähr 300 Bakterien gefallen sein kann. Berechnen sie die Sterberate und k_{eff}. Bilden Sie das gesamte Experiment in einer Grafik ab.

3. Ein Patient ist infiziert mit EHEC-Bakterien. Die Zellzahl zum Zeitpunkt der Infektion soll 100 betragen. Deren Verdopplungszeit liegt bei konstant 20 min. Die Sterberate der Bakterien in diesem Patienten liegt bei 22,3 d^{-1}.

a) Bereits 2 h später wird dieser Befund diagnostiziert. Welche Anzahl Zellen würde dann vorliegen, wenn von sonst idealer Nährstoffversorgung dieser kleinen Population ausgegangen werden kann?

b) Nach einer weiteren Stunde ist der Befund eindeutig und die Therapie mit einem Antibiotikum beginnt. Das eingesetzte Antibiotikum verdreifacht die Sterberate der Bakterien. Nach welcher Zeit ist die Anzahl der Bakterien auf 50 % gesenkt? Wann ist die ursprüngliche Anzahl von 100 wieder erreicht?

6.6 Literatur zum Kapitel

(Erstautoren in alphabetischer Reihenfolge)

T. Ackermann. *Physikalische Biochemie.* Springer, Berlin und New York, 1992.

K. Aktories und W. Forth. *Allgemeine und spezielle Pharmakologie und Toxikologie.* Elsevier, Urban & Fischer, München, 2005.

P. W. Atkins und J. de Paula. *Physikalische Chemie.* Wiley-VCH, Weinheim, 2013.

H. Chmiel. *Bioprozesstechnik.* Spektrum, Heidelberg, 2011.

A. Cornish-Bowden. *Fundamentals of Enzyme Kinetics.* Wiley-Blackwell, Weinheim, 2012.

P. C. Heinrich und G. Löffler. *Biochemie und Pathobiochemie.* Springer, Heidelberg, 2014.

G. J. Lauth und J. Kowalczyk. *Einführung in die Physik und Chemie der Grenzflächen und Kolloide.* Springer Spektrum, Berlin und Heidelberg, 2016.

S. Liu. *Bioprocess engineering.* Elsevier, Amsterdam, 2013.

H. Schmalzried. *Solid State Reactions.* Verlag Chemie, Weinheim, 1981.

H. Schmalzried. *Chemical Kinetics of Solids.* VCH, Weinheim, 1995.

D. Schomburg. BRENDA enzyme information system, 2015. URL `www.brenda-enzymes.org/`.

J. L. Slonczewski und J. W. Foster. *Mikrobiologie.* Spektrum, Heidelberg, 2012.

P. A. Tipler und G. Mosca. *Physik.* Spektrum, Heidelberg, 2009.

D. Voet, J. G. Voet, und C. W. Pratt. *Lehrbuch der Biochemie.* Wiley-VCH, Weinheim, 2010.

G. Wedler und H.-J. Freund. *Lehrbuch der Physikalischen Chemie.* Wiley-VCH, Weinheim, 2012.

7 Physikalisch-chemische Praktika und Messungen

Übersicht

„Wer hohe Türme bauen will,
muss lange beim Fundament verweilen."
Anton Bruckner (1824–1896)

7.1   Zielsetzung

Welchen Beruf hatte dieser Dr. Bruckner doch gleich? Recherchieren Sie einmal. Es ist erstaunlich und dann auch wieder nicht, wie sehr Naturwissenschaftler von anderen Disziplinen lernen können. Insbesondere die Art zu Lernen und zu Üben hat etwas mit uns Menschen und weniger mit Berufen und Fächern zu tun. Interessant ist für mich in diesem Zusammenhang, dass ich dieses Zitat lange benutzte, bevor ich herausfand, dass Bruckner auch der Klavierlehrer von Ludwig Boltzmann war.

Dieses Kapitel ist nahezu unabhängig vom restlichen Stoff. Hier folgen Hinweise zu Experimenten in der Physikalischen Chemie. Solche werden in Praktika oft parallel oder ergänzend zu Vorlesungen angeboten. Sie haben in der Regel verpflichtenden Charakter und sind recht zeitintensiv. Meist gibt es spezifische Skripte als Anleitung. Zusätzliche Literatur findet sich dagegen weniger und dann oft sehr ausführlich zu einzelnen Versuchen, aber weniger übergeordnete Hinweise. Hier soll dieses Buch eine Lücke schließen.

Lernziele dieses Kapitels

- Einhaltung von Überlegungen zu Planung und Durchführung von physikochemischen Experimenten
- Kenntnis von Kriterien zur Daten- und Ergebnisbeurteilung sowie deren Darstellung
- Verständnis und Beherrschung der Auswertung mittels linearer Regression und ihrer Bewertung
- Naturwissenschaftliche Protokolle mit Tabellen, Abbildungen und Gleichungen erstellen können

7.2　Versuche in der Physikalischen Chemie

Die Chemie ist eine experimentelle Wissenschaft. In der Physikalischen Chemie gibt es zwar keine neuen Stoffe, aber immer neue Erkenntnisse, die sich über Experimente erst erschließen. Dieses ist eine für den Kopf anstrengende Arbeit. Zum anderen lässt es sich über den direkten Bezug weitaus besser verstehen, als nur Gleichungssysteme auf das Papier oder an die Tafel zu schreiben. Wobei das Eine das Andere keineswegs ausschließt.

Versuche im Praktikum sollen dazu dienen, das Erlernte zu erfahren oder für das Lernen Erfahrungen zu sammeln. Woher wissen wir denn, dass Wasser bei 100 °C siedet? Selbstverständlich von Temperaturmessungen – wenn wir jedoch genau hinsehen, dann kann schon in Freising, bei nicht einmal 500 m über NN gezeigt werden, dass es nicht exakt 100 °C sind. Genaues Messen lässt uns also unsere Vorstellungen korrigieren oder bestätigen. Diese Aufgabe ist Tagesgeschäft für Naturwissenschaftler und Ingenieure im Labor, Produktion oder Qualitätssicherung. Also muss es geübt werden.

Welche Versuche?

Hierüber muss sich eigentlich nur der Lehrende Gedanken machen. Interessanterweise gibt es hier wohl einen merklichen Konsens in der deutschsprachigen Hochschulszene. Geben Sie einmal „Esterverseifung" in einer Suchmaschine ein. Sie finden einen großen Teil deutscher Hochschulen mit zahlreichen chemischen Praktika aufgelistet. Ähnlich kann es Ihnen mit einem Großteil anderer Versuche ergehen.

Warum ist dies so? Es gibt nur wenige Praktikumsversuche, die ausreichend einfach sind, um in wenigen Stunden ein brauchbares Ergebnis zu erzielen und auf bekanntem Wissen aufzubauen. Die Ergebnisse sollen auch bei leicht eintretenden Abweichungen von der Vorschrift verwertbar sein. Zudem muss die notwendige Theorie vollständig aufgeklärt worden sein. Andererseits sollen diese Ergebnisse als Prototyp für Messungen dienen, die sich in der Realität ohne Weiteres über Wochen hinziehen können. Es geht schließlich nicht darum diesen Einzelfall zu beschreiben, sondern vor allem um den Umgang mit theoretischen Modellen und deren prinzipieller Auswertung anhand konkreter Beispiele (siehe Abb. 7.1). Diese Qualitätsziele schränken den Kreis der möglichen Versuche ein

Abb. 7.1 Gedankengebäude für Versuche in physikochemischen Praktika. Es geht weniger um spezifische praktische Fertigkeiten im Labor, sondern den prinzipiellen Umgang mit Messungen und deren Auswertung.

beziehungsweise bedeuten einige Wochen Vorbereitungszeit für gute neue Versuche und zahlreiche Testläufe zur Optimierung.

Aus den genannten Gründen basieren die Versuche der Physikalischen Chemie auf wenigen Standardwerken, deren Erstellung oftmals viele Jahrzehnte zurückliegt. Zu nennen wären hier vor allem als deutschsprachige Klassiker über einige Jahrzehnte das Buch von (Eucken und Suhrmann, 1960) und auch noch (Försterling und Kuhn, 1991). Ein sehr schönes neues Buch, welches die Intention dieser Standardwerke fortsetzt, wurde von Erich Meister an der ETH Zürich entwickelt. Es liegt bereits in der zweiten Auflage vor und verbindet klassische mit neuen Experimenten (Meister, 2012). Insbesondere die Verwendung von Computern zur Datenauswertung und die Erstellung von Versuchsberichten wird hier als integraler Bestandteil mit abgedeckt. Dies gilt ebenso für ein umfassendes, englischsprachiges Standardwerk (Garland et al., 2009). Solche Anteile werden im Chemie-Studium und in von Chemikern und Physikern mitentwickelten neueren Studiengängen (Chemieingenieurwesen, Biochemie, Biotechnologie) sowie auch im Medizin-Studium in Deutschland zumeist über ein physikalisches Praktikum im Vorfeld abgedeckt. Hilfreiche Anleitungen finden sich somit in entsprechenden Büchern (ein sehr guter Klassiker dazu ist Walcher (2006)).

7.2.1 Versuchsvorbereitung und -durchführung

Versuchsvorbereitung

Zur Vorbereitung eines Versuches dient zunächst einmal die Versuchsbeschreibung. Hierin sollten Sie die wichtigsten Begriffe und theoretischen Grundlagen durch Textmarker hervorheben. Die praktischen Anweisungen sollten in einer anderen Farbe markiert werden. Mit den gefundenen Stichwörtern lässt sich einfach im Internet recherchieren. Sollten Sie eBooks zur Verfügung haben, geht es ebenso einfach. In einem guten Lehrbuch sollten Sie diese Begriffe im Register oder im Inhaltsverzeichnis finden und so auch schnell zum Ziel kommen. Im Idealfall erinnern Sie sich an die Passagen der zugehörigen Vorlesung und starten von dort.

Je nach Stil im Praktikum werden Sie zu Theorie und Durchführung der Versuche belehrt, befragt oder sogar geprüft (sogenannte **Testate**). Wichtig ist hier eine gute Vorbereitung, am besten im Team, weil dabei abgestimmt auf Lücke gelernt werden kann. Teilen Sie sich kleine Arbeitspakete auf und versuchen Sie dort ein wenig in die Tiefe zu dringen. Notieren Sie in jedem Fall Unklarheiten zur Abklärung am Versuchstag. Es ist viel leichter mit Fragen Interesse zu zeigen und Erklärungen zu bekommen als auf gezieltes Ausfragen reagieren zu müssen. Zudem sollte es Ihrem Praktikumsleiter dann auch mehr Spaß machen.

Erschrecken Sie nicht, wenn Ihr Betreuer bei gezielten Fragen zu Theorie oder Durchführung in Jubel ausbricht, aber das ist die Qualität Studierender, bei der gerne unterstützt wird. Sollten Sie dagegen „blank" kommen oder gerade einmal das Skript gelesen haben, werden Sie womöglich mit Fragen und Kommentaren eingedeckt. Im noch schlechteren Fall lernen Sie einfach nichts.

Versuchsdurchführung

In jedem Fall sollten Sie eine praktische Einweisung erhalten und dabei zu Sicherheit der Durchführung und Stolperfallen belehrt werden. Vorher sollte kein Versuch gestartet werden. Fragen Sie auch hier bei Bedarf unbedingt nach, um die Zusammenhänge und Zielsetzungen richtig zu verstehen. Auch die erwartete experimentelle Qualität sollte verstanden sein. Vermeiden Sie dabei aber, den Versuch bezüglich seiner Qualität in Frage zu stellen oder abzuwerten. Sie können sich vielleicht denken, dass dadurch der Wille zur Unterstützung nicht gerade gefördert wird. Beherzigen Sie, dass es meist weniger um das Erlernen praktischer Fähigkeiten geht, sondern um korrekte Umsetzung, genaues Beobachten und die Verknüpfung zur erlernten Theorie (betrachten Sie dazu nochmals Abb. 7.1).

Vor Beginn der Experimente sollte eine zeitliche Planung des Versuchstages erfolgt sein. Prüfen Sie, was die größten Zeitfresser in der Durchführung sind. Schätzen Sie den jeweiligen Zeitbedarf. Überlegen Sie, ob Sie Teile auf Einzelpersonen aufteilen und parallel durchführen können. Kontrollieren Sie nach Teilschritten selbst oder durch Rückfragen Ihren Fortschritt, ansonsten kann der Versuchstag leicht zum Bandwurm werden, der alle Seiten eher demotiviert.

Bei physikalisch-chemischen Versuchen ergeben sich immer wieder längere Pausenzeiten. Versuchen Sie diese sinnvoll zu nutzen. Sie können die sozialen Beziehungen in Ihrem Team oder Ihrer Gruppe stärken (ich habe damals oft Skat gespielt ;-). Andererseits bieten sich diese Zeiten an, um die Arbeitsteilung bei der Protokollerstellung abzustimmen oder von anderen Teams wertvolle Tipps zu erhalten. Falls am Arbeitsplatz Literatur oder Rechner zur Verfügung stehen, können Sie auch Stoffdaten oder Vergleichswerte recherchieren und gleich vor Ort abklären, ob Sie die richtigen vollständig haben.

Auch bei den **Messwerten** ist eine abschließende Kontrolle oftmals empfehlenswert oder sogar vorgeschrieben. Bei elektronischen Messdaten ist immer nur eine Kopie mitzunehmen, so ist der Originaldatensatz immer noch verfügbar. Dazu sollte dieser als Dateipfad notiert werden. Die im Labor notierten Werte, Beobachtungen und Anmerkungen sowie Skizzen zur Durchführung oder Auswertung sollten immer in einem gebundenem Heft oder Laborbuch geführt werden. Lose Zettel oder Kopien von Datenkladden sind eine schlechte Gewohnheit, die Sie schlecht wieder loswerden.

7.2.2 Sicherheit im Praktikum

Sicherheit im Labor ist zunächst einmal in Ihrer Verantwortung und lebt vom Mitdenken und Einhalten von Regeln. Hier sollen nur die wichtigsten Punkte Erwähnung finden. Neben einer guten Vorbereitung sind die im Labor üblichen Regeln einzuhalten. Dazu zählen zunächst einmal die persönliche Sicherheit. Schutzkittel und -brille sind Pflicht. Insbesondere beim Umgang mit Flüssigkeiten sollte eine Schutzbrille getragen werden, um keine Spritzer ins Auge bekommen zu können. Bedenken Sie, dass solche auch vom Nachbarn kommen können. Falls Schutzhandschuhe nötig sind, werden sie in der Regel im Labor bereitgestellt.

Essen und Trinken sind im Labor grundsätzlich untersagt. Sie sollten bei langwierigen Versuchen dennoch daran denken, regelmäßig ein wenig zu trinken. Dazu sollte eine Wasserflasche vor dem Labor (vielleicht in einem Spind) deponiert sein. Ansonsten werden Sie müde und können nicht mehr konzentriert arbeiten. Wenn Sie das Labor verlassen, sollten Sie zur Gewohnheit immer die Hände waschen und in jedem Fall Handschuhe ausziehen. Das ist besonders wichtig, wenn Sie etwas essen wollen (und gilt ebenso für die Raucher, die vor die Tür gehen).

 Satz 7.1
Wichtigste Maßnahmen für Sicherheit im Labor

- *Sicherheitsregeln kennen und berücksichtigen und erst nach Einweisung Versuch beginnen*
- *Persönliche Schutzausrüstung tragen*
- *Mentales Training (Was würde ich jetzt tun, wenn ... ?)*
- *Haftpflichtversicherung für Studierende in Laboren abschließen*
- *Mitdenken – in unklaren Fällen nachfragen*

Übliche Zwischenfälle sind vor allem Glasbruch. Bitte immer vorsichtig mit Scherben umgehen, da leicht Schnittverletzungen entstehen, die sich entzünden könnten. Daher sollte im Zweifel immer ein Arztbesuch erfolgen. Hierfür gibt es speziell anerkannte Praxen, die für eine Geltendmachung als Versicherungsschaden aufgesucht werden müssen. Die Kosten für Sachschäden trägt in der Regel die Hochschule, so lange es sich um übliches Verbrauchsmaterial handelt. Da manche Apparaturen oder Messgeräte aufwändiger werden, sollte eine Laborhaftpflichtversicherung abgeschlossen sein. Sie kostet pro Semester kaum mehr als ein Kneipenbesuch.

Die Organisatoren tragen die übergeordnete Verantwortung und werden Sie daher einweisen und notwendige Rahmenbedingungen sicherstellen. Letzten Endes sind aber auch

Tab. 7.1 Sicherheitsthemen im Labor mit Beispielen und dazugehörige Verantwortliche.

Thema	Beispiel	Verantwortliche
Laboreinrichtungen	Augendusche	Laborleitung
Versuchsanleitungen	Skript, Einweisung	Praktikumsleitung
Geräteschäden	Messgerät übergossen	Verursacher
Erste Hilfe	Schnittwunde	Ersthelfer, jeder
Chemikalienentsorgung	Abreagierte Lösung entsorgen	Praktikumsleitung, Sie
persönliche Ausrüstung	Schutzbrille	Sie, Praktikumsleitung

Sie für die Sicherheit mit verantwortlich (siehe Tab. 7.1) und sollten diese Verantwortung ernst nehmen. Sicherheit ist dann hoch, wenn Zwischenfälle vorab verhindert werden.

7.3 Auswertung von Messdaten

> *„In Eurem Kopf liegt Wissenschaft und Irrtum,*
> *geknetet, innig, wie ein Teig, zusammen."*
> Heinrich von Kleist (1777–1811), in *Der zerbrochene Krug*

7.3.1 Grundlagen der Datenanalyse

Probleme und Motivation

Kennen Sie das? Sie treffen sich mit einem guten Bekannten, einer Freundin oder Verwandten und schon nach wenigen Sekunden können Sie die Stimmung Ihres Gegenübers im Gesicht ablesen. Und wer kennt nicht die Eltern-Kind- oder Freund-Freundin-Situation, bei der solche Einschätzungen oft gut gelingen. Der Mensch ist hervorragend entwickelt, in wenigen Sekundenbruchteilen komplexe Datenauswertungen vorzunehmen. Keine Software kann dies bislang kopieren. Unser Gehirn kann es in dieser Hinsicht mit jedem Supercomputer aufnehmen.

Treffen jedoch zwei Menschen mit unterschiedlichem ethnischen Hintergrund aufeinander, so ist die Situation kaum zu lösen. Ähnlich kann es einem ergehen, wenn jemand Unbekanntes getroffen wird, zum Beispiel bei einem Geschäftstermin. Häufig liegen Sie mit Ihrer Einschätzung daneben. Selbst bei guten Freunden ist dies möglich. Also, ist unser Gehirn doch keine so gute Datenauswertungsmaschine? Es ist eine komplexe Art der Mustererkennung, die hier abläuft (siehe zum Beispiel Ditzinger (2006)). Über Millionen von Jahren waren Reaktionszeiten überlebensnotwendig und dies bedingten sehr schnelle Analysen von Situationen, um rechtzeitig flüchten zu können.

Es gibt zwei wesentliche Bedingungen für diese Art komplexer Datenanalysen. Zum einen müssen zahlreiche Erfahrungen gemacht und ausgewertet werden, um diese Meisterleistungen zu vollbringen. Auf diesem Weg ist auch Software in der Lage, trainiert zu werden, zum Beispiel in Form neuronaler Netze. Die zweite Bedingung ist ebenso essentiell: Die Rahmenbedingungen müssen vergleichbar bleiben. Ansonsten funktioniert das Auswertesystem der Mustererkennung fehlerhaft. Was kann somit für das Erlernen von Datenauswertungen als wichtig angesehen werden?

Satz 7.2

Regeln für Datenauswertungen

- *Entscheidungen nicht vorschnell intuitiv treffen, meist ist genug Zeit zur Abwägung und die Richtigkeit der Analyse wichtiger*
- *Vergleichbarkeit schaffen, durch Standardisierung von Darstellungen in Tabellen und Grafiken, erstellt nach etablierten Regeln*
- *Fähigkeit zur Datenanalyse immer wieder üben, die damit zunehmend besser wird (oder auch schneller)*
- *In unsicheren Fällen die Überlegenheit der individuellen menschlichen Bewertung gegenüber dem Computer einsetzen (wird in der Praxis oft falsch eingeschätzt)*
- *Prüfen oder testen, ob Rückschlüsse auch zufällig entstehen oder auch durch andere Annahmen erklärt werden könnten*

Das menschliche Gehirn hat über Millionen von Jahren die Fähigkeit entwickelt, auch nicht bekannte Situationen über Muster aus bekannten zu simulieren und damit Entscheidungen treffen zu können. Eine Fähigkeit, die in der Regel nicht bei Software-Algorithmen zu finden ist, da sie genau das Bekannte bearbeiten soll. Andererseits ergeben sich beim Menschen dadurch auch Fehlurteile, die auf scheinbarer Sicherheit beruhen. Hier wird dann konsequent die Erfahrung auf neue, aber unpassende Probleme angewandt. Wer Interesse an solchen Fragen hat, der sei zum Beispiel auf das experimentell fundierte und sehr interessante populärwissenschaftliche Buch vom Psychologen Dörner hingewiesen (Dörner, 1996).

Anwendungsübung 7.1

Ein wie ich finde sehr überzeugendes Beispiel sind die nach ihrem Urheber benannten Shepards-Tische. Vergleichen Sie die zwei Tische in Abbildung 7.2. Auf welchen könnten Sie bei Ihrer Wohnheimparty mehr unterbringen? Beschreiben Sie dazu Unterschiede in Form und Größe der beiden Tischplatten. Nachdem Sie sich dies notiert haben, messen Sie nach.

Ein aktuelles Beispiel soll belegen, dass selbst Fachleute der Datenauswertung immer wieder an diesen Rahmenbedingungen scheitern und wieder neu dazu lernen müssen. In der sogenannten NSU-Affäre titelte Spiegel Online am 2. Juli 2012: „Pannen bei NSU-Ermittlungen – Innenminister entlässt Verfassungsschutzpräsident Fromm". Was war geschehen? Selbst Profis in der Datenauswertung ihrer Branche sind nicht gefeit vor der

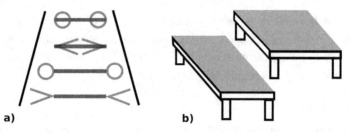

Abb. 7.2 Optische Täuschungen? Schätzen Sie und messen Sie dann nach; **(a)** Sind alle horizontalen Linien gleich lang?; **(b)** Shepards-Tische, vergleichen Sie die Kantenlängen der zwei Tische.

größten Gefahr in der Datenauswertung. Polizisten und Verfassungsschützer sind nicht mit der ausreichenden Neutralität an die Bewertung einer Mordserie herangegangen. Die eigentlich hilfreiche Intuition hat sie die Täter im Umfeld von Ausländern suchen lassen und die tatsächlich agierende Neonazi-Szene erst viel zu spät in die Ermittlungen eingeschlossen. Fatal für den Rücktritt war dann noch die Erkenntnis, dass Originalakten (-daten) vernichtet wurden – ein Fehler, der auch im heutigen Labor oder Produktionsbetrieb niemals passieren darf.

Als Fazit sollen folgende Lernziele verfolgt werden, die sich in physikalisch-chemischen Praktika sehr gut üben lassen und in der Praxis im Labor oder Produktionsbetrieb eine immer wichtigere Rolle einnehmen. Dies liegt auch an der durch Computeraufzeichnungen drastisch zunehmenden Größe von Datensätzen.

- Sorgfältige Vorbereitung und Durchführung von Messungen im Labor, deren Dokumentation und Recherche von Literaturdaten
- Neutrale und nachvollziehbare Auswertung sowie übersichtliche und kompakte Darstellung von Daten in Tabellen und Grafiken
- Nüchterne Bewertung und Beschreibung selbst erstellter Datensätze unter Nutzung von Tabellenkalkulationen und Grafiken
- Interpretation und Diskussion der Ergebnisse im Lichte naturwissenschaftlicher Theorien, des experimentellen Verlaufs und darauf basierender eigener Ideen

Datenformate und Software

Versuche in der Physikalischen Chemie erzeugen meist noch relativ einfache Datenformate. Selten werden mehr als drei Datenspalten benötigt (zum Beispiel: Zeit, Leitfähigkeit, Temperatur). Oftmals sind es sogar nur x, y-Wertepaare. Die Reihen können dabei sehr lang werden, wenn elektronisch aufgezeichnet wird. Was allerdings nicht wirklich komplexer, sondern nur etwas unübersichtlich ist. In vielen Fällen werden die Daten noch per Hand notiert. Für die spätere Praxis sollten Sie beide Verfahren im Einsatz haben, weil die Größe des Datensatzes unterschiedliche Arten der Auswertung nach sich zieht.

Zur Verarbeitung der Daten bietet sich ein Tabellenkalkulationsprogramm an. An vielen Hochschulen ist die Benutzung von *Excel*® oder *Calc* Standard. Beide Programme sind in Leistungsumfang und Benutzung in diesem Umfeld sehr ähnlich. *Calc* ist allerdings kostenlos und auf kompatibles Datenformat ausgelegt. Die einzige spezielle Routine, die ich noch vermisst habe, war ein Polynom-Fit, der zwischenzeitlich in *LibreOffice*® 5 eingearbeitet ist.

Die zentralen Werkzeuge sind aber der sichere Gebrauch von Formeln, die Erstellung von Grafiken und die lineare Regression („RGP"). Mit diesen Tools sollten Sie sich anfreunden, sei es über die Hilfe-Funktion oder geeignete Nachschlagewerke, die reichlich vorhanden sind. Noch wichtiger ist dabei aber die Übung durch Ausprobieren und Anwenden. Diese Qualifikation ist wichtig, denn sie wird heutzutage an praktisch jedem Arbeitsplatz mit naturwissenschaftlich-technischem Umfeld vorausgesetzt. Deswegen gilt auch hier wieder: Sie können leicht per *„copy and paste"* Teile von anderen übernehmen, Sie sollten trotzdem immer in der Lage sein, alles auch alleine erstellen zu können.

Mit diesen Werkzeugen können Sie die Auswertung zunächst weitestgehend vollständig erstellen. Selbstverständlich gibt es noch eine Reihe weiterer professioneller und auch freier Software, um komplexere Datensätze auszuwerten. Einige Kollegen nutzen dazu die Ihnen vertrauten, komplexeren Systeme, ein typisches Beispiel wäre Matlab®. Sie kommen aber für fast alle Probleme auch mit den genannten einfachen Programmen zum Ziel.

7.3.2 Tabellen, Abbildungen und Gleichungen

Erst, wenn Ihre Ergebnisse vollständig vorliegen, ist es sinnvoll, mit der letztendlichen Erstellung des Protokolls zu starten. Dazu gilt es, alle Teile in eine entsprechende Form zu bringen und mit einem roten Faden zu versehen. Zunächst werden dazu die zentralen Bestandteile, also vor allem Tabellen und Abbildungen erzeugt, zusammen mit den nötigen Formalien ergeben diese schon ein brauchbares Gerüst. Diese Elemente sind die wichtigsten Hilfsmittel, um in kompakter Form Fachwissen zu komprimieren oder zu veranschaulichen.

Es gibt übliche Regeln, die einzuhalten sind, und weitere, die für den Betrachter den Informationsfluss verbessern (siehe Tab. 7.2). Übliche Regeln sind die fortlaufende Nummerierung, um sie zitieren zu können. Dabei werden Gleichungen direkt in den Textfluss eingearbeitet und bei Bedarf später anhand ihrer Nummer zitiert. Dagegen erfolgt bei Tabellen oder Abbildungen zuerst ein Zitat im Text und im Folgenden erst das Objekt. Die direkte Einbindung in den Textfluss unter Programmen wie *Word*® ist eine probate Notlösung, wird aber in fachlich anspruchsvollen Texten vermieden. Sie sollen dagegen möglichst am Beginn oder Ende einer Seite stehen (sogenannte Gleitobjekte), was Satzprogramme automatisiert leisten. In diesem Buch finden Sie zahlreiche Beispiele, sehen Sie sich aber daraufhin auch andere Bücher oder spezifische Publikationen wie Kremer (2014); Ebel et al. (2006) an.

Gleichungen sollten mit einem soliden mathematischen Grundwissen und einem Symbolverzeichnis weitgehend selbsterklärend sein, können aber im Text näher erläutert werden. Ein Teil oder alle Symbole sollten in Praktikumsberichten an Ort und Stelle oder

Tab. 7.2 Regeln zur Erstellung von den in wissenschaftlichen Texten abgesetzten eigenständigen Objekten: Tabellen, Abbildungen und Gleichungen (alle Typen werden fortlaufend nummeriert).

Objekt	Inhalt	Abkürzung	Erläuterung über
Tabelle	Listen, Zahlenwerte	Tab.	Überschrift
Abbildung	Bilder, Grafik, Fotos	Abb.	Unterschrift
Gleichung	Formeln, Kommentare	Gl.	Symbolverzeichnis

per Verweis definiert sein. In umfangreichen Texten sind sie im Symbolverzeichnis gebündelt. Tabellen haben aufgrund jahrzehntelanger Tradition eine Überschrift und Abbildungen Unterschriften (Kremer, 2014, ab S. 137). Beide beinhalten die Nummerierung sowie einen Text, der ein eigenständiges Verständnis ermöglicht. Da Tabellen oft Sammlungen von Größenwerten sind, ist eine Erläuterung vorab angebracht. Ein Bild wirkt meist schon an sich, so dass weitere Erläuterungen dort folgen. Dafür reicht oft ein Satz nicht aus. Die in Tabellenkalkulationen standardmäßig eingebauten Funktionen sind nur bedingt für gedruckte Texte ausgelegt. So widersprechen diese bei Abbildungen den Regeln eines Setzers, ein Titel im Bild ist dann auch nur manchmal hilfreich.

Bei der Angabe von Zahlenwerten in Tabellen ist auf eine sinnvolle Rundung beziehungsweise Darstellung im wissenschaftlichen Format zu achten. In Tab. 7.3 ist ein Beispiel gegeben. Weiterhin sollten zu vergleichende Zahlen in Spalten geordnet sein, da wir mit dem Auge schneller hoch/runter als rechts/links *scrollen* können. Die Ausrichtung sollte dies unterstützen.

7.3.3 Messunsicherheiten: Statistik und Fehler

Dieses Fachgebiet ist eine vorwiegende Domäne der Physik. Dort findet sich auch einige Literatur. Zusätzlich spielt es in der Messtechnik, der chemischen Analytik und zunehmend in der Qualitätssicherung eine bedeutende Rolle. Es bedarf einiger Übung, bevor ein sicherer Umgang möglich ist, und Experten in diesem Bereich werden an verschiedenen Stellen händeringend gesucht. Ein gewisses Grundverständnis sollte aber jeder Naturwissenschaftler und Ingenieur vorweisen können.

Tab. 7.3 Unterschiedliche Zahlendarstellungen in Tabellen.

ohne Struktur	dreistellig gerundet	ger. + angeordnet	wissenschaftlich
0,00023456	0,000235	0,000235	$2,35 \cdot 10^{-4}$
0,03456	0,0346	0,0346	$3,46 \cdot 10^{-2}$
0,9	0,900	0,900	$9,00 \cdot 10^{-1}$
23,4567	23,5	23,5	$2,35 \cdot 10^{1}$

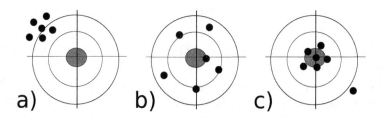

Abb. 7.3 Qualitätsparameter: **(a)** präzise, aber nicht richtig; **(b)** unpräzise, aber richtig; **(c)** präzise und richtig = genau, aber mit einem Ausreißer.

Wichtige Begriffe

- Messunsicherheit (früher meist: Messfehler): nie zu vermeidende Restunsicherheit, je nach Art der Bestimmung
- Systematischer Fehler: Messfehler, der eine Richtung hat (zu groß oder zu klein). Beispiel wäre ein falsch kalibriertes pH-Meter. Ist dieser durch anderweitige Überprüfungen bestimmbar, so kann er korrigiert werden. Er kann nicht durch Wiederholungen minimiert werden.
- Zufälliger Fehler: Durch statistische Schwankungen hervorgerufener Fehler, der sich bei häufiger Wiederholung verringern lässt; durch Statistik beschreibbar. Zum Beispiel das Abschätzen des Bruchteils zwischen zwei Skalenstrichen oder Schwankungen der Temperatur.
- Präzision: Streuung der Messwerte bei wiederholter Messung, hervorgerufen durch zufällige Schwankungen wie Ableseungenauigkeit oder elektronisches Rauschen
- Standardabweichung, Gauß-Verteilung: mittlere Schwankungsbreite (Streuung) einer Gauß-Funktion (Glockenkurve, immer symmetrisch zu beiden Richtungen)
- Richtigkeit, Genauigkeit: Ist ein Wert präzise gemessen und liegt auch richtig vom Ergebnis, so wird er genau genannt
- Ausreißer: Messwert, der eine begründete Abweichung zeigt, die nicht durch übliche Messunsicherheiten erklärbar ist; könnte daher eliminiert werden.

Aus den Erläuterungen ergibt sich, dass der Bewertung, welche Art von Unsicherheit vorliegt, eine wichtige Rolle zukommt. Erst dann können die vorhandenen Methoden sinnvoll eingesetzt werden.

Wichtige statistische Grundlagen

Für zufällige Schwankungen können die Methoden der Statistik herangezogen werden, um die Qualität der Messung abzuschätzen oder angeben zu können. Dabei werden nicht immer genug Messungen vorgenommen, um eine ausreichende Datengrundlage zu haben. Dann wird zunächst immer von der einfachsten Möglichkeit ausgegangen, dass die Schwankungen nach Gauß verteilt sind. In der Regel eine gute Annahme, wobei die Über-

legungen bereits hier scheitern können. Misst man zum Beispiel den Blutzuckerwert von
einigen Menschen, unter denen sich Diabetiker befinden, werden dadurch einige Werte
nach oben abweichen. Ein systematischer Fehler, der erst bei bekannten Diagnosen oder
vielen Messungen auffallen wird.

Wird also die Gauß-(Normal-)Verteilung verwendet, so hat der richtige Wert die höchste Wahrscheinlichkeit, auch gemessen zu werden. Diese wird zu kleineren und größeren
Werten symmetrisch geringer. Für diese Glockenkurve ist die Breite der Verteilung cha-
rakteristisch. Man gibt den Wert an, bei dem die Wahrscheinlichkeit nur noch $1/e$ des
Maximums ist. Dieser wird als Standardabweichung bezeichnet. Der gemessene Wert wird
also plus und minus der Standardabweichung ausgegeben. In diesem Bereich wäre nach
Gauß eine knapp 70 %ige Sicherheit gegeben (ausführlich in: Hughes und Hase, 2010,
Abschnitt 3.3). In der Technik und Medizin wird diese Grenze oft auf 95 % erhöht, indem
die doppelte Standardabweichung benutzt wird.

7.4 Lineare Regression in der Datenauswertung

Eine Regression dient zur Überprüfung eines erwarteten funktionalen Zusammenhangs
$y = f(x)$. Sie ist eine Ausgleichsrechnung, die auf der Methode der kleinsten Feh-
lerquadrate nach Gauß basiert und seit mittlerweile zwei Jahrhunderten der übliche
wissenschaftlich-technische Standard ist (Stahel, 2008).

Prinzipiell werden Regressionen für verschiedene Funktionstypen eingesetzt. Am gän-
gigsten beziehungsweise noch gut nachvollziehbar ist dabei die lineare Regression für
Geradengleichungen nach dem Typ $y = a \cdot x + b$. Wer diese beherrscht, hat bereits ein
beachtliches Anwendungspotential erschlossen. Viele Funktionen sind zwar keine Geraden, lassen sich aber durch Umformung als solche darstellen. Darüber hinaus können
damit bereits viele wichtige generelle Aspekte der Auswertung auch größerer Datensätze
erschlossen werden.

Die einfachste Erwartung ist eine Geradenfunktion, die dann über lineare Regres-
sion überprüft werden kann. So lassen sich wie bereits mehrfach gezeigt die häufigen
Exponential- und Potenzfunktionen durch Logarithmieren linearisieren. Eines von vielen
Beispielen in der Physikalischen Chemie ist der Dampfdruck:

$$p = \text{const} \cdot e^{-\frac{\Delta_{\text{vap}}H}{RT}}$$

Die bestimmt integrierte, linearisierte Form lautet (wie bereits in Gl. 4.12 beschrieben)

$$\ln \frac{p_2}{p_1} = -\frac{\Delta_{\text{vap}}H}{R}(T_2^{-1} - T_1^{-1})$$

Auch gebrochene Funktionen sind oftmals über Invertierung als Gerade beschreibbar.
Somit können sehr viele funktionale Zusammenhänge, also auch sehr viele praktische
Probleme geprüft werden. Aus diesem Grund findet sich in vielen Programmen, unter
anderem auch in *Excel*® oder *Calc*, ein entsprechender Algorithmus, der die Auswertung vornimmt. Die folgenden Grundlagen müssen daher nicht im Detail bekannt sein.

Leider sind daher auch die Konsequenzen aus den Annahmen und Algorithmen kaum bekannt. Damit wird die Interpretation der Ergebnisse oft nach Rezepten vorgenommen, die nicht allgemeingültig sind. Dagegen hilft das theoretische Verständnis, Kenntnis über die korrekte Durchführung sowie auch Erfahrung in der Beurteilung vieler verschiedener Datensätze. Diese Aspekte werden in den drei folgenden Abschnitten vorgestellt.

7.4.1 Mathematische Basis der linearen Regression

Dieser Abschnitt kann zunächst eventuell übersprungen werden. Bei häufigerer Nutzung der linearen Regression empfiehlt sich aber eine spätere Aufarbeitung. Eine praxisgerechte Ausarbeitung findet sich unter anderem in Meister (2012). Zur Überprüfung mittels der linearen Regression bedarf es einer erwarteten linearen Beziehung zwischen zwei Messgrößen y und x in der Form

$$y = b \cdot x + a \tag{7.1}$$

Zur Berechnung werden folgende Annahmen getroffen:

- Es wird genau eine Gerade mit definierten Parametern a und b gesucht, die die Messwerte am besten wiedergibt.
- Die Messwerte werden so behandelt, als ob nur die y-Werte mit einer Unsicherheit behaftet wären und die x-Werte exakt vorgegeben sind (historisch bedingt, weil dadurch die Rechnungen stark vereinfacht werden). Demnach sollten möglichst die unsichereren Werte als y-Werte angenommen werden bzw. die Achsen vorab vertauscht werden. Das heißt auch, dass durch den Achsentausch leicht andere Ergebnisse erzeugt werden und nicht einfach Kehrwerte.
- Die Summe der quadrierten Abweichungen (Residuenquadrate) aller y-Werte von der Geraden soll minimal sein. So ist die beste Geradengleichung definiert.
- Haben die Punkte unterschiedliche Messunsicherheiten, dann werden die Abstandsquadrate jeweils mit dem Kehrwert des Quadrates der Messunsicherheiten s_i^2 gewichtet.
- Abschließend werden die besten Parameter a und b ausgegeben und weitere Kriterien aus deren statistischer Betrachtung.

Mathematisch knapp ausgedrückt, ergeben sich folgende Definitionen und Formeln.

$$x_i : x\text{-Wert für jeden Punkt (ohne Messunsicherheit)} \tag{7.2}$$

$$y_i : y\text{-Wert für jeden Punkt (mit oder ohne Messunsich.)} \tag{7.3}$$

$$a : \text{Achsenabschnitt der Gerade} \tag{7.4}$$

$$b : \text{Steigung der Gerade} \tag{7.5}$$

$$R_i = y_i - y\,(\text{berechnet}) = y_i - (b \cdot x_i + a) \tag{7.6}$$

$$\sigma_i : \text{Standardabweichung in } y\text{-Richtung für jeden Punkt} \tag{7.7}$$

Dieses Prinzip ist grafisch in Abb. 7.4 veranschaulicht.

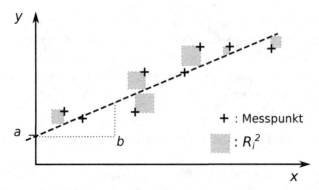

Abb. 7.4 Das Prinzip der linearen Regression besteht darin, möglichst nah an die Messpunkte (+) eine Gerade so zu legen (gestrichelte Linie), dass die grau hinterlegten Residuenquadrate (R_i^2) in der Summe eine möglichst kleine Fläche ergeben. Schließlich können die Regressionsparameter a und b abgelesen werden.

Liegen konkrete Standardabweichungen σ_i der y-Werte vor, so kann damit eine Wichtung der Residuen durch Verhältnisbildung erfolgen. Bei großer Messunsicherheit hat dieses Residuum somit weniger Einfluss auf das Ergebnis. Die Summe der quadrierten, gewichteten Residuen beträgt dann

$$\chi^2 = \sum_{i=1}^{n} \left(\frac{R_i}{\sigma_i} \right)^2 = \sum_{i=1}^{n} \left(\frac{y_i - bx_i - a}{\sigma_i} \right)^2 = \text{minimal} \tag{7.8}$$

Für ein Minimum müssen beide Ableitungen von χ nach a und b null ergeben. Für die Berechnung werden folgende Summen benötigt und daher mit eigenen Namen definiert:

$$S_x \equiv \sum_{i=1}^{n} x_i \qquad\qquad S_{xx} \equiv \sum_{i=1}^{n} x_i^2 \tag{7.9}$$

$$S_y \equiv \sum_{i=1}^{n} y_i \qquad\qquad S_{xy} \equiv \sum_{i=1}^{n} x_i \cdot y_i \tag{7.10}$$

Weiterhin wird zusätzlich eine Summe mit den Standardabweichungen σ_i in y-Richtung definiert:

$$S_\sigma \equiv \sum_{i=1}^{n} \sigma_i^{-2} \tag{7.11}$$

Dann sind die Parameter der Geraden daraus ermittelbar.

$$\text{Steigung:} \quad b = \frac{S_\sigma \cdot S_{xy} - S_x \cdot S_y}{S_\sigma \cdot S_{xx} - S_x^2} \tag{7.12}$$

$$\text{Achsenabschnitt:} \quad a = \frac{S_y \cdot S_{xx} - S_x \cdot S_{xy}}{S_\sigma \cdot S_{xx} - S_x^2} \tag{7.13}$$

Beide Werte sind nicht unabhängig voneinander. Es kann gezeigt werden, dass eine durch lineare Regression gefundene Gerade immer auf einem Punkt liegt, der durch die Mittelwerte von x und y beschrieben ist. Damit gilt als Beziehung zur Umrechnung zwischen a und b:

$$a = b \cdot \bar{x} - \bar{y} \tag{7.14}$$

Hier lassen sich zudem Unsicherheiten der beiden Geraden-Parameter als Standardabweichungen σ_b und σ_a angeben. Beide Unsicherheiten sind ebenfalls nicht unabhängig voneinander, was in Fehlerrechnungen berücksichtigt werden sollte.

$$\sigma_b = \sqrt{\frac{S_\sigma}{S_\sigma \cdot S_{xx} - S_x^2}} \qquad \sigma_a = \sqrt{\frac{S_{xx}}{S_\sigma \cdot S_{xx} - S_x^2}} \tag{7.15}$$

$$\text{woraus folgt} \quad \sigma_a = \sigma_b \cdot \sqrt{S_{xx}/S_\sigma} \tag{7.16}$$

Ein weiterer wichtiger Parameter aus der Regression ist der sogenannte Korrelationskoeffizient. Er ist ein Maß für die Wahrscheinlichkeit einer linearen Abhängigkeit zwischen der abhängigen Größe y und der Variablen x. In der linearen Regression ist er folgendermaßen bestimmt:

$$r = \frac{\sigma_{xy}}{\sigma_x \cdot \sigma_y} = \frac{S_\sigma \cdot S_{xy} - S_x \cdot S_y}{\sqrt{S_\sigma \cdot S_{xx} - S_x^2}\sqrt{S_\sigma \cdot S_{yy} - S_y^2}} \tag{7.17}$$

Die Korrelationskoeffizienten können Werte zwischen -1 und $+1$ annehmen. Ist dessen Betrag genau eins, so liegt jeder Datenpunkt exakt auf der ermittelten Geraden. Je näher ihr Betrag bei eins liegt, desto besser ist der angenommene lineare Zusammenhang bestätigt. Leider ergeben sich keine absoluten Grenzen für gute oder schlechte Geraden, da der Korrelationskoeffizient von den Standardabweichungen der Messwerte abhängig ist und damit auch von der Anzahl der Messwerte.

Viele Nutzer des Verfahrens reduzieren dennoch fälschlich alle Aussagen einer Regression auf den Korrelationskoeffizienten. Beliebt sind dabei zum Beispiel Werte von 0,9 oder 0,99. Beide Grenzen haben aber keine klare Aussage. Fachleute können sowohl schon bei $r = 0{,}8$ und einem stark streuenden Datensatz durchaus zufrieden sein als auch bei $r = 0{,}995$ immer noch an der Linearität zweifeln, wenn sehr viele Datenpunkte mit sehr hoher Präzision aufgenommen wurden.

Damit nutzt der Korrelationskoeffizient auch nicht zum Vergleich zweier unterschiedlicher Datensätze. Allerdings gibt es eine Ausnahme. Wenn derselbe Datensatz in zwei unterschiedlichen Auftragungen betrachtet wird, ist diejenige Auftragung mit dem höheren Korrelationskoeffizienten in der Regel auch die mit der besseren Linearität. Achtung aber auch hier auf Feinheiten. Selbst der gleiche Datensatz, nach Vertauschung der Achsen ausgewertet, führt zu leicht unterschiedlichen Ergebnissen.

7.4.2 Nutzung der linearen Regression

Viele Anwender beherrschen die Algorithmen zur linearen Regression in der Regel nicht sicher, was zunächst auch nicht nötig ist. Die Standard-Tabellenkalkulationen *Calc* und *Excel*® wie auch weitere Software haben diese Algorithmen leicht zugänglich integriert. Unter der Benutzung von Matrizen lösen Computer lineare Regressionen als Eigenwertproblem. Ausgegeben werden nur die Endergebnisse. Dennoch ist es äußerst sinnvoll zu wissen, was bei der Berechnung prinzipiell geschieht – es ist kein Hexenwerk – im Gegenteil, es lässt sich durch einfaches Ausprobieren nachvollziehen. Dadurch erst wird es möglich die ausgegebenen Parameter einschätzen zu können.

Das Auswerteprinzip kann über die Schritte einer grafischen Abschätzung nachvollzogen werden und sollte verstanden sein, um grobe Fehler zu vermeiden.

1. Anlegen einer Gerade durch den geschätzten Schwerpunkt des Datensatzes.
2. Drehung dieser Gerade, so lange bis die Summe der Abstände zu allen Messpunkten minimal ist.
3. Ermittlung der Steigung aus einem Steigungsdreieck und Ablesen des Achsenabschnitts.

Dieses grafische Verfahren ist häufig nicht wesentlich schlechter als eine exakte Rechnung. Bei wenigen Datenpunkten kann so sogar eine sinnvollere Auswertung möglich sein, da hier die statistische Beschreibung nur abgeschätzt werden kann. Regressionen durch wenig mehr als zwei Datenpunkte geben zwar Ergebnisse, aber oft mit zweifelhaften statistischen Parametern. Statistik erzeugt keine Wunder, sondern beschreibt den Datensatz auf der Basis von vereinfachenden Modellen.

Außerdem zeigt sich hier nochmals, dass a und b immer über den Schwerpunkt des Datensatzes verknüpft sind. Dieser liegt beim Mittelwert für alle y- beziehungsweise x-Werte. Wird die Steigung durch Drehung im Schwerpunkt verändert, so erfolgt zwangsläufig auch eine Änderung des Achsenabschnittes. Lediglich die Quadrierung der Residuen kann nicht gut grafisch abgeschätzt werden, hierbei reicht aber die Minimierung der Residuen selbst.

Vorgehensweise zur linearen Regression

Die Anwendung von vorhandenen Algorithmen und grafischen Darstellungen bereitet kaum Schwierigkeiten. Dennoch gibt es einige Punkte zu beachten, die oftmals unsauber praktiziert werden.

- Formal muss es sich durchgehend um Zahlenwerte handeln. Hierfür müssen die Einheiten der Messgrößen durch Substitution entfernt werden. Am Ende der Rechnung müssen diese dann wieder resubstituiert werden.
- Tragen Sie die Werte in Form einer $y(x)$-Grafik auf. Verbinden Sie die Punkte nicht mit Linien. Überprüfen Sie die generelle Linearität per Auge. Fügen Sie dann eine Trendlinie ein und überprüfen Sie die Lage Ihrer Punkte zu dieser Geraden. Sie können sich dann auch die Geradengleichung und den Regressionskoeffizienten angeben lassen.
- Ein Residuenplot kann angefertigt werden, indem von den tatsächlichen y-Werten die berechneten abgezogen werden. die Residuen werden am besten in gleicher x-Skalierung parallel unter der Auswertegrafik gezeigt. Die y-Achse kann dabei meist gestaucht sein und zeigt dennoch eine viel bessere Auflösung als das Originaldiagramm.
- Die umfangreichste Operation lautet RGP (oder in englisch: *LINEST*, Hibbert und Gooding (2006)). Bei der Funktion RGP werden die Ergebnisse der Berechnung in Form von tabellierten Zahlen umfangreicher angegeben (s. Abb. 7.5). Es werden acht Werte ausgegeben, von denen allerdings meist nur fünf benötigt werden, nämlich

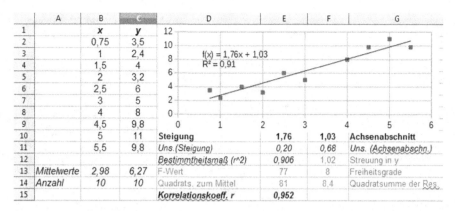

	A	B	C	D	E	F	G
1		**x**	**y**				
2		0,75	3,5				
3		1	2,4				
4		1,5	4				
5		2	3,2				
6		2,5	6				
7		3	5				
8		4	8				
9		4,5	9,8				
10		5	11	**Steigung**	1,76	1,03	**Achsenabschnitt**
11		5,5	9,8	Uns.(Steigung)	0,20	0,68	Uns. (Achsenabschn.)
12				Bestimmtheitsmaß (r^2)	0,906	1,02	Streuung in y
13	Mittelwerte	2,98	6,27	F-Wert	77	8	Freiheitsgrade
14	Anzahl	10	10	Quadrats. zum Mittel	81	8,4	Quadratsumme der Res.
15				**Korrelationskoeff. r**	0,952		

Abb. 7.5 Beispielhafte lineare Regression in Tabellenkalkulation *Calc* mit den zugehörigen Parametern der Matrix RGP, ergänzt um den Korrelationskoeffizienten (relevante Parameter in schwarz). Simuliert wurden willkürliche Datenpunkte nahe an einer Geraden $y = 2x$. Beachten Sie, dass die Gerade durch den Schwerpunkt (Mittelwerte von x und y) verläuft.

Steigung und Achsenabschnitt, jeweils mit Unsicherheiten und das Bestimmtheitsmaß. Geben Sie diese in sinnvoll gerundeter Form an und beziffern Sie gegebenenfalls noch explizit den Betrag des Korrelationskoeffizienten als Wurzel des Bestimmtheitsmaßes, $r = \sqrt{r^2}$.

In Praktikumsversuchen sind nur bedingt Standardabweichungen von Messwerten ermittelbar, da hierzu umfassende Mehrfachbestimmungen vorgenommen werden müssen. Dennoch wird bei der Berechnung auch eine Standardabweichung angenommen. Dazu wird eine Festlegung getroffen. Üblich ist die einfache Annahme, dass $\sigma_i = 1$ sei, woraus $S_s = n$ folgt (siehe dazu auch Meister, 2012, S. 538).

Im Fall von Messwerten ohne Berücksichtigung von Messunsicherheiten ergeben sich folgende vereinfachte Bestimmungsgleichungen für a und b:

$$\chi^2 = \sum_{i=1}^{n} (R_i)^2 = \sum_{i=1}^{n} (y_i - bx_i - a)^2 = \text{minimal} \qquad (7.18)$$

Bei Berücksichtigung von Messunsicherheiten ergeben sich durch deren Einbeziehung leicht modifizierte Bestimmungsgleichungen für a und b (siehe dazu Meister, 2012; Papula, 2011).

Bereits das vereinfachte Verfahren bereitet Anfängern häufiger Probleme. Die ausgewiesene Standardabweichung der Messwerte ist nur eine fiktive mittlere Größe. Aufgrund der Annahme einer Gauß-Verteilung gilt als einfache Regel, dass von zehn Messpunkten etwa drei außerhalb der berechneten Standardabweichung liegen können. Letztere muss immer mit den experimentellen Bedingungen abgeglichen werden. Wenn keine klaren Angaben zur Messpräzision vorliegen, so sollte die Verteilung der Residuen geprüft werden. Liegen viele Messwerte vor, so lassen sich mit einiger Erfahrung sogar Informationen über die Messpräzision nachträglich gewinnen.

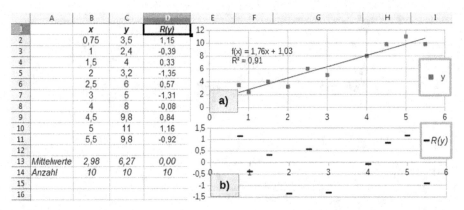

Abb. 7.6 **(a)** Beispielhafte lineare Regression aus Abb. 7.5 mit **(b)** einem zugehörigen Residuen-plot, der bezüglich der Abzisse gleich skaliert wurde. Simuliert wurden willkürliche Datenpunkte nahe an einer Geraden $y = 2x$. Beachten Sie, dass die Residuen um null verteilt sind und ihr Mittelwert deshalb exakt null ist.

Bewertung von Residuen

Ein Residuenplot ist ein Diagramm, in dem allein die Residuen, also die Abweichungen der Messwerte von der theoretischen oder empirischen Anpassung (engl. *fit*), abgebildet werden. Die Abzisse entspricht dem Diagramm bei der Auftragung der Messwerte. So wird eine vergrößerte Darstellung der Residuen erreicht, wie sie in Abb. 7.6 beispielhaft gezeigt wird.

Was gibt es alles in einem Residuenplot zu beachten bzw. zu erkennen?

- Sind die Abweichungen signifikant? Vergleichen Sie die Residuen mit der geschätzten Messpräzision. Sind sie deutlich größer als diese, dann liegen echte Abweichungen vor. Diese sollten versucht werden zu interpretieren.

- Gibt es Ausreißer im Datensatz? Haben einzelne Punkte deutlich höhere Abweichungen als drei Standardabweichungen, so könnten systematische Messfehler oder falsche Theorieannahmen vorliegen. Überprüfen Sie bei diesen Einzelpunkten, ob ein solcher Fehler möglich ist. Ist eine Erklärung wahrscheinlich, so können diese Punkte aus dem Datensatz eliminiert werden. Vorsichtiger wäre der Vergleich der Auswertungen mit und ohne Berücksichtigung dieser Punkte. Wenn keine Begründung gegeben werden kann, ist dies auch noch möglich, aber auf keinen Fall eine Elimination, um die Residuen zu „schönen".

- Treten die Abweichungen zufällig auf? Die Abweichungen sollten um die Nulllinie streuen und keine erkennbaren Muster aufweisen. Die einfachste Abweichung ist ein doppelter Vorzeichenwechsel der Residuen. Dies deutet auf eine gleichförmige Krümmung der Daten und damit auf eine (anteilige) Abweichung zur Linearität hin. Bei vielen Datenpunkten können auch periodische Schwankungen erkannt werden. Prüfen Sie dazu die Residuen auf solche Muster (anschauliche Beispiele in: Meister, 2012; Hughes und Hase, 2010).

- Ist Ihr Datensatz homogen? Bei vielen Datenpunkten (ab etwa 15) kann ein Knick oder ein Musterwechsel im Verlauf der Residuen darauf hindeuten, dass der Datensatz besser geteilt und dann die einzelnen Teildatensätze gefittet werden sollten. So können eventuell mehrere Geraden oder ein linearer Teilbereich zugeordnet werden. Es kann aber auch sein, dass manche Teilbereiche deutlich schlechtere Präzision aufweisen und somit unterschiedlich behandelt werden sollten.

Datenauswertungen sind einerseits handwerklich zu erlernen. Andererseits handelt es sich auch mit zunehmender Übung um eine Kunst. Wird sie sicher beherrscht, lassen sich viele Informationen aus Datensätzen herauslesen und sicher einschätzen. Letztendlich ist die Mustererkennung unseres Gehirns immer noch jeder Software überlegen, wenn es gilt unbekannte Muster in einzelnen Datensätzen zu finden. Wenn diese häufiger auftauchen, können sie schneller über Algorithmen erkannt werden. Es gilt aber immer, dass die Software nur das findet, wofür sie programmiert wurde.

Bewertung einer Linearen Regression

Die trotz Computer immer noch einfachste und sicherste Methode fachgerecht zu bewerten, ist die grafische Auftragung der Messwerte in einem ausreichend groß skalierten Diagramm. Letztlich prüft die Software auch nicht die Anwendbarkeit, sondern gibt nur die bestmögliche Gerade aus. Ob es sich tatsächlich um eine Gerade handelt, kann, bei etwas Übung, am einfachsten durch Betrachtung der Grafik erfolgen.

 Satz 7.3
Erst nach grafischer Prüfung ist ersichtlich, ob Linearität tatsächlich (uneingeschränkt) vorliegt. Ergebnisse der Regression sollten niemals ungeprüft genutzt werden. Die Mustererkennung unseres Gehirns schlägt mit etwas Übung praktisch jede Software, wenn beliebige Abweichungen auftreten können.

Dabei sollte zur optimalen Einschätzung mit dem Auge die erwartete Gerade eine Steigung von etwa 45 Grad aufweisen. So sind Abweichungen in beiden Richtungen gut erkennbar. Zusätzlich sollten zumindest exemplarisch Unsicherheitsbereiche der Datenpunkte mit dargestellt werden. Mit ein wenig Erfahrung können so relativ sicher Trends und Ausreißer erkannt werden (anschauliche Beispiele in: Meister, 2012; Hughes und Hase, 2010). Im Zweifel sollten immer auch die Residuen, bei gleich bleibender Abzisse (x-Achse), aufgetragen werden. Sie werden sich wundern, was mit zunehmender Erfahrung alles aus Datensätzen ausgelesen werden kann. Erfahrungsgemäß ist für Ingenieure und Naturwissenschaftler der Ansatz über Erfahrungen auch ohne vertiefte mathematisch-statistische Kompetenzen erlernbar.

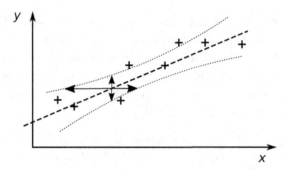

Abb. 7.7 Bei der linearen Regression ergibt sich für die Messpunkte ($+$) eine optimale Gerade (gestrichelte Linie). Die gepunkteten Linien geben dann die Standardabweichung in y-Richtung als Unsicherheit an, die symmetrisch ist. In x-Richtung ist die Unsicherheit dagegen nicht symmetrisch.

Aussagen auf Basis einer linearen Regression

Sehr häufig sollen mit der ermittelten bestmöglichen Geraden Aussagen getroffen werden. Typisch wäre der geschätzte y-Wert für einen gegebenen x-Wert, zum Beispiel bei einer Kalibration in der Analytik. Solches wurde schon für die Residuen benötigt und lässt sich mit $y' = a + bx'$ leicht berechnen. Wichtig ist dann aber noch die Unsicherheit in dieser Schätzung. Die mittlere Standardabweichung in y', die über die Funktion RGP in den üblichen Software-Paketen zur Tabellenkalkulation ausgegeben wird, überschätzt diese Unsicherheit. Ebenso führt eine Fehlerrechnung mit unabhängigen Unsicherheiten in Steigung und Achsenabschnitt zu überhöhten Schätzfehlern.

Richtiger wäre eine kleinere Unsicherheit in der Nähe des Schwerpunktes des Datensatzes, die nach außen zunimmt. Dieser sogenannte Vertrauensbereich kann über eine weitere Formel ermittelt werden.

$$(\sigma_y')^2 = (\bar{\sigma}_y)^2 * \left(1/n + \frac{(x' - \bar{x})^2}{\sum (x_i - \bar{x})^2} \right) \tag{7.19}$$

Die Wurzel dieses Wertes ist ein sinnvoller Schätzwert aus dem linearisierten Datensatz. Die Abweichung in y-Richtung ist durch das Verfahren bedingt immer symmetrisch, in x-Richtung dagegen nicht (Abb. 7.7). Wird die Schätzung für x-Werte deutlich außerhalb des kalibrierten Bereiches genutzt, muss klar sein, dass hierdurch unbekannte Bestimmungsfehler auch weit außerhalb dieser Grenzen möglich sind.

Eine weitere Nutzung könnte die empirische Anpassung eines Datensatzes sein. Verhält sich der Datensatz nur annähernd linear, so verbleiben systematisch gekrümmte Residuenverläufe, die weiter angepasst werden müssen. Ein mathematisch sehr einfacher, da analoger Weg, ist eine polynomische Anpassung. Da in der Minimierung der Abweichungsquadrate gemäß Gl. 7.8 ein Polynom analog abgeleitet werden kann, ist es ein übliches Mittel, wie zum Beispiel auch beim Virialansatz für Gase (siehe 2.33).

Tab. 7.4 Linearisierung einiger gängiger Funktionstypen $g(z)$ zu einer Geradengleichung $y = bx + a$, mit den notwendigen mathematischen Transformationen (gut erläutert in zum Beispiel Papula (2011)). Gesucht sind jeweils die Parameter λ und ω, die $g(z)$ eindeutig beschreiben.

Funktionstyp $g(z)$	Fall-Nr.	$y =$	$x =$	$\lambda =$	$\omega =$	Beispielgl.
$g = \lambda \cdot z^{\omega}$	(1)	$\lg g$	$\lg z$	10^a	b	4.86 (Adsorption)
$g = \lambda \cdot e^{\omega z}$	(2)	$\ln g$	z	e^a	b	5.11 (Kinetik)
$g = \lambda \cdot \exp \frac{\omega}{z}$	(3)	$\ln g$	$\frac{1}{z}$	e^a	b	4.99 (GG-Konst.)
$g = \frac{\omega}{z} + \lambda$	(4)	g	$\frac{1}{z}$	a	b	2.34 (reale Gase)
$g = \frac{\lambda z}{\omega + z}$	(5)	$1/g$	$1/z$	$1/a$	a/b	6.11 (Enzymkinetik)

Linearisierbare Funktionen

Die lineare Regression kann auch auf Funktionen erweitert werden, die keine Geraden sind. Diese können mittlerweile, selbst mit einfachen Computern, zwar auch direkt angepasst werden, aber die Bewertung ist für Ungeübte deutlich schwieriger. Aufgrund der veränderlichen Steigungen ist die optische Beurteilung von Residuen erschwert und müsste dann in jedem Fall separat mit betrachtet werden. Im Studium und in vielen praktischen Anwendungen ist der kleine Umweg über eine Linearisierung ein probates Mittel, um die bekannte und geübte grafische Bewertung einer Geradengleichung vorzunehmen.

Tabelle 7.4 zeigt, wie sich übliche andere Funktionen in eine Geradengleichung umwandeln lassen. Damit sind viele weitere wichtige physikochemische Zusammenhänge über lineare Regression auswertbar. Fall 2 entspricht zum Beispiel dem temperaturabhängigen Verhalten des Dampfdrucks nach Clausius-Clapeyron (als $\ln p(1/T)$) und von Geschwindigkeitskonstanten nach Arrhenius ($\ln k(1/T)$). Bei Sättigungen wie bei der Reaktionsgeschwindigkeit nach der Michaelis-Menten-Gleichung und der adsorbierten Stoffmenge nach Langmuir kann Fall 5 angewandt werden.

Bei genauer Betrachtung müssten bei dieser Betrachtung weitere Details bezüglich der Residuen und Messunsicherheiten beachtet werden. Diese werden durch die Transformation ebenfalls verändert. In Praktika wie auch in vielen Anwendungen können diese in der Regel (zunächst) vernachlässigt werden. Moderne Datenauswertungsprogramme führen den Fit aufgrund der unproblematischen Rechenleistung direkt durch.

Einsatz bei Kalibrationen

Gemäß der Definition aus dem *International Vocabulary of Basic and General Terms in Metrology* handelt es sich beim Kalibrieren um eine Messdatenaufbereitung zur Ermittlung des Zusammenhangs zwischen den ausgegebenen Werten eines Messgerätes oder einer Messeinrichtung oder den von einem Referenzmaterial dargestellten Werten und den zugehörigen, durch Normale festgelegten Werten einer Messgröße unter vorgegebenen Bedingungen. Kurz gesagt, es soll durch Messung der Wert für eine korrelierte Größe abgeleitet werden. Gründe für das Kalibrieren sind insbesondere die Qualitätssicherung. Diese Aufgabe taucht in der analytischen Praxis und Messtechnik regelmäßig auf und ist international in der DIN EN ISO 9001:2000 geregelt. Davon abgesetzt gibt es noch die Justierung, welche ein Messgerät lediglich in einen gebrauchstauglichen Betriebszustand versetzt.

 Obacht 7.1

Eichen ist nicht Kalibrieren: *Im Gegensatz zur Kalibrierung ist das Eichen eine hoheitlich vorgeschriebene Aufgabe. Die beiden Begriffe werden leider selbst von Fachleuten immer wieder identisch benutzt. Es gibt aber nur bestimmte Messgeräte, die einer gesetzlichen Eichpflicht unterliegen, z. B. Waagen (weil hiervon unter anderem Kaufpreise abhängen).*

Das Eichen eines Messgerätes umfasst die von der zuständigen Eichbehörde nach den gesetzlichen Eichvorschriften vorzunehmenden Maßnahmen (siehe Trapp und Wallerus, 2006, ab S. 192). Diese Schutzmaßnahmen sollen bewirken, dass ein Messgerät zum Zeitpunkt der Prüfung den Anforderungen genügt hat und dass es innerhalb der Nacheichfrist richtig bleiben sollte. Damit sollen Verbraucher vor unrichtigen Messungen geschützt und staatliche Schutzziele (Gesundheits-, Umwelt-, Arbeitsschutz) eingehalten werden.

In vielen Fällen kann eine Kalibrierung direkt oder indirekt auf eine lineare Funktion zurückgeführt werden. Beispiele aus der Physikalischen Chemie sind der Druck eines nahezu idealen Gases in Abhängigkeit von der Temperatur oder Dampfdrücke von Flüssigkeiten, die in Form ihres logarithmischen Wertes von der inversen Temperatur abhängen (gemäß Gl. 4.12) oder verschiedene Darstellungen der zeitlichen Konzentrationsverläufe zur Bestimmung von Reaktionsordnungen (s. Abschnitt 5.2.5) und die Auswertungen von Enzymkinetiken (s. Abschnitt 6.2).

In der instrumentellen (bio-)chemischen Analytik tauchen ebenfalls viele solche Fragestellungen auf. Zum Beispiel erfolgen Kalibrierungen bei Konzentrationsbestimmungen mittels Spektrometrie und des Lambert-Beer'schen Gesetzes oder ebenso bei einfachen Titrationen überwiegend mit linearer Regression (siehe dazuHarris et al. (2014, Abschnitt 4.8) oder Hibbert und Gooding (2006, Chapter 5)).

7.5 Protokolle in physikalisch-chemischen Praktika

„Forsche gründlich, rede wahr;
Schreibe bündig, lehre klar."
Carl Remigius Fresenius (1818–1897)

Protokolle sind das geeignetste Mittel, um Ihnen das Berichtswesen der akademischen und industriellen Praxis zu vermitteln. Sie zu korrigieren ist zwar eine teilweise lästige, aber enorm wichtige Tätigkeit. Gleiches gilt für das Erstellen. Aus diesem Grunde sollten sich beide Seiten das Leben so effizient und einfach wie möglich machen. Dazu gehört eine gute Abstimmung über Form, Gliederung und Inhalte. Fehlende Vorgaben oder Kommunikation führen sonst zu reichlich Mehrarbeit und nicht selten zu einem gewissen Maß an Frustration.

Ein ständiges Thema in Praktika ist *Best Practice*. Sie wissen nicht wovon die Rede ist? Der Begriff steht für gute Beispiele in der Umsetzung oder klarer ausgedrückt, dem Kopieren älterer Protokolle. Dies ist natürlich nicht erlaubt – auch wenn es immer wieder vorkommt. In der wissenschaftlichen Publikationspraxis gibt es leider immer wieder Gegenbeispiele von *Best Practice* in Form von sogenannten Plagiaten, selbst unter hochrangigen Politikern. Solch ein Bruch mit wissenschaftlichen Grundsätzen kann zunehmend leichter aufgedeckt und geahndet werden. Neben möglichen (urheber-)rechtlichen Aspekten kann so aber auch die Lernleistung deutlich sinken. Andererseits ist der Vergleich mit vorhandenen Lösungen sinnvoll. Ich empfehle Ihnen, sich zunächst ein eigenes Konzept zu überlegen und dies dann abzugleichen. Dabei kann auch einmal eine kurze Passage übernommen werden, Sie sollten aber vorwiegend eigene Formulierungen finden, um damit Ihre wissenschaftliche Ausdrucksweise zu schulen. In Abschlussarbeiten müssen Sie darüber hinaus so arbeiten können und sauber Originalquellen zitieren (siehe Kremer, 2014, S. 41f und 97ff).

Eine tiefer gehende Literaturrecherche ist in der Regel nicht gefordert. Andererseits ersetzen willkürlich gewählte Internetzitate keine wissenschaftliche Recherche (können aber ein Startpunkt sein). Meist wird Ihr Dozent geeignete Vorschläge für die Suche von Datenquellen und sonstiger Literatur mehr als genug anbieten. Bei großem Interesse können Sie in geeigneten Datenbanken weiter suchen (zum Beispiel *Chemical Abstracts* oder *SciFinder*). Aber Vorsicht, schnell haben Sie einige Dutzend Artikel an der Hand, die Sie kaum lesen können. Überlegen Sie also gezielt, welchen Vergleichswert Sie zum Beispiel suchen.

7.5.1 Form und Gliederung von Protokollen

Form der Erstellung

Ich kann mich noch gut an die Zeit in meinem Studium erinnern. Die ersten wenigen Studierenden konnten sich schon im Studium einen Computer leisten beziehungsweise die Zeit, sich in wenig nutzerfreundliche Software einzuarbeiten. Ich hatte meine Protokolle bis ins letzte Semester noch mit der Hand gefertigt. Das war mühsam, vor allem wenn sich noch Korrekturen während der Ausarbeitung ergaben. Ich war stolz auf die kompakten, sauber strukturierten Endprodukte in Schönschrift, oftmals mit mehrfarbigen Abbildungen. Einige Assistenten erfreuten sich allerdings an mehr als 20-seitigen Werken (von denen oftmals mehr als die Hälfte kopiert waren). Ich weiß aber heute noch, was ich damals gelernt habe.

Worauf kommt es an? In der Naturwissenschaft soll nicht viel, sondern kompakt geschrieben werden. Die Kernfrage ist, was kann ich weglassen und was sollte ich noch erwähnen? Dies erfordert eine gehörige Portion Intelligenz und begleitet Sie ein Leben lang und gilt später für Berichte, Anträge sowie Publikationen (im Übrigen auch für Lehrbücher). Ansonsten gilt allgemein, dass ein hochwertiger Inhalt auch eine dem Anspruch genügende, ansprechende Form haben sollte.

Die Protokollführung sollte weitgehend der Führung eines Laborbuches entsprechen. Diese haben in der chemischen, pharmazeutischen und biotechnologischen Industrie sowie in entsprechenden Forschungsinstituten eine hohe Bedeutung. Für das Qualitätsmanagement oder für Publikationen sind sie die letztlichen Originalquellen. Im Falle des US-Patentrechtes können Sie sogar zur Klärung der Ersterfindung („first to invent") dienen und zwar durchaus noch 10 Jahre nach deren Niederschrift. Üben Sie also die zugehörigen Regeln. Dazu gehört die Dokumentation aller relevanten Schritte und Gedanken, so dass ein dritter Fachmann, der Ihre Versuche nicht kennt, diese dennoch vollständig nachvollziehen kann. Aufgrund des Dokumentencharakters dürfen Korrekturen nur durch saubere Streichung erfolgen. Das vorherige Geschriebene bleibt dabei erkennbar (TippEx oder Ähnliches ist nicht zulässig). Die Dokumentation sollte immer von einer zweiten Person gegengelesen werden.

Konkret gibt es daher folgende Kriterien für die Form von Protokollen in der Physikalischen Chemie:

- Handschriftlich oder per Software? Jahrelang korrigiere ich handschriftliche Protokolle aus Überzeugung. Sie müssen später vieles per Hand so dokumentieren, dass Dritte es zweifelsfrei lesen und nachvollziehen können. Zudem ist die Gefahr von blindem *„copy and paste"* reduziert und eine kompakte Schreibweise wird geübt.
- Heft oder Hefter? In keinem Fall sollen lose Blätter geheftet oder gar per Büroklammer abgegeben werden. Denken Sie daran, dass die Form auch Qualität wiederspiegelt und dass Ihr Protokoll in einem Stapel landet und vielleicht sogar an einen anderen Ort zur Korrektur transportiert wird. Dabei soll es ganz bleiben und auch noch bei der Rückgabe ansehnlich aussehen. Bei mir haben sich dünne karierte Hefte bewährt. Sie sind robust und ähneln in der festen Seitenzahl und -abfolge schon einem Laborbuch. Das Format ist hierzulande üblicherweise DIN A4. Tabellen und Grafiken aus rechnergestützten Auswertungen werden dann entsprechend formatiert und eingeklebt.
- Umgang mit Fehlern? Bei Schreib- oder Auswertefehlern werden diese Bereiche sauber mit Lineal durchgestrichen. Die falschen Gedanken bleiben noch erkennbar, damit Sie Ihren Fehler dokumentieren und möglichst nicht wiederholen. Außerdem geben Fehler auch Feedback an den Betreuer. Auch diese Arbeitsweise leitet zum Laborbuch hin. Erwünschte Korrekturen erfolgen aus denselben Gründen im Anschluss an das Protokoll und nicht im Originaltext. Im Anhang (oder auf den letzten Heftseiten) können eigene Gedanken, Herleitungen und Fragen dokumentiert werden. Dies kann zur Wiederholung und damit auch Prüfungsvorbereitung sinnvoll genutzt werden.

Gliederung von Protokollen

Ein handgeschriebenes Protokoll ist üblicherweise 10 bis 15 Seiten lang, was eine Strukturierung des Textes erforderlich macht. Die Reihenfolge und die Namen der Kapitel eines Protokolls mögen schwanken, aber die grundsätzliche Einteilung ist praktisch immer gleich (vergleiche Kremer, 2014, S. 56). Folgende Bestandteile finden sich als Kernelemente:

- Titelangaben und Aufgabenstellung (vor der Versuchsdurchführung möglich)
- Einleitung, Grundlagen (vor der Versuchsdurchführung sinnvoll)
- Versuchsaufbau und -durchführung sowie Messwerte (Experimentalteil, während der Versuchsdurchführung möglich)
- Datenauswertung und Diskussion (Ergebnisse)
- bei Bedarf Anhänge mit Literatur, zusätzlichen Daten oder Abbildungen

Es gibt unterschiedliche stilistische Wünsche bei jedem Dozenten oder Praktikumsassistenten. Sowohl die Anordnung dieser Teile als auch deren inhaltliche Ausstattung variieren. Erkundigen Sie sich im Vorfeld daher genau nach den Vorgaben, oftmals liegen sie schriftlich vor. Halten Sie sich exakt an diese Angaben. Nichts stört bei der Protokollkontrolle mehr, als eine andersartige Struktur. Dies hat den Vorteil, dass Sie bei der Korrektur hierzu keine Zeit verschwenden müssen. Im Grunde werden Sie stets die international weitgehend vereinheitlichte Gliederung für naturwissenschaftlich-technische Publikationen und Abschlussarbeiten befolgen. Nutzen Sie es also als Übung für Ihre Bachelorarbeit oder spätere Werke.

Empfohlene Struktur

Die folgende Gliederung soll der Übersichtlichkeit und den formalen Lernzielen dienen. Die vorgeschlagene Abfolge hat sich über mehr als zehn Jahre Arbeit im physikalisch-chemischen Labor mit guten Lernerfolgen bewährt. Allerdings weise ich auf einige persönliche Besonderheiten hin. Sprechen Sie die Struktur im Zweifelsfall vor der Erstellung mit Ihrer Betreuungsperson ab. Die genaue Abfolge und Benennung der Überschriften sollte dabei übernommen werden.

In jedem Fall steht jeder Bestandteil für einen bestimmten Inhalt. Dies gewährt den Lesern, je nach Neigung den richtigen Einstieg zu finden, und zwingt sie nicht, die Arbeit von vorne nach hinten zu durchsuchen oder gar ganz zu lesen. Die erwarteten Inhalte sind weitestgehend hochschulübergreifend gleich und sogar international üblich.

Orientierende Angaben

Zu den Angaben im Titel gehören

- Praktikumsname (ggf. Modulnr., Studiengang, Semester) und Versuchsnummer sowie -titel (Kopie aus Praktikumsskript)
- Arbeitsgruppe (Nr. und Namen) und Protokollführung (wer ist hauptverantwortlich bzw. Ansprechpartner, ggf. mit E-Mail-Adresse)
- Datum der Durchführung und Abgabe des Protokolls (ggf. mit Entschuldigungen zu Verzögerungen wegen Krankheit)

- Inhaltsangabe: Sie hilft Ihnen den Text zu strukturieren und die grobe Abfolge der Teile zu erkennen (was später viel Zeit für Änderungen sparen kann). Diese kann nach und nach mit Seitennummern ergänzt werden.

Starten Sie dann mit den geforderten Abschnitten bevorzugt jeweils auf einer neuen Seite. Das macht einen übersichtlichen und organisierten Eindruck.

Einleitung, Grundlagen

Beschreiben Sie zunächst kurz mit Ihren eigenen Worten, welche wesentlichen Ergebnisse in dem Versuch erreicht werden sollen. Dabei sollte Ihnen klar geworden sein, welche wesentlichen Ziele angestrebt werden sollen, wiederholen Sie nicht einfach die Versuchsanleitung. In der Aufgabenstellung sollten Sie in kurzen eigenen Worten die Versuchsziele auf den Punkt bringen.

Der weitere Einstieg in ein Protokoll erfolgt dann klassisch über die Darstellung der theoretischen Grundlagen. Sehr oft verkommt dieser Abschnitt daher zu einer Kopie von Lehrbuch- bzw. Internetinhalten. Solche Abschnitte werden in der Korrektur dann kaum ernst genommen und entsprechend gelesen, was Ihnen als Praktikumsteam auch wenig nützt. Dabei gilt es gerade hier Vorlesungsinhalte zu vertiefen oder am Beispiel deren Relevanz zu erfahren. Um dem fehlenden Abgleich entgegenzuwirken, gibt es hilfreiche Maßnahmen.

- Handschriftliche Skizzen
  In solchen kleinen Diagrammen und Abbildungen können Sie schon einmal die Erwartungen an die Ergebnisse grob abschätzen. Diese können eher klein gehalten werden, müssen nicht unbedingt skaliert werden, sollten aber Trends oder Alternativen aufzeigen.
- Reduktion auf das Wesentliche
  Das Weglassen von Information und Formeln erfordert sich zu fragen, was vorrangig wichtig ist und was eher Beiwerk. Dies ist eine oft unterschätzte Kompetenz (sowohl von der Wichtigkeit als auch von der Schwierigkeit).
- Auswertestrategie beginnend bei den Daten
  Mein persönlicher Favorit: Die übliche Herangehensweise des Lehrbuchs wird umgedreht, das erfordert wieder ein wenig mehr Mitdenken. Sie machen, wie ein Bobfahrer, eine Vorschau Ihrer Auswertungen, was Sie inhaltlich und mental vorbereitet. Später wird diese Arbeit nicht mehr dokumentiert, sollte aber vorab stets durchlaufen werden.
- Fragen aufschreiben
  Nutzen Sie die Gelegenheit, Unklarheiten nicht zu verschleiern, sondern Fragen klar zu formulieren. Jeder motivierte Praktikumsleiter wird Ihnen dafür um den Hals fallen (natürlich nur bildlich – Physikochemiker haben zumeist ein nüchternes Temperament). Zum einen bedeutet es Abwechslung, zum anderen zeigt es Ihr Interesse (wie bei einem guten Vorstellungsgespräch).

Erläutern Sie, wie Sie schrittweise von den Messwerten zu den gewünschten Ergebnissen kommen wollen. Starten Sie als Entwurf mit einer Stichwortliste, die Sie nach Reihenfolge und Wichtigkeit ordnen (dies kann auch auf Karteikarten erfolgen), um dann daraus den Protokolltext zu erstellen. Geben Sie die dazu notwendigen Grundlagen kurz mit an oder skizzieren Sie wichtige Diagramme. Sie können auch auf Literatur verweisen und dadurch Platz einsparen. Definieren Sie die verwendeten Symbole (ob die bereits vorgegebenen Symbole nochmals definiert werden sollen, sollte abgestimmt sein). Schreiben Sie dabei nicht das Skript ab, als Maximum reichen in der Regel 1,5 Seiten aus.

Versuchsaufbau und -durchführung

Dieser Teil ist eine Pflichtaufgabe, die üblicherweise direkt im Praktikum erfolgen kann. Eine Versuchsskizze kann den Versuch beschreiben, falls der Aufbau nicht völlig trivial ist. Teilweise kann auch der Ablauf in einer Skizze festgehalten werden. Bei Skizzen sollten Sie sich überlegen, was Ihnen wichtiger ist: der tatsächliche Aufbau oder der prinzipielle. Im ersten Fall kann ein Foto oder eine fotografische Skizze helfen. Im zweiten wäre eher eine Prinzip-Skizze gefragt, das heißt, Größen können skaliert werden, um klarer die Funktion zu zeigen. In jedem Fall helfen Ausschnitte der wesentlichen Bauteile oder Messstellen, dagegen ist die Skizze eines Computers mit wenig Mehrwert verbunden. Zur Übersichtlichkeit können manchmal auch farbige Stifte helfen.

Beschreiben Sie kurz den Versuch, wie Sie ihn durchgeführt haben und benennen Sie alle Änderungen und wichtige Beobachtungen. In der Durchführung ist nicht die Versuchsanleitung zu kopieren (Sie dürfen sie aber zitieren)! Die Beschreibung der Abläufe sollte üblicherweise in Vergangenheitsform erfolgen, um darauf hinzuweisen, dass diese Vorgänge abgeschlossen wurden. Dabei sind ungefähre Angaben zu konkretisieren (zum Beispiel, Anleitung: im Bereich von 25–30 °C, Protokoll: bei 26,8 °C). Abweichungen von der Vorschrift, auch eigene Fehler sind anzugeben. Sie sind Anlass, in der Diskussion besprochen zu werden, was in der Regel gut aufgenommen wird, im Gegensatz zu einer Verschleierung dessen. Gleiches gilt für Beobachtungen während des Versuchs oder seien es nur Umgebungsbedingungen wie Raumtemperatur, Luftdruck oder Luftfeuchtigkeit.

Alle Messwerte und Messfehler sollten während der Versuchsdurchführung aufgenommen worden sein, gegebenenfalls abgezeichnet durch eine betreuende Person. Messwerte sind alle leserlich aufzuschreiben, größere Datensätze bevorzugt als klar strukturierte Tabellen. Sie werden niemals separat auf Zetteln notiert und nochmals abgeschrieben, aufgrund der leicht auftretenden Fehler dabei. Prüfen Sie immer schon im Praktikum auf Plausibilität, hinterher sind Zahlendreher nur noch schwer feststellbar und in keinem Fall noch einmal nachmessbar. Werden die Daten per EDV aufgenommen, so erstellen Sie sich eine Kopie auf einem eigenen Datenträger und notieren den genauen Pfad der Originaldatei (die für alle Seiten zur Sicherheit bis zum Abschluss des Praktikums dort belassen werden sollte).

Datenauswertung und Diskussion

Alle Berechnungen, Tabellen und Diagramme sollen für fachlich ausgebildete Dritte (die den Versuch nicht kennen) nachvollziehbar sein. Verwenden Sie ausreichend beschriftete Diagramme, um Ihre Messwerte übersichtlich darzustellen. Verwenden Sie die Einheiten richtig (auf Basis von SI-Einheiten!). Bei mathematischen oder grafischen Anpassungen wie z.B. linearer Regression (über *Excel* oder *Calc*) ist zu erläutern, warum Sie es so benutzen, und das Ergebnis grundsätzlich in Bezug auf die Messwerte zu bewerten.

Zum Abschluss wird ein kleines Unterkapitel angehängt, darin fassen Sie in Worten das Ergebnis des Versuches bezüglich Aufgabenstellung/Zielsetzung zusammen. Starten Sie mit dem Wichtigsten (bitte hier kein Spannungsbogen). Es mag eine Wiederholung nach Ihrer Meinung sein, für Ihre Vorgesetzten wird die **Zusammenfassung** später wahrscheinlich der erste Teil von Berichten sein, der gelesen wird. Daher heißt es hier sehr akkurat und gut strukturiert sowie formatiert Ihre Aussagen zu treffen. In diesem Teil kann man durch fehlende Sorgfalt sehr unangenehm auffallen. Ich lese ihn meist als Erstes. Die wichtigsten Auswertungsergebnisse sind immer mit Messunsicherheiten (ein- bis zweistellig) anzugeben (z. B. $40{,}3 \pm 0{,}8$). Dieser Teil sollte kompakt sein und füllt etwa eine halbe Seite.

Vergleichen Sie Ihre Daten mit Literaturergebnissen (mit Quellenangaben). Es sollten immer zumindest Abschätzungen der Einflüsse von Messunsicherheiten oder -fehlern erfolgen und vor allem deren Einfluss auf die Endergebnisse benannt werden. Diskutieren Sie auch die Verwendbarkeit der benutzten physikochemischen Grundlagen sowie deren mögliche Konsequenzen in gleicher Form. Hier können Sie auch allgemeinere Anmerkungen zum Versuch machen, aber vermeiden Sie pauschale nichtssagende Formulierungen und Auflistung von allen erdenklichen Fehlerquellen. Außerdem sollten Sie Ihre Ergebnisse nicht beliebig relativieren. Sie sollten sich im Klaren sein, wo Sie Sicherheit in den Aussagen haben, wo Sie einen Teil Intuition einbringen und ab wann Sie nur noch Vermutungen anstellen. Gerade dies muss für Leser eindeutig sein.

7.5.2   Zeitmanagement und Checkliste

Zeitmanagement bei der Erstellung

Dies ist zwar ein immer wieder leidiges Thema, aber mit starkem Praxisbezug. Sie müssen lernen unter zeitlichem Druck Aufgaben zu erledigen, obwohl vieles Anderes ansteht. Dies ist eines der wichtigsten Lernziele eines Studiums und eine Ihrer wichtigsten Kompetenzen im Beruf (wünschenswerterweise). Folgende Maßnahmen sind dazu hilfreich:

- **Zeitnah fertigstellen**
  Je länger ein Versuch zurückliegt, desto diffuser wird die Erinnerung an den Versuchstag und die aufbereitete Theorie. Daher liegen Abgabetermine in der Regel ein bis zwei Wochen nach Versuchsdurchführung.

- An Vorgaben halten

  Fast selbstverständlich, aber ein großer Zeitfresser ist das Abweichen von vorgegebenen Strukturen. Studium soll Kreativität fördern, aber auch Tradition vermitteln. Also bitte an anderer Stelle austoben. Es kostet unnötig Zeit in der Abstimmung oder spätestens in der Korrektur.

- Klare Absprache im Team

  Im Idealfall treffen Sie sich im Team und erarbeiten gemeinsam die Protokolle. In jedem Fall sollte eine klare Arbeitsteilung erfolgen, je nach den Stärken, Schwächen und Neigungen der Teilnehmer. Halten Sie sich an die vorgegebenen Abgabezeiten. Wenn wirklich einmal etwas wie Krankheit dazwischenkommt, informieren Sie den Praktikumsbetreuer rechtzeitig, dann erhalten Sie sicher auch eine Nachfrist.

- *Best Practises*

  Es schadet nicht, ältere Protokolle einzusehen (so lange nicht einfach kopiert wird). Auch können besondere Schwierigkeiten vorhergehender Teams von vornherein berücksichtigt werden. Bei Kopien, zu denen Sie die Autoren nicht rückfragen können, sollten Sie diese kritisch prüfen (außerdem ändern sich Versuchsvorschriten von Zeit zu Zeit ;-).

Empfohlene Checkliste für Protokolle

Komplexe Anleitungen führen mitunter zu Missverständnissen und abweichenden Priorisierungen. Daher sind Checklisten für die Planung beziehungsweise vor der Protokollabgabe hilfreich. Sie können so für sich oder besser noch in Frage und Antwort im Team vorab Ihren Entwurf überprüfen. Nutzen Sie diese Chance; Praktikumsbetreuer in diesem Fach sind dafür bekannt, Ihre Angaben ernst zu nehmen und umzusetzen.

Beispiel einer inhaltlichen Checkliste

Bitte prüfen Sie vor Abgabe Ihrer Protokolle, ob alle vorgegebenen Abschnitte wie gewünscht vorhanden sind und die relevanten Informationen beinhalten. Ansonsten erzeugen Sie sich leichtfertig zusätzliche Arbeit und bekommen Ihr Protokoll zur umfangreichen Überarbeitung zurück.

Für alle Teile gilt: Bitte halten Sie das Protokoll insgesamt kompakt und stecken Sie die meiste Energie in die Auswertung der Daten und die Ergebnisdarstellung. Dabei soll es in sich schlüssig und einem beliebigen Fachmann lückenlos verständlich sein. Das Protokoll ist für den Leser, nicht für den Ersteller bestimmt! Prüfen Sie, ob Ihre Abbildungen weitestgehend für sich sprechen und hohe Aussagekraft besitzen. Hier lassen sich oft mehrere Datensätze in einem Diagramm zeigen. Sie sollten auch jeweils entscheiden, ob Sie Daten in einer Tabelle oder als Diagramm zeigen, beides ist oft kein Mehrwert.

1. **Titelblatt**

   Haben Sie alle geforderten Angaben notiert? Sinnvoll sind u. a. Versuchsnummer, Versuchstitel, Datum der Versuchsdurchführung, Namen im Team, Abgabedatum (Vorgaben der Praktikumsleitung abgleichen!).

2. **Aufgabenstellung/Zielsetzung**

   Welche wesentlichen Ziele gibt es? Haben Sie diese kurz und klar in eigenen Worten beschrieben?

3. **Auswertestrategie, Grundlagen**

   Haben Sie alle wesentlichen Schritte, wie man von den Messwerten zu den gewünschten Ergebnissen kommt, erläutert? Sind Ihnen die notwendigen Grundlagen klar oder haben Sie dazu Fragen? Sind die benutzten Literaturquellen angegeben und die verwendeten Symbole definiert? Haben Sie Details eher weggelassen?

4. **Versuchsaufbau und -durchführung**

   Ist der Versuch für Dritte nachvollziehbar beschrieben (ggf. mit Skizze oder Foto)? Sind alle Angaben zu Ihrer (!) Durchführung aufgelistet, mit allen genauen Einstellungen? Gab es nennenswerte Abweichungen oder relevante Beobachtungen?

5. **Messwerte**

   Sind alle Messwerte erfasst? Entweder sollten Sie im Versuchsheft notiert sein oder auf einen Datenträger kopiert und der Originalpfad notiert sein. Hat eine Betreuungsperson die Vollständigkeit der Angaben geprüft?

6. **Auswertung**

   Sind alle Berechnungen auch für Dritte nachvollziehbar und plausibel? Sind die Diagramme sauber skaliert eingearbeitet, nummeriert, beschriftet und erläutert? Sind die Datenanpassungen bewertet, so dass Ihre Aussagen klar und belastbar sind?

7. **Zusammenfassung der Ergebnisse**

   Haben Sie die zentralen Fragen Ihrer Aufgabenstellung alle beantwortet? Sind alle wichtigen Werte sinnvoll gerundet, gemäß Ihrer Messunsicherheit und zusammen mit dieser angegeben? Haben Sie mit den wichtigsten Ergebnissen begonnen und diesen Teil sehr kompakt und übersichtlich gestaltet? Sind alles nur Ihre Ergebnisse? Literaturwerte haben hier nichts verloren.

8. **Diskussion und Bewertung der Ergebnisse**

   Wurde auf alle Besonderheiten in der Auswertung eingegangen? Haben Sie Literaturwerte zum Abgleich vorliegen oder können Sie sie umrechnen? Sind Ihre Quellen vertrauenswürdig und ist die Herkunft jeweils mit angegeben? Sind alle Angaben konkret? Haben Sie also bei vermuteten systematischen Fehlern die Richtung der Abweichung angegeben und grundsätzlich auch relative Abschätzungen getroffen (bevorzugt in %)?

7.6   Lernkontrolle

Selbsteinschätzung

Lesen Sie laut oder leise die Fragen und beantworten Sie diese spontan in Hinblick auf Ihr Praktikum mittels Kreuzen in der Tabelle. Tun Sie dies vorab sowie nach Ausarbeitung des ersten Versuchsprotokolls (VP) und nochmals zum Ende des Praktikums (P).

1. Kenne und befolge ich die wichtigsten Überlegungen zu Planung und Durchführung von physikochemischen Experimenten?
2. Kann ich Daten und Ergebnisse aus Versuchen sicher darstellen und beschreiben?
3. Verstehe und beherrsche ich Auswertungen mittels linearer Regression sowie Methoden und Kriterien zu ihrer Bewertung?
4. Kann ich die Regeln einhalten, um naturwissenschaftliche Protokolle mit Tabellen, Abbildungen und Gleichungen überzeugend erstellen zu können?

Lernziel erreicht?[1]	1			2			3			4		
	vor	VP	P	vor	VP	P	vor	VP	P	vor	VP	P
sehr sicher												
recht sicher												
leicht unsicher												
noch unsicher												

[1] „vor" sowie nach dem ersten Versuchsprotokoll („VP") bzw. am Ende Ihres Praktikums („P")

7.6.1   Alles klar? – Verständnisfragen

Erläutern oder erörtern Sie die folgenden zentralen Fragen (ggf. in einer Gruppe).

Versuche und Auswertung der Daten

- **Planung und Durchführung von Experimenten**
  a) Wie sollte man sich auf Experimente im physikochemischen Labor vorbereiten?
  b) Welche Sicherheitsmaßnahmen sind im Labor zu beachten?
- **Datenauswertung**
  a) Welche Informationen werden in Tabellen, welche in Diagrammen dargestellt? Welche formalen Kriterien sind dabei einzuhalten?
  b) Welche Regeln und Hilfsmittel gibt es für Datenauswertungen? Welche Fehlerquellen sind zu beachten?
- **Lineare Regression**
  a) Was ist darunter zu verstehen?
  b) Erläutern Sie den Algorithmus mit einer Skizze. Wie wird dieser in groben Zügen als

Algorithmus umgesetzt? Wie kann er in einer Tabellenkalkulation umgesetzt werden?

c) Welche Ergebnisse erzeugt das Verfahren und wie sind sie zu bewerten?

Naturwissenschaftliche Protokolle

■ **Form und Gliederung**

a) Welche Regeln sind in für die Form von Protokollen in meinem Praktikum vorgeschrieben und warum?

b) Welche Teile beinhaltet ein Protokoll, was ist dort jeweils Thema und wie ergibt sich eine anerkannte Abfolge?

■ **Zeitmanagement und Checkliste**

a) Welche Maßnahmen erleichtern eine effiziente Erstellung von Protokollen?

b) Geben Sie drei Regeln an, um ein Protokoll abschließend zu überprüfen?

7.7 Literatur zum Kapitel

(Erstautoren in alphabetischer Reihenfolge)

T. Ditzinger. *Illusionen des Sehens.* Spektrum, München, 2006.

D. Dörner. *Die Logik des Misslingens.* Rowohlt, Reinbek, 1996.

H. F. Ebel, C. Bliefert, und W. Greulich. *Schreiben und Publizieren in den Naturwissenschaften.* Wiley-VCH, Weinheim, 2006.

A. Eucken und R. Suhrmann. *Physikalisch-Chemische Praktikumsaufgaben.* Geest & Portig, Leipzig, 1960.

H.-D. Försterling und H. Kuhn. *Praxis der physikalischen Chemie.* VCH, Weinheim, 1991.

C. W. Garland, J. W. Nibler, und D. P. Shoemaker. *Experiments in Physical Chemistry.* McGraw-Hill, Boston, 2009.

D. C. Harris, G. Werner, und T. P. C. Werner. *Lehrbuch der Quantitativen Analyse.* Springer Spektrum, Heidelberg, 2014.

D. B. Hibbert und J. J. Gooding. *Data analysis for chemistry.* Oxford Univ. Press, Oxford, 2006.

I. Hughes und T. P. A. Hase. *Measurements and their uncertainties.* Oxford University Press, Oxford, 2010.

B. P. Kremer. *Vom Referat bis zur Examensarbeit.* Springer Spektrum, Berlin und Heidelberg, 2014.

E. Meister. *Grundpraktikum Physikalische Chemie.* UTB, Stuttgart, 2012.

L. Papula. *Vektoranalysis, Wahrscheinlichkeitsrechnung, Mathematische Statistik, Fehler- und Ausgleichsrechnung.* Vieweg + Teubner, Wiesbaden, 2011.

W. A. Stahel. *Statistische Datenanalyse.* Vieweg, Wiesbaden, 2008.

W. Trapp und H. Wallerus. *Handbuch der Maße, Zahlen, Gewichte und der Zeitrechnung.* Reclam, Stuttgart, 2006.

W. Walcher. *Praktikum der Physik.* Teubner, Wiesbaden, 2006.

Anhang A Anhänge

Übersicht

> *„Wenn die Sprache nicht stimmt,*
> *so ist das, was gesagt wird, nicht das, was gemeint ist.*
> *Ist das, was gesagt wird, nicht das, was gemeint ist,*
> *so kommen die Werke nicht zustande."*
> Kungfutse (etwa 551–479 v. Chr.), in *Lun Yu*

SI-Einheiten und zugehörige Präfixe sowie weitere Einheiten finden sich im Kapitel 2.

A.1 Physikochemische Konstanten

Einige wichtige Konstanten werden immer wieder benötigt (es lohnt sich sogar diese Werte auswendig zu lernen). Man findet sie auch im Speicher vieler Taschenrechner. Je nach Modellbezug werden unterschiedliche Größen für den gleichen physikochemischen Sachverhalt benutzt (Beispiel: Allgemeine Gaskonstante für ein Mol in der Chemie oder Boltzmann-Konstante für Einzelteilchen in der Physik; beide könnten viel treffender „allgemeine (molare) thermodynamische Konstante" lauten).

Tab. A.1 In diesem Buch verwendete Konstanten aus Physik und Chemie sowie deren jeweiligen Symbole und Werte. Die Zahlenwerte sind auf ein pragmatisches Maß gerundet.

Größe	Symbol	Wert	Einheit
Absoluter Nullpunkt der Temperatur	-	0	K
	-	$-273{,}15$	°C
Allgemeine Gaskonstante	R	$8{,}3145$	J/(K mol)
Avogadro-Konstante	N_{A}	$6{,}022 \cdot 10^{23}$	mol^{-1}
Boltzmann-Konstante ($k_{\mathrm{B}} = R/N_{\mathrm{A}}$)	k	$1{,}381 \cdot 10^{-23}$	J/K
Elementarladung	e	$1{,}602 \cdot 10^{-19}$	C
Erdbeschleunigung	g	$9{,}81$	m s^{-2}
Faraday-Konstante ($F = N_A \cdot e$)	F	$9{,}65 \cdot 10^4$	C/mol
Pi, Kreiskonstante	π	$3{,}1416$	-
Planck'sche Konstante	h	$6{,}626 \cdot 10^{-34}$	J s
Standarddruck	$p^{\ominus}$	10^5	Pa
(veraltet: Normdruck, nach DIN)	p^0	101325	Pa

Einige Konstanten oder Bezugsgrößen wurden im Laufe der historischen Entwicklung ausgetauscht (Beispiel: Standarddruck 10^5 Pa, statt Normdruck 1 atm $= 1{,}01325 \cdot 10^5$ Pa). Dies stiftet meist einige Verwirrung, da Angaben nicht immer klar sind bezüglich ihrer Quellen und sich solche Änderungen nur sehr langsam aktualisieren. Ein häufig genutztes Lehrbuch (Wedler und Freund, 2012) verwendet zum Beispiel immer noch den veralteten Normdruck. Andererseits beruhen die meisten Literaturwerte auch noch darauf, zum Beispiel Siedepunkte T_{vap}, da die zugrunde liegenden Messungen oft schon relativ lange zurückliegen. Zum anderen haben Physiker lange im CGS-System (Zentimeter cm, Gramm g und Sekunde s) gearbeitet, weswegen die (neue) Einheit Kilogramm heißt und sich einige Modellkonstanten in der Literatur immer noch darauf beziehen.

A.2 Hilfreiches aus der Mathematik

Umformung von Potenzen:

$$b^x \cdot b^y = b^{x+y} \tag{A.1}$$

$$b^{-x} = \frac{1}{b^x} \tag{A.2}$$

$$b^{1/x} = \sqrt[x]{b} \tag{A.3}$$

Logarithmenregeln:

$$\log(1/x) = -\log x \tag{A.4}$$

$$\log(a \cdot b) = \log a + \log b \tag{A.5}$$

$$\log(a/b) = \log a - \log b \tag{A.6}$$

$$n \cdot \log a = \log a^n \tag{A.7}$$

Potenzen von 10 (diese folgen aus den vorherigen):

$$10^x \cdot 10^y = 10^{x+y} \tag{A.8}$$

$$10^{-x} = \frac{1}{10^x} \tag{A.9}$$

$$\lg(10^x) = x \tag{A.10}$$

Beziehung zwischen natürlichem und dekadischem Logarithmus:

$$\ln a = \ln 10 \cdot \lg a = 2{,}30 \cdot \lg a \tag{A.11}$$

Bezug zwischen Ableitung und Integration:

$$\text{mit} \ \frac{\mathrm{d}y}{\mathrm{d}x} = g(x) = \lim_{(x_2 - x_1) \to 0} \frac{y_2 - y_1}{x_2 - x_1} \tag{A.12}$$

$$\text{ist} \ \mathrm{d}y = g(x)\,\mathrm{d}x \quad \text{und} \quad \int_1^2 \mathrm{d}y = y_2 - y_1 = \int_1^2 g(x)\,\mathrm{d}x \tag{A.13}$$

Ableitungsregeln (für zwei Funktionen f_1 und f_2):

$$\mathrm{d}(f_1 + f_2) = \mathrm{d}(f_1) + \mathrm{d}(f_2) \tag{A.14}$$

$$\mathrm{d}(f_1 \cdot f_2) = f_1 \cdot \mathrm{d}(f_2) + f_2 \cdot \mathrm{d}(f_1) \tag{A.15}$$

$$\mathrm{d}\frac{f_1}{f_2} = \frac{f_2 \cdot \mathrm{d}(f_1) - f_1 \cdot \mathrm{d}(f_2)}{f_2^2} \tag{A.16}$$

A.3 Thermodynamische Standardwerte

Hier sind auszugsweise weitere Literaturwerte für Berechnungen der Thermodynamik (gemäß Kapitel 3 und 4) aufgelistet. Damit können die Anwendungs- und Übungsaufgaben erweitert werden. Die Auswahl sollte ermöglichen viele Beispiele mit anorganischen, organischen und biochemischen Stoffen auch selbstständig zu rechnen. Es wurden unterschiedliche Quellen herangezogen, um diese Daten zu erhalten. Ein Großteil stammt aus Standardwerken, die über lange Jahre Daten gesammelt und publiziert haben, wie Cox et al. (1989); Lide (2006); Linstrom und Mallard (2016) sowie einigen Lehrbüchern oder wissenschaftlichen Monographien.

Die Organisation der thermodynamischen Werte erfolgt in diesen Tabellen:

■ Stoffe, die kein C enthalten, Tab. A.2

Tab. A.2 Molare Entropien und Bildungsenthalpien für Stoffe, die kein C enthalten (alphanumerisch nach Formel), bei Standardbedingungen von 25 °C und 10^5 Pa (Quellen für gerundete Werte: (Cox et al., 1989; Levine, 2009; Linstrom und Mallard, 2016)). Diese Tabelle erweitert Werte aus den Tabellen 3.7 und 3.10.

Formel	Stoff	Zustand	$\Delta_f H^\ominus$ kJ mol^{-1}	$s^\ominus$ J K^{-1} mol^{-1}
Ag	(s)	Silber	0	42,6
AgCl	(s)	Silberchlorid	−127,0	96,3
Al	(s)	Aluminium	0	28,3
CaF$_2$	(s)	Calciumfluorid	−1226	68,6
CaO	(s)	Calciumoxid	−635	39,8
Cu	(s)	Kupfer	0	33,2
Fe$_2$O$_3$	(s)	Eisen(III)-oxid	−824	87,4
H$_2$	(g)	Wasserstoff	0	130,7
HCl	(g)	Hydrogenchlorid	−92,3	186,9
HF	(g)	Hydrogenfluorid	−271	173,8
H$_2$O	(l)	Wasser	−285,8	70,0
H$_2$S	(g)	Dihydrogensulfid	−20,6	205,8
N$_2$	(g)	Stickstoff	0	191,6
NaCl	(s)	Kochsalz	−411,1	72,1
NH$_4$NO$_3$	(s)	Ammoniumnitrat	−366	151
O$_2$	(g)	Sauerstoff	0	205,2
PbSO$_4$	(s)	Bleisulfat	−920	148,5
S	(s)	Schwefel	0	32,1
SO$_2$	(g)	Schwefeldioxid	−296,8	248,2
SiO$_2$	(s)	Quarz (Kristall)	−910,9	41,5

- Kohlenstoffhaltige Stoffe, Tab. A.3
- Ionen, in Wasser gelöst, Tab. A.4
- Moleküle, in Wasser gelöst, Tab. A.5
- Redoxpaare mit elektrochemischen Standardpotentialen in Tab. A.6

Tab. A.3 Molare Bildungsenthalpien, Entropien $s^{\ominus}$, Wärmekapazitäten und Verbrennungsenthalpien für ausgewählte Stoffe, die Kohlenstoff enthalten (sortiert nach Anzahl von C/H/O/-sonst.). Alle Werte gelten für Standardbedingungen von $25\,^{\circ}$C und 10^5 Pa. Diese Tabelle erweitert bzw. ergänzt Werte aus den Tabellen 3.7, 3.10, 3.2 und 3.5 (Quellen für gerundete Werte: (Cox et al., 1989) sowie (Linstrom und Mallard, 2016; Levine, 2009; Atkins und de Paula, 2011)).

Formel	Zustand	Stoff	$\Delta_f H^{\ominus}$ kJ mol^{-1}	$s^{\ominus}$ J K^{-1} mol^{-1}	$c_p^{\ominus}$	$\Delta_c H^{\ominus}$ kJ mol^{-1}
C	(s)	Graphit	0	5,7	8,5	−394
C	(s)	Diamant	1,9	2,4	6,1	
CO	(g)	Kohlenmonoxid	−110,5	197,7	29,1	
CO_2	(g)	Kohlendioxid	−393,5	213,8	37,1	0
CO_3Ca	(s)	Aragonit	−1207	89	81,3	0
CO_3Ca	(s)	Calcit	−1207	93	81,9	0
CO_3Na_2	(s)	Natriumcarbonat				0
$CO_3Na_2 \cdot 10\,H_2O$	(s)	Soda				0
CH_4	(g)	Methan	−74,8	186	35,3	−890
CH_4O	(l)	Methanol	−238,9	127	82	−726
C_2H_2	(g)	Ethin	226,7	200,9	43,9	
C_2H_4	(g)	Ethen	52,3	219,6	43,6	
C_2H_4O	(g)	Ethanal	−166,2	250	57	−1192
C_2H_6	(g)	Ethan	−84,7	229,6	52,6	
C_2H_6O	(l)	Ethanol	−277,7	161	111,5	−1368
$C_2H_4O_2$	(l)	Essigsäure	−484	158		
$C_2H_4O_2$	(s)	Glycin	−528	104	99,2	
C_3H_8	(g)	Propan	−103,9	270	73,5	
C_6H_6	(l)	Benzen („Benzol")	49	174		
$C_6H_{12}O_6$	(s)	Fructose	−1266			−2810
$C_6H_{12}O_6$	(s)	Glucose	−1273	212	219	−2800
C_8H_{18}	(l)	Octan	−250	361		−5470
$C_{12}H_{22}O_{11}$	(s)	Saccharose	−2222	360	426	−5645
$C_{12}H_{22}O_{11}$	(s)	Lactose	−2236	386		

Tab. A.4 Thermodynamische Basisdaten für in Wasser gelöste (also hydratisierte) Ionen bei Standardbedingungen von $25\,^{\circ}C$ und 10^5 Pa (Quellen: Cox et al. (1989); Levine (2009)). Dabei dient das gelöste Proton in einmolarer (ideal angenommener) Lösung als Bezugszustand (Nullwert), weswegen die relativen Entropien und Wärmekapazitäten negative Werte annehmen können. Diese Tabelle erweitert die Werte aus Tabelle 4.5.

Formel	Ion	$\Delta_f H^{\ominus}$ $kJ\ mol^{-1}$	$s^{\ominus}$ $J\ K^{-1}\ mol^{-1}$	$c_p^{\ominus}$
Kationen				
Ag^+ (aq)	Silber-Ion	+105,8	+73,5	
Ca^{2+} (aq)	Calcium-Ion	−543	−56	
Cu^+ (aq)	Kupfer(I)-Ion	+71,7	+41	
Cu^{2+} (aq)	Kupfer(II)-Ion	+65	−98	
Fe^{2+} (aq)	Eisen(II)-Ion	−90	−102	
Fe^{3+} (aq)	Eisen(III)-Ion	−49	−278	
H^+ (aq)	gelöstes Proton	0	0	0
Hg_2^{2+} (aq)	Quecksilber(I)-Ion	+166,9	+65,7	0
K^+ (aq)	Kalium-Ion	−252,1	+101	21,8
Mg^{2+} (aq)	Magnesium-Ion	−467	−137	
Na^+ (aq)	Natrium-Ion	−240,3	+58,5	46,4
NH_4^+ (aq)	Ammonium-Ion	−133,3	+111	
Pb^{2+} (aq)	Blei(II)-Ion	+0,9	+18,5	
Zn^{2+} (aq)	Zink-Ion	−153,4	−110	
Anionen				
Br^- (aq)	Bromid-Ion	−121,6	+82,4	−141,8
Cl^- (aq)	Chlorid-Ion	−167,1	+56,6	−136,4
ClO_4^- (aq)	Perchlorat-Ion	−128,1	+184	
CO_3^{2-} (aq)	Carbonat-Ion	−675,2	−50,0	
F^- (aq)	Fluorid-Ion	−335,4	−13,8	
HCO_3^- (aq)	Hydrogencarbonat-Ion	−692,0	+91,2	
HPO_4^{2-} (aq)	Hydrogenphosphat-Ion	−1299	−33,5	
$H_2PO_4^-$ (aq)	Dihydrogenphosphat-Ion	−1303	+93	
HS^- (aq)	Hydrogensulfid-Ion	−16	+67	
HSO_4^- (aq)	Hydrogensulfat-Ion	−887	+132	
NO_3^- (aq)	Nitrat-Ion	−206,9	+147	−86,6
OH^- (aq)	Hydroxid-Ion	−230,0	−10,9	−148,5
SO_4^{2-} (aq)	Sulfat-Ion	−909,3	+18,5	−293

Tab. A.5 Thermodynamische Basisdaten für in Wasser gelöste Moleküle bei Standardbedingungen von 25 °C und 10^5 Pa (Quellen: Cox et al. (1989), ergänzt mit Levine (2009); Atkins und de Paula (2011)).

Formel	Molekül	$\Delta_f H^\ominus$ $\mathrm{kJ\ mol^{-1}}$	$s^\ominus$ $\mathrm{J\ K^{-1}\ mol^{-1}}$	$c_p^\ominus$
CH_2O_2 (aq)	Methansäure	−410	164	
CH_4O (aq)	Methanol	−246	132	
C_2H_4O (aq)	Ethanal	−209	132	
$C_2H_4O_2$ (aq)	Essigsäure	−485,8	178,7	
$C_2H_4O_2N$ (aq)	Glycin	−469,8	111	
CO_2 (aq)	Kohlendioxid, undissoz.	−413,3	119,4	
HCl (aq)	Hydrogenchlorid, undiss.	−167,2	57	−136
HNO_3 (aq)	Salpetersäure	−207,4	146	−87
H_2S (aq)	Dihydrogensulfid, undiss.	−39	126	
NH_3 (aq)	Ammoniak	−80,3	113	

Tab. A.6 Elektrochemische Standardpotentiale für verschiedene Redoxpaare in alphabetischer Reihenfolge bei Standardbedingungen von $25\,^{\circ}\text{C}$ und 10^5 Pa (Quelle: Atkins und de Paula (2011)). Die zugehörigen Standard-Aggregatzustände sind jeweils in Klammern mit angegeben. Dabei dient die Standardwasserstoffelektrode als Bezugselektrode mit dem Potential null. Diese Tabelle erweitert die Werte aus Tabelle 4.13.

oxidiert	Elektronenzahl	reduziert	$E^{\ominus}\,/\,V$
Ag^+ (aq)	$+\,e^-$	Ag (s)	$+0{,}80$
AgCl (s)	$+\,e^-$	Ag (s) $+$ Cl^- (aq)	$+0{,}22$
Al^{3+} (aq)	$+\,3\,e^-$	Al (s)	$-1{,}66$
Au^{3+} (aq)	$+\,3\,e^-$	Au (s)	$+1{,}40$
Cl_2 (g)	$+\,2\,e^-$	2 Cl^- (aq)	$+1{,}36$
ClO^- (aq) $+$ 2 H_2O (l)	$+\,2\,e^-$	Cl^- (aq) $+$ 2 OH^- (aq)	$+0{,}89$
ClO_4^- (aq) $+$ 2 H^+ (aq)	$+\,2\,e^-$	ClO_3^- (aq) $+$ 2 H_2O (l)	$+1{,}23$
Cu^+ (aq)	$+\,e^-$	Cu (s)	$+0{,}52$
Cu^{2+} (aq)	$+\,2\,e^-$	Cu (s)	$+0{,}34$
Cu^{2+} (aq)	$+\,e^-$	Cu^+ (aq)	$+0{,}16$
F_2 (g)	$+\,2\,e^-$	2 F^- (aq)	$+2{,}87$
Fe^{2+} (aq)	$+\,2\,e^-$	Fe (s)	$-0{,}44$
Fe^{3+} (aq)	$+\,e^-$	Fe^{2+} (aq)	$+0{,}77$
Fe^{3+} (aq)	$+\,3\,e^-$	Fe (s)	$-0{,}04$
2 H^+ (aq)	$+\,2\,e^-$	H_2 (g)	0
H_2O_2 $+$ 2 H^+ (aq)	$+\,2\,e^-$	2 H_2O (l)	$+1{,}78$
Hg_2^{2+} (aq)	$+\,2\,e^-$	2 Hg (l)	$+0{,}79$
Hg_2^{2+} (aq)	$+\,2\,e^-$	2 Hg (l)	$+0{,}79$
Hg_2Cl_2 (s)	$+\,2\,e^-$	2 Hg (l) $+$ 2 Cl^- (aq)	$+0{,}27$
Hg^{2+} (aq)	$+\,2\,e^-$	Hg (l)	$+0{,}86$
Li^+ (aq)	$+\,e^-$	Li (s)	$-3{,}05$
Mg^{2+} (aq)	$+\,2\,e^-$	Mg (s)	$-2{,}36$
Mn^{2+} (aq)	$+\,2\,e^-$	Mn (s)	$-1{,}18$
MnO_2 (s) $+$ 4 H^+ (aq)	$+\,2\,e^-$	Mn^{2+} (aq) $+$ 2 H_2O (l)	$+1{,}23$
MnO_4^- (aq) $+$ 8 H^+ (aq)	$+\,5\,e^-$	Mn^{2+} (aq) $+$ 4 H_2O (l)	$+1{,}51$
NO_3^- (aq) $+$ H_2O (l)	$+\,2\,e^-$	NO_2^- (aq) $+$ 2 OH^- (aq)	$+0{,}10$
O_2 (g) $+$ 2 H_2O (l)	$+\,4\,e^-$	4 OH^- (aq)	$+0{,}40$
O_2 (g) $+$ 4 H^+ (aq)	$+\,4\,e^-$	2 H_2O (l)	$+1{,}23$
O_3 (g) $+$ 2 H^+ (aq)	$+\,2\,e^-$	O_2 (g) $+$ H_2O (l)	$+2{,}08$
Pb^{2+} (aq)	$+\,2\,e^-$	Pb (s)	$-0{,}13$
$PbSO_4$ (s)	$+\,2\,e^-$	Pb (s) $+$ SO_4^{2-} (aq)	$-0{,}36$
Pb^{4+} (aq)	$+\,2\,e^-$	Pb^{2+} (aq)	$+1{,}67$
$\frac{1}{8}S_8$ (s)	$+\,2\,e^-$	S^{2-} (aq)	$-0{,}48$
Zn^{2+} (aq)	$+\,2\,e^-$	Zn (s)	$-0{,}76$

A.4 Glossar und englische Bezeichnungen

Hier werden die wichtigsten Begriffe noch einmal alphabetisch geordnet kurz erläutert. Zusammengesetzte Begriffe werden dabei in der Regel aufgeteilt erläutert, z. B. Verdampfungsenthalpie unter Verdampfung und Enthalpie. Das Glossar dient zum schnellen Erinnern, kann aber keine Definition und Einordnung in den Kontext ersetzen. Umfassendere Erklärungen finden sich über den Index im Text.

Weil in der Literatur und insbesondere im Internet zumeist auf Englisch publiziert wird, sollten zentrale Begriffe auch in der Übersetzung bekannt sein. Vor allem bei der Suche nach Zahlenwerten in Datenbanken und Publikationen ist dies unabdingbar.

- **adiabatischer Prozess** *(adiabatic process)*: Prozess ohne Wärmeaustausch zwischen System und Umgebung.
- **Adsorption** *(adsorption)*: Bindung von Teilchen an einer Oberfläche.
- **Aktivität** *(activity)* einer Komponente: Relatives Konzentrationsmaß, insbesondere wenn (Bindungs-)Wechselwirkungen zusätzliche Effekte erzeugen.
- **Aktivitätskoeffizient** *(activity coefficient)*: Maß der Abweichung der Aktivität vom idealen Verhalten.
- **Arbeit** *(work)*: Formen von gerichteter Energie.
- **Bildungsenthalpie** *(heat of formation)*: Enthalpieänderung bei der Bildung eines Stoffes aus den chemischen Elementen. Zumeist unter Standardbedingungen bestimmt und so tabelliert.
- **chemisches Gleichgewicht** *(chemical equilibrium)*: Zustand, in dem keine nach außen erkennbare Änderung der chemischen Zusammensetzung mehr eintritt.
- **biologischer Standardzustand** *(biological standard state)*: Zustand bei Standardbedingungen, aber mit ph 7, um physiologische Werte anzugeben (ohne Temperaturkorrektur).
- **chemisches Potenzial** *(chemical potential)*: Partielle molare Gibbs-Enthalpie eines Stoffes, für die im Gleichgewicht ein Minimum angestrebt wird.
- **Dampfdruck** *(vapour pressure)*: Anteiliger Druck durch partielle Verdampfung einer Flüssigkeit (bzw. eines Feststoffes).
- **Destillation** *(distillation)*: Trennmethode durch teilweises Verdampfen einer flüssigen Mischung und Anreicherung der leichtflüchtigen Komponente im Kondensat.
- **Druck** *(pressure)*: Kraft pro Fläche.
- **Edukt** oder gelegentlich auch **Reaktant** *(reactant)*: Ausgangsstoff einer chemischen Reaktion, bei Enzymreaktionen auch als Substrat bezeichnet.
- **elektrochemisches Potenzial** *(electrochemical potential)*, elektromotorische Kraft: Chemische Potenzialdifferenz, die in eine Spannung umgerechnet wurde, die experimentell zugänglich ist.
- **Elektrolyse** *(electrolysis)*: Durchführung einer (unfreiwilligen) chemischen Reaktion durch elektrischen Strom.
- **Elektrolyt** *(electrolyte)*: Stoff, der in Wasser dissoziiert und dadurch Strom leitet.

- **Elementarreaktion** *(elementary reaction)*: Reaktion, die ohne zwischenzeitliche Produkte abläuft und damit einstufig ist.
- **endergone Reaktion** *(endergonic reaction)*: Reaktion, bei der die Änderung der Freien Gibbsenthalpie positiv ist.
- **endotherme Reaktion** *(endothermic reaction)*: Reaktion, bei der Wärme verbraucht wird.
- **Energie** *(energy)*: Allgemeiner Begriff aus der Physik, der in der Thermodynamik nur modifiziert verwendet wird (Enthalpie, Innere Energie).
- **Enthalpie** *(enthalpy)*: Zustandsfunktion, die die bei konstantem Druck ausgetauschte Wärmemenge wiedergibt.
- **Entropie** *(entropy)*: Zustandsfunktion, Maß für die Anordnungswahrscheinlichkeit eines Zustands.
- **exergone Reaktion** *(exergonic reaction)*: Reaktion, bei der die Änderung der Freien Gibbs-Enthalpie negativ ist.
- **exotherme Reaktion** *(exothermic reaction)*: Reaktion, bei der Wärme gebildet wird.
- **Extraktion** *(extraction)*, von lat. *extrahere* „herausziehen": Ein Stoff wird durch ein Lösungsmittel aus einem Gemisch angereichert bzw. isoliert.
- **Freie (Innere) Energie** *(free energy)*: Gewichtete Summe aus Einflüssen der Inneren Energie und der Entropie.
- **Freie (Gibbs'sche) Enthalpie** *(free enthalpy)*: Gewichtete Summe aus Einflüssen der Enthalpie und der Entropie.
- **Freie Reaktionsenthalpie** *(free reaction enthalpy)*: Änderung der Freien (Gibbs'schen) Enthalpie einer definierten Reaktion.
- **Fugazität** *(fugacity)*: Modifizierter Druck, in den alle Abweichungen vom Verhalten als ideales Gas mit eingearbeitet sind.
- **Gibbs'sche Enthalpie** *(free enthalpy)*: Entspricht Freier Enthalpie.
- **Gleichgewichtskonstante** *(equilibrium constant)*: Verhältnis der Konzentrationen (Aktivitäten) von Reaktionsteilnehmern; thermodynamisch berechenbar; auch kinetisch bestimmt.
- **Halbwertszeit** *(half life)*: Dauer, bis die Hälfte eines Ausgangsstoffs einer chemischen Reaktion umgesetzt/verbraucht ist.
- **Ideal** *(ideal, perfect)*: Stark vereinfachende Modellvorstellung, unter Ausschluss einiger (Bindungs-)Wechselwirkungen, die die Berechnungen deutlich erleichtert.
- **ideale Mischung** *(ideal mixture)*: Die Eigenschaften der Komponenten mitteln sich, ohne dass zusätzliche Wechselwirkungen einen Einfluss haben.
- **Ideales Gas** *(perfect gas)*: Vereinfachende Modellvorstellung, unter Ausschluss von Wechselwirkungen bei punktförmigen Massen.
- **Inhibitor** *(inhibitor)*: Stoff, der eine Reaktion behindert, insbesondere verlangsamen Enzyminhibitoren viele biochemische Reaktionen.
- **Innere Energie** *(internal energy)*: Zustandsfunktion, die die bei konstantem Volumen ausgetauschte Wärmemenge wiedergibt.
- **Irreversibel** *(irreversible)*: Ein solcher Prozess kann nicht unter Umkehrung von Energie und Stoffflüssen in den Ausgangszustand zurückgeführt werden.

- **IUPAC** *(IUPAC)*: Internationale chemische Organisation, die Vorschläge zur Vereinheitlichung von Symbolik und Nomenklatur erarbeitet.
- **Kreisprozess** *(thermodynamic cycle)*: Der Ausgangszustand wird über verschiedene Zwischenschritte wieder erreicht; die Änderung von Zustandsfunktionen ist null.
- **kritischer Punkt** *(critical point)*: Kombination von Zustandsvariablen T_c und p_c, ab der eine Phase verschwindet, zum Beispiel Übergang flüssig–gasförmig.
- **Kondensation** *(condensation)*: Phasenübergang vom gasförmigen in den flüssigen Aggregatzustand.
- **Kristallisation** *(crystallyzation)*: Phasenübergang in den festen Aggregatzustand unter Ausbildung von geordneten Kristallen; auch Aufreinigungsverfahren aus Lösungen.
- **Leitfähigkeit** *(conductivity)*: Maß für die elektrischen Leitungseigenschaften.
- **Löslichkeitsprodukt** *(solubility product)*: Gleichgewichtskonstante als Maß für die Löslichkeit eines Salzes.
- **Lösung** *(solution)*: Flüssige oder feste homogene Mischung von mehreren Stoffen.
- **Massenwirkungsgesetz** *(mass-law effect)*: Gleichgewichtskonstante als konstantes Verhältnis der Konzentrationen bzw. allgemeiner Aktivitäten der Reaktionsteilnehmer.
- **molar** *(molar)*: Auf die Stoffmenge von ein Mol bezogen.
- **Molenbruch** *(amount fraction, mole fraction)*: Anteilige Stoffmenge einer Substanz an der Gesamtstoffmenge in einer homogenen Mischung.
- **Molvolumen** *(molar volume)*: Volumen von einem Mol eines Stoffes.
- **Osmose, osmotischer Druck** *(osmosis, osmotic pressure)*: Auftreten von Druckdifferenzen aufgrund unterschiedlichem Anteil von gelösten Stoffen in einem Lösungsmittel.
- **Partialdruck** *(partial pressure)*: Anteiliger Druck einer Substanz am Gesamtdruck in der Gasphase.
- **Phase** *(phase)*: Homogenes Systemgebiet ohne sprunghafte Änderung von physikalischen Eigenschaften.
- **Phasengrenze** *(phase boundary)*: Stoffgrenze, an der sich physikalische Eigenschaften sprunghaft ändern.
- **Phasendiagramm** oder Zustandsdiagramm *(phase diagram)*: Diagramm, das die Existenz unterschiedlicher Phasen in Abhängigkeit von Zustandsvariablen aufzeigt.
- **Produkt** *(product)*: Stoff, der aus einer chemischen Reaktion hervorgeht.
- **Reaktionsenergie** *(reaction energy)*: Änderung der Inneren Energie einer definierten Reaktion.
- **Reaktionsenthalpie** *(reaction enthalpy)*: Änderung der Enthalpie einer definierten Reaktion.
- **Reaktionsentropie** *(reaction entropy)*: Änderung der Entropie einer definierten Reaktion.
- **Reaktionsgeschwindigkeit** *(reaction rate)*: Normierte Geschwindigkeit, mit der eine definierte Reaktion fortschreiten kann.
- **Reaktionsgeschwindigkeitsgesetz** *(rate law)*: Beziehung zur Beschreibung der Reaktionsgeschwindigkeit in Abhängigkeit von Stoffkonzentrationen.

- **Reaktionsgeschwindigkeitskonstante** *(rate constant)*: Konzentrationsunabhängige Variable im Reaktionsgeschwindigkeitsgesetz, die mit der Temperatur variiert.
- **Reaktionslaufzahl** *(extent of reaction)*: Auf die Reaktionsgleichung normierter Stoffmengenumsatz einer Reaktion.
- **Reaktionsvariable**: Auf die Reaktionsgleichung normierte Konzentrationsänderung einer Reaktion in Lösung.
- **Reversibel** *(reversible)*: Ein solcher Prozess kann unter Umkehrung von Energie und Stoffflüssen in den Ausgangszustand zurückgeführt werden.
- **Schmelzen** *(fusion)*: Phasenübergang vom festen in den flüssigen Aggregatzustand.
- **Sieden** oder Verdampfen *(evaporation)*: Phasenübergang vom flüssigen in den gasförmigen Aggregatzustand.
- **Siedediagramm**: Abgebildet wird die Zusammensetzung der flüssigen und gasförmigen Mischphasen in Abhängigkeit von der Temperatur (und Druck).
- **Spezifische Größe**: Größe, die durch Division mit einer extensiven Größe (z. B. Masse oder Stoffmenge) unabhängig von der Größe des Systems wird (z. B. Dichte, Molvolumen).
- **Standardbedingungen** *(standard conditions)*: Per Definition festgelegte Rahmenbedingungen, um einen Zustand eindeutig festzulegen.
- **Standard-...** *(standard ...)*: (Änderung einer) Größe unter Standardbedingungen.
- **Standardbildungsenthalpie** *(standard heat of formation)*: Für Standardbedingungen geltende Bildungsenthalpie.
- **Standarddruck** *(standard pressure)*: Bezugsdruck von 0,1 MPa (entspricht 1 bar; früher 1 atm oder 101325 Pa).
- **Stöchiometrischer Faktor** *(stochiometric number)*: Vorfaktor aus einer Reaktionsgleichung mit Vorzeichen (für Edukte negativ, für Produkte positiv).
- **Stoffmenge** *(amount of substance)*: Anzahl der Teilchen eines Stoffes, ausgedrückt in der Einheit Mol.
- **Sublimation** *(sublimation)*: Phasenübergang vom festen direkt in den gasförmigen Aggregatzustand (ohne flüssig zu werden).
- **System** *(system)*: Betrachtete Gesamtheit von Stoffen. Wenn sowohl Stoff- und Energieaustausch möglich sind, wird es als offen bezeichnet; geschlossen, wenn kein Stoffaustausch möglich ist und abgeschlossen oder isoliert, wenn weder Stoffe noch Energie ausgetauscht werden können.
- **Temperatur** *(temperature)*: Maß für die mittlere Wärmeenergie in einem System. Demnach gibt es als Grenzwert einen absoluten Nullpunkt.
- **Thermodynamik** *(thermodynamics)*: Ursprünglich Wärmelehre, zunehmend verallgemeinert auf alle chemischen Gleichgewichte (und technische Wärmeaustauschprozesse).
- **thermodynamisch stabil** *(thermodynamically stable)*: Zustand mit der geringsten Freien Enthalpie für ein gegebenes System.
- **Tripelpunkt** *(triple point)*: Punkt in einem Phasendiagramm, an dem drei Phasen im Gleichgewicht sind. Für reinen Stoff ist er invariant.

- **Van-der-Waals-Wechselwirkungen** *(van der Waals forces)*: Schwächere Anziehungskräfte, die Gase verflüssigen können und auf permanenten oder fluktuierenden Dipolen beruhen.

- **Verbrennungsenthalpie** *(enthalphy of combustion)*: Enthalpieänderung bei der vollständigen Verbrennung eines Stoffes.

- **Verdampfen** oder Sieden *(evaporation)*: Phasenübergang vom flüssigen in den gasförmigen Aggregatzustand.

- **Verdünnte Lösung** *(dilute solution)*: Grenzfall, bei dem gelöste Teilchen ausreichend weit voneinander entfernt sind, so dass keine nennenswerten Wechselwirkungen auftreten.

- **Viskosität** *(viscosity)*: Maß für die Unbeweglichkeit einer Flüssigkeit.

- **Volumen** *(volume)*: Raumbedarf eines Stoffes.

- **Wärme** *(heat)*: Energieform ohne Vorzugsrichtung.

- **Wärmekapazität** *(heat capacity)*: Benötigte Wärmemenge, die zu einer vorgegebenen Temperaturänderung führt.

- **Zeit** *(time)*: Variable zur Beschreibung der Dauer von gerichteten oder periodischen Zustandsänderungen.

- **Zustandsdiagramm** oder Phasendiagramm *(state diagram)*: Diagramm, das die Existenz unterschiedlicher Phasen in Abhängigkeit von Zustandsvariablen aufzeigt.

- **Zustandsfunktion** *(state function)*: Funktion, die sich bei Integration wegunabhängig verhält.

A.5   Meilensteine zur Physikalischen Chemie

Die Physikalische Chemie entwickelte sich im 19. Jahrhunderts, vor allem in Europa. In Europa endete derweil das Zeitalter der Restauration und Revolution, die National-staaten gewannen an Gewicht und der Imperialismus hielt Einzug. Zusammen mit der parallel stattfindenden Industriellen Revolution erhielten die Naturwissenschaften zuneh-mende strategische Bedeutung und wurden von den Regierenden teilweise massiv unter-stützt. Nichtsdestotrotz wurde intensiv in der Wissenschaft kommuniziert und publiziert, 1860 fand zum Beispiel der erste internationale Kongress der Chemie in Karlsruhe statt. Wissenschaftliche und technische Durchbrüche wechselten sich in rasanter Folge ab und brachten viele Neuerungen mit sich. Gesellschaftlich war diese Zeit durch einen starken Fortschrittsglauben geprägt; gleichzeitig entstanden in der Philosophie und Politik neue Strömungen, wie der Materialismus von Marx.

Rückblickend war es die Beschreibung von Gasen, die verstärkt Fragestellungen der Physikalischen Chemie aufgebracht hat. Die Nutzung von Dampfmaschinen und deren Beschreibung brachte eine erste bedeutende Begleitung einer technischen Entwicklung und schaffte die Grundlagen der Thermodynamik. Später waren es dann vor allem die Thermodynamik und die Elektrochemie, die eine so große Rolle zwischen Chemikern und Physikern spielten, dass ein eigenständiges Fach begründet wurde. Beteiligt waren vor allem Clausius, Gibbs, van't Hoff, Arrhenius, Ostwald und Nernst (Laidler, 1993). In Ta-belle A.7 wird versucht einige der wichtigsten Meilensteine in der Entstehungsgeschichte chronologisch zu ordnen.

Es gibt zahlreiche bahnbrechende technische Entwicklungen, die wesentlich mit den Grundlagen der Physikalischen Chemie verknüpft sind, vor allem:

- Dampfmaschine
- Verbrennungsmotoren (zum Beispiel Diesel-Motor)
- Kühlaggregate (sonst gäbe es keinen Kühlschrank)
- Luftverflüssigung und -zerlegung
- Ammoniakherstellung (und damit Dünger sowie Sprengstoffe)
- Batterien und Akkumulatoren
- Kraftwerkstechnik (vor allem Turbinen)

Diese Liste setzt sich weiter fort. Auch wenn sich die Forschung zur Physikalischen Che-mie oft abseits des allgemeinen Interesses abspielt, werden weiterhin regelmäßig wichtige Impulse für technische Weiterentwicklungen und Innovationen geliefert.

In Tabelle A.8 sind die wichtigsten Nobelpreise aufgeführt, die für wesentliche Entwick-lungen in den hier vorgestellten Lehrgebieten Thermodynamik und Reaktionskinetik ver-liehen wurden. Dabei waren auch einige deutsche Wissenschaftler wichtige Wegbereiter.

Tab. A.7 Meilensteine in der Entstehungsgeschichte der Physikalischen Chemie (Quellen, über-wiegend: Hoffmann, 2006; Laidler, 1993; Kamp, 1988).

Jahr	Name	Wirkungsort	Thematik
1679	Boyle/Mariotte		$p(V)$-Verhalten von Gasen
1791	Galvani/Volta	Bologna/Pavia	Galvanisches Element
1802	Gay-Lussac	Paris	Thermische Ausdehnung von Gasen
1803	Henry/Dalton		Gaslöslichkeit und Partialdrücke
1811	Avogadro	Turin	Molekülhypothese für Gase
1824	Carnot	Paris	Wärme-Kraft-Maschinen
1834	Clapeyron	Paris	Diskussion der Werke Carnots
1840	Hess	St. Petersburg	Konzept der Kreisprozesse
1842	Mayer	Heilbronn	Energieerhaltung
1843	Joule	Manchester	Wärme als Energieform
1848	Thomson/Kelvin	Glasgow	Kelvin-Temperaturskala
1854	Clausius	Berlin	Mathematische Form des 2. Hauptsatzes
1864	Guldberg/Waage	Oslo	Massenwirkungsgesetz
1865	Clausius	Berlin	Einführung des Entropiebegriffs
1867	Boltzmann	Wien	Statistische Deutung der Entropie
1867	Guldberg/Waage	Oslo	Reaktionsgeschwindigkeitsgesetz
1873	Gibbs	Yale	Verknüpfung von 1. und 2. Hauptsatz; Chemisches Potential und Phasenregel
1873	van der Waals	Amsterdam	Zustandsgleichung für reale Gase
1876	Linde	Wiesbaden	Ammoniak-Kompressionskältemaschine
1877	Pfeffer	Leipzig	Messung des osmotischen Drucks
1884	van't Hoff	Amsterdam	Grundlagen der Reaktionskinetik; Verschiebung chem. Gleichgewichte
1885	van't Hoff	Amsterdam	Berechnung des osmotischen Drucks
1885	Dewar	London	Verflüssigung von Luft
1886	Raoult	Grenoble	Verhalten verdünnter Lösungen
1888	Le Chatelier	Paris	Prinzip des kleinsten Zwangs
1888	Arrhenius	Amsterdam	Reaktionsgeschwindigkeit und Temperatur
1889	Nernst	Gött./Berlin	Elektrodenpotentiale
1895	Planck	Berlin	Entropie und kolligative Eigenschaften
1898	Ostwald	Leipzig	Institut zur Katalyseforschung
1899	Bodenstein	Leipzig	Gasreaktionen in der chemischen Kinetik
1902	Linde	München	Großtechnische Rektifikation von Luft
1905	Nernst	Berlin	Formulierung des 3. Hauptsatzes
1909	Haber/Bergius	Karlsruhe	Optimierung der Ammoniak-Synthese
1913	Michaelis/Menten	Berlin	Grundlage der Enzymkinetik

Tab. A.8 Nobelpreise zur Thermodynamik und Reaktionskinetik, Quelle und weitere Informationen unter http://www.nobelprize.org/nobel_prizes/

Jahr	Name	Wirkungsort	Gebiet	Thematik
1901	van't Hoff	Berlin	Chemie	Kinetik und osmotischer Druck
1903	Arrhenius	Stockholm	Chemie	Elektrolytische Dissoziation
1909	Ostwald	Leipzig	Chemie	Katalyse
1910	v. d. Waals	Amsterdam	Physik	vdW-Zustandsgleichung
1918	Haber	Berlin	Chemie	Ammoniak-Synthese
1920	Nernst	Berlin	Chemie	Thermochemie
1931	Bosch	Heidelberg	Chemie	Hochdruckchemie zur Ammoniak-
	Bergius	Heidelberg		Synthese
1932	Langmuir	New York	Chemie	Oberflächenchemie
1960	Libby	Chicago	Chemie	Altersbestimmung über ^{14}C-Gehalt
1967	Eigen	Göttingen	Chemie	extrem schnelle Reaktionen
	Norrish	Cambridge		
	Porter	London		
1968	Onsager	Connecticut	Chemie	Irreversible Thermodynamik
1977	Prigogine	Brüssel	Chemie	Irreversible Thermodynamik
1978	Mitchell	Bodmin (UK)	Chemie	ATP über Potential-Gradienten
1995	Crutzen	Mainz	Chemie	Kinetik von Ozon in der Atmosphäre
	Molina	Irvine		
	Rowland	Irvine		
1999	Zewail	Pasadena	Chemie	Übergangszustände im Femtosekunden-bereich
2007	Ertl	Berlin	Chemie	Reaktionsmechanismen an Oberflächen

Zu diesen herausragenden Grundlagen sind über die Jahre immer wieder wichtige Erkenntnisse und neue Fachgebiete hinzugekommen. Sehr schnell wurde das Chemieingenieurwesen als wichtigstes Anwendungsfeld beteiligt. Dort und im Maschinenbau hat sich mit der Technischen Thermodynamik eine eigene Darstellung etabliert. In der Physik ist es vor allem die statische Deutung der Thermodynamik, die eine eigene Rolle spielt und alsbald mit der Quantenmechanik kombiniert wurde. Hinzu kam später die Biochemie, mit vielen wichtigen Anwendungen in der Enzymforschung und im Metabolismus. Im Schnittfeld mit dem Chemieingenieurwesen wird heute auch immer mehr Physikalische Chemie in der Lebensmittel- und Biotechnologie oder allgemein in den sogenannten „Life Sciences" benötigt.

A.6 Weiterführende Literatur

Es gibt einige sehr gute weitere Werke, die hier aus meiner ganz persönlichen Sichtweise und Erfahrung kurz beschrieben werden sollen.

Lehrbücher und Monographien

Ich hatte das Glück, dass die beiden führenden Lehrbücher (der Autoren Atkins und Wedler) während meines Chemie-Studiums ganz neu erschienen sind. Sie haben den deutschen Markt sofort für sich eingenommen und seitdem diese Position nicht wieder abgegeben.

- Das weltweit wohl führende Lehrbuch des Faches wurde von Prof. **Atkins** von der Uni Oxford entwickelt (Atkins und de Paula, 2014). Es zeichnet sich durch einen großen Umfang mit vielen Anwendungsbeispielen aus. Es gibt viele Auflagen, unterschiedlichste Varianten und zudem Übersetzungen in mehrere Sprachen (auf Deutsch: Atkins und de Paula, 2013). Atkins hat sich sehr intensiv mit Quantenmechanik und biochemischen Anwendungen auseinandergesetzt. Dabei ist sein Sprachstil eher anschaulich (was für viele Studierende den Reiz ausmacht), gelegentlich ein wenig ausschweifend.
- Von Atkins existiert noch ein sogenanntes Kurzlehrbuch, mit reduziertem Inhalt, das mittlerweile seinem Namen nur noch wenig gerecht wird und bis auf die fehlende Farbe dem Lehrbuch sehr ähnelt (Atkins und Ludwig, 2008).
- Das Lehrbuch von Prof. **Wedler** von der Uni Erlangen ist hervorragend strukturiert und sehr systematisch und mathematisch aufgebaut. Seine Anwendungsschwerpunkte liegen im Umfeld von technischer Chemie und Verfahrenstechnik; die Biochemie ist weniger vertreten. Es war mein Favorit im Studium, da Definitionen und Zusammenhänge sehr präzise formuliert sind. Beispiele zu konkreten Anwendungen könnten mehr vorhanden sein. Der Erstautor ist verstorben, in der Neuauflage (Wedler und Freund, 2012) hat es sich inhaltlich nur wenig geändert.
- **Kompakte Lehrbücher** zur Physikalischen Chemie sind vorhanden, aber überwiegend auf ein Chemie-Studium zugeschnitten (wie Czeslik et al., 2010) oder umgehen die Komplexität des Faches. In Teilen kann auf Adam et al. (2009); Bechmann und Schmidt (2010) zurückgegriffen werden. Nunmehr biete ich einen ergänzenden Akzent.
- Ein etwas älteres, für Technische Chemie geschriebene Werk ist Näser et al. (1990) und kommt noch aus der DDR. Es ist ein gutes Beispiel für das dortige Ausbildungsideal.
- **In englischer Sprache** empfehle ich neben Atkins (Atkins und de Paula, 2011, 2014) noch Levine (2009); McQuarrie und Simon (1999) oder Keszei (2012) (sehr kompakt und anspruchsvoll).

Übungsbücher, Formelsammlungen und Praktika

Viele Lehrbücher bieten zusätzliche Übungsaufgaben an. Nicht immer werden auch Lösungen oder Lösungswege mit angeboten. Allen Übungsbüchern gemeinsam ist, dass sie ohne zusätzliches Lehrbuch wenig hilfreich sind.

- Zu den **Aufgaben im Atkins** wurde von amerikanischen Autoren eine Sammlung von Lösungswegen geschrieben (Trapp et al., 2013). Sie ist im Set mit dem Lehrbuch erhältlich (Atkins und de Paula, 2013). Diese Bücher oder frühere Auflagen sind in den meisten Hochschulbibliotheken verfügbar.
- Zum Lehrbuch von Wedler ist ein kompaktes Übungsbuch in erster Auflage neu hinzugekommen (Freund und Wedler, 2012).
- Weniger verbreitet, aber recht umfassend und mit kurzen Erläuterungen ist Blahous (2001) noch eine Option, aber etwas älter wäre Regen und Brandes (1989).
- Formelsammlungen helfen beim Üben und in Prüfungen schnell etwas nachzuschlagen. Als aktuelleres Buchformat bleibt einzig Regen und Brandes (2001).

Spezielle Literatur zu den meist üblichen Praktika in Modulen der Physikalischen Chemie sind rar. Hinweise dazu finden sich in Kapitel 7.

Daten- und Internetquellen

Es gibt nur wenige qualitativ hochwertige und einfach zugängliche Datenquellen. Diese wurden daher auch immer wieder zitiert. Sie sind für die Praxis teilweise hilfreich, aber in jedem Fall wichtig zum Üben.

- Das *Handbook of Chemistry and Physics* ist ein in jeder technischen oder naturwissenschaftlichen Bibliothek seit etwa hundert Jahren zu findender Klassiker, eine unerschöpfliche Datensammlung in zahlreichen Auflagen (z. B. Lide, 2006).
- Im Internet bietet eine US-amerikanische Behörde *(NIST)* das hervorragende *Webbook* (Linstrom und Mallard, 2016) an (auf EU-Ebene gibt es leider nichts Vergleichbares und die deutsche PTB ist dafür zu klein). Natürlich finden sich auch brauchbare Daten in Wikipedia, deren Herkunft und Qualität aber nicht immer ersichtlich sind.
- Die oben genannten Lehrbücher und Formelsammlungen beinhalten für Beispiele und Übungen ausreichendes Datenmaterial.
- Für Gase finden sich zahlreiche Angaben in AIR LIQUIDE Deutschland GmbH (2007).
- Auf die verschiedenen teilweise recht spezialisierten kommerziellen Datenbanken soll hier nicht eingegangen werden. Ein gute Übersicht bietet z. B. `http://infozentrum.ethz.ch/datenbanken-tools/datenbanken/`.

Viele Skripte und Teilabschnitte zur Physikalischen Chemie sind über das Internet verfügbar. Sie sind für Fachleute sehr hilfreich. Einsteigern würde ich aber große Vorsicht empfehlen, weil der Bearbeitungsstatus sehr unterschiedlich ist. Sie sollten sich auf keinen Fall ausschließlich damit begnügen, ohne zusätzlich einen homogenen roten Faden über ein Buch oder eine Vorlesung zu haben.

A.7 Symbolverzeichnis

A.7.1 Schreibweisen

Viele Symbole sind international einheitlich in englischer Sprache festgelegt (IUPAC (2007); Cohen und Mills (2007)). Dies erfolgt meist mit einem einzigen Buchstaben des lateinischen oder griechischen Alphabets. Außerdem ist klar geregelt welche Schreibweise im Buchsatz zu wählen ist. Diese Regelungen werden hier vollständig übernommen. Dabei wird insbesondere unterschieden, ob es sich um physikochemische Größen (kursiv/italic) oder Einheiten handelt (aufrecht/roman). Oft werden tiefgestellt noch Indices mit angegeben. Bei diesen werden Abkürzungen von reinen Bezeichnungen oder Namen ebenfalls aufrecht/roman gesetzt wie zum Beispiel beim molaren Volumen V_m oder der Avogadro-Konstante N_A. Dagegen werden die Wärmekapazitäten vollständig kursiv gesetzt: c_V und c_p, weil auch die Indices Größen sind.

Mathematische Funktionen und Operatoren werden immer aufrecht gesetzt (z. B. ln oder $\mathrm{d}p/\mathrm{d}T$). Gleiches gilt für definierte Zahlen wie die Eulersche Zahl e wie auch für chemische Elementsymbole (z. B. C, Na). Physikalische Konstanten erscheinen dagegen im kursiven Satz (wie bei der allgemeinen Gaskonstante R).

Die meisten naturwissenschaftlichen Begriffe entstammen entweder dem Lateinischen oder Altgriechischen. Im Folgenden werden die im Buch verwendeten Symbole aufgelistet und zwar alphabetisch nach dem ersten Buchstaben geordnet, zunächst lateinisch und dann griechisch. Zusätzlich wird für jede Größe die englische Übersetzung und die Einheit gemäß SI-Festlegung mit angegeben („1" für einheitenlose) sowie ein Verweis auf die Definition im Text.

A.7.2 Verwendete Lateinische Buchstabensymbole

Jede Größe wird in einer einheitlichen Form behandelt:
Symbol   Name, ggf. mit Beschreibung, [Symbol] = Einheit

a_i Aktivität einer Komponente i, $[a_i] = 1$

A Freie Energie (Thermodynamik), $[A] =$ J
    oder präexponentieller bzw. Stoßfaktor nach Arrhenius (Kinetik), Einheit entspricht der zugehörigen Reaktionsgeschwindigkeitskonstante k;

const   nicht näher bestimmte Konstante (allgemein), unterschiedliche Einheiten

c_i, c_K Konzentration einer Komponente i bzw. K, $[c] =$ mol/L

$c_i(t)$ Konzentration einer Komponente i zum Zeitpunkt t, $[c] =$ mol/L

c_p molare Wärmekapazität bei konst. Druck, $[c_p] =$ J/(K·mol)

C_p Wärmekapazität bei konst. Druck, $[C_p] =$ J/K

c_V molare Wärmekapazität bei konst. Volumen, $[c_V] =$ J/(K·mol)

C_V Wärmekapazität bei konst. Volumen, $[C_V] =$ J/K

f_i Aktivitätskoeffizient für eine Komponente i, $[f_i] =1$

E elektrochemisches (Halbzellen-)Potential, $[E] = \mathrm{V}$

$E^{\ominus\prime}$ biologisches Standardpotential, $[E^{\ominus\prime}] = \mathrm{V}$

E_A Aktivierungsenergie nach Arrhenius, $[E_A] = \mathrm{J/mol}$

G Freie (Gibbs'sche) Enthalpie, $[G] = \mathrm{J}$

H Enthalpie, $[H] = \mathrm{J}$

k Reaktionsgeschwindigkeitskonstante, Einheit beinhaltet immer Frequenz (s^{-1}) und ggf. Konzentrationsbestandteil (meist in mol/L) in unterschiedlichen Potenzen

$k_{\rightharpoonup}$ Geschwindigkeitskonstante für die Hinreaktion einer Gleichgewichtsreaktion

$k_{\leftharpoonup}$ Geschwindigkeitskonstante für die Rückreaktion einer Gleichgewichtsreaktion

k_B Boltzmann-Konstante, Nutzung in statistischer Definition der Entropie bzw. mittleren Energie je Freiheitsgrad pro Teilchen; $[k_B] = \mathrm{J/K}$

k_{cat} katalytische Konstante oder Wechselzahl, charakteristische Reaktionsgeschwindigkeitskonstante für eine Enzymkatalyse; $[k_{cat}] = \mathrm{s}^{-1}$

K Thermodynamische Gleichgewichtskonstante, basiert auf $[K] = 1$

K_c Gleichgewichtskonstante auf Basis von Konzentrationen (bei Reaktionen in Lösung), Einheit beinhaltet unterschiedliche Potenzen von mol/L

K_M Michaelis-Menten-Konstante für eine Enzymreaktion; $[K_M] = \mathrm{mol/L}$

K_p Gleichgewichtskonstante auf Basis von Partialdrücken (bei Gasreaktionen), Einheit beinhaltet unterschiedliche Potenzen von Pa

$K_{H,x}$ Henry-Konstante für die Löslichkeit von Gasen, hier bezogen auf den Molenbruch x; auch üblich als Kehrwert $K'_{H,x}$

n Stoffmenge, $[n] = \mathrm{mol}$

n_i Stoffmenge einer Komponente i, $[n_i] = \mathrm{mol}$

n_{ges} Gesamtstoffmenge eines Systems, $[n_{ges}] = \mathrm{mol}$

N Teilchenzahl, $[N] = 1$

N_A Avogadro-Konstante, $[N_A] = \mathrm{mol}^{-1}$

p Druck, $[p] = \mathrm{Pa}$

$p^{\ominus}$ Standarddruck, $[p^{\ominus}] = 10^5$ Pa (früher 101 325 Pa)

p_c kritischer Druck, $[p_c] = \mathrm{Pa}$ (oft aber in bar)

p_i Partialdruck einer Komponente i, $[p_i] = \mathrm{Pa}$

$\tilde{p}_i$ Fugazität (*fugacity*; „Realdruck") einer Komponente i, $[\tilde{p}_i] = \mathrm{Pa}$ (Def. S. 108)

Q Wärme (*heat*), $[Q] = \mathrm{J}$

RG Reaktionsgeschwindigkeit, $[RG] = (\mathrm{mol}\,(\mathrm{L}\,\mathrm{s})^{-1})$

S Entropie, $[S] = \mathrm{J/K}$

s_i molare Entropie einer Komponente i, $[s_i] = \mathrm{J/(K{\cdot}mol)}$

t Zeit, $[t] = \mathrm{s}$

T Temperatur, $[T] = \mathrm{K}$

T_c kritische Temperatur, $[T_c] = \mathrm{K}$

T_{fus} Schmelztemperatur, $[T_{fus}] = \mathrm{K}$; (ehemals T_m)

T_{vap} Siedetemperatur, $[T_{fus}] = \mathrm{K}$; (ehemals T_v)

U Innere Energie, $[U] = \mathrm{J}$

V Volumen, $[V] = \mathrm{m}^3$

v_c kritisches molares Volumen, $[v_c] = \mathrm{m}^3/\mathrm{mol}$

V_m molares Volumen (oder v), $[V_m] = \mathrm{m}^3/\mathrm{mol}$

W ausgetauschte Arbeit, $[W] = \mathrm{J}$

W_{irr} irreversibel ausgetauschte Arbeit, $[W_{irr}] = \mathrm{J}$

W_{rev} reversibel ausgetauschte Arbeit $[W_{rev}] = \mathrm{J}$

x Reaktionsvariable (in der Kinetik) $[x] = \mathrm{mol/L}$

x_i, x_K Molenbruch einer Komponente i bzw. K; $[x_i] = 1$

z_i Ladungszahl einer Komponente i, $[z_i] = 1$

Z_i Realgas- oder Kompressibilitätsfaktor eines Gases i, $[Z_i] = 1$

A.7.3   Griechische Buchstabensymbole

Bevor die Symbole erläutert werden, wird zunächst die Schreibweise aller griechischen Buchstaben gezeigt. Es ist durchaus sinnvoll, diese auch per Hand zu üben, um damit eindeutige Notizen machen zu können.

Tab. A.9 Das griechische Alphabet, Buchstabensymbole in Klein- und Großschrift sowie deren Bezeichnung.

Griechische Buchstaben und deren Bezeichnung							
α; A	Alpha	η; E	Eta	ν; N	Ny	τ; T	Tau
β; B	Beta	θ; Θ	Theta	ξ; Ξ	Xi	υ; Y	Ypsilon
γ; Γ	Gamma	ι; I	Iota	o; O	Omikron	ϕ; Φ	Phi
δ; Δ	Delta	κ; K	Kappa	π; Π	Pi	χ; X	Chi
ϵ; E	Epsilon	λ; Λ	Lambda	ρ; R	Rho	ψ; Ψ	Psi
ζ; Z	Zeta	μ; M	My	σ; Σ	Sigma	ω; Ω	Omega

Tab. A.10 Verwendete griechische Symbole und zugehörige Größen sowie Einheiten. Bei Varianten mit zusätzlichen Indices werden teilweise nur exemplarisch die wichtigsten Kombinationsmöglichkeiten beschrieben oder austauschbare Plätze allgemein durch . . . gekennzeichnet.

Symbol	Größe/Operator mit Erläuterungen und Einheit
δ . . .	Kleinste Änderung einer Größe . . . , die keine Zustandsfunktion ist
Δ_c . . .	molare Änderung der Größe . . . bei vollständiger Verbrennung (engl.: combustion) von einem Mol einer Substanz, $[\Delta_c]=$ mol^{-1}
$\Delta_c H$	molare Verbrennungsenthalpie; $[\Delta_c H]=$ kJ/mol
Δ_f . . .	Änderung bei der Bildung (engl.: *formation*) von . . . für ein Mol einer Substanz aus den Elementen
$\Delta_f H^{\ominus}$	molare Standardbildungsenthalpie
$\Delta_{fus} H$	molare Schmelzenthalpie (engl.: fusion), ehemals $\Delta_m H$
Δ_r . . .	molare Änderung von . . . beim Umsatz von ein Mol gemäß einer beliebigen zugehörigen Reaktionsgleichung (engl.: *reaction*), $[\Delta_r]=$ mol^{-1}
$\Delta_r E$	elektrochemische Potentialdifferenz oder elektromotorische Kraft
$\Delta_r G$	(Gibbs'sche) molare Freie Reaktionsenthalpie
$\Delta_r G^{\ominus}$	(Gibbs'sche) molare Freie Standardreaktionsenthalpie
$\Delta_r G^{\ominus'}$	molare Freie biologische (bei ph 7) Standardreaktionsenthalpie
$\Delta_r H^{\ominus}$	molare Standardreaktionsenthalpie
$\Delta_r S^{\ominus}$	molare Standardreaktionsentropie
$\Delta_{sub} H$	molare Sublimationsenthalpie (ehemals $\Delta_s H$)
$\Delta_{vap} H$	molare Verdampfungsenthalpie (engl.: *vaporisation*; ehemals $\Delta_v H$)
$\Delta_{vap} S$	molare Verdampfungsentropie (ehemals $\Delta_v S$)
η	Viskosität
θ	Celsius-Temperatur; $[\theta] = {}^{\circ}$C)
κ	spezif. Leitfähigkeit
Λ	molare Leitfähigkeit
Λ_{∞}	molare Leitfähigkeit bei unendlicher Verdünnung
μ_i	Chemisches Potenzial einer Komponente i
$\mu_i^{\ominus}$	Chemisches Potenzial einer Komponente i im Standardbezugszustand (gemäß Tab. 4.11)
μ_i^*	Chemisches Potenzial einer Komponente i im Bezugszustand als reiner Stoff
μ_i^{∞}	Chemisches Potenzial einer Komponente i bei unendlicher Verdünnung
μ_{JT}	Joule-Thomson-Koeffizient
ν_i	stöchiometrische Faktoren einer beliebigen zugehörigen Reaktionsgleichung (für Edukte negativ)
ξ	Reaktionslaufzahl
π	Kreiskonstante $\pi = 3{,}1416 \ldots$
Π	Osmotischer Druck; $[\Pi] =$Pa
$\prod$ . . .	mathematisches Symbol für Produkt von . . .
ρ	Dichte
$\sum$ . . .	mathematisches Symbol für Summe von . . .
χ	Residuen bei einer Regressionsanalyse

A.8 Literatur im Anhang

(Erstautoren in alphabetischer Reihenfolge)

G. Adam, P. Läuger, und G. Stark. *Physikalische Chemie und Biophysik*. Springer, Berlin und Heidelberg, 2009.

AIR LIQUIDE Deutschland GmbH. 1x1 der Gase, Firmenschrift, 2007.

P. W. Atkins und J. de Paula. *Physical chemistry for the life sciences*. Oxford Univ. Press, 2011.

P. W. Atkins und J. de Paula. *Physikalische Chemie*. Wiley-VCH, Weinheim, 2013.

P. W. Atkins und J. de Paula. *Physical chemistry*. Oxford Univ. Press, 2014.

P. W. Atkins und R. Ludwig. *Kurzlehrbuch Physikalische Chemie*. Wiley-VCH, Weinheim, 2008.

W. Bechmann und J. Schmidt. *Einstieg in die physikalische Chemie für Nebenfächler*. Vieweg + Teubner, Wiesbaden, 2010.

J. Blahous. *Übungen zur physikalischen Chemie*. Springer, Wien, 2001.

E. R. Cohen und I. Mills. *Quantities, units and symbols in physical chemistry*. RSC Publ., Cambridge, 2007.

J. D. Cox, D. D. Wagman, und V. A. Medvedev. *CODATA key values for thermodynamics*. Hemisphere, New York, 1989.

C. Czeslik, H. Seemann, und R. Winter. *Basiswissen physikalische Chemie*. Vieweg + Teubner, Wiesbaden, 2010.

H.-J. Freund und G. Wedler. *Arbeitsbuch physikalische Chemie*. Wiley-VCH, Weinheim, 2012.

D. Hoffmann. *Lexikon der bedeutenden Naturwissenschaftler*. Elsevier Spektrum, München, 2006.

H. Kamp. *Physikalische Chemie*. Springer, Berlin und New York, 1988.

E. Keszei. *Chemical thermodynamics*. Springer, Heidelberg und New York, 2012.

K. J. Laidler. *The world of physical chemistry*. Oxford Univ. Press, Oxford und New York, 1993.

I. N. Levine. *Physical chemistry*. McGraw-Hill, Boston, 2009.

D. R. Lide. *CRC handbook of chemistry and physics*. CRC, Boca Raton, 2006.

P. J. Linstrom und W. G. Mallard. NIST Chemistry WebBook, 2016. URL webbook.nist.gov.

D. A. McQuarrie und J. D. Simon. *Molecular thermodynamics*. Univ. Science Books, Sausalito, 1999.

K.-H. Näser, D. Lempe, und O. Regen. *Physikalische Chemie für Techniker und Ingenieure*. Dt. Verl. für Grundstoffind., Leipzig, 1990.

O. Regen und G. Brandes. *Aufgabensammlung zur physikalischen Chemie*. Dt. Verl. für Grundstoffind., Leipzig, 1989.

O. Regen und G. Brandes. *Formelsammlung physikalische Chemie*. Wiley-VCH, Weinheim, 2001.

C. A. Trapp, M. P. Cady, und C. Giunta. *Arbeitsbuch Physikalische Chemie*. Wiley-VCH, Weinheim, fünfte edition, 2013.

G. Wedler und H.-J. Freund. *Lehrbuch der Physikalischen Chemie*. Wiley-VCH, Weinheim, 2012.

Tabellenverzeichnis

Abbildungsverzeichnis

Index

Willkommen zu den Springer Alerts

- Unser Neuerscheinungs-Service für Sie:
  aktuell *** kostenlos *** passgenau *** flexibel

Springer veröffentlicht mehr als 5.500 wissenschaftliche Bücher jährlich in gedruckter Form. Mehr als 2.200 englischsprachige Zeitschriften und mehr als 120.000 eBooks und Referenzwerke sind auf unserer Online Plattform SpringerLink verfügbar. Seit seiner Gründung 1842 arbeitet Springer weltweit mit den hervorragendsten und anerkanntesten Wissenschaftlern zusammen, eine Partnerschaft, die auf Offenheit und gegenseitigem Vertrauen beruht.

Die SpringerAlerts sind der beste Weg, um über Neuentwicklungen im eigenen Fachgebiet auf dem Laufenden zu sein. Sie sind der/die Erste, der/die über neu erschienene Bücher informiert ist oder das Inhaltsverzeichnis des neuesten Zeitschriftenheftes erhält. Unser Service ist kostenlos, schnell und vor allem flexibel. Passen Sie die SpringerAlerts genau an Ihre Interessen und Ihren Bedarf an, um nur diejenigen Information zu erhalten, die Sie wirklich benötigen.

Mehr Infos unter: springer.com/alert

Printed in the United States
By Bookmasters